Sheila R. Buxton
Stanley M. Roberts

Einführung in die Organische Stereochemie

Sheila R. Buxton
Stanley M. Roberts

Einführung in die Organische Stereochemie

Mit 351 Bildern
und 51 Übungsaufgaben

Aus dem Englischen übersetzt
von A. Stephen K. Hashmi

Mit einem Geleitwort
von Johann Mulzer

Die Deutsche Bibliothek – CIP-Einheitsaufnahme

Buxton, Sheila R.:
Einführung in die Organische Stereochemie: mit 51 Übungsaufgaben / Sheila R. Buxton; Stanley M. Roberts. Aus dem Engl. übers. von Stephen K. Hashmi. Mit einem Geleitw. von Johann Mulzer. – Braunschweig; Wiesbaden: Vieweg, 1999
Einheitssacht.: Organic stereochemistry <dt.>

ISBN 3-540-67036-X

This Translation of Guide to Organic Stereochemistry: From Methane to Macromolecules, First Edition is published by arrangement with Addison Wesley Longman Limited, London.

Der Verlag Vieweg ist ein Unternehmen der Bertelsmann Fachinformation GmbH.

http://www.vieweg.de

Konzeption und Layout des Umschlags: Ulrike Weigel, www.CorporateDesignGroup.de
Druck und buchbinderische Verarbeitung: Lengericher Handelsdruckerei, Lengerich
Gedruckt auf säurefreiem Papier
Printed in Germany

ISBN 3-540-67036-X

Vorwort

Die Stereochemie ist eines der wichtigsten wissenschaftlichen Konzepte, aber auch eines der am schwierigsten zu erfassenden Gebiete der Chemie. Ihre Bedeutung zeigt sich nicht nur in der Chemie, sondern auch in vielen anderen Naturwissenschaften. Um zu einem guten Verständnis der Stereochemie und ihrer Auswirkungen zu gelangen, muß man zu dreidimensionalem Denken fähig sein und sich eine umfangreiche und oft verwirrende Terminologie aneignen.

Einführung in die Organische Stereochemie ist nicht als ein umfassendes Lehrbuch gedacht. Wir wollten ein Buch schreiben, daß den Anfänger Schritt für Schritt weiterführt und auch einen Einblick darin gewährt, wie stereochemisches Wissen bei der Planung einer Synthesestrategie und dem Erklären der Ergebnisse einiger Reaktionen angewendet wird.

Die ersten Kapitel wurden auf Studenten des Studienganges Chemie zugeschnitten, sind aber auch für Studenten der Biochemie oder Medizin, insofern ein stereochemisches Bewußtsein, aber keine komplexeren Details notwendig sind, geeignet. Diese Kapitel decken die Identifikation und Zuordnung verschiedener Eigenschaften chiraler organischer Moleküle ab und erfordern, von allgemeinen chemischen Grundkenntnissen abgesehen, keinerlei stereochemisches Vorwissen.

Die folgenden Kapitel sind mehr auf den fortgeschrittenen Studenten im Hauptstudium zugeschnitten. Hier wird ein Verständnis der Vorhersagbarkeit durch stereochemische Modelle wie der Cramschen Regel geschaffen, anspruchsvollere stereochemische Begriffe wie Topizität oder Stereoselektivität sind hier von Bedeutung.

Nach sorgfältiger Abwägung haben wir uns entschlossen, am Ende des Buches einige der schwierigen und zu weiterem Nachdenken anregenden, stereochemischen Themen zu diskutieren. Das letzte Kapitel zeigt dann auf, wie diese Techniken für die Synthese zweier komplexer chiraler Naturstoffe genutzt werden. Da dies vermutlich hauptsächlich für Doktoranden interessant ist, ist dieses Kapitel in Bezug auf das chemische Vorwissen anspruchsvoller abgefaßt. Wie oben erwähnt, zielt *Einführung in die Organische Stereochemie* nicht auf eine umfassende Darstellung ab. Für Leser, die mehr über dieses Gebiet wissen wollen, empfehlen wir nachdrücklich das hervorragende Werk „Stereochemistry of Organic Compounds“ von Eliel und Wilen, dessen deutsche Übersetzung „Organische Stereochemie“ vor kurzem erschienen ist.

Was auch immer der Ausbildungsstand des Lesers dieses Buches ist – zu einem raten wir unbedingt: Der Text sollte in Verbindung mit einem Molekülbaukasten studiert werden. Das Konstruieren der Modelle chiraler Moleküle und der Vergleich ihrer verschiedenen stereochemischen Formen ist für ein vollständiges Verständnis der stereochemischen Konzepte unverzichtbar. Es ist oft erstaunlich, wie Sachverhalte, die in zwei Dimensionen auf einem Blatt Papier nur schwer dargestellt werden können, anhand eines dreidimensionalen Molekülmodells sofort kristallklar erscheinen. Während des Verfassens dieses Buches haben wir eine Reihe verschiedener Baukästen getestet und festgestellt, daß selbst ein sehr simpler und preiswerter Bausatz für das Verständnis eine enorme Hilfe sein kann.

In jedem Kapitel gibt es eine Reihe von Fragen, die manchmal Punkte berühren, die sonst im Kapitel nicht zur Sprache gekommen sind. Sie sollen den Leser dazu anregen, das Gelernte anzuwenden – daher ist es wichtig zu versuchen, die Aufgaben zu lösen.

Sheila R. Buxton
Stanley M. Roberts
1996

Geleitwort

Heutzutage ist die Stereochemie auf jedem Gebiet der Organischen Chemie von Bedeutung. Die dabei verwendeten Konzepte und Begriffe wie Konfiguration, Konformation, Enantiomere, Diastereomere, Prochiralität und Pseudoasymmetriezentrum sind abstrakt und vielfach nicht nur für den Anfänger verwirrend. Während dieses Feld der Chemie als nach wie vor aktuelle Forschungsrichtung immer umfangreicher wird und Originalarbeiten, Übersichtsartikel und Lehrbücher für Fortgeschrittene in ständig wachsender Zahl vorliegen, wächst die Lücke zwischen den ausgefeilten Anwendungen und dem in den Grundvorlesungen und Standard-Lehrbüchern der Organischen Chemie gelehrten Stoff.

Das Buch von Buxton und Roberts schlägt hier eine Brücke. Es ermöglicht dem „stereochemisch nicht vorbelasteten" Anfänger, in kurzer Zeit von den Grundbegriffen und Prinzipien bis hin zu modernsten Anwendungen einen Überblick über das Gebiet zu erlangen, ohne daß sich dieser erst durch tausend oder mehr Seiten arbeiten muß. Auch für Studenten anderer naturwissenschaftlicher Fächer wie Biochemie, Biologie, Medizin, Pharmazie, Lebensmittelchemie etc., die mit Chemie als Nebenfach in Berührung kommen, dürfte dies einen einfachen Weg zu einem Einblick in stereochemische Zusammenhänge darstellen. Hierbei ist sicherlich von besonderem Interesse, daß Aspekte aus Biologie und Medizin bei der Diskussion der Auswirkungen der Stereochemie berücksichtigt werden. Ich wünsche dem Werk weite Verbreitung.

Johann Mulzer
1999

Inhaltsverzeichnis

5 Stereoisomerie an Bindungen mit eingeschränkter Drehbarkeit: *cis-trans*-Isomerie 63

6 Analyse und Trennung von Stereoisomeren 76

7 Racemisierung und Racematspaltung 100

1 Die Gestalt einfacher Moleküle

1.1 Methan

Der Kohlenwasserstoff Methan ist das einfachste Organische Molekül. Es beinhaltet vier äquivalente[1] Kohlenstoff-Wasserstoff-Bindungen und weist, wie durch verschiedene spektroskopische Methoden bewiesen wurde, die Gestalt eines regulären Tetraeders auf (Bild 1.1). Das Kohlenstoffatom liegt im Zentrum des Tetraeders und die Wasserstoffatome nehmen die Eckpositionen ein.

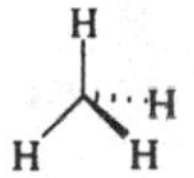

Bild 1.1

Die Gestalt eines Moleküls wird durch die Elektronen der beteiligten Atome bestimmt, und zwar sowohl durch die an chemischen Bindungen beteiligten als auch durch die nichtbindenden Elektronen.[2] Die Elektronenkonfiguration einiger in der Organischen Chemie häufig anzutreffender Atome ist in Tabelle 1.1 aufgeführt. Wenn wir die Elektronenkonfiguration niedrigster Energie (Grundzustandskonfiguration) $1s^2\ 2s^22p^2$ von Kohlenstoff betrachten, dann würde gerade die Bildung von Methan als ungewöhnlich erscheinen. Die drei 2p-Orbitale ($2p_x$ $2p_y$ $2p_z$) sind in der Lage, maximal sechs Elektronen, in Form von drei Paaren mit entgegengesetzten Spin, aufzunehmen. Jedoch findet gemäß der Hundschen Regel im Fall von drei oder weniger Elektronen in den drei 2p-Orbitalen, keine Spinpaarung statt. Bei Kohlenstoff mit zwei 2p-Elektronen sollten diese also zwei verschiedene der drei p-Orbitale besetzen. Weil er anscheinend nur zwei Elektronen für kovalente Bindungen zur Verfügung hat, sieht es zunächst so aus, als wäre Kohlenstoff divalent. Aber wir wissen aus der Chemie des Kohlenstoffs, daß dieser, wie im Beispiel Methan, in Wirklichkeit tetravalent ist.

Tabelle 1.1 Elektronenkonfiguration einiger Elemente

Element	Elekronenkonfiguration
H	$1s^1$
C	$1s^2\ 2s^2\ 2p^2$
N	$1s^2\ 2s^2\ 2p^3$
O	$1s^2\ 2s^2\ 2p^4$
P	$1s^2\ 2s^2\ 2p^6\ 3s^2\ 3p^3$
S	$1s^2\ 2s^2\ 2p^6\ 3s^2\ 3p^4$

1.2 Hybridisierung

Ein Erklärungsvorschlag für die Tetravalenz des Kohlenstoffs basiert auf dem Konzept der Hybridisierung.[3] In diesem Modell besetzen die vier Valenzelektronen des Kohlensoffs vier energetisch äquivalente (= degenerierte) sp^3-Orbitale, die, wie der Name schon verrät, „Hybride" aus dem ursprünglichen 2s- und den 2p-Orbitalen sind. Diese Hybridorbitale zeigen in die Ecken eines regulären Tetraeders, und der Winkel zwischen jedem Paar dieser Hybridorbitale beträgt 109.5°. Dies ist gleichzeitig der Winkel, der einen maximalen Abstand gewährleistet.

Anders als die p-Orbitale, die eine symmetrische Form mit gleicher Elektronenaufenthaltswahrscheinlichkeit in beiden Orbitallappen aufweisen, sind die Hybridorbitale unsymmetrisch und besitzen eine viel größere Elektronenaufenthaltswahrscheinlichkeit im größeren Orbitallappen. Zur Vereinfachung zeigen die herkömmlichen Darstellungen für gewöhnlich nur die großen Orbitallappen (Bild 1.2).

(a) Vor der Hybridisierung

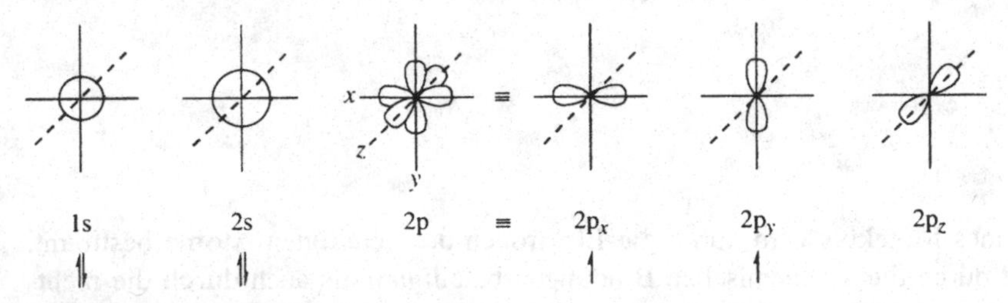

(b) Nach der Hybridisierung

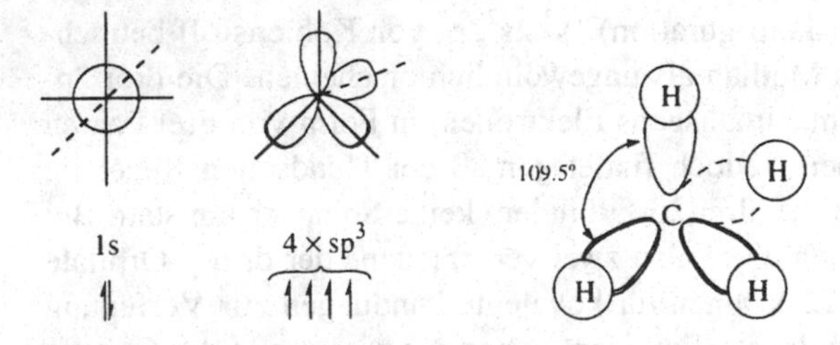

Bild 1.2 Darstellung der Orbitale vor und nach der Hybridisierung und die bindenden Orbitale von Methan

1.3 Ethen und Ethin

Die sp^3-Hybridisierung ist für die tetraedrische Anordnung der Liganden um die Kohlenstoffatome in allen gesättigten organischen Verbindungen verantwortlich. Wie sieht es aber nun mit Verbindungen mit Doppel- und Dreifachbindungen, wie im Ethen („Ethylen") und im Ethin („Acetylen") aus? Physikalische Methoden haben gezeigt, daß diese Moleküle planar bzw. linear gebaut sind (Bild 1.3).

Bild 1.3

Wiederum müssen wir auf das Konzept der Hybridisierung zurückgreifen, aber diesmal sind nicht alle p-Orbitale beteiligt. Im Ethen liegt jedes Kohlenstoffatom sp^2-hybridisiert vor. Das bedeutet, daß das 2s- und nur zwei der 2p-Orbitale zu zwei degenerierten (d.h. energiegleichen) sp^2-Orbitalen kombiniert werden und ein 2p-Orbital unverändert bleibt (Bild 1.4). Die berechnete Geometrie der neuen Orbitale ist trigonal (mit einem Winkel von 120° zwischen den sp^2-Hybridorbitalen, der wiederum den maximalen Abstand gewährleistet).

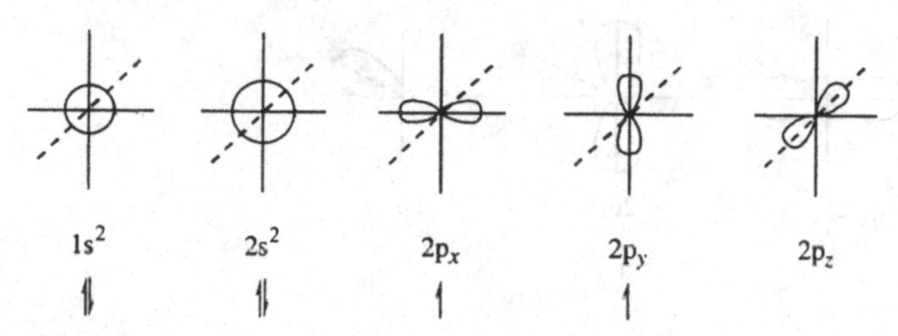

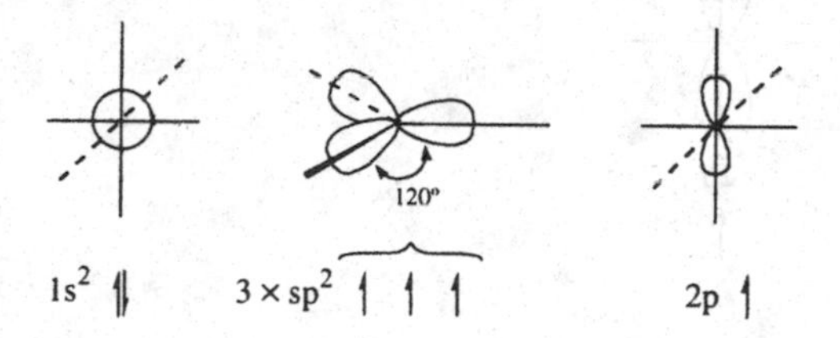

Bild 1.4

Wieder zeigen die sp^2-Orbitale Charakteristika beider Ursprungsorbitale (s und p), aber es gibt Unterschiede zwischen der Form von sp^2- und sp^3-Orbitallappen: sp^2-Orbitale haben mehr s-Charakter als sp^3-Orbitale (33% gegenüber 25% s-Anteil) und weisen daher „rundere" und „kürzere" Orbitallappen auf.

Der Begriff „Doppelbindung" ist eine schlechte Beschreibung der Alken-Einheit, besonders wenn er in Verbindung mit konventionellen Strukturformeln benutzt wird. Dabei werden die beiden Alken-Bindungen gleich gezeichnet. Dies ist nicht der Fall: Eine Doppelbindung setzt sich aus einer starkten σ-Bindung und einer schwächeren π-Bindung zusammen. Abbildung 1.5 zeigt den Aufbau einer Doppelbindung.

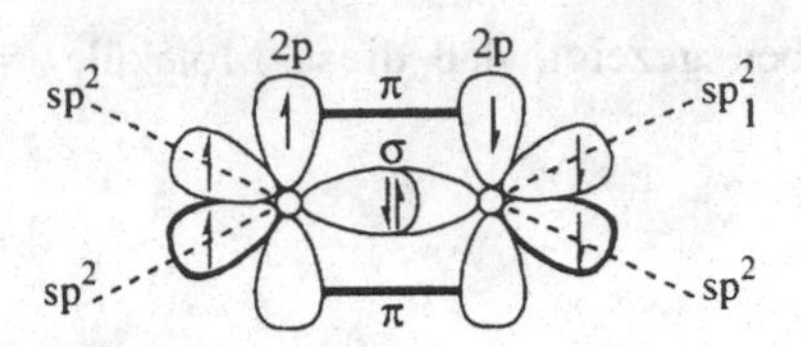

Bild 1.5

Die σ-Bindung wird durch eine direkte Überlappung der Enden von jeweils einem der sp^2-Orbitale der beiden Kohlenstoffatome aufgebaut. Die π-Bindung wird durch die schwächere, seitliche Überlappung der zwei p-Orbitale der beiden Kohlenstoffatome gebildet. Solch eine seitliche Überlappung ist die einzige für die p-Orbitale mögliche, da die p-Orbitale senkrecht („orthogonal", daher kein Überlappen) zu den sp^2-Hybidorbitalen der Molekülebene stehen. Das Ergebnis ist ein Molekülorbital, daß sich aus einer „π-Wolke" über und unter der Ebene der σ-Bindung zusammensetzt. Die verbleibenden sp^2-Orbitale gehen σ-Bindungen mit Wasserstoff oder anderen Substituenten des Olefins ein.

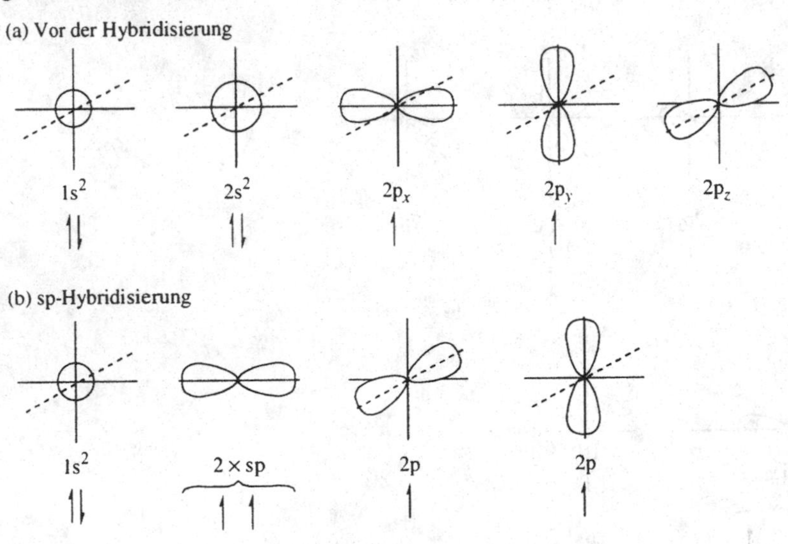

Bild 1.6

Die gleiche Betrachtung liefert uns die Struktur des Ethins, das eine starke σ-Bindung und zwei schwache π-Bindungen besitzt. Die Hybridisierung bezieht in diesem Fall nur eines der 2p-Orbitale und das 2s-Orbital ein (Bild 1.6, sp-Hybridisierung). Die sp-Hybridorbitale haben 50% „s-Charakter" und sind noch „runder" und „kürzer" und bilden, wie zuvor im Ethen, eine starke σ-Bindung (Bild 1.7). Da es nur zwei sp-Hybridorbitale, jedes mit einem Elektron besetzt, gibt, ordnen sich diese linear an. Der Winkel von 180° zwischen diesen Orbitalen gewährleistet wiederum einen maximalen Abstand. Die beiden verbleibenden, orthogonalen p-Orbitale an jedem Kohlenstoffatom beteiligen sich an einer schwächeren, seitlichen Überlappung über, unter, vor und hinter der Achse der σ-Bindung. Die Abnahme der Bindungslänge beim Übergang vom Ethan (154 pm) über Ethen (133 pm) zum Ethin

(120 pm) spiegelt die steigende Bindungsstärke zwischen den Kohlenstoffatomen und den steigenden „s-Charakter" der zentralen σ-Bindung wieder.

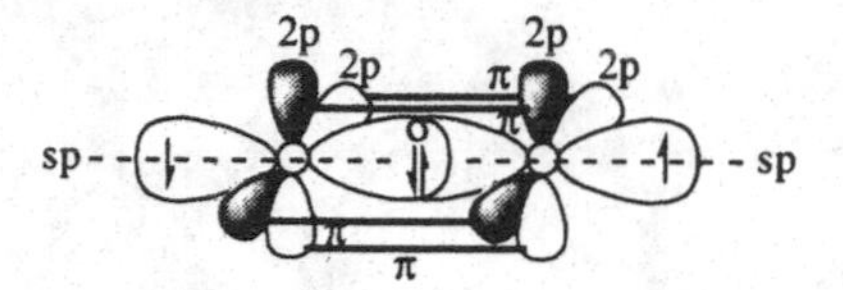

Bild 1.7

1.4 Moleküle, die andere Elemente als Kohlenstoff beinhalten

Das Hybridisierungsmodell kann auch auf andere in der Organischen Chemie häufig vorkommende Elemente als Kohlenstoff angewendet werden. Amine, Ether und Wasser sind, obwohl diese weniger als vier Liganden besitzen, annähernd sp^3-hybridisiert.

Die Elektronenkonfiguration von Stickstoff ist $1s^2\ 2s^2\ 2p^3$, daher müssen die sp^3-Hybridorbitale, die aus den 2s und 2p-Orbitalen resultiern, fünf Elektronen aufnehmen. Dazu werden drei einzelne Elektronen in drei der Hybridorbitale und ein Paar von zwei Elektronen im verbleibenden Orbital plaziert. So wird aus dem Elektronenpaar der vierte „Ligand" und eine tetraedrische Anordnung wird eingenommen. Das große effektive Volumen, das – verglichen mit den bindenden Elektronen – von dem freien Elektronenpaar beansprucht wird, führt dazu, daß die Liganden nicht in Form eines völlig regulären Tetraeders angeordnet werden. Man beobachtet ein Abweichung von dem normalen Winkel von 109.5° (beispielsweise beträgt der H–N–H-Winkel in NH_3 nur 106.8°, Bild 1.8).

106.8° H N H H

(a) N $1s^2$ $2s^2$ $2p_x$ $2p_y$ $2p_z$

(b) $1s^2$ $4 \times sp^3$

Bild 1.8

Die tetraedrische Anordnung in Aminen und Ammoniak ist keineswegs statisch: Das freie Elektronenpaar kann auf die andere Seite des Moleküls wandern, dies bewirkt ein Umklappen, invertiert die Konfiguration und führt zum Spiegelbild der ursprünglichen Verbindung (Bild 1.9). Da jedoch die mit diesem Umklappen verbundene Energiebarriere sehr niedrig ist, erfolgt die Inversion zu schnell, um eine Isolierung jeder einzelnen der beiden Formen zu erlauben (beispielsweise finden beim Ammoniak ungefähr 2×10^{11} Inversionen pro Sekunde statt, die Inversions-Energie E_{inv} beträgt 23 kJ mol^{-1}).

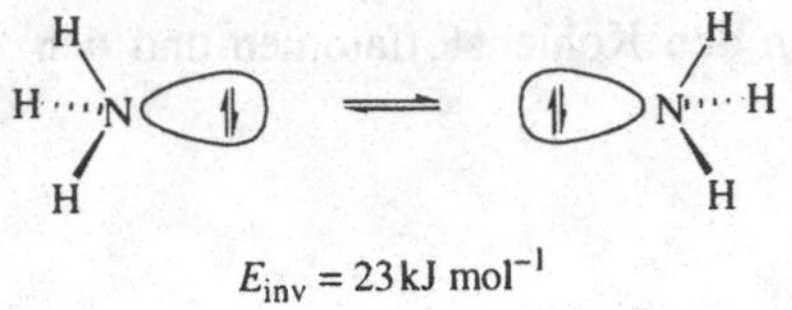

$E_{inv} = 23\,kJ\,mol^{-1}$

Bild 1.9

Anders verhalten sich die analogen Phosphor-Verbindungen, die Phosphane. Phosphor, ein Element der dritten Periode, hat die Elektronenkonfiguration $1s^2\,2s^2\,2p^6\,3s^2\,3p^3$ und die Hybridisierung der 3s- und 3p-Orbitale ist nicht sehr effektiv. Daher haben wir drei einfachbesetzte p-Orbitale, die die Bindungen mit anderen Liganden am Phosphor bilden, und ein doppelt besetztes s-Orbital (das freie Elektronenpaar). Die Inversionsbarriere in Phosphanen ist so viel höher als die in Aminen, so daß eine Inversion nur bei hohen Temperaturen stattfindet ($E_{inv} = 113\,kJ\,mol^{-1}$).

Ether und Wasser sind ebenfalls annähernd tetraedrisch gebaut: Im Sauerstoff (Elektronenkonfiguration $1s^2\,2s^2\,2p^4$) ist die Valenzschale sp^3-hybridisiert, zwei der Hybridorbital-Lappen sind durch freie Elektronenpaare besetzt. Die Situation für H_2S und Sulfide ist der in Phosphanen verwandt. Die einfach besetzten p-Orbitale sind in Bindungen beteiligt, die freien Elektronenpaare besetzen das 3s- und das verbleibende, orthogonale 3p-Orbital.

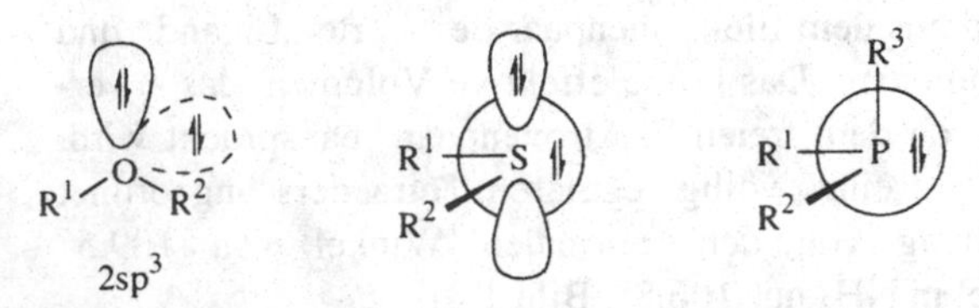

Bild1.10 Die annähernd tetraedrische Struktur von Ethern und Wasser (der H–O–H-Bindungswinkel im Wasser beträgt 104.5°) und die Gestalt von Sulfiden und Phosphanen.

Das elektronegative Sauerstoffatom übt eine starke Anziehung auf die beiden nichtbindenden Elektronenpaare aus. Anders ist die Situation beim weniger elektronegativen Stickstoff und Phosphor, diese können oxidiert werden. Ein freies Elektronenpaar wird dann einem weiteren Liganden zur Verfügung gestellt, als Beispiele seien Aminoxide und Phosphanoxide genannt. Jede dieser Verbindungen weist vier Liganden auf, dies fixiert die tetraedrische Struktur und verhindert eine Inversion. Schwefel kann ebenfalls eines seiner freien Elektronenpaare für eine Bindung zur Verfügung stellen. Dies beobachtet man z.B. in Sulfoxiden, in denen das verbleibende freie Elektronenpaar weiterhin die Funktion des vierten Liganden wahrnimmt. Wenn jeder dieser Liganden unterschiedlich ist, d.h. $R^1 \neq R^2 \neq R^3$ (Bild 1.11), sind alle diese Oxide chiral. Die stereochemischen Konsequenzen können sehr wichtig sein, eine weitergehende Diskussion chiraler Verbindungen findet sich in Kapitel 2.

Eine sp^2-Hybridisierung ist für die Gestalt von Ketonen, Thionen und anderer carbonylartiger Verbindungen sowie von Iminen, Oximen und Verbindungen mit Azo-Gruppen verantwortlich. Nitrile sind sp-hybridisiert (Bild 1.12).

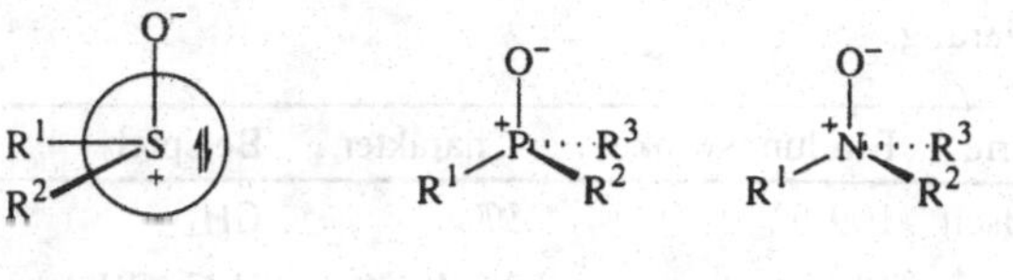

Bild 1.11 Die Struktur von Sulfoxiden, Phosphanoxiden und Aminoxiden. In Phosphanoxiden hilft die Notwendigkeit der Ausbildung einer vierten Bindung, die Abneigung der 3s- und 3p-Orbitale gegenüber einer Hybridisierung zu überwinden (vgl. Phosphane). Die Hybridisierung in den Phosphanoxiden ist annähernd sp^3 und die Bindungswinkel liegen nahe am Tetraederwinkel.

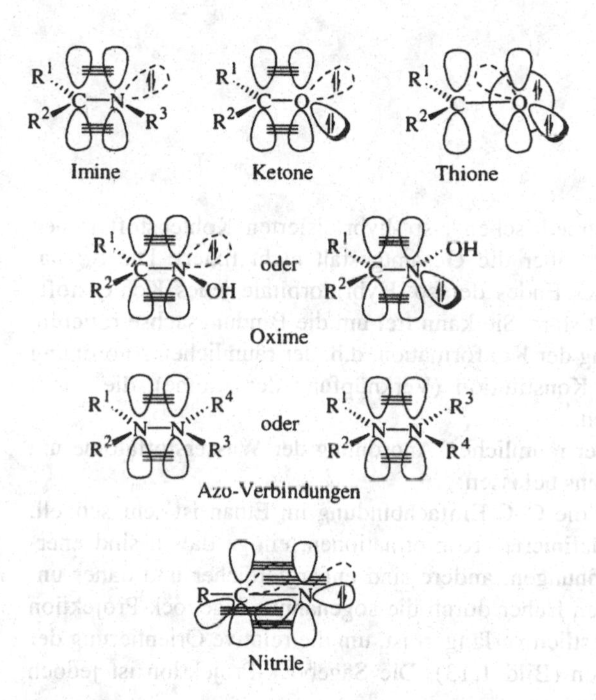

Bild 1.12

An diesem Punkt muß betont werden, daß die Diskussion des Hybridisierungs-Modells, die hier präsentiert wurde, eine sehr qualitative Beschreibung einer komplexen mathematischen Behandlung ist.[3] Die wichtigen Punkte, die man sich merken sollte, sind, daß die Zahl der Orbitale vor und nach der Hybridisierung gleich sein muß [ein s- und drei p-Orbitale geben (a) vier sp^3-, (b) drei sp^2- und ein p- oder (c) zwei sp- und zwei p-Orbitale] und daß eine Anordnung, die zum größten Abstand zwischen den Elektronen in den Hybridorbitalen führt, die Molekülgestalt bestimmt (sp^3: tetraedrisch, sp^2: trigonal planar, sp: linear, vgl. Tabelle 1.2).

Frage 1.1 Bestimmen Sie die Elektronenkonfiguration der Kohlenstoffatome in CH_3^+ und CH_3^-. Welche Hybridisierung und welche Gestalt werden diese Teilchen aufweisen?

Tabelle 1.2 Einige Charakteristika der Hybridisierung.

Zahl der Liganden	Hybridisierung	Geometrie	Bindungswinkel	s-Charakter	Beispiel
4	sp^3	tetraedrisch	109.5°	25%	CH_4
3	sp^2	trigonal	120°	33.3%	$H_2C{=}CH_2$
2	sp	linear	180°	50%	$HC{\equiv}CH$

1.5 Konformation

1.5.1 Ethan

Ethan ist, ebenso wie Methan, aus „tetraedrischen", sp^3-hybridisierten Kohlenstoffatomen aufgebaut. Anders als beim Methan, ist aber die Gesamtgestalt nicht fixiert. Die Sigma-Bindung, die aus dem Überlapp je eines Endes der sp^3-Hybridorbitale jedes Kohlenstoffatoms entsteht, ist zwar stark, aber nicht starr. Sie kann frei um die Bindungsachse rotieren. Diese Tatsache führt uns zur Betrachtung der Konformation, d.h. der räumlichen Anordnung der Atome eines Moleküls gegebener Konstitution (Verknüpfung der Atome), die durch Drehung um Einfachbindungen entstehen.[4]

Wir wollen uns nun zunächst mit der räumlichen Anordnung der Wasserstoffatome um die zentralen Kohlenstoffatome des Ethens befassen.

Die Rotation der CH_3-Gruppen um die C–C-Einfachbindung im Ethan ist sehr schnell. Dennoch existieren unterschiedliche (definierte) Konformationen, einige davon sind energieärmere und damit bevorzugte Anordnungen, andere sind engergiereicher und daher ungünstiger. Diese Konformationen wurden früher durch die sogenannte Sägebock-Projektion dargestellt, in der die C–C-Bindung künstlich verlängert ist, um die relative Orientierung der C–H-Bindungen gut abbilden zu können (Bild 1.13). Die Sägebock-Projektion ist jedoch weitgehend durch die Newman-Projektion ersetzt worden.

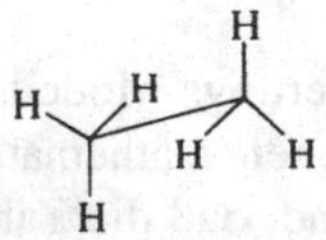

Sägebock-Projektion 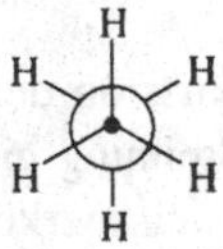 Newman-Projektion

Bild 1.13

Die Newman-Projektion ist ein stilisierter Blick von vorne nach hinten entlang der Bindung, um die die Rotation stattfindet. Der Kreis ist im wesentlichen eine visuelle Hilfe zur Unterscheidung zwischen den Substituenten (beim Ethan Wasserstoffatome) am vorderen und hinteren Kohlenstoffatom. Das vordere wird durch das Zentrum des Kreises repräsentiert. Die Bindungen vom hinteren Kohlenstoffatom zu den Wasserstoffatomen werden vom

Rand des Kreises aus und nicht vom Zentrum aus gezeichnet. Die einzelnen Konformationen, die in Bild 1.13 gezeigt werden, sind die mit dem niedrigsten Energieinhalt und daher bevorzugt. Dies liegt daran, daß die Elektronen der C–H-Bindungen in dieser „gestaffelten" Anordnung einen maximalen Abstand aufweisen. Wenn das hintere Kohlenstoffatom um 60° gedreht wird, sind die C–H-Bindungen an den zwei Kohlenstoffatomen direkt benachbart, dies zwingt die Elektronen nahe zueinander. Diese „ekliptische" Konformation liegt energetisch höher und ist damit ungünstiger (Bild 1.14).

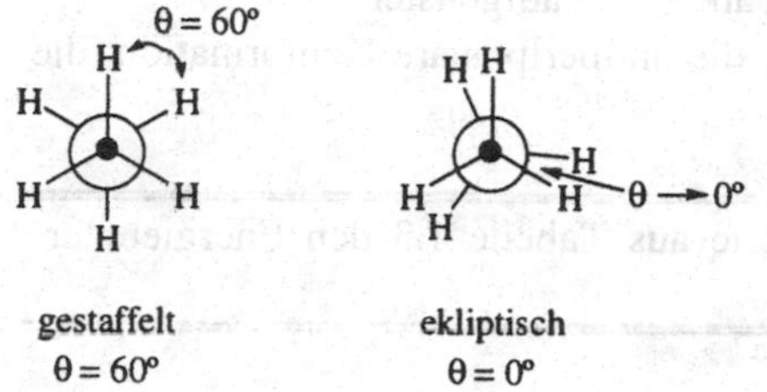

θ = 60°

gestaffelt
θ = 60°

θ → 0°

ekliptisch
θ = 0°

Bild 1.14

In Bild 1.14 ist Theta (θ) der Dieder- oder Torsionswinkel. Dieser beträgt 60° in der gestaffelten und 0° in der ekliptischen Konformation. Die gestaffelte und die ekliptische Konformation lassen sich, unter der Voraussetzung, daß genügend Energie zum Überwinden der Rotationsbarriere zugeführt wird, ineinander überführen. Im Ethan, in dem nur C–H-Bindungen wechselwirken, ist die Rotationsbarriere zwischen der gestaffelten und der ekliptischen Konformation relativ niedrig (14 kJ mol^{-1}). Bei Raumtemperatur reicht die thermische Energie zur freien Rotation, beide Konformere sind vorhanden.

1.5.2 Butan

Unglücklicherweise sind gestaffelt und ekliptisch nicht die einzigen gebräuchlichen Begriffe zum Beschreiben von Konformationen: Zwei weitere Sätze von Begriffen, namentlich *cis-trans-gauche* sowie synperiplanar-synclinal-anticlinal-antiperiplanar, existieren ebenfalls. Diese Begriffe werden benötigt, um komplexere Systeme, in denen die Substituenten nicht alle gleich sind, zu behandeln. Wenn man beispielsweise die Konformationen des Butans um die C2–C3-Bindung betrachtet, sind vier Konformationen denkbar (Bild 1.15).

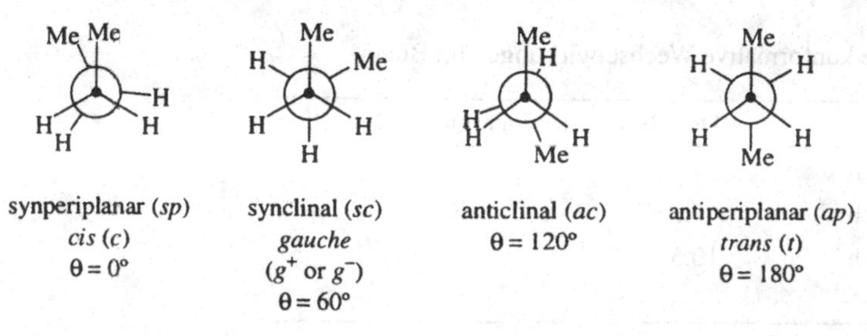

Bild 1.15

Hier haben wir zwei ekliptische (*sp* und *ac*) sowie zwei gestaffelte (*sc* und *ap*) Konformationen. Das synperiplanare Konformer liegt energetisch am höchsten und ist daher am wenigsten populiert. Ursache hierfür ist die Nachbarschaft der, im Vergleich mit den Wasserstoffatomen, sperrigeren Methylgruppen. Am anderen Ende der Skala findet sich das energetisch am tiefsten liegende, antiperiplanare Konformer. In ihm haben alle Elektronenpaare den maximalen Abstand. Die *sc*- und *ac*-Konformere liegen energetisch dazwischen, wie man anhand der Potentialkurve in Bild 1.16 erkennt. Die wichtigen destabilisierenden konformativen Wechselwirkungen für Butan sind in Tabelle 1.3 aufgelistet.

Bei 25°C nehmen etwa 75% der Butan-Moleküle die antiperiplanare Konformation, die verbleibenden 25% die synklinale Konformation ein.

Frage 1.2 Berechen Sie unter Verwendung der Werte aus Tabelle 1.3 den Energieunterschied $\Delta E = b$ aus Bild 1.16.

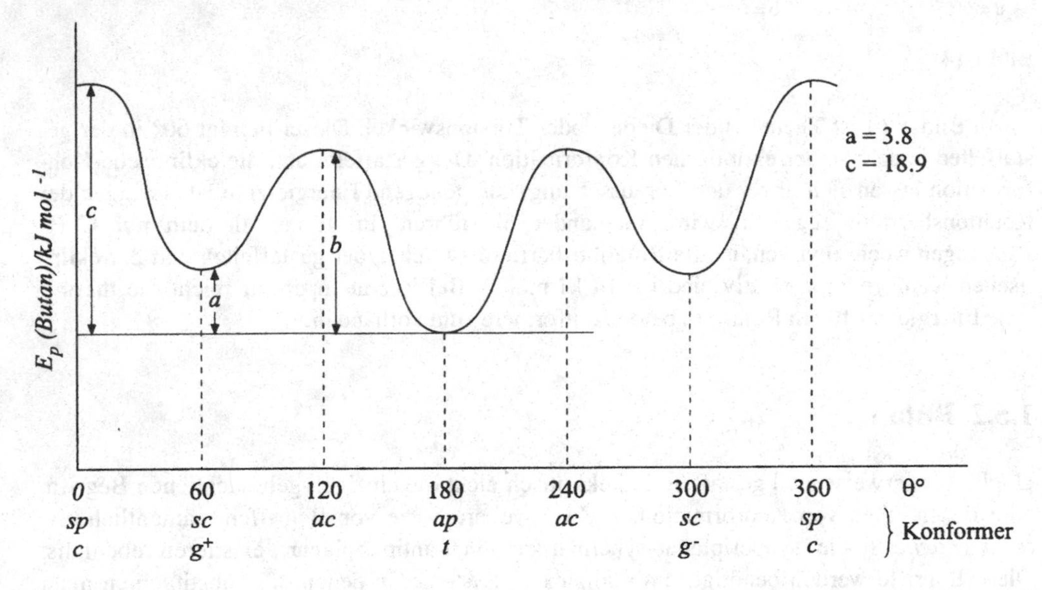

Bild 1.16

Tabelle 1.3 Destabilisierende konformative Wechselwirkungen im Butan.

Wechselwirkung			Destabilisierungsenergie in kJ mol^{-1}
H	H	ekliptisch	4.2
H	CH_3	ekliptisch	5.8
CH_3	CH_3	ekliptisch	10.5
CH_3	CH_3	gauche	3.8

1.5.3 Unsymmetrisch substituierte Alkane

Es ist relativ einfach, die verschiedenen Konformationen, die von Ethan und Butan eingenommen werden, zu erkennen. Diese Verbindungen sind symmetrisch und es ist offensichtlich, welche Atome oder Gruppen die Torsionswinkel bestimmen. Dies ist weniger klar, wenn die Substituenten an den Kohlenstoffatomen an beiden Enden der zu untersuchenden Bindung alle verschieden sind. Um dieses Problems Herr zu werden, wurden einige Regeln entwickelt. Diese sind unten aufgelistet und werden in Bild 1.17 veranschaulicht.

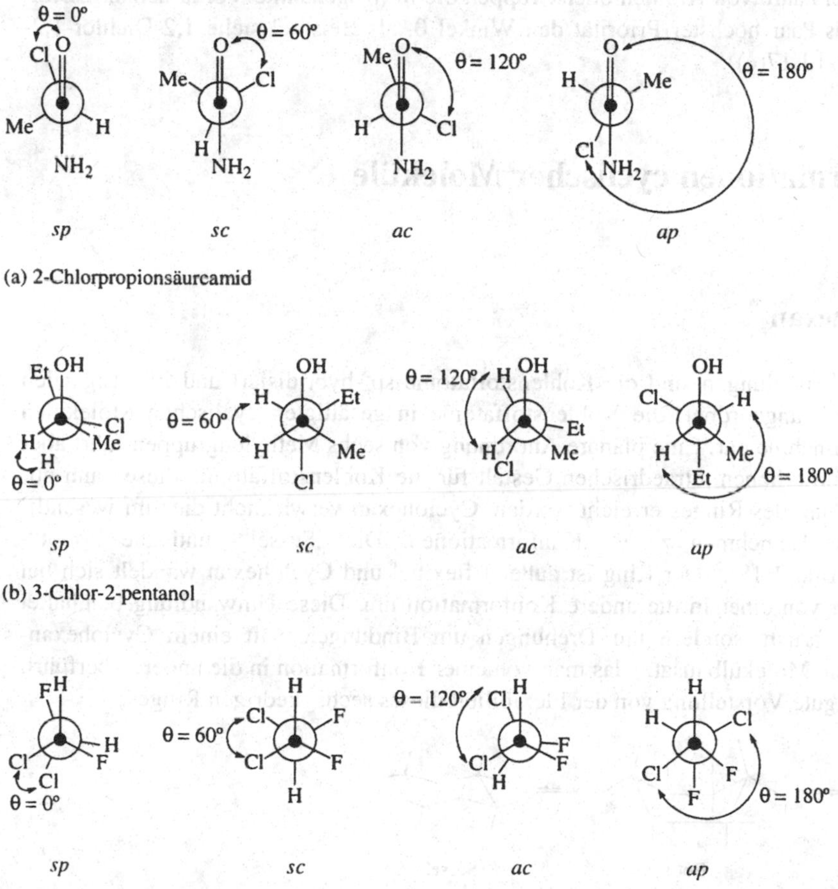

(a) 2-Chlorpropionsäureamid

(b) 3-Chlor-2-pentanol

(c) 1,2-Dichlor-1,2-difluorethan

Bild 1.17

(a) Wenn alle Atome oder Gruppen verschieden sind, wird der Winkel Theta (θ) von dem Atom oder der Gruppe aus gemessen, die gemäß der Sequenzregel bevorzugt ist (d.h. der Substituent höchster Priorität; für eine detaillierte Diskussion der Sequenzregel siehe Abschnitt 2.2.2). Betrachten Sie beispielsweise 2-Chlorpropionsäureamid [Bild 1.17(a)]. Die durch die Sequenzregel bevorzugten Atome sind die mit der höchsten Ordnungszahl, daher wird in diesem Fall θ durch das Sauerstoffatom am vorderen Kohlenstoffatom und das Chloratom am hinteren Kohlenstoffatom definiert. Bedenken Sie, daß aufgrund der planaren, trigonalen Struktur des sp^2-hybridisierten Carbonyl-Kohlenstoffatoms der doppelt gebundene Sauerstoff und die NH_2-Gruppe in der Newman-Projektion 180° auseinanderliegen.

(b) Falls ein Atom oder eine Gruppe an beiden Enden der Bindung gleich ist, wird θ zwischen diesen beiden gemessen, selbst wenn die restlichen Substituenten verschieden und von höherer Priorität sind. Als Beispiel ist in Bild 1.17(b) das 3-Chlor-2-pentanol gezeigt.

(c) Falls zwei Paare von Atomen oder Gruppen die in (b) genannte Voraussetzung erfüllen, definiert das Paar höchster Priorität den Winkel θ, als Beispiel siehe 1,2-Dichlor-1,2-difluorethan (Bild 1.17(c)).

1.6 Konformationen cyclischer Moleküle

1.6.1 Cyclohexan

In gesättigten Verbindungen sind die Kohlenstoffatome sp^3-hybridisiert und ihre Liganden daher tetraedrisch angeordnet, die Kohlenstoffatome in gesättigten cyclischen Molekülen stellen keine Ausnahme dar. Eine planare Anordnung von sechs Methylengruppen führt aber nicht zu der erforderlichen tetraedrischen Gestalt für die Kohlenstoffatome, diese kann nur durch Abwinkelung des Ringes erreicht werden. Cyclohexan verwirklicht dies im wesentlichen durch das Einnehmen zweier Konformationen: Die „Sessel"- und die „Boot"-Konformation (Bild 1.18).[5] Der Ring ist äußerst flexibel und Cyclohexan wandelt sich bei Raumtemperatur von einer in die andere Konformation um. Diese Umwandlung beinhaltet keinen Bindungsbruch, sondern nur Drehungen um Bindungen. Mit einem Cyclohexan-Modell aus einem Molekülbausatz, das man von einer Konformation in die andere überführt, erhält man eine gute Vorstellung von der Flexibilität dieses sechsgliedrigen Ringes.

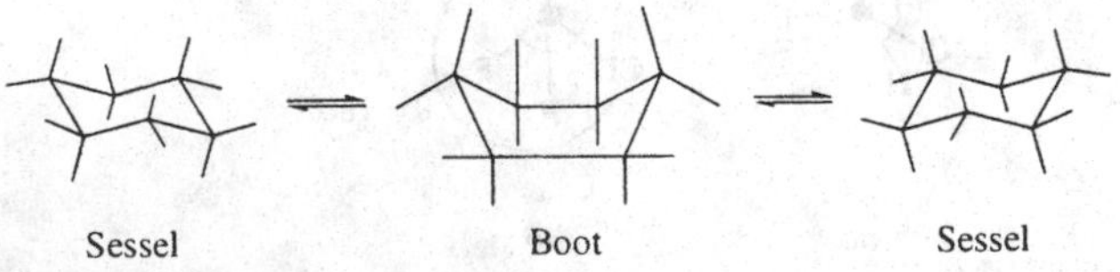

Sessel Boot Sessel

Bild 1.18

Die Sesselform ist energetisch günstiger als die Bootform. Die Gründe hierfür sind Bild 1.19 zu entnehmen. Bei der dort dargestellten Perspektive (rechts ist die sogenannte doppelte Newman-Projektion zu sehen) erkennt man, daß alle Bindungen gestaffelt sind (θ = 60°). Egal entlang welcher C–C-Bindungen der Sessel-Konformation man blickt, sieht man, daß alle Bindungen gestaffelt sind.

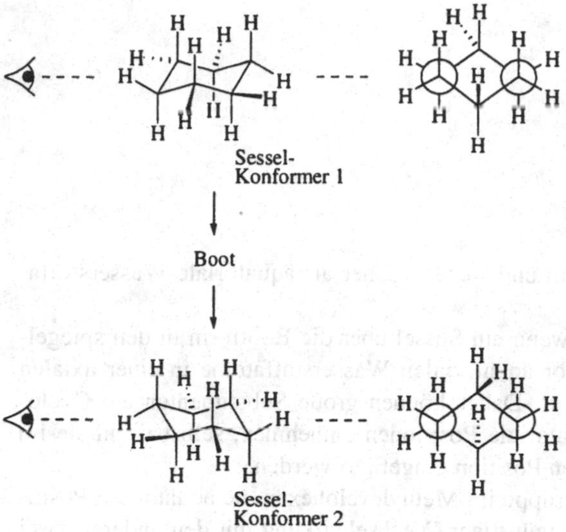

Sessel-
Konformer 1

Boot

Sessel-
Konformer 2

Bild 1.19

Wenn man die gleiche Betrachtung für die Bootform anstellt, sieht man, daß die C–H- und die C–C-Bindungen ekliptisch angeordnet sind. Zusätzlich gibt es eine ungünstige Wechselwirkung zwischen den Wasserstoffatomen an „Bug" und „Heck" des „Bootes", da sich diese sehr nahe kommen (1,4-transanulare Wechselwirkung).

1,4-transannulare
Wechselwirkung

Boot-Konformation

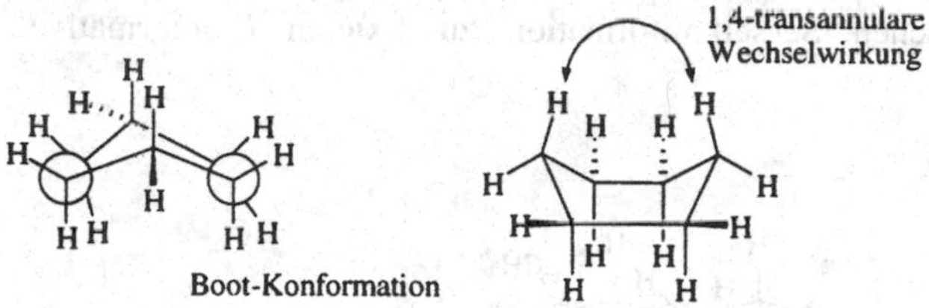

Bild 1.20

1.6.2 Substituenten am Cyclohexan

Nachdem damit gezeigt ist, daß das Ringgerüst des Cyclohexans (a) nicht planar und (b) nicht starr ist, können wir nun die Konsequenzen dieser Tatsache auf die Wasserstoffatome an diesem Ring betrachten. In Bild 1.21(a) kann man zwei verschiedene Sorten von Wasserstoffatomen erkennen. Sechs vertikale C–H-Bindungen, die abwechselnd nach oben und nach unten zeigen, diese Wasserstoffatome besetzen sogenannte axiale Positionen (in Bild 1.21 mit a bezeichnet; axial weil paralell zu einer dreizähligen Drehachse durch die Mitte des Moleküls). Die anderen sechs Wasserstoffatome nehmen (ebenfalls alternierend) Posi-

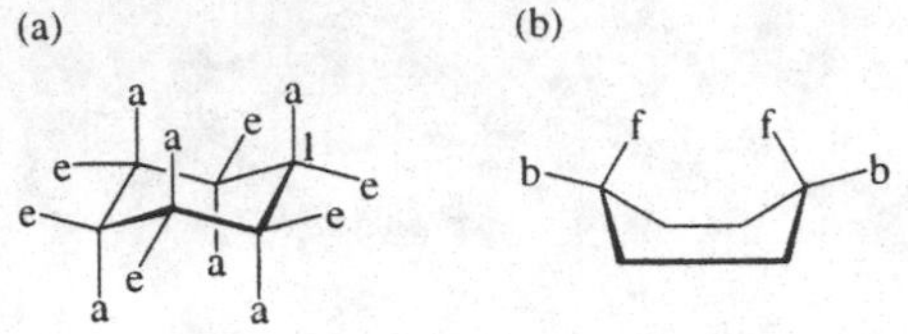

(a) (b)

Bild 1.21

tionen nahe des „Äquators" des Ringes ein und werden daher als äquatoriale Wasserstoffatome bezeichnet.

Man sollte sich bewußt machen, daß wenn ein Sessel über die Bootform in den spiegelbildlichen Sessel überführt wird, die zuvor äquatorialen Wasserstoffatome in einer axialen Position zu liegen kommen und umgekehrt. Daher können große Substituenten am Cyclohexanring ohne Probleme bevorzugt äquatoriale Positionen einnehmen, selbst wenn sie im Lauf der Synthese zunächst in einer axialen Position eingeführt werden.

Beispielsweise bevorzugt die Methylgruppe im Methylcyclohexan die äquatoriale Position. In der axialen Position würde es zu ungünstiger Wechselwirkung mit den anderen zwei axialen Wasserstoffatomen auf der selben Seite des Ringes führen (1,3-diaxiale Wechselwirkung). Jedoch fällt bei der Methylgruppe diese transanulare Wechselwirkung relativ schwach aus, daher beobachtet man bei 25°C ein schnelles Gleichgewicht zwischen den beiden Konformeren. Im Gegensatz dazu nimmt im *tert*-Butylcyclohexan die *tert*-Butylgruppe ausschließlich eine äquatoriale Position ein. Dieser Substituent ist zu sperrig für eine axiale Anordnung, die transanulare Wechselwirkung ist zu stark (Bild 1.22). Dieser Effekt kann in der Synthese nützlich sein, z.B. wenn es notwendig ist, den Cyclohexanring für Reaktionen in einer spezifischen Sesselkonformation zu fixieren (konformative „Ankergruppe").

(a) (b)

Bild 1.22

Die Wasserstoffatome in der Boot-Konformation sind ebenfalls verschieden. An den zwei Kohlenstoffatomen an den Enden des Bootes (C1 und C4) zeigen zwei C–H-Bindungen in den Ring hinein (diese verursachen die obengenannte 1,4-transanulare Wechselwirkung) und die anderen zwei aus dem Ring heraus. In Fortsetzung der nautischen Begriffe könnten diese „Flaggenmast" (f) und „Bugspriet" (b) genannt werden [Bild 1.21(b)].

Frage 1.3 Zeichnen Sie unter Verwendung der in Bild 1.21 benutzten Cyclohexanstrukturen die günstigsten Konformationen von 1,3-Dimethylcyclohexanen.

1.6.3 Cyclohexen und Cyclohexanon

Cyclohexen und Cyclohexanon beinhalten Doppelbindungen und damit sp^2-hybridisierte Kohlenstoffatome. Das Kohlenstoffgerüst des Cyclohexanons muß nur ein trigonales Kohlenstoffatom aufnehmen, dazu ist es ohne große Schwierigkeiten unter Einnahme der normalen Sesselkonformation in der Lage. Es gibt kleine Abweichungen vom Tetraederwinkel, aber der Ring ist flexibel genug, um das zu verkraften (Bild 1.23).

O

Cyclohexanon

Bild 1.23

Im Cyclohexen ist dies schwieriger, da zwei planare, sp^2-hybridisierte Kohlenstoffatome Bestandteil des Ringes sind. Diese verhindern, da die Doppelbindung im Ring vier aufeinanderfolgende Kohlenstoffatome in eine Ebene zwingt, daß der Ring eine Sessel- oder Boot-Konformation einnimmt. Die verbleibenden zwei sp^3-Kohlenstoffatome besitzen noch genügend Freiraum, um zwei verschiedene Konformationen, den sogenannten Halbsessel und das sogenante Halbboot einzunehmen (Bild 1.24).[6] Die Wasserstoffatome an den der Doppelbindung benachbarten sp^3-Kohlenstoffatomen des Cyclohexenringes werden „pseudoaxial" (a') und „pseudoäquitorial" (e') genannt.

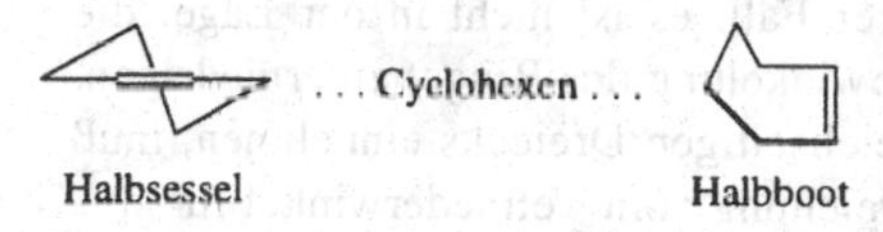

Bild 1.24

1.6.4 Kleinere Ringe

Die Abweichung vom normalen Bindungswinkel (109.5° für sp^3-, 120° für sp^2- und 180° für sp-Hybridisierung) ist als Winkelspannung oder Baeyer-Spannung bekannt. Zwei anderen Arten von Spannung sind wir in diesem Kapitel bereits begegnet: ekliptische Spannung (Pitzer-Spannung) und transanulare Spannung (Prelog-Spannung, z.B. 1,3-diaxiale Wechselwirkung, Bild 1.22).

Ringe kleiner als Fünfringe sind besonders gespannt; das Bestreben diese Spannung abzubauen ist für die hohe Reaktivität einiger dieser Kleinringe verantwortlich (Spannungsenergie ist als die experimentell bestimmte Energie (Enthalpie) über der berechneten Energie der korrespondierenden, ungespannten Struktur definiert). Vier und fünfgliedrige Ringe nehmen, um Spannung abzubauen und um dem Tetraederwinkel möglichst nahe zu kommen, abgewinkelte Konformationen ein.[7] So existiert etwa Cyclopentan in einer „Briefumschlag"-Konformation, in der vier der Kohlenstoffatome coplanar sind und das fünfte Kohlenstoff-

atom über oder unter der Ebene liegt. Diese steht im Gleichgewicht mit einer andere Kon- mation, der twist-Konformation, in der drei Kohlenstoffatome coplanar sind und ein Kohlenstoffatom über und eines unter dieser Ebene liegt (Bild 1.25). Die Unterschiede zwischen diesen beiden Konformeren sind besonders schwierig darzustellen, daher wird an dieser Stelle ein Molekülmodell wärmstens empfohlen.

(a) (b)

. . . Cyclopentan . . .

Briefumschlag Twist

Cyclobutan

Bild 1.25

Der Cyclobutanring ist zum Erreichen einer optimalen Konformation entlang der Diagonale abgeknickt.[8] Die Wasserstoffatome sind entlang der C–C-Bindungen soweit wie möglich gestaffelt. Dies kompensiert, zumindest zu einem gewissen Gerad, die transanularen 1,3-Wechselwirkungen.

1.6.5 Cyclopropan

Als dreigliedriger Ring ist Cyclopropan ein besonderer Fall, es ist nicht in der Lage, die Winkelspannung durch eine planare Deformierung (Abwinkelung des Rings) zu erniedrigen. Da die drei Kohlenstoffatome die Eckpunkte eines gleichseitigen Dreiecks einnehmen, muß der C–C–C-Winkel 60° betragen, was eine starke Abweichung vom Tetraederwinkel für sp^3-hybridisierte Kohlenstoffatome darstellt.

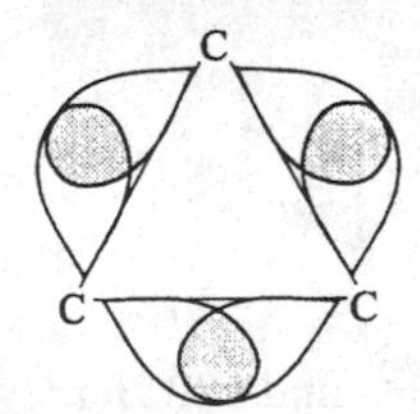

Bild 1.26

Um dieser Abweichung gerecht zu werden, wurde eine Modifikation des oben diskutierten Hybridisierungsmodelles vorgeschlagen, das in zwei Punkten differiert.[9] (a) Die Hybridisierung erfolgt nicht gleichmäßig in allen Bindungen des Cyclopropans. Aus Tabelle 1.2 geht hervor, daß der Bindungswinkel um so kleiner ausfällt, je höher der p-Charakter eines Orbitals ist (vergleiche sp^3 109.5° und sp 180°). Daher müssen im Cyclopropan die C–C-Bindungen einen höheren p-Charakter als eine normale sp^3-Bindung aufweisen. Umgekehrt ist damit für die C–H-Bindungen ein niedrigerer p-Charakter und somit ein höherer s-Charakter verbunden. In quantitativen Begriffen hat dies zum Konzept der „Prozent s-Charakter" geführt, und basierend auf ^{13}C-NMR-Experimenten wurde ein Wert von 33% für die C–H-Bindung und 17% für die C–C-Bindungen des Cyclopropans vorgeschlagen. (b) Die Orbitale der Ringbindungen entstammen nicht einer linearen, sondern einer gebogenen Überlappung. Damit findet die Überlappung zu einem gewissen Ausmaß seitlich statt (Bild 1.26). Für die meisten ungespannten Moleküle ist der internucleare Winkel (Bindungswinkel) identisch mit dem Interorbitalwinkel (im Methan beispielsweise beide 109.5°). Cyclopropen dagegen ist ein Fall, in dem beide verschieden sind: Der Bindungswinkel beträgt 60°, aber der Interorbitalwinkel etwa 104°!

1.6.6 Polycyclische Verbindungen

In polycyclischen Verbindungen nehmen die einzelnen Ringe, soweit es möglich ist, ihre Vorzugskonformationen ein. Bild 1.27 illustriert die bevorzugte Gestalt des tetracyclischen Steroidgerüstes mit seinen drei sechsgliedrigen und einem fünfgliedrigen Ring.

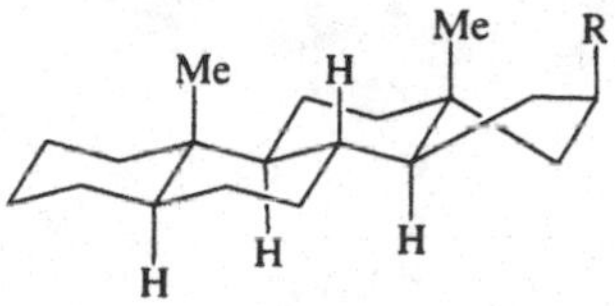

Me H Me R H H H

Steroid

Bild 1.27

Frage 1.4 Betrachten Sie die Struktur von $H_2C{=}C{=}CH_2$. Diese Verbindung heißt Allen und ist das einfachste Mitglied einer Serie von Molekülen mit unmittelbar aufeinander folgenden Doppelbindungen, den Kumulenen. Welche Hybridisierung liegt an den einzelnen Kohlenstoffatomen vor, und wie unterscheidet sich das zentrale Kohlenstoffatom von den beiden endständigen? Wie stehen die C–H-Bindungen zueinander und welche Gestalt hat das ganze Molekül?

Die ungewöhnliche Gestalt des Allens hat stereochemische Konsequenzen, sobald verschiedene Substituenten an die Kohlenstoffatome gebunden sind. Dies wird später bei der Diskussion von Chiralität diskutiert werden. Das nächste Homologe der Serie ist das Butatrien, $H_2C{=}C{=}C{=}CH_2$. Ermitteln Sie die Hybridisierung der einzelnen Kohlenstoffatome und die Gestalt des Moleküls und vergleichen Sie sie mit der von Allen. Welche allgemeine Beziehung besteht zwischen der Gestalt eines Kumulens und der Zahl seiner Kohlenstoffatome?

1.6.7 Heterocyclische Ringsysteme

Ein sechsgliedriger Ring mit einem Sauerstoffatom (Tetrahydropyran) nimmt eine Sesselkonformation ein (Bild 1.28). Alkylsubstituenten bevorzugen unabhängig von ihrer Position eine äquatoriale Position. Dagegen ist ein α-Alkoxy-Substituent in der axialen Position günstiger. Dieses Phänomen, der sogenannte anomere Effekt,[10] geht – zumindest zum Teil –

auf ungünstige Dipol-Dipol-Wechselwirkungen der Sauerstoffatome im Fall einer äquatorialen Position zurück.

Im *N*-Ethylpiperidin bevorzugt der Ethylsubstituent die äquatoriale Position, das freie Elektronenpaar dagegen die axiale (Bild 1.28).

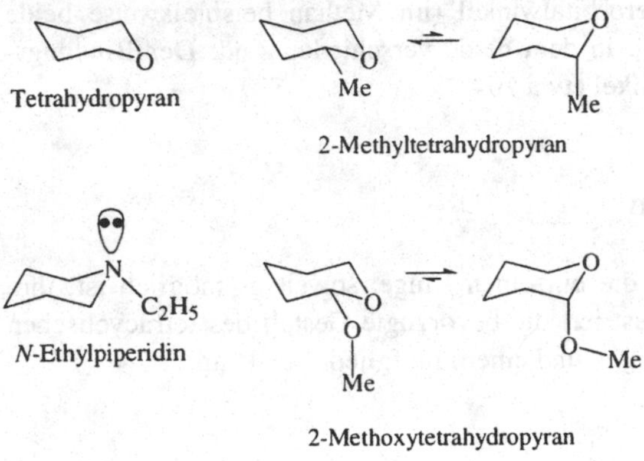

Tetrahydropyran

Me

Me

2-Methyltetrahydropyran

C_2H_5

N-Ethylpiperidin

Me

Me

2-Methoxytetrahydropyran

Bild 1.28

Antworten

Frage 1.1 Für CH_3^+ ist die Grundzustandskonfiguration des Kohlenstoffatoms $1s^2\ 2s^2\ 2p^1$. Eine sp^2-Hybridisierung führt (nach Bindung an die Wasserstoffatome) zu einer ebenen, trigonalen Anordnung mit einem leeren p-Orbital.

Für CH_3^- ist die Grundzustandskonfiguration $1s^2\ 2s^2\ 2p^3$. Hybridisierung und Bindung an die Wasserstoffatome liefet eine pyramidale Anordnung der Atome (Inversionsbarriere 63 kJ mol^{-1}). Das „unsichtbare" freie Elektronenpaar stellt den vierten Arm des Tetraeders dar.

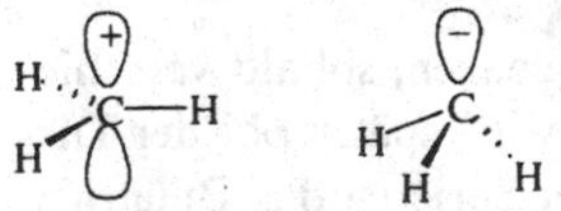

Frage 1.2 15.8 kJ mol^{-1}. Der Leser kann auch die Werte $\Delta E = a$ und $\Delta E = c$ mit den Werten aus Tabelle 1.3 vergleichen.

Frage 1.3 Die Vorzugskonformationen der beiden 1,3-Dimethylcyclohexane sind unten gezeigt.

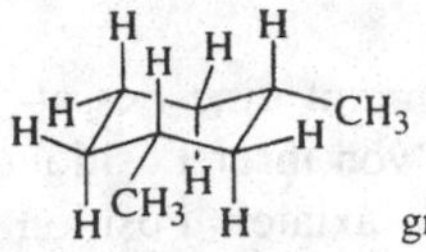

Beide Substituenten äquatorial: Die Anordnung mit den zwei axialen Methylgruppen ist weniger stabil.

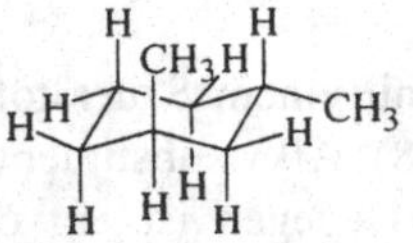

Eine Methylgruppe ist axial, die andere äquatorial. 'Umklappen' in den anderen Sessel ändert die Gesamtsituation nicht.

Frage 1.4 Das zentrale Kohlenstoffatom ist sp-hybridisiert, die terminalen Kohlenstoffatome sp^2-hybridisiert. Die Ebene durch das linke Kohlenstoffatom und die daran gebundenen Wasserstoffatome und die gleiche Ebene am rechten Kohlenstoffatom stehen senkrecht aufeinander, d. h. die Gesamtstruktur ist ein langgezogener Tetraeder.

Im Butatrien sind zwei Kohlenstoffatome sp-hybridisiert und zwei sp^2-hybridisiert. Die Wasserstoffatome liegen alle in einer Ebene, es handelt sich um ein planares Molekül.

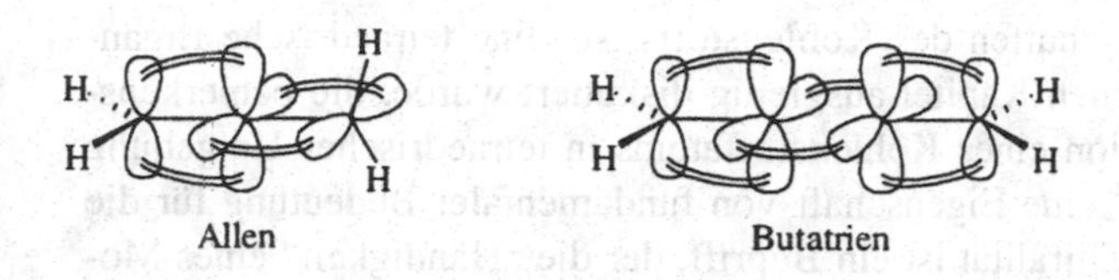

Allgemein beobachtet man für $H_2C{=}C_n{=}CH_2$ mit ungeradzahligem n die Gestalt eines langgezogenen Tetraeders. Mit geradzahligem n sind die Moleküle planar.

Literatur

1. Äquivalent nur was Aspekte wie Bindungslängen und Bindungswinkel anbelangt, nicht jedoch elektronisch äquivalent: C. R. Brundle, M. B. Robin, H. Basch, *J. Chem. Phys.* **1970**, *53*, 2196-2213. Baker, Betteridge, Kemp, Kirby, *Mol. Struct.* **1971**, *8*, 75. Potts, Price, *Proc. R. Soc. London, Ser. A* **1972**, *326*, 165.
2. R. J. Gillespie, R. S. Nyholm, *Quart. Rev.* **1975**, *11*, 339-380. R. J. Gillespie, *J. Chem. Educ.* **1963**, *40*, 295-301. R. J. Gillespie, *Angew. Chem.* **1967**, *79*, 885-896. R. J. Gillespie, *J. Chem. Educ.* **1970**, *47*, 18-23.
3. W. A. Bingel, W. Lüttke, *Angew. Chem.* **1981**, *93*, 944-956.
4. H. H. Lau, *Angew. Chem.* **1961**, *73*, 423-432. E. L. Eliel, N. L. Allinger, S. J. Angyal, G. A Morrison, *Conformational Analysis*, Interscience Publ., New. York, 1981. Sundstrom, *Adv. Phys. Org. Chem.* **1989**, *25*, 1-97.
5. Jensen, Bushweller, *Adv. Alicyclic Chem.* **1971**, *3*, 139-194. D. L. Robinson, D. W. Theobald, *Q. Rev. Chem. Soc.* **1967**, *21*, 314-330. E. L. Eliel, *Angew. Chem.* **1965**, *77*, 784-797.
6. D. H. R. Barton, R. C. Cookson, W. Klyne, C. W. Shoppee, *The Conformation of Cyclohexene, Chem. Ind. (London)* **1954**, 21.
7. B. Fuchs, *Top. Stereochem.* **1978**, *10*, 1-94. A. C. Legon, *Chem. Rev.* **1980**, *80*, 231-262.
8. R. M. Moriarty, *Top. Stereochem.* **1974**, *8*, 271-421. F. A. Cotton, B. A. Frenz, *Tetrahedron* **1974**, *30*, 1587-1594.
9. A. de Meijere, *Angew. Chem.* **1979**, *91*, 867-884. D. Cremer, E. Kraka, *J. Am. Chem. Soc.* **1985**, *107*, 3800-3810. Slee, *Mol. Struct. Energ.* **1988**, *5*, 63-114.
10. Kirby, *The Anomeric Effect and Related Stereoelectronic Effects at Oxygen*, Springer, New York, 1983. N. S. Zefirov, *Tetrahedron* **1977**, *33*, 3193-3202. R. U. Lemieux, *Pure Appl. Chem.* **1971**, *27*, 527-547. S. J. Angyal, *Angew. Chem.* **1969**, *81*, 172-182.

2 Chiralität in Molekülen mit asymmetrisch substituierten, tetraedrischen Zentren

Von den vielen interessanten Eigenschaften des Kohlenstoffs ist seine tetraedrische Ligandenumgebung, die im vorangegangenen Kapitel ausgiebig diskutiert wurde, die bemerkenswerteste. Unsymmetrische Substitution eines Kohlenstoffatoms in tetraedrischer Umgebung führt zum Phänomen der Chiralität,[1] eine Eigenschaft von fundamentaler Bedeutung für die gesamte Chemie dieses Elementes. Chiralität ist ein Begriff, der die „Händigkeit" eines Moleküls beschreibt, eine Eigenschaft der dieses Kapitel gewidmet ist. Bild 2.1 zeigt eine Reihe einfacher Moleküle die chiral sind.

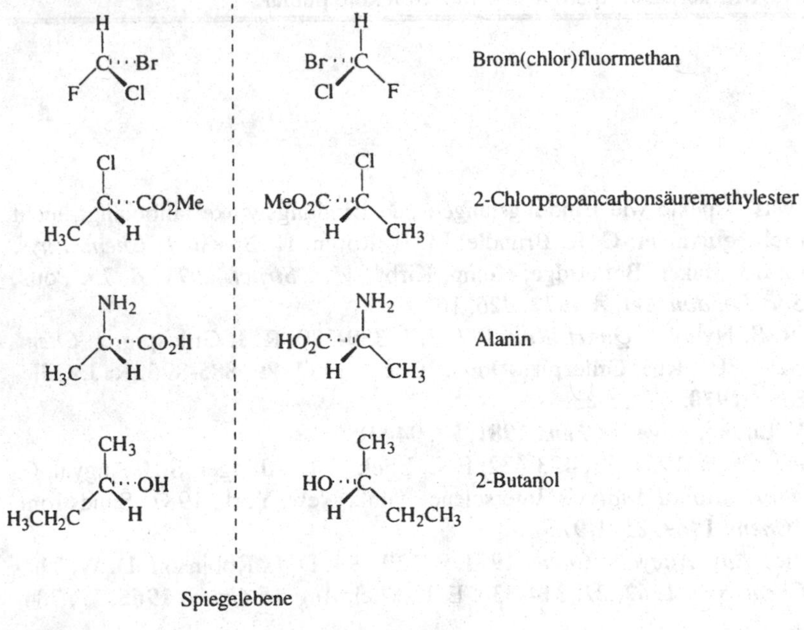

Brom(chlor)fluormethan

2-Chlorpropancarbonsäuremethylester

Alanin

2-Butanol

Spiegelebene

Bild 2.1

Zwei Dinge sollten sofort erkennbar sein: (a) Die Paare der oben abgebildeten Moleküle sind Spiegelbilder und lassen sich nicht zur Deckung bringen. Falls Sie dies in den zweidimensionalen Darstellungen nicht erkennen können, bauen Sie unbedingt ein Modell der zwei Formen des Brom(chlor)fluormethans und vergegenwärtigen Sie sich die Nicht-Überlagerbarkeit oder Chiralität der beiden Spiegelbildisomere.

Chiralität ist nicht auf Moleküle beschränkt: In der Natur gibt es viele Beispiele für nicht überlagerbare Spiegelbilder, die menschlichen Hände und Füße sind vermutlich die naheliegendsten Beispiele. In der Tat zeigt die Natur ein hohes Maß an „Händigkeit" und auf molekularer Ebene finden viele der wichtigsten biologischen Prozesse nur mit einer chiralen Form eines Substrates statt. Ein wirklich erstaunliches Beispiel ist die Übertragung genetischer Information von einer Generation auf die nächste: nur die DNA mit einer rechtsgängigen Helix (siehe Kapitel 13) bewirkt in Zellen diesen für das Leben so fundamentalen Prozeß.

Um zu einfacheren Molekülen zurückzukehren, betrachten wir nochmals die aus Bild 2.1. Jedes enthält ein Kohlenstoffatom mit vier verschiedenen Substituenten. Solche Kohlenstoffatome werden sowohl als Chiralitätszentren, Asymmetriezentren oder stereogene Zentren bezeichnet. Alle drei Alternativen sind gegenwärtig in Gebrauch, hier wird der Begriff „chiral" nur auf ganze Moleküle angewendet. Er bedeutet, daß das Molekül in nicht überlagerbaren Spiegelbildformen existieren kann. Der Begriff „stereogenes Zentrum" wird zur Beschreibung der Kohlenstoffatome, die die beobachtete Chiralität verursachen können, verwendet.

2.1 Chirale Moleküle mit einem stereogenen Zentrum: Enantiomere

Bild 2.2 zeigt die zwei Formen von 2-Butanol. Die beiden Formen werden Enantiomere oder Enantiomorphe genannt. Die physikalischen und chemischen Eigenschaften der beiden Enantiomere sind identisch, ausgenommen ihre Wechselwirkung mit (a) planar polarisiertem Licht (optische Aktivität) und (b) chiralen Reagenzien. Allgemein unterscheiden sich Enantiomere in ihren vektoriellen, nicht aber in ihren skalaren physikalischen Eigenschaften.

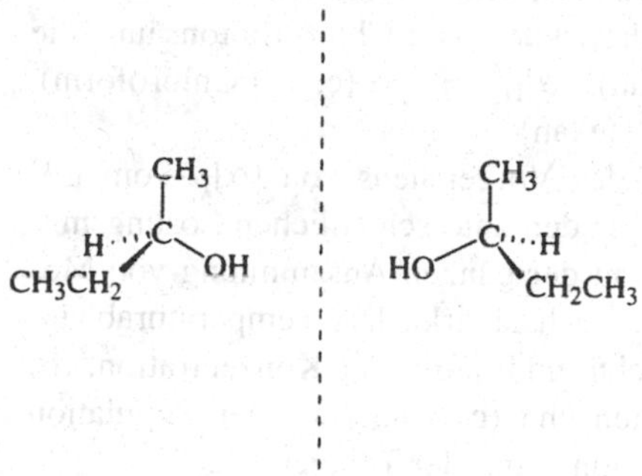

CH_3 / H···C / CH_3CH_2 / OH
CH_3 / C···H / HO / CH_2CH_3

Bild 2.2

2.1.1 Optische Aktivität

Wenn ein planar polarisierter Lichtstrahl durch eine Zelle mit einer Probe eines einzelnen Enantiomers geschickt wird, dreht sich die Polarisationsebene entweder nach rechts oder nach links. Das andere Enantiomer dreht die Polarisationsebene des Lichtes unter den genau gleichen Bedingungen (Temperatur, Lösungsmittel, Konzentration) um den genau gleichen Betrag in die andere Richtung. Dieses Phänomen wird optische Aktivität genannt.

Man ist übereingekommen, das Enantiomer, das eine Drehung nach rechts (im Uhrzeigersinn wenn man auf die Lichtquelle zu blickt) bewirkt, als dextrorotatorisch (*d*) oder das (+)-Enantiomer zu bezeichnen. Das Enantiomer, das eine Drehung nach links (gegen den Uhrzeigersinn) verursacht, wird laevorotatorisch (*l*) oder das (–)-Enantiomer genannt. Die optische Drehung wird durch ein Polarimeter gemessen, eine Skizze der Apparatur findet sich in Anhang 1.

2.1.2 Spezifische Drehung

Das Ausmaß und das Vorzeichen der optischen Aktivität eines Enantiomers werden gewöhnlich als spezifische Drehung (oder ausführlicher als spezifisches optisches Drehvermögen) bezeichnet. Dieses beträgt $\alpha/\gamma l$, wobei α der Winkel der optischen Drehung in Grad, γ die Massenkonzentration in g cm^{-3} und l die Weglänge des Lichtes durch die Lösung in dm ist. Diese Größe wird normalerweise in der Form $[\alpha]_\lambda^\theta$ angegeben, wobei λ die Wellenlänge des polarisierten Lichtes ist (meist die Natrium-D-Linie; 589 nm) und θ die Temperatur in Grad Celsius bei der die Messung durchgeführt wurde. Die meisten spezifischen Drehwerte werden bei Raumtemperatur gemessen und die vermutlich am häufigsten anzutreffende Angabe lautet $[\alpha]_D^{20}$. Beispielsweise beträgt der spezifische Drehwert des rechtsdrehenden 2-Butanols $[\alpha]_\lambda^\theta$ = +13 (als Reinsubstanz). Die Einheit des spezifischen Drehwertes lautet Grad cm^3 g^{-1} dm^{-1}, aber man ist übereingekommen, diese nicht anzugeben. Dagegen ist es unbedingt notwendig, das Lösungsmittel (wenn verwendet), die Temperatur und die Konzentration (c) anzugeben, da jede Veränderung dieser Parameter eine Veränderung des Zahlenwertes nach sich ziehen kann. So werden für linksdrehende (–)-2-Chlorpropionsäure die folgenden Werte gemessen: $[\alpha]_D^{32}$ = –27 (c, 1.0 Hexan), $[\alpha]_D^{32}$ = –35 (c, 1.0 Chloroform), $[\alpha]_D^{32}$ = –17 (c, 1.0 Reinsubstanz), $[\alpha]_D^{5}$ = –24 (c, 1.0 Hexan).

Die Abhängigkeit des Wertes und (gelegentlich) des Vorzeichens von $[\alpha]_\lambda^\theta$ vom Lösungsmittel beruht auf der Tatsache, daß die Molelküle in den unterschiedlichen Lösungsmitteln verschieden stark solvatisiert sind und das Licht mit der ganzen Ansammlung von Molekülen, den gelösten Teilchen und seiner Solvathülle, wechselwirkt. Die Temperaturabhängikeit von $[\alpha]_\lambda^\theta$ beruht auf (a) Änderungen in der Dichte und damit der Konzentration, (b) Änderungen der Assoziationsgleichgewichts-Konstanten und (c) Änderung der Population verschiedener (und jeweils asymmetrischer) Konformationen mit der Temperatur.

Frage 2.1 Rechtsdrehendes α-Pinen hat einen spezifischen Drehwert von $[\alpha]_D^{20}$ = +51.3. Welcher Anteil jedes Enantiomers liegt in einer Probe, die einen Drehwert von $[\alpha]_D^{20}$ = +30.8 aufweist, vor? Beide Drehwerte wurden im gleichen Lösungsmittel bei derselben Konzentration gemessen.

2.1.3 Racemate

Da die optische Aktivität der einzelnen Enantiomeren eines Enantiomerenpaares bis auf die entgegengesetzen Vorzeichen gleich ist, ist eine Probe, die sich aus identischen Anteilen beider Enantiomere zusammensetzt, optisch inaktiv. Man beobachtet keine Drehung, da die Drehung des einen Enantiomers durch die des anderen Enantiomers ausgelöscht wird.

Eine solche Mischung nennt man Racemat und im allgemeinen führt die Bildung einer Verbindung mit einem stereogenen Zentrum aus achiralen Ausgangsmaterialien und Reagenzien zu Racematen. Beispielsweise liefert die Reduktion von Butanon mit Natriumborhydrid eine 50:50 Mischung der beiden Enantiomeren von 2-Butanol (Bild 2.3), diese wird als (±)-2-Butanol bezeichnet.

Bild 2.3

2.2 Chirale Moleküle mit zwei stereogenen Zentren: Diastereomere

2.2.1 Reaktion von Enantiomeren mit chiralen Reagenzien

Fahren wir mit dem Beispiel von 2-Butanol fort und untersuchen jetzt seine Reaktion mit einem Enantiomer eines chiralen Reagenzes, das ein stereogenes Zentrum definierter Konfiguration besitzt. Solch ein Reagenz ist 2-Chlorpropionsäure und die zwei Produkte, die in dieser Reaktion mit (±)-2-Butanol entstehen, sind die Ester E1 und E2 (Bild 2.4).

E1 und E2 sind immer noch chiral, und es handelt sich nach wie vor um Isomere, aber nicht um Enantiomere, da E1 nicht das Spiegelbild von E2 ist. Die zwei Ester, die nun zwei stereogene Zentren beinhalten, bezeichnet man als Diastereoisomere oder kurz Diastereomere. Anders als Enantiomere unterscheiden sich Diastereomere auch in ihren skalaren physikalischen Eigenschaften wie z.B. den Schmelzpunkt, Siedepunkt, Retentionszeiten, R_f-Werte und haben damit den Vorteil über Standardtechniken wie Kristallisation, Destillation oder Chromatographie trennbar zu sein.

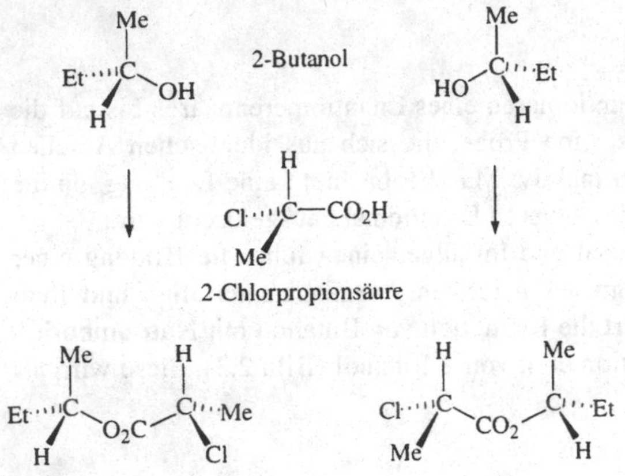

2-Butanol

2-Chlorpropionsäure

E1 E2

Bild 2.4

Betrachten wir nun die Reaktion von 2-Butanol mit dem anderen Enantiomer der 2-Chlorpropionsäure. Zwei weitere Ester E3 und E4 werden gebildet [Bild 2.5(a)]. Damit sind insgesamt vier Stereoisomere für diese Struktur mit zwei stereogenen Zentren möglich. Allgemein gibt es für jedes Molekül mit *n* nichtidentischen, voneinander unabhängiger stereogenen Zentren 2^n mögliche Stereoisomere.

Frage 2.2 Markieren Sie die stereogenen Zentren in den folgenden Molekülen mit Sternchen.

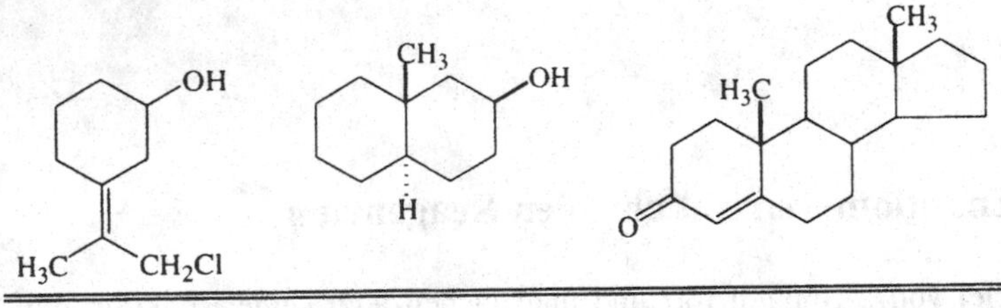

Bild 2.5(b) zeigt die Beziehungen zwischen E1, E2, E3 und E4. Die Paare E1, E4 bzw. E2, E3 sind Spiegelbildisomere und damit Enantiomerenpaare. Es gibt keine weiteren Spiegelbildbeziehungen, alle anderen Paarungen (E1, E2; E1, E3; E2, E4; E3, E4) sind Diastereomere. Es ist wichtig zu erkennen, daß ein Molekül allgemein nur ein einziges Enantiomer, aber mehrere Diasteromere haben kann.

(a)

E1 E2

E3 E4

(b)

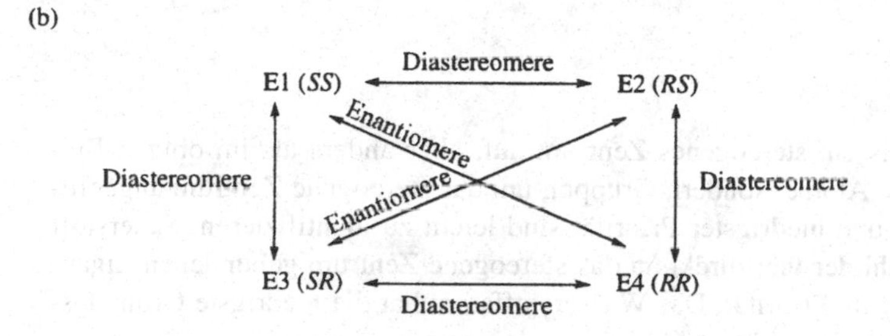

Bild 2.5

2.2.2 Die *Cahn-Ingold-Prelog* (CIP) Sequenzregel

In Molekülen mit noch mehr stereogenen Zentren wird es notwendig, zwischen einer noch größeren Zahl möglicher Stereoisomerer zu unterscheiden. Zu diesem Zweck wurde von Cahn, Ingold und Prelog die Sequenzregel ersonnen, um die einzelnen Stereoisomeren eindeutig benennen zu können. Dieses System beruht auf der Priorität der Substituenten, die ein stereogenes Zentrum umgeben, und basiert dabei auf der Ordnungszahl.[2]

Brom(chlor)fluormethan, CHBrClF ist ein einfaches Beispiel mit nur einem stereogenen Zentrum, die zwei Enantiomeren unterscheiden sich wie folgt. Zuerst werden die Substituenten nach ihrer Priorität geordnet: je höher die Ordnungszahl, desto höher die Priorität. Dies bedeutet für unser Beispiel Br > Cl > F > H, wobei „>" für „besitzt Priorität über" steht.

Im nächsten Schritt betrachtet man das Molekül von der dem Substituenten niedrigster Priorität abgewandten Seite, in unserem Beispiel das Wasserstoffatom (Bild 2.6). Man blickt dann auf eine trigonale Anordnung der verbleibenden drei Liganden. Die Anordnung, in der die Substituenten nach fallender Priorität im Uhrzeigersinn angeordnet sind, nennt man das *R*-Enantiomer (vom lateinischen *rectus*, rechts). Die andere Anordnung nach fallender Priorität entgegen dem Uhrzeigersinn ist das *S*-Enantiomer (*sinister*, links).

Die Stereodeskriptoren *R* und *S* werden in runden Klammern vor den Namen der Verbindung gestellt. Daher werden die beiden Enantiomeren als (*S*)-Brom(chlor)fluormethan und (*R*)-Brom(chlor)fluormethan bezeichnet.

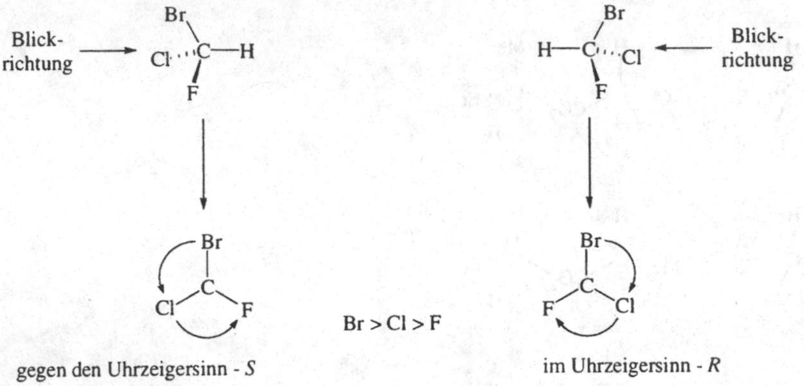

Blickrichtung

Blickrichtung

Br > Cl > F

gegen den Uhrzeigersinn - *S*

im Uhrzeigersinn - *R*

Bild 2.6

2-Butanol weist ebenfalls ein stereogenes Zentrum auf, aber anders als im obigen Beispiel sind hier nicht einzelne Atome, sondern Gruppen um das stereogene Zentrum angeordnet. Die Liganden höchster und niedrigster Priorität sind leicht zu identifizieren. Sauerstoff hat die höchste Ordnungszahl der vier direkt an das stereogene Zentrum gebundenen Liganden und damit auch die höchste Priorität. Das Wasserstoffatom hat die niedrigste Ordnungszahl und deshalb die niedrigste Priorität.

Um zwischen der CH_3 und der CH_2CH_3-Gruppe zu differenzieren, müssen wir erneut die Prioritätsregel bemühen, diesmal aber auf die Sätze von Atomen, die direkt an die Liganden-Kohlenstoffatome gebunden sind. Jeder Satz wird in der Reihenfolge fallender Priorität aufgelistet und die beiden Sätze werden verglichen. Der erste Unterschied bestimmt die Priorität. Für unseres Beispiel bedeutet dies:

Methylgruppe – drei Wasserstoffatome gleicher Priorität C(HHH)
Ethylgruppe – ein Kohlenstoffatom (höhere Priorität), zwei Wasserstoffatome C(CHH)

Der erste Unterschied ist unterstrichen, Kohlenstoff weist eine höhere Priorität als Wasserstoff auf, damit hat die Ethylgruppe eine höhere Priorität als die Methylgruppe. Die Stereodeskriptoren *R* und *S* können nun den beiden Enantiomeren zugewiesen werden (Bild 2.7).

Für komplexere Moleküle existieren eine Reihe weiterer Kriterien zur Bestimmung der Priorität der Substituenten. Ein wichtiges Kriterium ist die Betrachtung von Mehrfachbindungen als die äquivalente Zahl von Einfachbindungen. Beispielsweise wird eine Carbonylgruppe wie zwei C–O-Bindungen behandelt, die Doppelbindung eines Alkens wie zwei C–C-Bindungen, die Dreifachbindung eines Alkins wie drei C–C-Bindungen und eine Nitrilgruppe wie drei C–N-Bindungen.

Um dies zu verdeutlichen, ist das Enantiomer der 2-Chlorpropionsäure, das zu den Estern E1 und E2 führt, in Bild 2.8 nochmals mit Blickrichtung entlang der C–H-Bindung, dargestellt. Die Abfolge der Priorität ist Cl > C(OOO) > C(HHH), was in diesem Fall entgegen dem Uhrzeigersinn verläuft, somit liegt das *S*-Isomer vor. Das Enantiomer, das zu E3 und E4 führt, ist als Spiegelbild dann natürlich die (*R*)-2-Chlorpropionsäure (Bild 2.9).

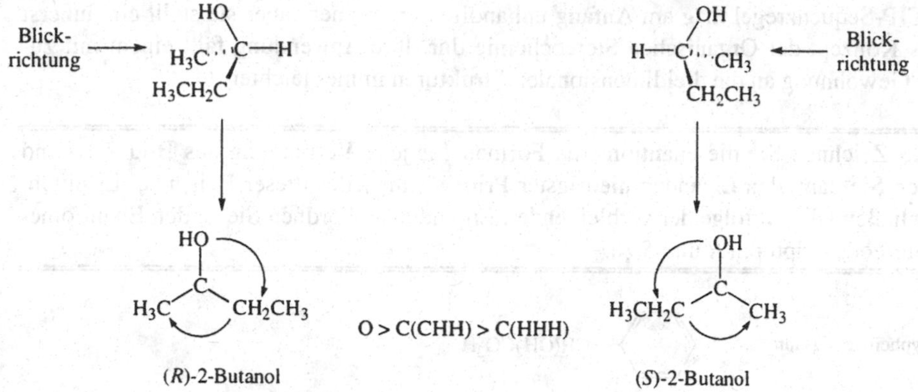
Blick-richtung
HO
H3C
C
H
H3CH2C
OH
H
C
CH3
CH2CH3
Blick-richtung
HO
C
H3C
CH2CH3
O > C(CHH) > C(HHH)
OH
C
H3CH2C
CH3
(R)-2-Butanol
(S)-2-Butanol

Bild 2.7

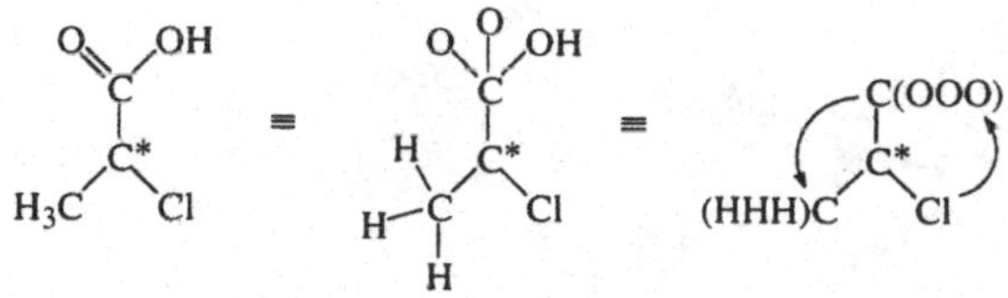
O
OH
C
C*
H3C
Cl
O
O
OH
C
H
C*
H
C
Cl
H
C(OOO)
C*
(HHH)C
Cl

Bild 2.8 Die stereogenen Kohlenstoffatome sind durch Sternchen markiert. Das Wasserstoffatom befindet sich auf der Rückseite, wir betrachten das Molekül von der dem Liganden niedrigster Priorität abgewandten Seite.

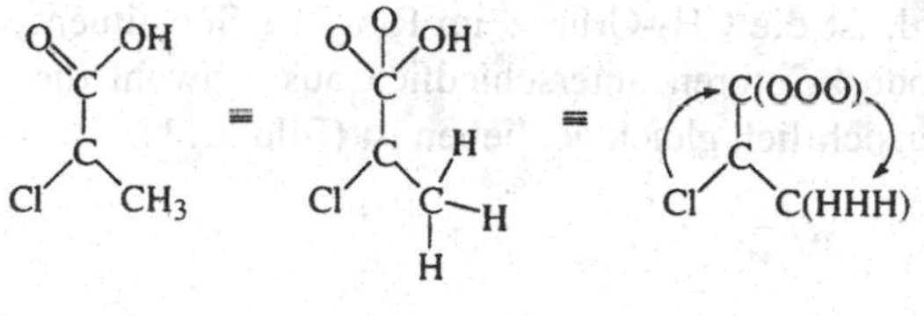
O
OH
C
C
Cl
CH3
O
O
OH
C
H
C
Cl
C
H
H
C(OOO)
C
Cl
C(HHH)

Bild 2.9

Sie sollten nun selbständig in der Lage sein, die *R*- und *S*-Stereodeskriptoren den zwei Stereozentren in den Estern E1 bis E4 wie folgt zuzuordnen:

E1 = (*S*)-2-Chlorpropionsäure-(*S*)-but-2-ylester
E2 = (*R*)-2-Chlorpropionsäure-(*S*)-but-2-ylester
E3 = (*S*)-2-Chlorpropionsäure-(*R*)-but-2-ylester
E4 = (*R*)-2-Chlorpropionsäure-(*R*)-but-2-ylester

In Verbindung mit Bild 2.5 erkennt man, daß das *RR*- und *SS*-, ebenso wie das *RS*- und das *SR*-Isomer Enantiomere sind, aber die Paare *RR*, *RS*; *RR*, *SR*; *SS*, *RS* und *SS*, *SR* Diastereomere sind.

Die CIP-Sequenzregel mag am Anfang unhandlich erscheinen, aber sie stellt ein äußerst wichtiges Konzept der Organischen Stereochemie dar. Ihre Anwendung fällt einem mit zunehmder Gewöhnung an die dreidimensionalen Strukturen immer leichter.

Frage 2.3 Zeichnen Sie die enantiomeren Formen für jede Verbindung aus Bild 2.10 und bestimmen Sie dann den Liganden niedrigster Priorität für jedes dieser Beispiele. Ermitteln Sie anschließend die Abfolge der verbleibenden Liganden und ordnen Sie so den Enantiomeren die Stereodeskriptoren *R* und *S* zu.

2-Hydroxyphenylessigsäure — C_6H_5–CH(OH)CO_2H

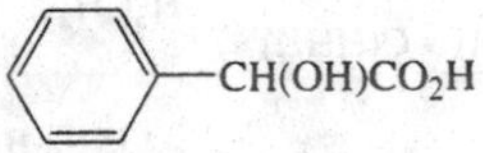

2-Brommalonaldehydsäure — OHC—CH(Br)—CO_2H

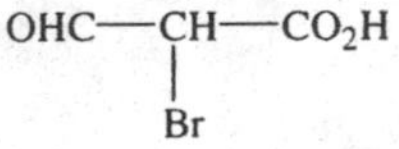

3-Brom-3-methylcyclopenten — Cyclopenten mit CH_3 und Br an C-3

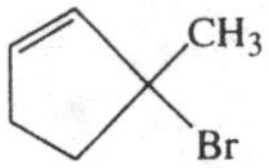

Bild 2.10

Es ist wichtig, daran zu denken, daß die Deskriptoren für einzelne Moleküle ermittelt werden müssen und daß auf den ersten Blick ähnlich erscheinende Moleküle unterschiedliche Stereodeskriptoren aufweisen können. Im 3-Brom-3-methylcyclopenten beispielsweise (Bild 2.10) ist die Methylgruppe der Substituent niedrigster Priorität. Wenn die Methylgruppe durch eine Trifluorethylgruppe ersetzt wird, ist die CH_2-Gruppe im Ring der Substituent niedrigster Priorität. Damit fallen die Stereodeskriptoren unterschiedlich aus, obwohl die räumliche Anordnung der Substituenten offensichtlich gleich geblieben ist (Bild 2.11).

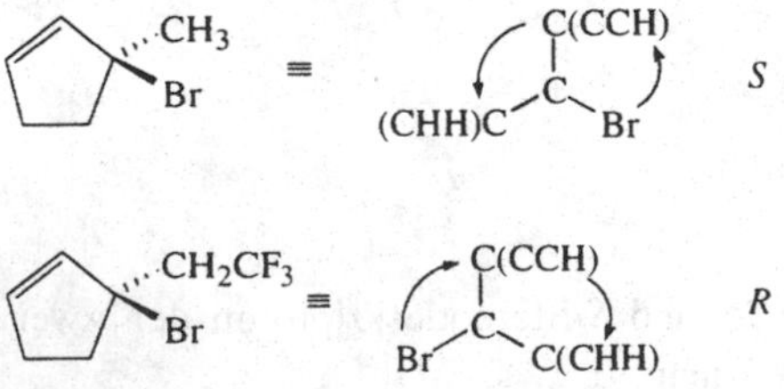

CH_3, Br ≡ C(CCH), (CHH)C, C, Br — *S*

CH_2CF_3, Br ≡ C(CCH), Br, C, C(CHH) — *R*

Bild 2.11

Die oben beschriebenen Kriterien sind auf stereogene Zentren mit vier Liganden anwendbar, der Ligand der niedrigsten denkbaren Priorität ist dann fast immer ein Wasserstoffatom. Unter bestimmten Umständen ist es jedoch möglich, ein stereogenes Zentrum mit nur drei Liganden zu verwirklichen. Ein Beispiel hierfür sind Stickstoffatome, die in ein Ringgerüst eingebaut sind und nicht invertieren können (siehe Kapitel 1). Die in Bild 2.12

gezeigte Struktur ist (1*R*,6*R*,7*S*,9*S*,11*R*,16*S*)-Spartein. Um die Stereodeskriptoren der Stickstoffatome in Position 1 und 16 zu ermitteln, wird das freie Elektronenpaar als Ligand niedrigster Priorität betrachtet.

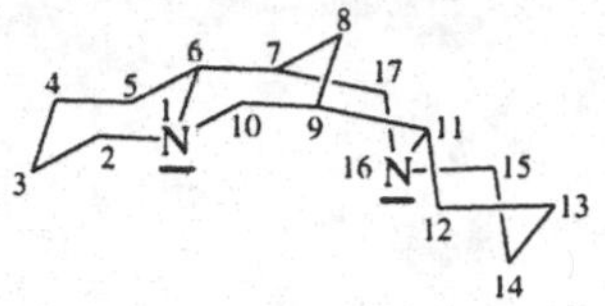

Bild 2.12 (–)-Spartein

2.3 Pseudoasymmetriezentren und *meso*-Verbindungen

Die Anwendung der CIP-Sequenzregel wird komplizierter, wenn die Liganden um ein stereogenes Zentrum in Paaren auftreten und ihrerseits enantiomorph sind.

2.3.1 *meso*-Verbindungen

Die drei in Bild 2.13 dargestellten Verbindungen, 2,3-Butandiol, Weinsäure und 1,2-Dichlor-1,2-dihydroacenaphten, haben zwei Eigenschaften gemeinsam: (a) eine Symmetrieebene, die das Molekül durchschneidet (am besten in der Sägebock-Projektion zu erkennen), und (b) zwei stereogene Zentren mit unterschiedlichen Stereodeskriptoren. Letzteres führt dazu, daß die Moleküle aufgrund interner Kompensation optisch inaktiv sind: die Lichtdrehung, die durch das *R*-stereogene Zentrum verursacht wird, wird durch die vom *S*-stereogenen Zentrum wieder ausgelöscht. Solche Moleküle nennt man *meso*-Formen. Bild 2.14 faßt die möglichen Formen von 2,3-Butandiol zusammen.

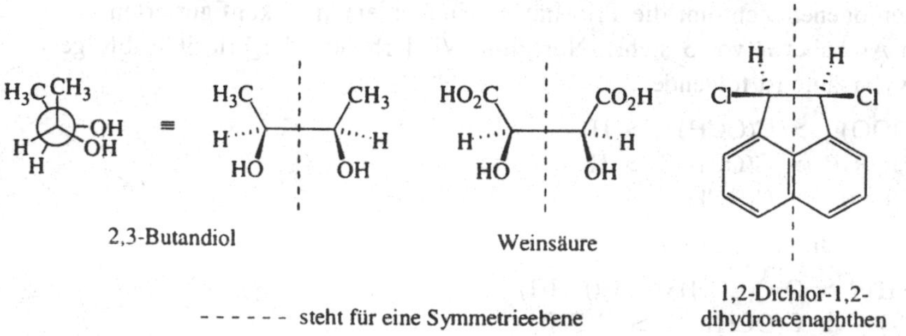

2,3-Butandiol

Weinsäure

1,2-Dichlor-1,2-dihydroacenaphthen

------ steht für eine Symmetrieebene

Bild 2.13

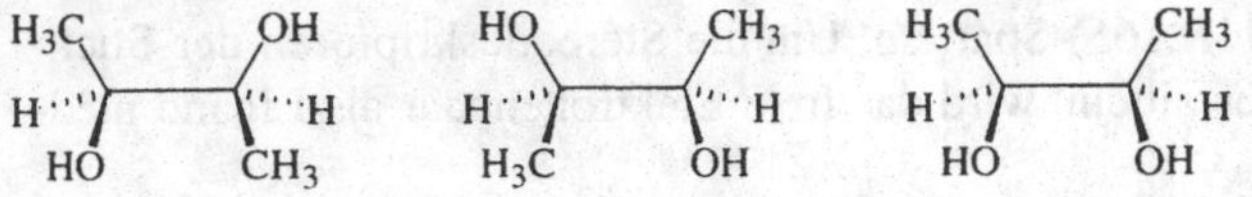

S,S-Enantiomer *R,R*-Enantiomer *meso-S,R*-Diastereoisomer
optisch aktiv optisch inaktiv

Bild 2.14 Formen von 2,3-Butandiol

2.3.2 Pseudoasymmetriezentren

Ein sterogenes Zentrum, das zwei identische, enantiomorphe Liganden und zwei weitere nicht-identische Liganden aufweist, aber auf einer Symmetrieebene liegt, wird Pseudoasymmetriezentrum genannt.[3] Um diese Zentren von echten stereogenen Zentren unterscheiden zu können, werden die Stereodeskriptoren in diesem Fall in Form von kursiven Kleinbuchstaben angegeben. Ribarsäure, Xylarsäure und 2-Methylperhydro-1,3-benzodioxol weisen alle ein Pseudoasymmetriezentrum auf (Bild 2.15).

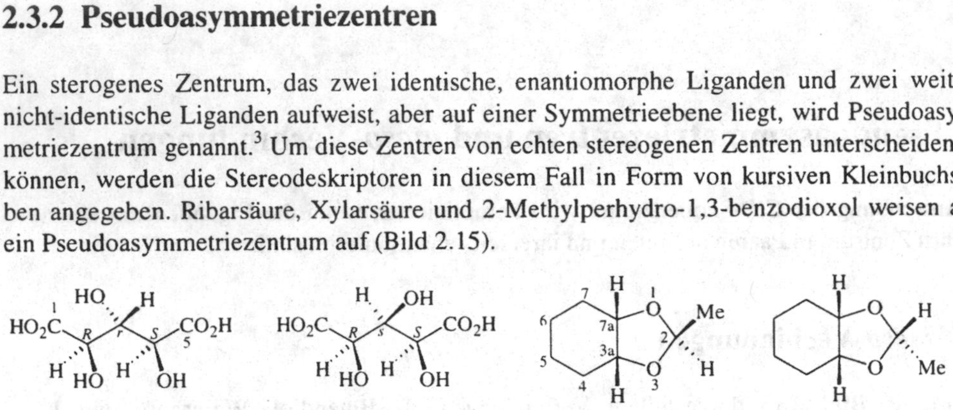

Ribarsäure
3*r*

Xylarsäure
3*s*

(2*r*,3a*R*,7a*S*) (2*s*,3a*R*,7a*S*)
2-Methylperhydro-1,3-benzodioxol

Bild 2.15

Weil zwei der Liganden am Pseudoasymmetriezentrum, in Bezug auf die Ordnungszahl, gleich sind, wird ein weiteres Kriterium benötigt. Man hat sich darauf geeinigt, einem *R*-konfigurierten stereogenen Zentrum die Priorität gegenüber einem *S*-konfigurierten einzuräumen (weil im Alphabet *R* vor *S* steht). Nur zum Wiederholen, die Prioritätsabfolge in Ribarsäure und Xylarsäure ist folgende:

C2: O > C(OOO) > C(OCH) > H
C3: O > C(OCH)*R* > C(OCH)*S* > H
C4: O > C(OOO) > C(OCH) > H

und für 2-Methylperhydro-1,3-benzodioxol:

C2: O-C(CCH)*R* > O-C(CCH)*S* > C(HHH)
C3a: O > C(OCH) > C(CHH)
C7a: O > C(OCH) > C(CHH)

Die Ordnungszahlen sind also das zuerst angewandte Kriterium und in Fällen, in denen kein Unterschied bei den Ordnungszahlen vorliegt, wird der Stereodeskriptor benutzt.

2.4 Prochiralitätszentren

An diesem Punkt ist es nützlich, einen weiteren Aspekt der Chiralität zu diskutieren, das Konzept der Prochiralität.[4] Prochiralität ist, unglücklicherweise, einer der stereochemischen Begriffe, der mehrere Bedeutungen erlangt hat. Eine davon, trigonale Systeme betreffend, wird in Kapitel 8 diskutiert. In unserem Kontext, dem Identifizieren von Chiralitätselementen molekularer Strukturen, wird der Begriff wie folgt verwendet.

1 prochiral — Ersetzen eines Isotops → chiral (Enantiomere)

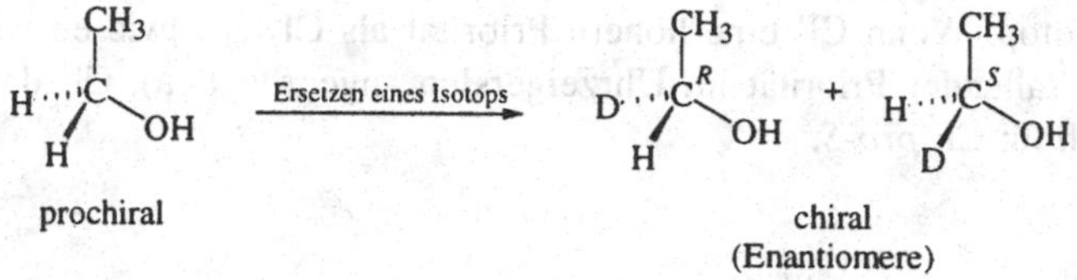

2 prochiral — Monoveresterung → chiral (erstes Enantiomer) + chiral (zweites Enantiomer)

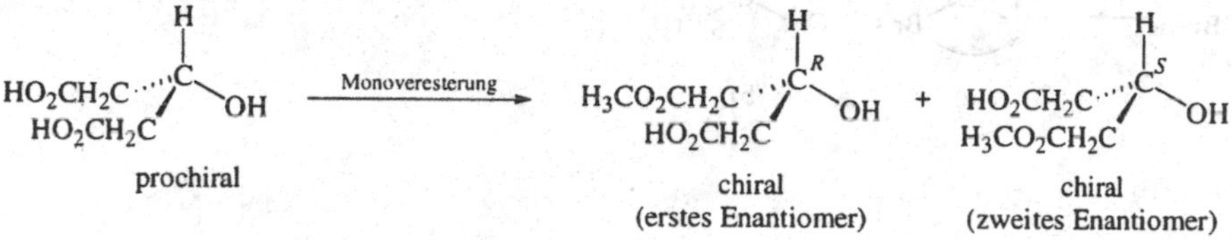

3 Enantiomer — Ersetzen eines Isotops → Diastereoisomere *SS* + *SR*

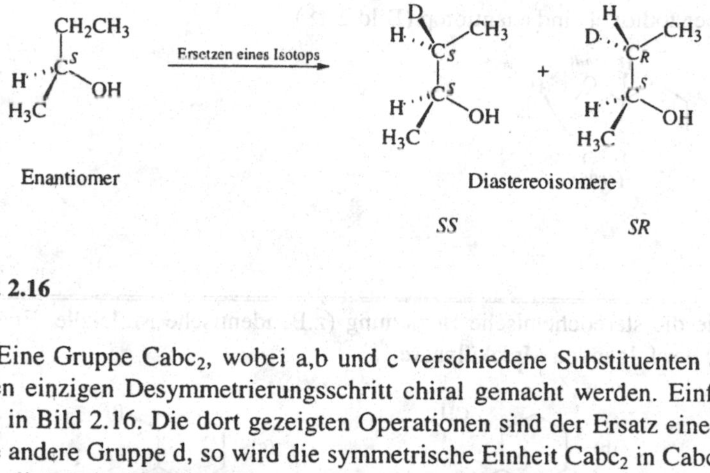

Bild 2.16

Eine Gruppe $Cabc_2$, wobei a,b und c verschiedene Substituenten darstellen, kann durch einen einzigen Desymmetrierungsschritt chiral gemacht werden. Einfache Beispiele finden sich in Bild 2.16. Die dort gezeigten Operationen sind der Ersatz einer der Gruppen c durch eine andere Gruppe d, so wird die symmetrische Einheit $Cabc_2$ in Cabcd überführt und somit Chiralität (oder in Beispiel 3 zusätzliche Chiralität) eingeführt.

Die Gruppen c (die Wasserstoffatome der Methylengruppen in **1**, die Carboxymethyl-Gruppen in **2** und die Methylen-Wasserstoffatome der Ethylgruppe in **3**) werden stereoheterotope Gruppen genannt. In den Beispielen **1** und **2** sind sie enantiotop, weil die chiralen Einheiten, die gebildet werden, Enantiomere sind. In **3** dagegen diastereotop, weil der Ersatz einer Gruppe zu Diastereomeren führt.

2.4.1 *pro-R*, *pro-S*

Die zwei Gruppen c in $Cabc_2$ werden als *pro-R* und *pro-S* unterschieden. Dies erfolgt durch eine fiktive Zuordnung einer höheren CIP-Priorität zu einer Gruppe. Wenn das resultierende Prochiralitätszentrum (C* in Bild 2.17) *R*-konfiguriert ist, nennt man die Gruppe, der man die höhere Priorität zugewiesen hat, *pro-R*. Wenn ein *S*-konfiguriertes Zentrum resultiert, bezeichnet man die Gruppe c dagegen als *pro-S*.

Ein einfaches Beispiel ist $CHBrCl_2$ (Bild 2.17). Die zwei Chloratome (als Cl^1 und Cl^2 gekennzeichnet) sind enantiotop. Wenn Cl^1 eine höhere Priorität als Cl^2 zugewiesen wird, sind die Substituenten nach fallender Priorität im Uhrzeigersinn angeordnet (a), Cl^1 damit *pro-R*. Umgekehrt ergibt sich für Cl^2 *pro-S*.

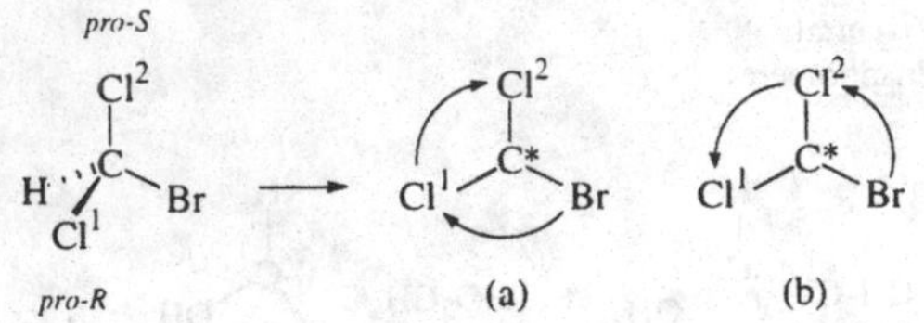

Bild 2.17

Wir sind bereits einem Beispiel für Prochiralität begegnet: Die zwei Wasserstoffatome in 2-Methylperhydro-1,3-benzodioxol sind enantiotop (Bild 2.18).

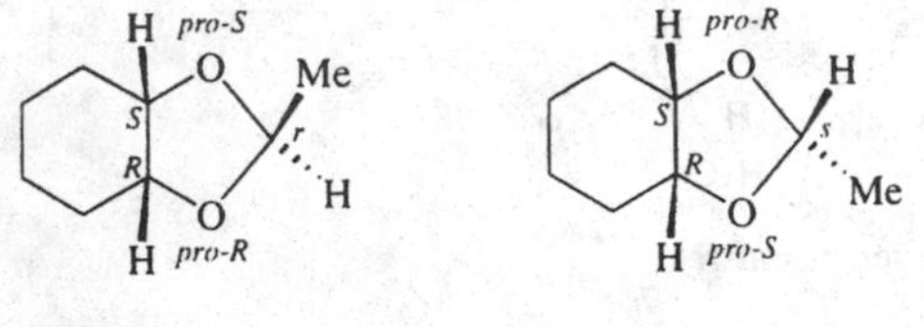

Bild 2.18

Frage 2.4 Benennen Sie die stereochemische Beziehung (z.B. identische Moleküle, Enantiomere, Diastereomere) der folgenden Molekülpaare:

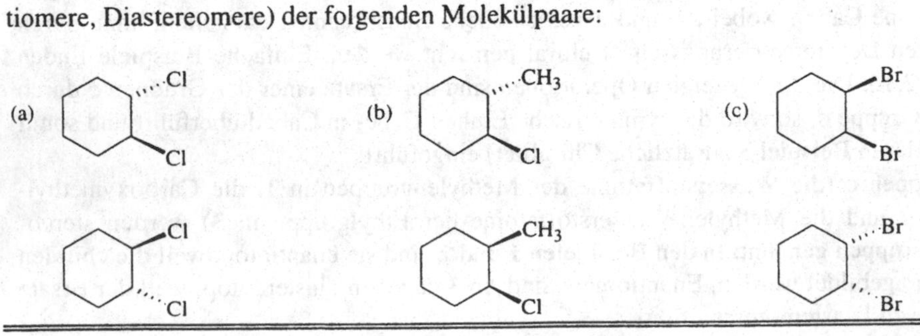

2.5 Symmetrieachsen

Die *meso*-Form der Weinsäure besitzt eine Symmetrieebene und ist damit optisch inaktiv. (*S,S*)-Weinsäure (Bild 2.19) ist asymmetrisch und optisch aktiv, aber besitzt ein Symmetrieelement,[5] eine Drehachse (C_2-Achse). Stellen Sie sich eine Achse senkrecht durch das Molekülzentrum vor. Eine Drehung um 180° um diese Achse führt zur gleichen Struktur: Man sagt, die Verbindung hat eine 360°/180° = zweizählige Symmetrieachse. Die Bezeichnung C_2 entstammt der Gruppentheorie und wird häufiger von Anorganischen als von Organischen Chemikern verwendet. Das Diol **1** (Bild 2.20) weist ebenfalls eine zweizählige Symmetrieachse auf. Dies bedeutet, daß die zwei Hydroxylgruppen äquivalent sind: Die Mono-Acetylierung ergibt nur eine Verbindung. Allgemein können organische Moleküle *n*-zählige Drehachsen besitzten, wobei *n* eine ganze Zahl ist. Im Cyclopropan findet man z.B. neben anderen Symmetrieelementen eine dreizählige Achse.

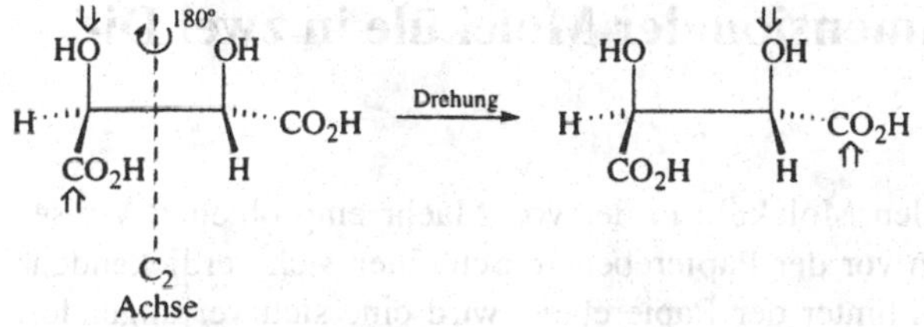

Bild 2.19

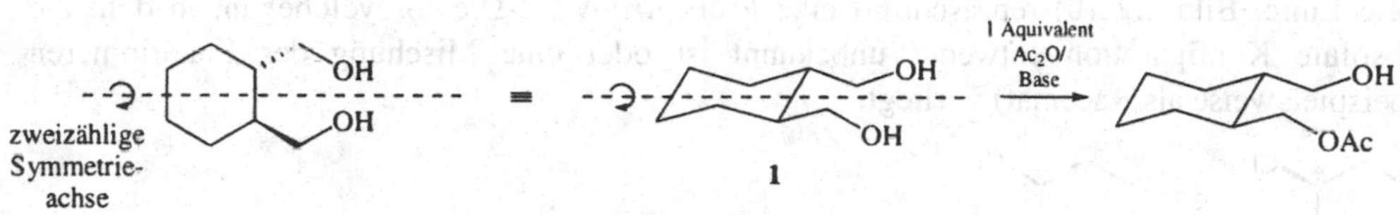

Bild 2.20

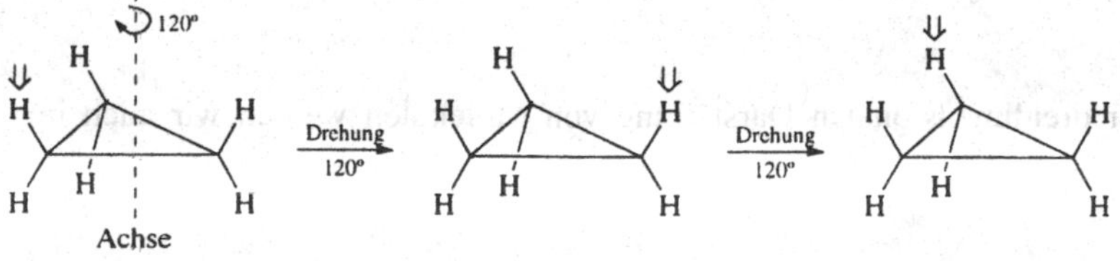

Bild 2.21

Frage 2.5 Racemisches Alanin ($H_2NCH(CH_3)CO_2H$) kann zu *cis*-(**A**) und *trans*-(**B**) Dioxopiperazin dehydratisiert werden. Das *cis*-Isomer existiert in zwei enantiomorphen Formen. Das *trans*-Isomer ist aufgrund seiner Symmetrie optisch inaktiv. Erkennen Sie das spezielle Symmetrieelement, das in diesem Fall vorliegt?

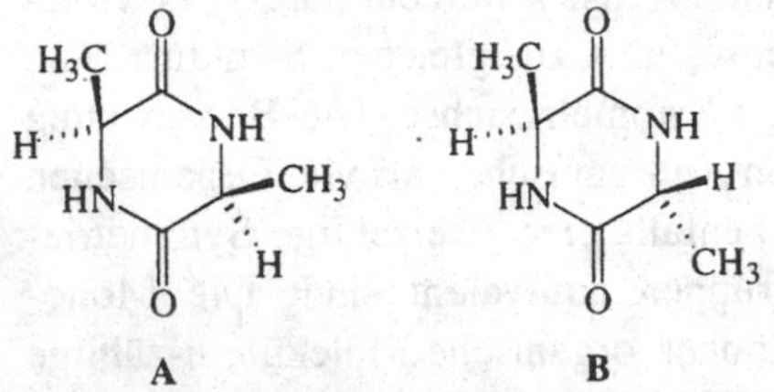

2.6 Die Darstellung dreidimensionaler Moleküle in zwei Dimensionen

In diesem Kapitel haben wir die chiralen Moleküle in der von Maehr empfohlenen Weise dargestellt. Dabei werden Substituenten vor der Papierebene durch einen sich verdickenden Keil gekennzeichnet. Für Substituenten hinter der Papierebene wird eine sich verjüngende, unterbrochene Linie verwendet. In Bild 2.22(a) ist (1*R*,2*R*)-Dichlorcyclohexan abgebildet. Wenn wir *trans*-1,2-Dichlorcyclohexan ohne Angabe der absoluten Konfiguration darstellen wollen, verwenden wir eine gleichbleibend dicke, entweder fett oder unterbrochen gezeichnete Linie. Bild 2.22(b) repräsentiert eine Probe *trans*-1,2-Dichlorcyclohexan, in dem die absolute Konfiguration entweder unbekannt ist oder eine Mischung der Enantiomeren (beispielsweise als Racemat) vorliegt.

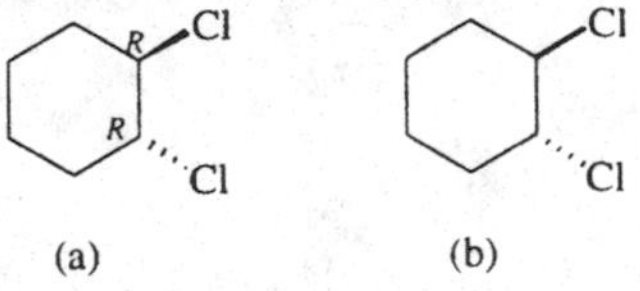

Bild 2.22

Dieses System zur dreidimensionalen Darstellung von Molekülen werden wir auch im Rest des Buches verwenden.

Antworten

Frage 2.1 Der Anteil an (+)-α-Pinen sei *a*, damit der an (–)-α-Pinen 1–*a*. Die Beiträge des (+)- und (–)-Enantiomers zum beobachteten spezifischen Drehwert lauten:

$$+51.3a + [-51.3\,(1 - a)] = +30.8$$

Aufgelöst: $51.3\,(2a - 1) = 30.8$

$$102.6a - 51.3 = 30.8$$

$$102.6a = 82.1$$

$$a = 0.8$$

Somit enthält die Probe 80% (+)-α-Pinen und 20% (–)-α-Pinen.

Frage 2.2

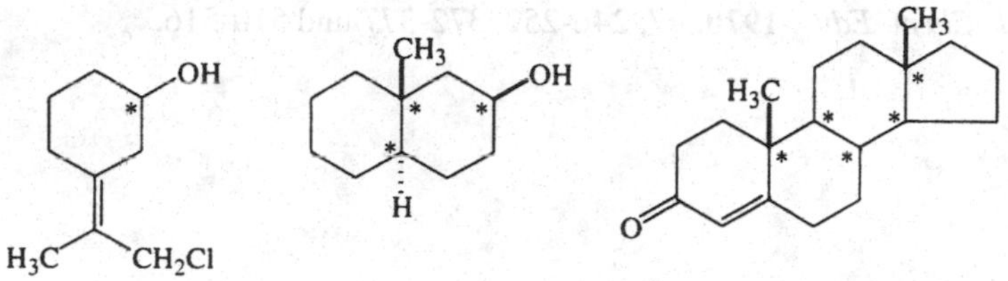

Frage 2.3

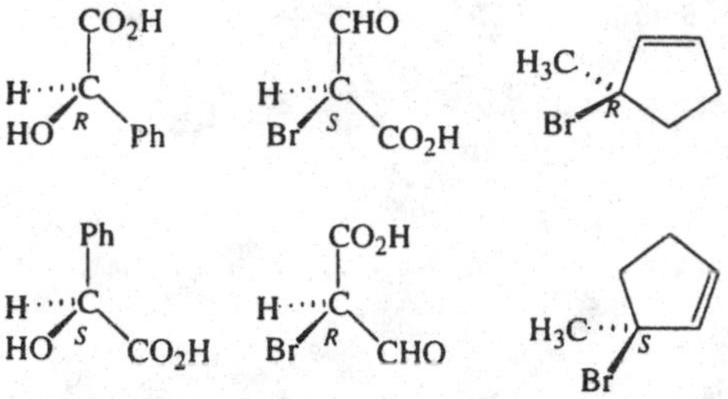

Frage 2.4 (a) Enantiomere; (b) Diastereomere; (c) Identisch.

Frage 2.5 *trans*-Dioxopiperazin (**B**) besitzt ein Symmetriezentrum. Dies ist ein Punkt, von dem aus Linien durch andere Punkte in gleichem Abstand auf der anderen Seite identische Punkte treffen.

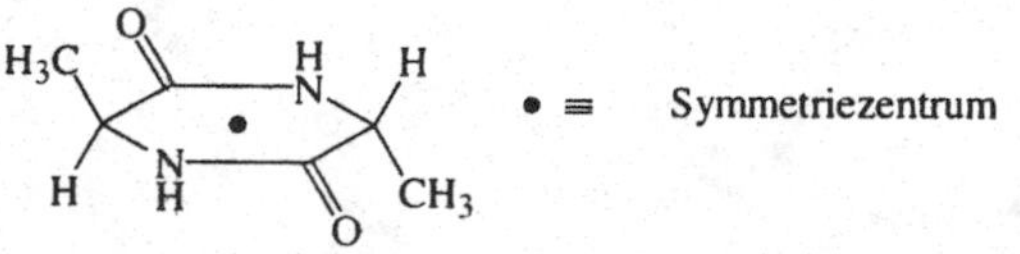

• ≡ Symmetriezentrum

B

Isomer **A** ist nicht mit seinem Spiegelbild zur Deckung zu bringen, Molekül **B** dagegen schon. Ob ein Objekt mit seinem Spiegelbild zur Deckung zu bringen ist oder nicht, stellt den ultimativen Test dafür da, ob eine Verbindung optische Aktivität aufweist. Wenn Bild und Spiegelbild sich nicht zur Deckung bringen lassen, bedeutet dies, daß die Verbindung in optisch aktiver Form bestehen kann.

Literatur

Allgemein: L. C. Cross, W. Klyne, *Pure Appl. Chem.* **1976**, *45*, 13-30

1. V. Prelog, *Science* **1976**, *193*, 17-24. J. K. O'Loane, *Chem. Rev.* **1980**, *80*, 41-61. M. Quack, *Angew. Chem.* **1989**, *101*, 588-604.
2. R. S. Cahn, C. Ingold, V. Prelog, *Angew. Chem.* **1966**, *78*, 413-447. V. Prelog, G. Helmchen, *Angew. Chem.* **1982**, *94*, 614-631.
3. H. Hirschmann, K. R. Hanson, *Tetrahedron* **1974**, *30*, 3649-3656.
4. K. R. Hanson, *J. Am. Chem. Soc.* **1966**, *88*, 2731-2742.
5. M. Orchin, H. H. Jaff, *J. Chem. Educ.* **1970**, *47*, 246-252, 372-377 und 510-516.

3 Nomenklatur und Stereochemie von Aminosäuren und einfachen Kohlenhydraten

Es gibt zwei Gründe dafür, die stereochemischen Charakteristika von Aminosäuren und Kohlenhydraten in einem eigenen Kapitel zu betrachten. Erstens sind diese Moleküle selbst wichtig, Aminosäuren sind die Bausteine der Proteine und Kohlenhydrate sind wichtige Nahrungsmittel (z.B. Glucose), Ausgangsmaterialien (siehe „Der chirale Pool" in Kapitel 14) und Komponenten der den genetischen Code tragenden Moleküle (z.B. Ribose). Zweitens wird für Aminosäuren und Kohlenhydrate eine Nomenklatur verwendet, die für dic meisten anderen Moleküle nicht mehr benutzt wird. Drittens werden Kohlenhydrate oft in einer Weise abgebildet, die für diese Substanzklasse typisch und spezifsch ist.

3.1 Stereochemische Deskriptoren: D/L-Nomenklatur und Fischer-Projektion

Das einfachste Kohlenhydrat [allgemeine Formel $(CH_2O)_n$] ist Glycerinaldehyd. Der *R*-konfigurierte Glycerinaldehyd ist in Bild 3.1 gezeigt. Das Molekül kann man wie gewöhnlich (linke Formel, Bild 3.1) oder aus einem etwas anderm Blickwinkel (mittlere Formel) betrachten. Dann liegen das Wasserstoffatom und die sekundäre Alkoholgruppe vor der Papierebene und die Aldehydgruppe und die Hydroxymethylgruppe hinter der Papierebene. Die Fischer-Projektion dieses Moleküls benutzt horizontale und vertikale Linien durch das zentrale Kohlenstoffatom. Gruppen hinter der Papierebene werden an den Enden der vertikalen Linie plaziert, Gruppen an den Enden der horizontalen Linie sind vor der Papierebene. (*S*)-Glycerinaldehyd hat die in Bild 3.2 gezeigte Fischer-Projektion. Man ist übereingekommen, die Kohlenstoffkette entlang der vertikalen Achse und bei Kohlenhydraten das höchstoxidierte Zentrum an der Spitze des Diagramms zu zeichnen (die Uronsäuren $OHC–(CHOH)_n–CO_2H$ stellen eine Ausnahme zu dieser Regel dar).

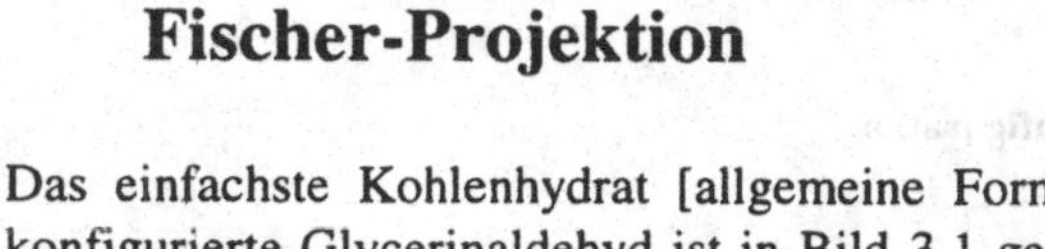

CHO, CH_2OH, H, *R*, OH ≡ CHO, *R*, H, OH, CH_2OH ≡ CHO, H, OH, CH_2OH

Fischer-Projektion

Bild 3.1

Vor der Entwicklung des *RS*-Systems wurde Glycerinaldehyd über viele Jahre als Referenzverbindung verwendet. (*R*)-Glycerinaldehyd wurde als D-Glycerinaldehyd bezeichnet, (*S*)-Glycerinaldehyd als L-Glycerinaldehyd. Die Deskriptoren D und L haben nichts mit der

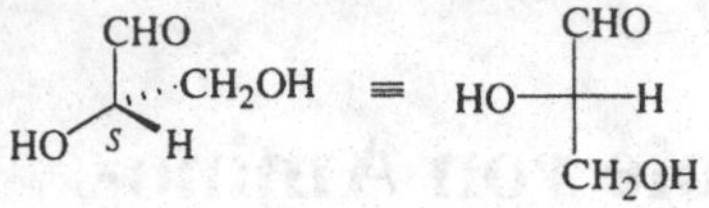

CHO, CH_2OH, HO, *S*, H ≡ CHO, HO—H, CH_2OH

Bild 3.2

Richtung der Drehung der Ebene von polarisiertem Licht zu tun (rechtsdrehend repräsentiert durch „*d*", linksdrehend durch „*l*", dort aber als Kleinbuchstaben).

Zu dem Zeitpunkt, als die D/L-Nomenklatur eingeführt wurde, war die absolute Konfiguration des Glycerinaldehydes unbekannt. Zufällig war die vorgeschlagene Nomenklatur, die den rechtsdrehenden (+)-Glycerinaldehyd als D-Glycerinaldehyd definierte, korrekt.[1] Bei falscher Wahl wären alle alten Stereochemiebücher falsch gewesen.

Die 20 natürlichen Aminosäuren werden essentielle Aminosäuren genannt. Eine davon ist achiral (Glycin), alle anderen besitzten ein stereogenes Zentrum. Eine Auswahl dieser Aminosäuren ist in Bild 3.3 gezeigt. Alle außer Cystein sind *S*-konfiguriert. Dies wird durch die hohe Priorität des Schwefelatoms verursacht, die im Cystein zur *R*-Konfiguration führt. Diese Ausnahme resultiert nur aus den CIP-Regeln und nicht etwa aus einer invertierten Anordnung der Substituenten am Kohlenstoffatom.

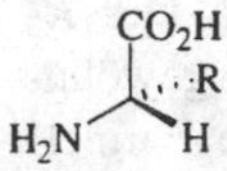

CO_2H, R^1, H_2N, H

Seitenkette (R^1)	Name	Konfiguration
H	Glycin	–
CH_3	Alanin	*S*
$CH(CH_3)_2$	Valin	*S*
CH_2OH	Serin	*S*
CH_2Ph	Phenylalanin	*S*
CH_2SH	Cystein	*R*

Bild 3.3

Bild 3.4 zeigt (*S*)-Alanin in der konventionellen und der Fischer-Projektion. Die Kohlenstoffkette liegt auf der vertikalen Linie und das Kohlenstoffatom mit der höchsten Oxidationsstufe befindet sich oben. In dieser Fischer-Projektion kann man sehen, daß das Heteroatom (in diesem Fall Stickstoff) am linken Ende der horizontalen Linie liegt. Man erkennt so, daß es sich um L-Alanin handelt. Daher ist das Ermitteln der Stereodeskriptoren für Aminosäuren einfach; bei Kohlenhydraten ist die Situation etwas schwieriger.

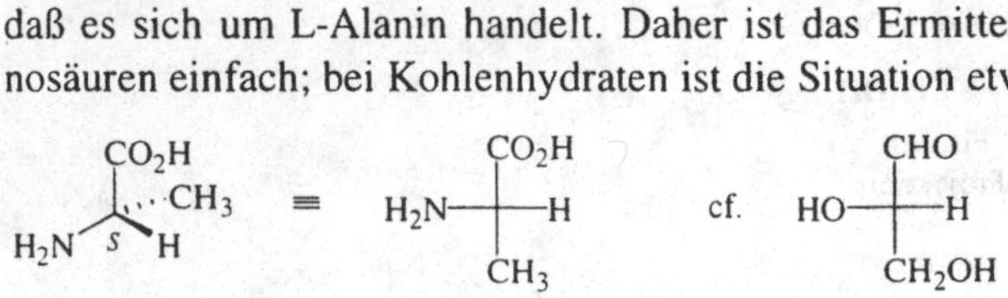

CO_2H, CH_3, H_2N, *S*, H ≡ CO_2H, H_2N—H, CH_3 cf. CHO, HO—H, CH_2OH

L-Alanin

L-Glycerinaldehyd
[(*S*)-Glycerinaldehyd]

Bild 3.4

Frage 3.1 Zeichnen Sie (*R*)-Cystein in der Fischer-Projektion. Was sind die Auswirkungen einer Drehung dieser Fischer-Projektionen um (a) 90° (b) 180° (c) 270° ?

Nun wollen wir zur Schlusselverbindung D-Glycerinaldehyd zurückkehren. Jede Substanz, die sich ohne Veränderung des stereogenen Zentrums vom D-Glycerinaldehyd ableiten läßt, wird ebenfalls als D-Species benannt (Anhang 2). Addition von HCN an die Aldehydgruppe des Glycerinaldehyds gefolgt von der Hydrolyse der Nitrilgruppe führt zur korrespondierenden Carbonsäure (Bild 3.5). In beiden Produkten bleibt die Konfiguration des sterogenen Zentrums aus dem Glyderinaldehyd unberührt, und daher entstammen beide Verbindungen, per Definition, der D-Reihe.

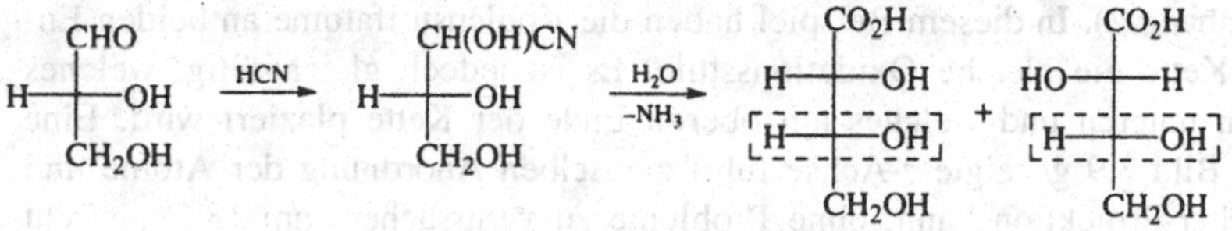

CHO / H–OH / CH_2OH —HCN→ CH(OH)CN / H–OH / CH_2OH —H_2O, $-NH_3$→ CO_2H / H–OH / H–OH / CH_2OH + CO_2H / HO–H / H–OH / CH_2OH

Bild 3.5

3.2 Nomenklatur und Stereochemie von C_4-Kohlenhydraten und Weinsäure

Die C_4-Aldehyde (Bild 3.6) sind die Kohlenhydrate D-Threose und D-Erythrose. Die korrespondierenden L-Zucker sind in Bild 3.7 gezeigt, und die stereochemischen Beziehungen zwischen ihnen sind in Bild 3.8 zusammengefaßt.

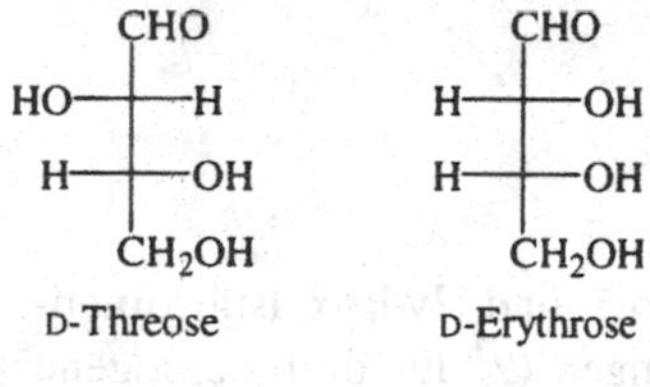

CHO / HO–H / H–OH / CH_2OH — D-Threose

CHO / H–OH / H–OH / CH_2OH — D-Erythrose

Bild 3.6

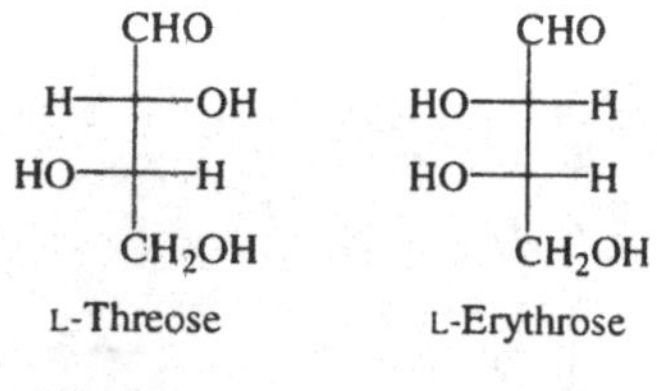

CHO / H–OH / HO–H / CH_2OH — L-Threose

CHO / HO–H / HO–H / CH_2OH — L-Erythrose

Bild 3.7

D-Threose
Diastereomere
D-Erythrose
Enantiomere
Diastereomere
Enantiomere
L-Threose
L-Erythrose
Diastereomere

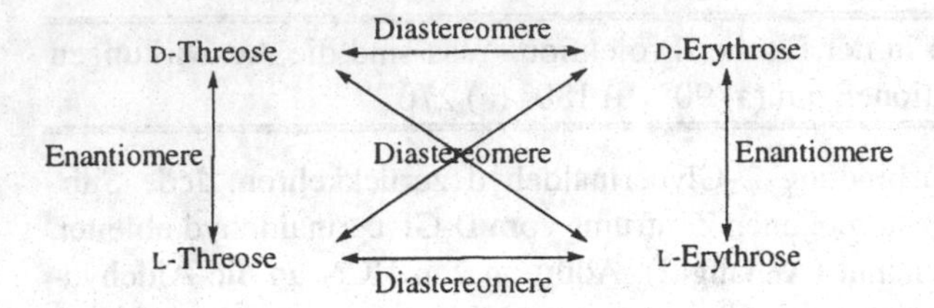

Bild 3.8

Von der Weinsäure existiert eine L- und eine D-Form, die Formeln sind in Bild 3.9 gezeigt (siehe auch Anhang 2). In diesem Beispiel haben die Kohlenstoffatome an beiden Enden der vertikalen Kette die gleiche Oxidationsstufe. Es ist jedoch gleichgültig, welches Kohlenstoffatom am unteren und welches am oberen Ende der Kette plaziert wird. Eine Drehung um die in Bild 3.9 gezeigte *z*-Achse führt zur selben Anordnung der Atome und Gruppen. Eine Fischer-Projektion kann, ohne Probleme zu verursachen, um 180° gedreht werden. Dagegen führt eine Drehung um 90° oder 270° zum Spiegelbild (vergleiche Frage 3.1).

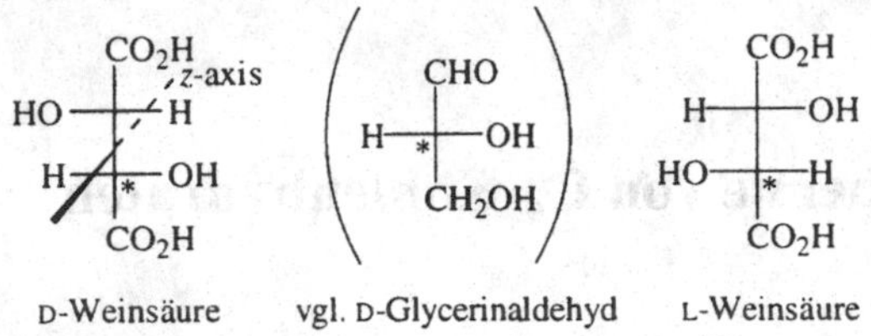

CO2H
z-axis
HO
H
H
OH
CO2H
D-Weinsäure
CHO
H
OH
CH2OH
vgl. D-Glycerinaldehyd
CO2H
H
OH
HO
H
CO2H
L-Weinsäure

Bild 3.9

3.3 C_5- und C_6-Kohlenhydrate

Das Hinzufügen eines weiteren Kohlenstoffatoms mit Wasserstoff- und Hydroxylsubstituenten an Threose bzw. Erythrose führt zu acht neuen Verbindungen (2^3 für drei stereogene Zentren). D-Ribose ist in Bild 3.10 zusammen mit der D-Arabinose (ein Diastereomer) gezeigt.

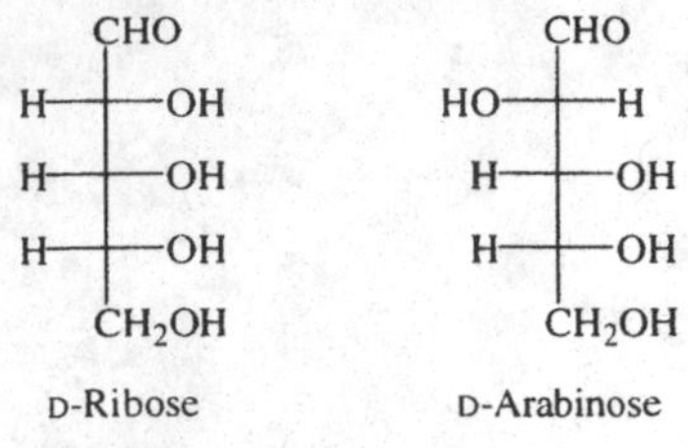

CHO
H
OH
H
OH
H
OH
CH2OH
D-Ribose
CHO
HO
H
H
OH
H
OH
CH2OH
D-Arabinose

Bild 3.10

Ribose ist ein Schlüsselbestandteil der RNA (siehe Kapitel 13). Zucker wie Ribose mit fünf oder mehr Kohlenstoffatomen können Ring-Ketten-Tautomerie zeigen, d.h. sie können wie in Bild 3.11 entweder als offenkettige oder als cyclische Verbindung existieren. Die Ringform ist bevorzugt, wie sich aus NMR-spektroskopischen Untersuchungen ergibt. Die gewellte Linie in der Ringformel symbolisiert, daß eine Mischung von zwei Verbindungen vorliegt, nämlich die beiden möglichen Diastereomere, die bei der Bildung des neuen stereogenen Zentrums entstehen (Bild 3.12). (Eine gewellte Linie wird oft auf diese Weise zur Repräsentation einer Mischung von Stereoisomeren benutzt). Kohlenstoffatom Nummer 1 der Ringform der Ribose erhält einen besonderen Namen – anomeres Zentrum (siehe Abschnitt 1.6.7, anomerer Effekt).

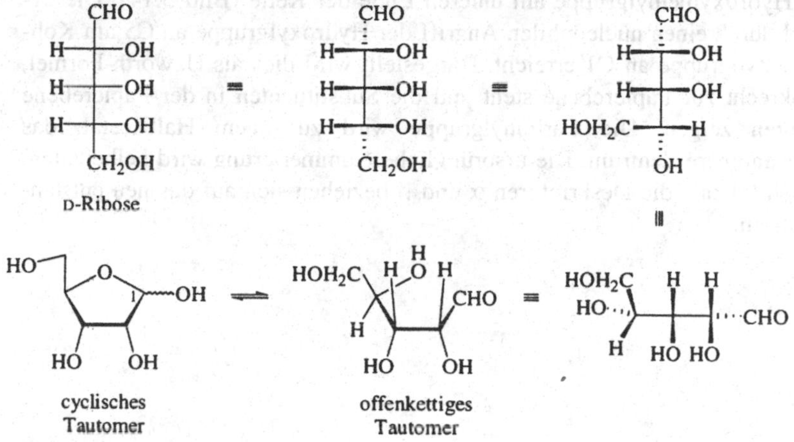

D-Ribose

cyclisches Tautomer

offenkettiges Tautomer

Bild 3.11

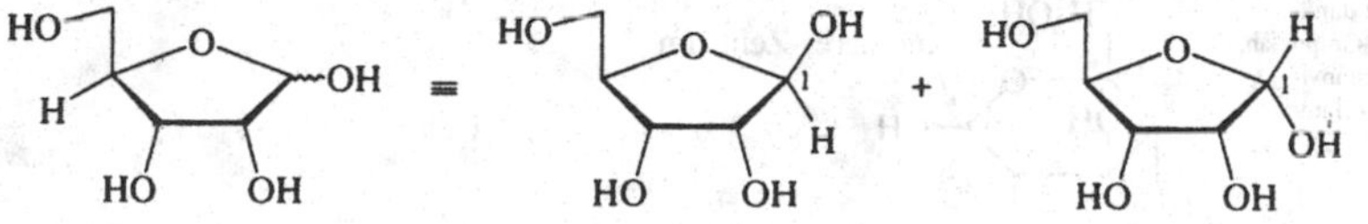

Bild 3.12

Frage 3.2 Zeichnen Sie L-Arabinose in der fünfgliedrigen Ringform.

Die in Bild 3.13 gezeigte Struktur ist die von (1*R*,2*R*,3*S*,4*R*,5*R*)-5-Hydroxymethyltetrahydropyran-1,2,3,4-tetraol, aber wenn diese Verbindung auf diese spezielle Art gezeichnet wird, werden die meisten Organischen Chemiker sie als α-D-Glucose oder genauer als α-D-*gluco*-Hexapyranose erkennen. Jeder Teil des Namens teilt uns etwas über die Struktur des Moleküls mit: Die Endung „ose“ weist darauf hin, daß es sich um ein Saccarid handelt; das „hexa“, daß eine Verbindung mit sechs Kohlenstoffatomen vorliegt und das „pyran“, daß ein sechsgliedriger Ring mit einem Sauerstoffatom vorhanden ist. Die Präfixe „*gluco*“, „α“ und

„D“ kennzeichnen die Stereochemie und, wie Sie vielleicht erraten, gibt es viele Permutationen derselben molekularen Formel. Zum Verständnis der Chemie dieser wichtigen Verbindungen ist es essentiell, die genaue räumliche Anordnung der Gruppen und Atome zu kennen. Die drei Präfixe (*gluco*, α und D) werden weiter unten detailliert diskutiert. Wenn Sie nicht mit dem Umgang mit Saccaridstrukturen vertraut sind, ist es schwierig, aus der Struktur in Bild 3.13 die Bedeutung der stereochemischen Deskriptoren zu erfassen. Um ihre Anwendung zu verdeutlichen, müssen wir die alternative offenkettige Form, mit der die cyclische Form in Lösung im Gleichgewicht liegt, untersuchen.

Die offenkettige Form eines Kohlenhydrates wird für gewöhnlich als Fischer-Projektion gezeichnet, mit der Kohlenstoffkette vertikal gezeichnet, das höchstoxidierte Kohlenstoffatom oben und die Hydroxymethylgruppe am unteren Ende der Kette (Bild 3.14). Die cyclische Struktur wird durch einen nucleophilen Angriff der Hydroxylgruppe an C5 am Kohlenstoffatom der Aldehydgruppe an C1 erreicht. Dargestellt wird dies als Haworth-Formel, in der der Ring senkrecht zur Papierebene steht und die Substituenten in der Papierebene nach oben und unten zeigen. Die Carbonylgruppe wird zu einem Halbacetal, das „glykosidische“ oder anomere Zentrum. Die ursprüngliche Nummerierung wird beibehalten, d.h. es ist immer noch C1 und die Deskriptoren α und β beziehen sich auf das neu entstandene stereogene Zentrum.

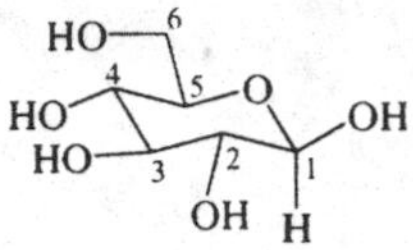

HO 6 4 5 O HO OH HO 3 2 1 OH H

Bild 3.13

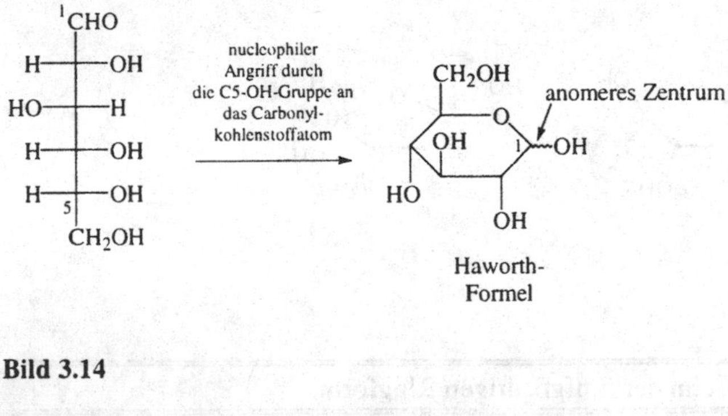

1 CHO
H OH
HO H
H OH
H OH
5
CH_2OH

nucleophiler Angriff durch die C5-OH-Gruppe an das Carbonylkohlenstoffatom

CH_2OH O anomeres Zentrum OH 1 OH HO OH

Haworth-Formel

Bild 3.14

Um den korrekten Präfix zu ermitteln, müssen wir den Referenzpunkt kennen. Dieser wird durch das asymmetrische Kohlenstoffatom mit der höchsten Nummer in der Fischer-Projektion definiert; in diesem Fall C5 am unteren Ende. Das Referenz-Kohlenstoffatom wird genutzt, um zu entscheiden, welches Anomer (*alpha* oder *beta*) in einer bestimmten Struktur vorliegt. Dies gelingt durch Konstruktion der cyclischen Form der Fischer-Projektion (Bild 3.15). Der Begriff Repräsentation ist passend, da es sich um eine unrealistische, stylisierte Form handelt, die uns jedoch in die Lage versetzt, die Konfiguration am neu geformten Halbacetal mit dem Referenzkohlenstoff zu vergleichen. Wenn das anomere

Kohlenstoffatom dieselbe Orientierung wie das Referenzkohlenstoffatom aufweist, was bedeutet, daß die neue OH-Gruppe auf derselben Seite wie die C_{ref}–O-Bindung, ist man übereingekommen, vom *alpha*-Anomer zu sprechen; wenn die OH-Gruppe auf der entgegengesetzten Seite liegt, vom *beta*-Anomer.

Gewappnet mit diesen Fakten sollten wir nun in der Lage sein, den Umwandlungsprozeß aus Bild 3.15 zu verstehen. Die offenkettige Fischer-Projektion der D-Glucose ist links abgebildet [D weil die OH-Gruppe am Referenzkohlenstoffatom (C5) auf der rechten Seite liegt]. Der erste Schritt ist eine Cyclisierung zwischen C5–OH und der Aldehydgruppe und beide möglichen Resultate sind abgebildet: die obere Struktur ist α-D-Glucopyranose, alpha weil C1–OH auf der gleichen Seite wie C5–O liegt, D weil C5–O (zuvor C5–OH) immer noch auf der rechten Seite liegt. Die untere Struktur ist β-D-Glucopyranose, beta weil C1–OH auf C5–O gegenüberliegenden Seite liegt. Der nächste Schritt besteht darin, die Fischer-Projektion der Ringform in die Haworth-Formel zu überführen. Dazu muß eine Bindung formal gedreht werden, da das Sauerstoffatom an C5 nun nicht mehr ein Substituent, sondern Teil des Ringes ist. Die modifizierte Struktur trägt das Ringsauerstoffatom unten, was automatisch die Hydroxymethylgruppe nach links und das Wasserstoffatom nach rechts verschiebt. Der letzte Schritt bei der Konstruktion der Haworth-Formel ist das Zeichnen des horizontalen sechsgliedrigen Rings mit den in der Fischer-Projektion auf der linken Seite stehenden Gruppen über der Ringebene und die in der Fischer-Projektion rechts stehenden Gruppen unterhalb der Ringebene.

Der umgekehrte Vorgang ist vermutlich nützlicher. Die Stereochemie cyclischer Kohlenhydrate ist nicht immer sofort erkennbar und die Überführung in das offenkettige Isomer ist oft für eine Zuordnung notwendig.

Die größte Schwierigkeit beim wechselseitigen Überführen von Fischer- und Haworth-Projektionen ineinander ist die oben beschriebene Umorientierung an C5. Bild 3.16 zeigt die Umwandlung von Fischer- und Haworth-Formel der L-Glucose, und es ist eine nützliche Übung, diese Umwandlung wie oben beschrieben Schritt für Schritt nachzuvollziehen. Es sei angemerkt, daß die Spiegelbildbeziehung zwischen der D- und L-Verbindung sowohl in der offenkettigen als auch der cyclischen Form gewahrt bleibt.

Frage 3.3 (a) Beschreiben Sie die Beziehung der folgenden Verbindungen **A-C** zur D-Glucose.

A	B	C
CH_2OH	CHO	CHO
H–OH	HO–H	H–OH
H–OH	HO–H	HO–H
HO–H	H–OH	HO–H
H–OH	H–OH	H–OH
CHO	CH_2OH	CH_2OH

(b) Zeichnen Sie das α-Anomer in der Haworth-Formel und überführen Sie diese Projektion in eine Sesselform dieses Zuckers.

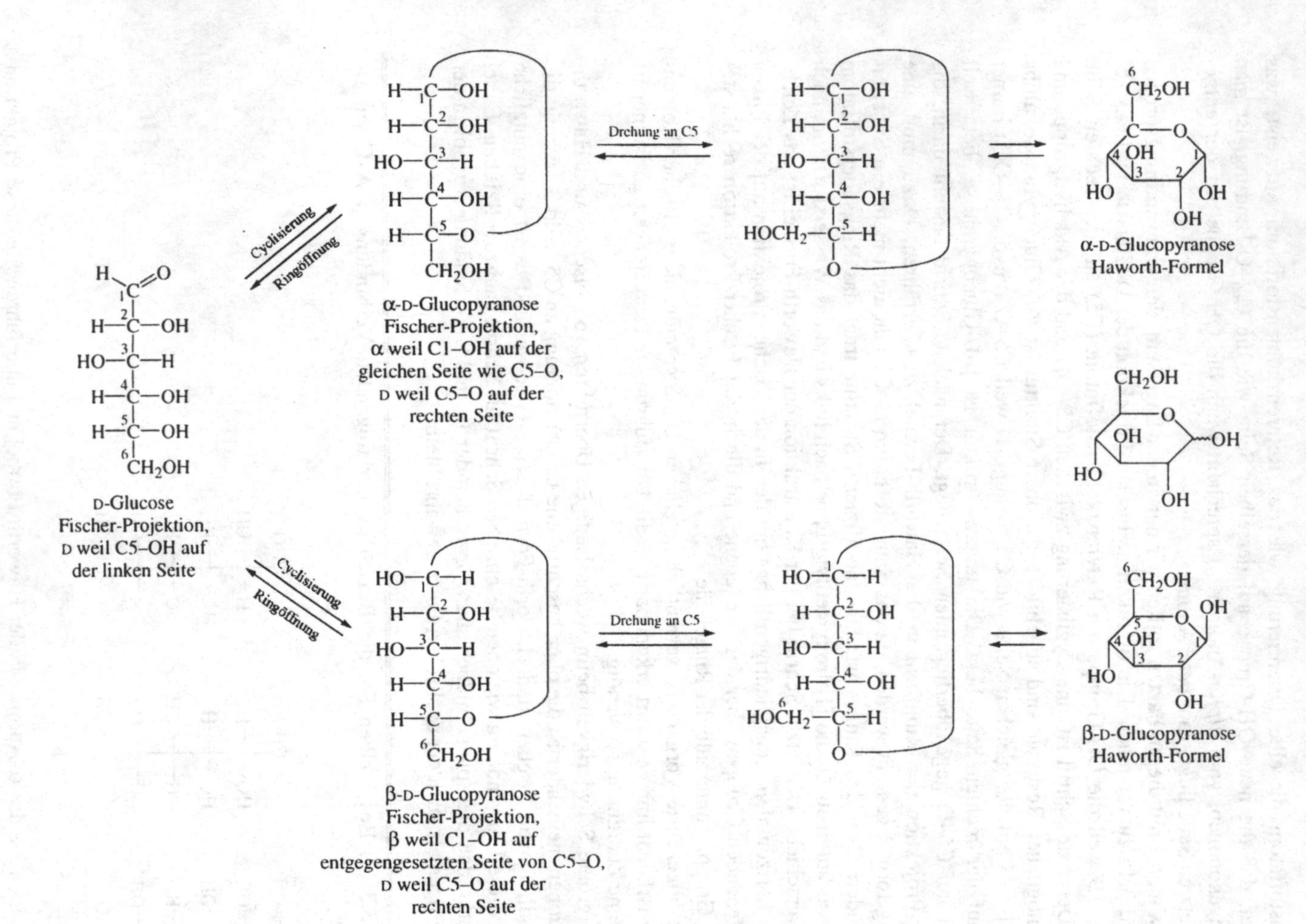
D-Glucose
Fischer-Projektion,
D weil C5–OH auf
der linken Seite
Cyclisierung
Ringöffnung
α-D-Glucopyranose
Fischer-Projektion,
α weil C1–OH auf der
gleichen Seite wie C5–O,
D weil C5–O auf der
rechten Seite
β-D-Glucopyranose
Fischer-Projektion,
β weil C1–OH auf
entgegengesetzten Seite von C5–O,
D weil C5–O auf der
rechten Seite
Drehung an C5
α-D-Glucopyranose
Haworth-Formel
β-D-Glucopyranose
Haworth-Formel

Bild 3.15

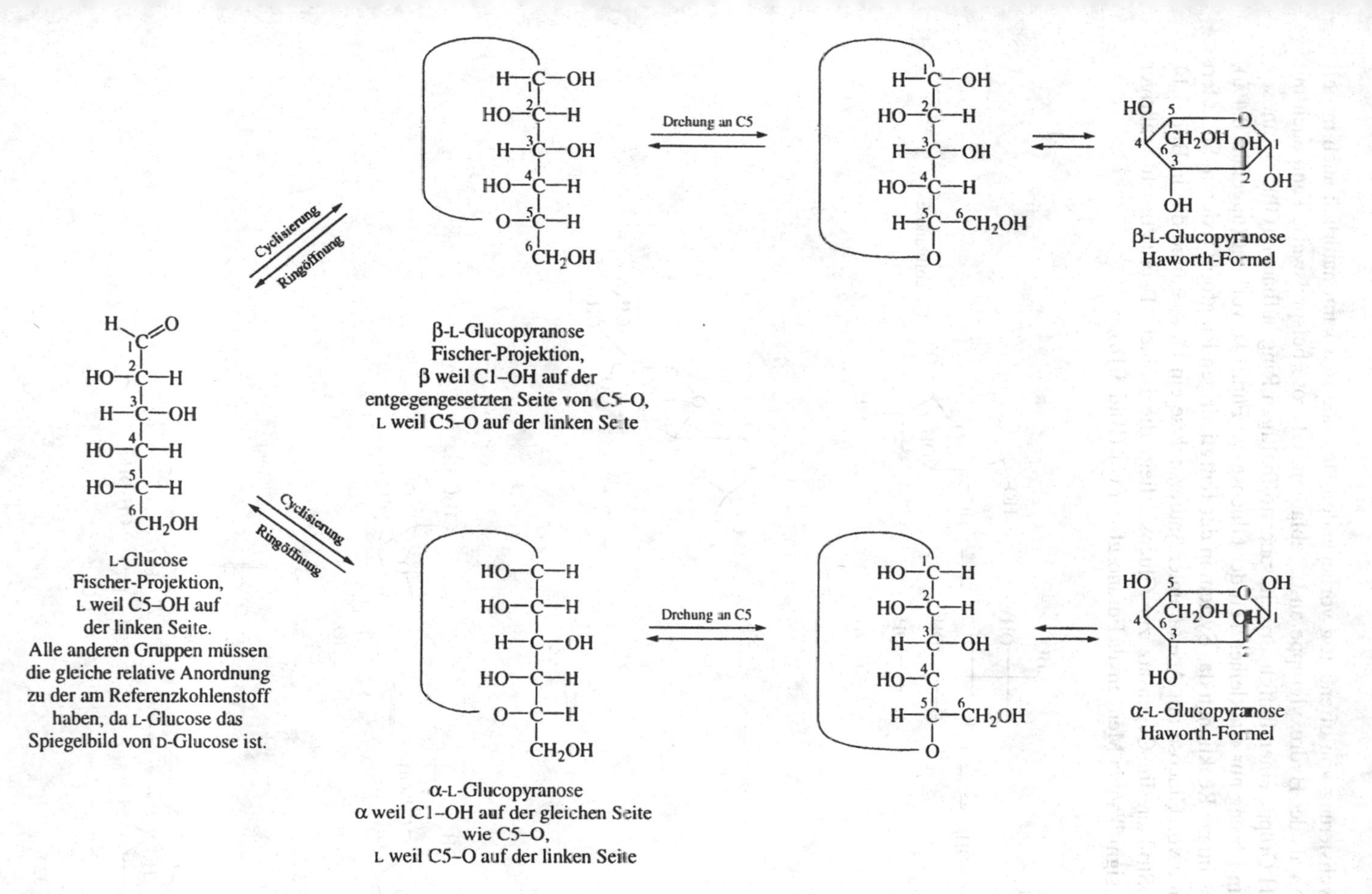
L-Glucose
Fischer-Projektion,
L weil C5–OH auf
der linken Seite.
Alle anderen Gruppen müssen
die gleiche relative Anordnung
zu der am Referenzkohlenstoff
haben, da L-Glucose das
Spiegelbild von D-Glucose ist.
Cyclisierung
Ringöffnung
β-L-Glucopyranose
Fischer-Projektion,
β weil C1–OH auf der
entgegengesetzten Seite von C5–O,
L weil C5–O auf der linken Seite
α-L-Glucopyranose
α weil C1–OH auf der gleichen Seite
wie C5–O,
L weil C5–O auf der linken Seite
Drehung an C5
β-L-Glucopyranose
Haworth-Formel
α-L-Glucopyranose
Haworth-Formel

Bild 3.16

Die Cyclisierung von offenkettig vorliegenden Hexoaldosen kann natürlich auch mit einer anderen als der Hydroxylgruppe an C5 ablaufen. Glucose beispielsweise kann auch mit der C4–OH Gruppe einen fünfgliedrigen, sauerstoffhaltigen Ring aufbauen (Glucofuranose). Während in Lösung nur ein kleiner Teil der Glucose als Furanose vorliegt (ungefähr 0.4%), können bestimmte Reaktionen das System in der fünfgliedrigen Ringform fixieren. So liefert die Reaktion von Glucose mit Aceton unter Säurekatalyse ein Di-Acetonid der in Bild 3.17 gezeigten Struktur. Im Gegensatz zur Glucose, liegt die isomere D-Fructose in wäßriger Lösung in signifikanten Mengen als Furanoseform vor (Bild 3.18).

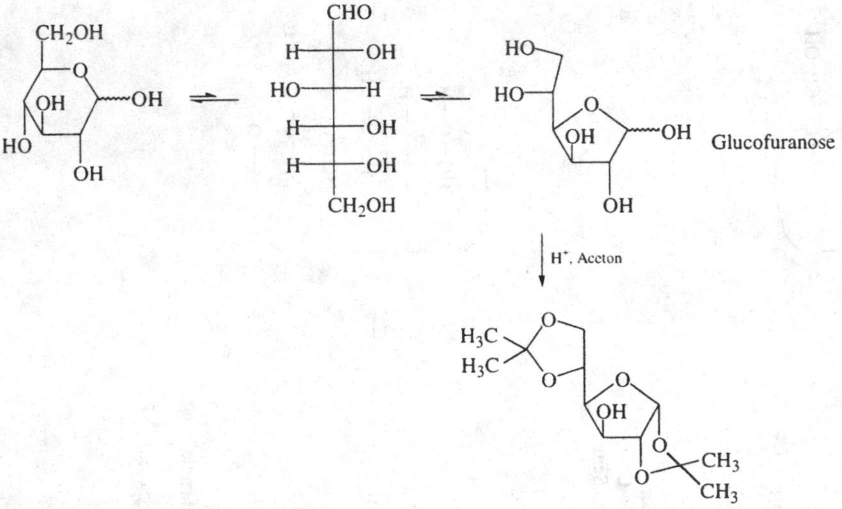

Glucofuranose

H^+, Aceton

Bild 3.17

56%

3%

32%

9%

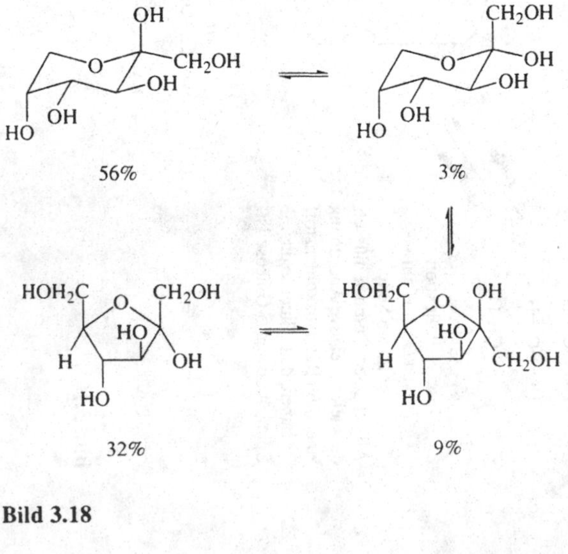

Bild 3.18

Frage 3.4 Die Lösung reiner α-D-Glucopyranose in Wasser hat einen spezifischen Drehwert von +112. Mit der Zeit sinkt das Drehvermögen dieser Lösung auf +52.7. Umgekehrt zeigt reine β-D-Glucopyranose in Wasser zunächst einen spezifischen Drehwert von +18.7, dieser steigt jedoch mit der Zeit auf +52.7 an. Erklären Sie dieses Phänomen.

Antworten

Frage 3.1

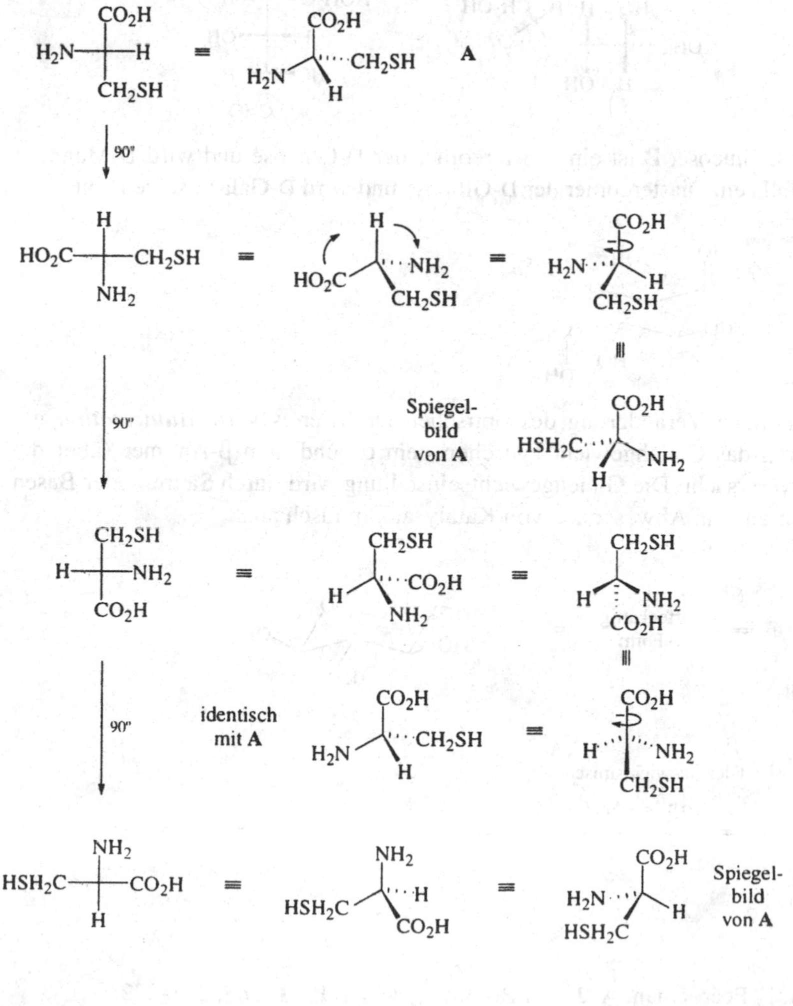

CO_2H H_2N H CH_2SH ≡ CO_2H H_2N CH_2SH H A

90°

H HO_2C CH_2SH NH_2 ≡ H HO_2C NH_2 CH_2SH ≡ CO_2H H_2N H CH_2SH

≡

90°

Spiegel-
bild
von A

CO_2H HSH_2C NH_2 H

CH_2SH H NH_2 CO_2H ≡ CH_2SH H CO_2H NH_2 ≡ CH_2SH H NH_2 CO_2H

≡

90°

identisch
mit A

CO_2H H_2N CH_2SH H ≡ CO_2H H NH_2 CH_2SH

NH_2 HSH_2C CO_2H H ≡ NH_2 HSH_2C H CO_2H ≡ CO_2H H_2N H HSH_2C

Spiegel-
bild
von A

Frage 3.2

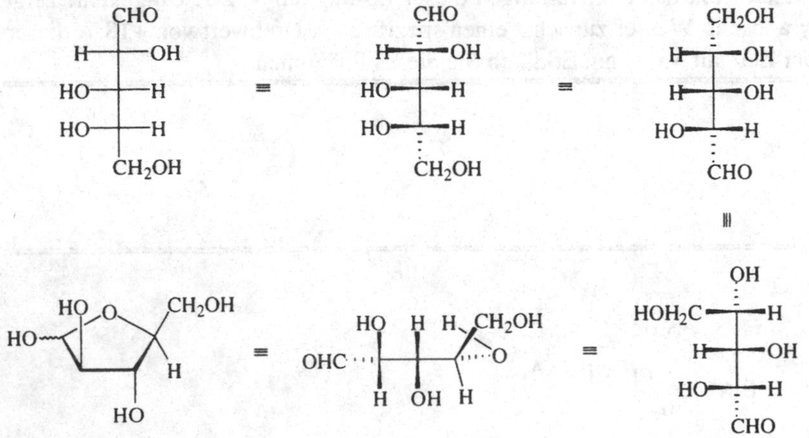

Frage 3.3 (a) **A** ist L-Glucose. **B** ist ein Diastereomer der D-Glucose und wird D-Mannose genannt. **C** ist ebenfalls ein Diastereomer der D-Glucose und wird D-Galactose genannt.

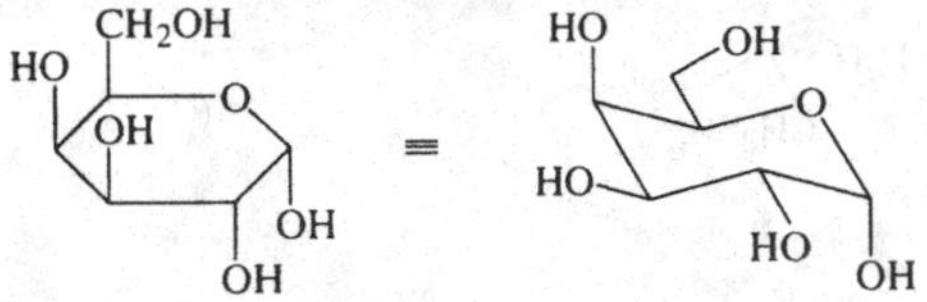

Frage 3.4 Diese zeitliche Veränderung des optischen Drehwertes wird *Mutarotation* genannt. Sie wird durch das Gleichgewicht zwischen dem α- und dem β-Anomer (über die offenkettige Form) verursacht. Die Gleichgewichtseinstellung wird durch Säuren oder Basen katalysiert, läuft aber auch in Abwesenheit von Katalysatoren rasch ab.

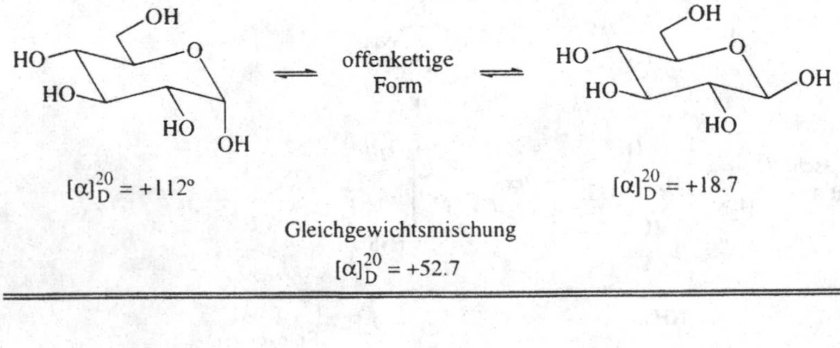

offenkettige Form

$[\alpha]_D^{20} = +112°$

$[\alpha]_D^{20} = +18.7$

Gleichgewichtsmischung

$[\alpha]_D^{20} = +52.7$

Literatur

1. J. M. Bijvoet, A. F. Peerdeman, A. J. van Bommel, *Nature* **1951**, *168*, 271-272.
2. J. Lehmann, *Kohlenhydrate*, Georg Thieme, Stuttgart, 1996. R. R. Schmidt, *Angew. Chem.* **1986**, *98*, 213-236. H. Kunz, *Angew. Chem.* **1987**, *99*, 297-311.

4 Chiralität in Systemen, die kein stereogenes Kohlenstoffatom aufweisen

Bislang haben wir Chiralität fast ausschließlich im Zusammenhang mit stereogenen Kohlenstoffzentren behandelt. Jedoch kann Chiralität auch durch andere strukturelle Merkmale verursacht werden, was in diesem Kapitel besprochen werden soll.[1]

4.1 Punktchiralität

Die stereogenen Zentren, die in Kapitel 2 diskutiert wurden, sind Beispiele für Punktchiralität und dieses Phänomen wird auch in Verbindungen, die Stickstoff, Phosphor und Schwefel enthalten, beobachtet.

4.1.1 Tertiäre Amine und Phosphane

Sie werden sich aus Kapitel 1 daran erinnern, daß Amine und Phosphane annähernd tetraedrisch gebaut sind. Das freie Elektronenpaar nimmt den Platz des vierten Liganden ein. Wenn die anderen drei Liganden nicht gleich sind, werden die Amine und Phosphane chiral. Man muß bedenken, daß Amine zu schnell invertieren, um eine Isolierung der enantiomeren Formen zu erlauben, darum kann man bei diesen Verbindungen keine optische Aktivität beobachten. Eine Ausnahme bilden cyclische Systeme, in denen die Inversion nicht möglich ist, vergleiche Abschnitt 2.2.2.

Auf der anderen Seite besitzen substituierte Phosphane viel höhere Inversionsenergien und im Fall asymmetrischer Substrate können häufig optisch aktive Isomere isoliert werden, besonders wenn einer der Liganden aromatisch ist. Einige solcher Phosphane sind Bestandteile chiraler Katalysatoren (siehe Kapitel 15, Bild 15.36), ein anschauliches Beispiel ist in Bild 4.1 gezeigt. Es handelt sich um ein 1,2-Diphosphanylethan-Derivat, das mit dem Acronym DIPAMP abgekürzt wird. Es weist zwei stereogene Phosphorzentren auf. Die stereoisomeren Formen sind die Enantiomere *RR* und *SS* (jeweils optisch aktiv) und die Diastereomere *RS* (*SR*). Aufgrund der Symmetrieebene sind die *RS*- und *SR*-Form identisch und stellen das optisch inaktive *meso*-Isomer dar (zum Begriff *meso* siehe Kapitel 2). Die freien Elektronenpaare sind die Substituenten niedrigster Priorität, daher ist das in Bild 4.1 dargestellte Isomer das *SS*-Enantiomer.

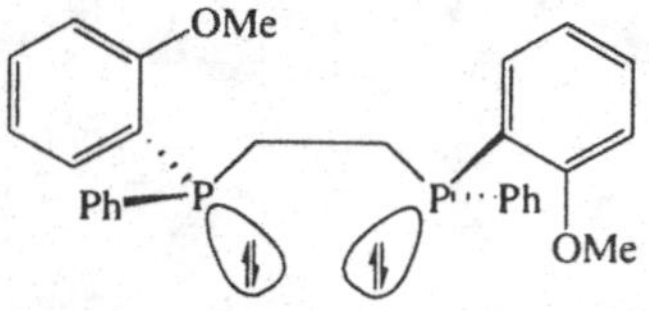

Bild 4.1

4.1.2 Phosphanoxide, Aminoxide und Sulfoxide

Phosphinate, Phosphanoxide, Aminoxide und Sulfoxide sind alle konfigurativ stabil und mit drei verschiedenen Substituenten optisch aktiv (Bild 4.2).

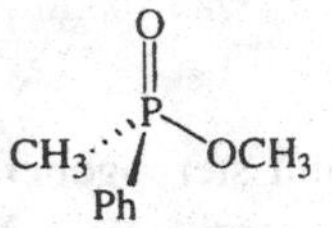

(S)-Methyl(phenyl)phosphinsäuremethylester

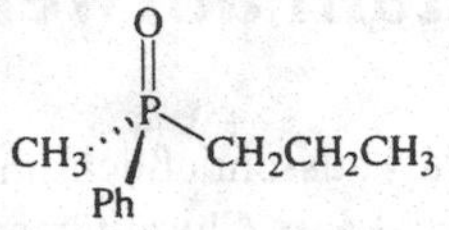

(*S*)-Methyl(phenyl)propylphosphanoxid

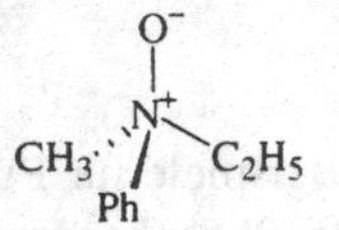

(*S*)-*N*-Ethyl-*N*-methylanilin-*N*-oxid

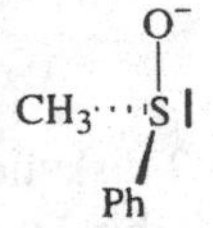

(*R*)-Methylphenylsulfoxid

Bild 4.2

Bei fünfwertigem Phosphor beobachtet man optische Aktivität nur, wenn dieser vier Liganden trägt. Bei λ^5-Phosphanen (PH_5-Derivate mit fünf Liganden), wie sie in Bild 4.3 gezeigt sind, sind die Liganden so angeordnet, daß sie in den Eckpunkten einer trigonalen Bipyramide liegen. Bei fünf verschiedenen Substituenten sieht es auf den ersten Blick so aus, als wären Enantiomere möglich, Bild und Spiegelbild lassen sich nicht zur Deckung bringen. Da beide Enantiomere sich jedoch ohne Bindungsbruch durch den Prozeß der sogenannten *Pseudorotation* ineinander überführen lassen, können die einzelnen Enantiomere nicht getrennt werden. Für ein allgemeines λ^5-Phosphan $PR^1R^2R^3R^4R^5$ (Bild 4.3) verläuft die Pseudorotation wie folgt:

(a) Verschieben der axialen Bindungen (R^2–P und R^5–P) führt zu einer quadratischen Pyramide;
(b) dann folgt eine horizontale Drehung um die R^1–P Bindung;
(c) nun wandern R^1–P und R^3–P in die axiale Position.

Es existieren mehrere Möglichkeiten der Bindungsdeformation/Drehung, so daß nach mehreren Durchläufen die Umwandlung eines Objektes in sein Spiegelbild erreicht wird.

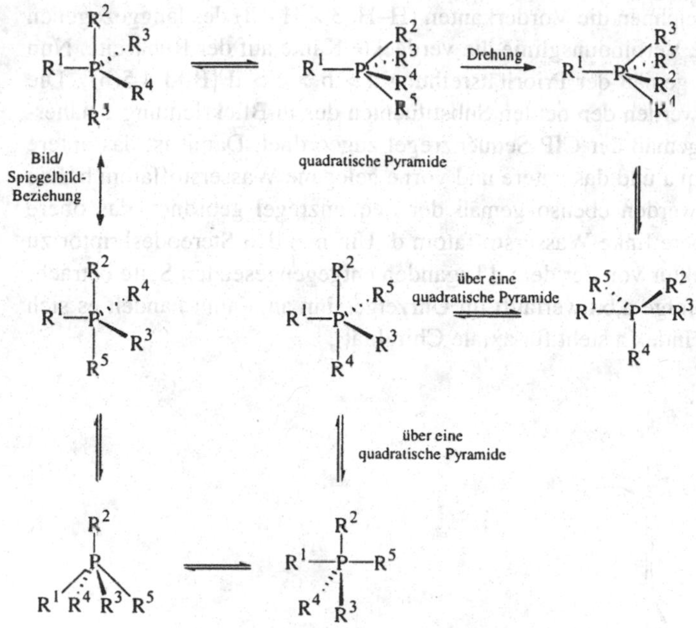

Bild 4.3 Pseudorotation in λ^5-Phosphanen

4.2 Axiale Chiralität

4.2.1 Allene

Wir sind bereits einer Klasse von Verbindungen, die axiale Chiralität zeigen, begegnet. Dies sind die Allene (die Bindungsverhältnisse in Allenen wurden in Kapitel 1 besprochen). Ein Allen, daß an beiden Enden substituiert ist, weist kein stereogenes Zentrum auf und kann dennoch in Form zweier Enantiomerer (nicht zur Deckung zu bringende Spiegelbilder, siehe 1,3-Dichlorallen, Bild 4.4) existieren. Die Nicht-Überlagerbarkeit beider Formen ist aus den zweidimensionalen Strukturen nicht unbedingt sofort erkennbar, ein Modell mag hier hilfreich sein.

Die Vorgehensweise zum Zuordnen von Stereodeskriptoren zu den beiden Spiegelbildisomeren ist wie folgt: Die Struktur wird entlang der Achse des langgezogenen Tetraeders betrachtet. Bild 4.5(a) zeigt die tetraedrische Struktur des in Bild 4.4 links abgebildeten Stereoisomers.

Die Doppelbindungen sind zur Vereinfachung weggelassen, aber wie in Bild 4.4 liegt das obere Substituentenpaar in der Papierebene und das Chloratom des untere Substituentenpaares senkrecht dazu hinter bzw. das Wasserstoffatom vor der Papierebene. Die durchgezeichnete Verbindungslinien kennzeichnen die Vorderkanten (H–H, 3 × H–Cl) des langgezogenen Tetraeders, die durchbrochene Verbindunsglinie die verdeckte Kante auf der Rückseite. Nun ordnet man die Substituenten gemäß der Prioritätsreihung a > b > c > d [Bild 4.5(b)]. Die höchsten beiden Präferenzen werden den beiden Substituenten des in Blickrichtung 1 nähergelegenen Kohlenstoffatoms gemäß der CIP Sequenzregel zugeordnet. Damit ist das untere und hinten gelegene Chloratom a und das untere und vorne gelegene Wasserstoffatom b. Die verbleibenden Substituenten werden ebenso gemäß der Sequenzregel geordnet, das obere rechte Chloratom ist c, das obere linke Wasserstoffatom d. Um nun den Stereodeskriptor zu ermitteln, müssen wir die Struktur von der dem d Liganden entgegengesetzten Seite betrachten (Blickrichtung 2). Die Abfolge a,b,c verläuft im Uhrzeigersinn an, damit handelt es sich um (R_a)-1,3-Dichlorallen (der Index a steht für axiale Chiralität).

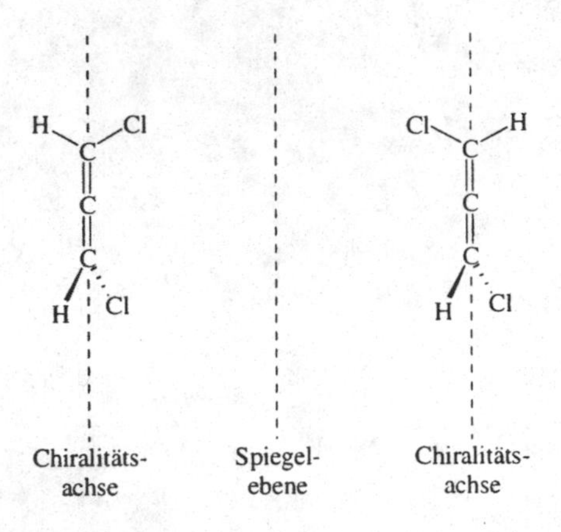

Bild 4.4 Die beiden Enantiomere von 1,3-Dichlorallen (1,3-Dichlorpropadien). Das obere Ligandenpaar liegt in der Papierebene, das untere davor und dahinter.

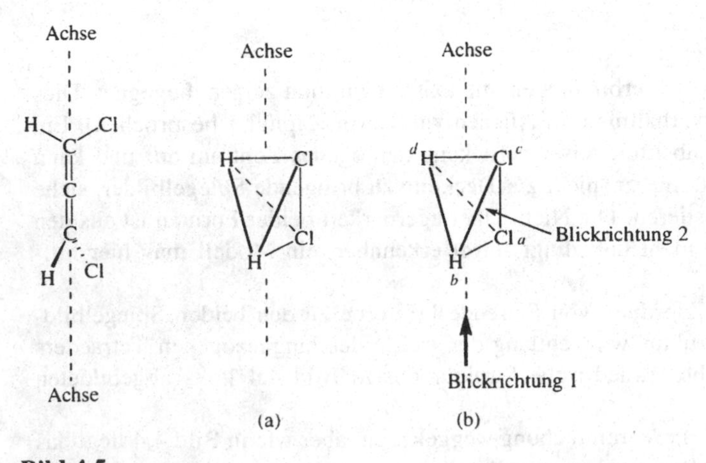

Bild 4.5

Gerade haben wir die Verbindung entlang der Blickrichtung 1 von unten her betrachtet. Es ist jedoch unerheblich, von welchem Ende der Achse die Struktur betrachtet wird, der Stereodeskriptor ist immer R_a. Dies kann aus Bild 4.6 abgeleitet werden, wo die obige Vorgehensweise wiederholt wird. Die beiden Liganden am in Blickrichtung nähergelegenen Kohlenstoffatom werden mit a und b bezeichnet. Das obere rechte Chloratom ist a, das obere linke Wasserstoffatom b. c ist dann das untere hintere Chloratom, d das untere vordere Wasserstoffatom. Es ergibt sich die neue Blickrichtung 2' (von der d abgewandten Seite her), a,b und c sind wiederum im Uhrzeigersinn angeordnet. Dies bestätigt die oben getroffene R_a Zuordnung.

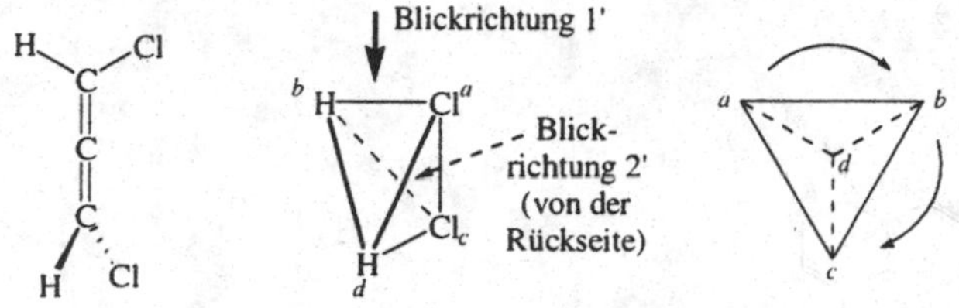

H Cl C C C H Cl

Blickrichtung 1'

b H Cl a Blick-richtung 2' (von der Rückseite) Cl c H d

a b d c

Bild 4.6

Frage 4.1 Ermitteln Sie den Stereodeskriptor für das unten abgebildete 2-Chlor-2,3-butadien.

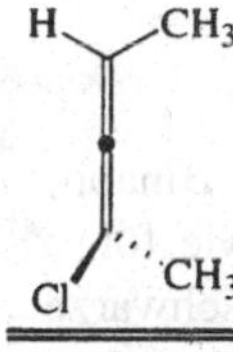

H CH_3 Cl CH_3

4.2.2 Biphenyle und Binaphthyle

Andere gängige Moleküle, die das Phänomen der axialen Chiralität zeigen, sind in *ortho*-Position substituierte Biphenyle und Binaphthyle. Die in diesen Verbindungen beobachtete Chiralität beruht auf einer Einschränkung der freien Rotation um die C–C-Einfachbindung zwischen den Aromaten (Bild 4.7).

Die Substituenten in den *ortho*-Positionen behindern die freie Drehbarkeit der Phenylringe und verhindern, daß die Ringe sich coplanar anordnen. Das führt dazu, daß die Ringe fast senkrecht aufeinander stehen. Wenn die Substituenten auf beiden Seiten der die Ringe verbindenden Bindung wie in Bild 4.7 verschieden sind, kann die Verbindung in zwei enantiomeren Formen existieren. Solche aus der eingeschränkten Rotation um Einfachbindungen resultierende Stereoisomere nennt man *Atropisomere*.

2,2'-Binaphthol ist ein Beispiel für eine asymmetrische Biarylverbindung. Es wird uns in Kapitel 15 als Bestandteil des nützlichen chiralen Reagenzes BINAL-H wieder begegnen (Bild 4.8).

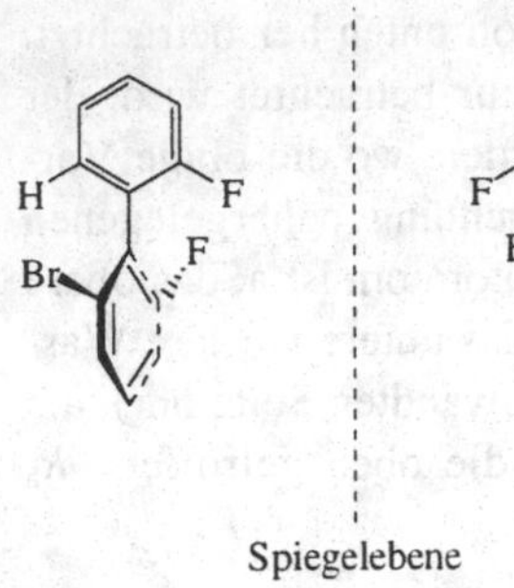

Spiegelebene

Bild 4.7

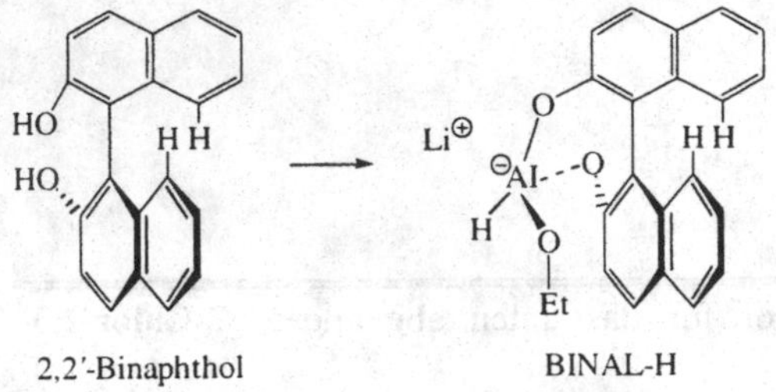

2,2'-Binaphthol

BINAL-H

Bild 4.8

Die Vorgehensweise zum Zuordnen der Stereodeskriptoren für Biphenyle und Binaphthyle gleicht der für Allene. Die Zuordnung für Binaphthol aus Bild 4.8 gelingt wie folgt: Die Bindung zwischen den Ringen liegt auf der Chiralitätsachse. Die vier durch schwarze Punkte gekennzeichneten Gruppen werden gemäß ihrer Priorität geordnet [Bild 4.9(a)]. Der langgezogene Tetraeder wird eingezeichnet und von der dem Liganden niedrigster Priorität entgegengesetzten Seite betrachtet [Bild 4.9(b) und (c)]. Diese sind entgegen dem Uhrzeigersinn angeordnet, daher handelt es sich um (S_a)-2,2'-Binaphthol.

Frage 4.2 Ordnen Sie der unten gezeigten Biarylverbindung einen Stereodeskriptor zu.

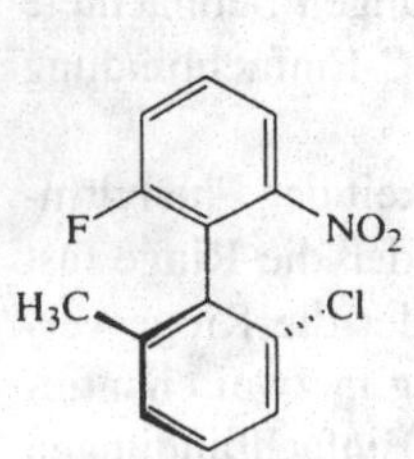

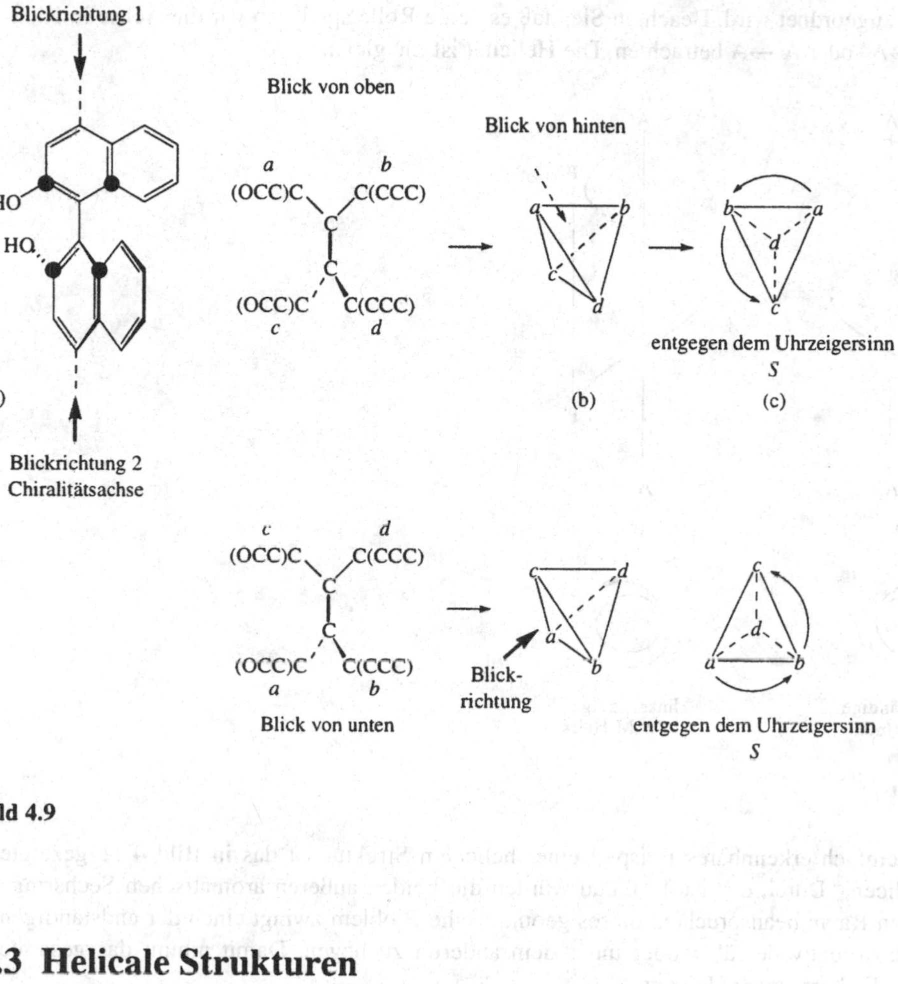

Bild 4.9

4.3 Helicale Strukturen

Die Helix ist eine in der Organischen Chemie weitverbreitete Struktur. Beispiele sind die DNA, einige Proteine, Helicene und, weniger offensichtlich, Biaryle, Allene, (*E*)-Cycloocten und einige oktaedrische anorganische Strukturen. In diesem Abschnitt betrachtet wir eine allgemeine Helix und die verschiedenen Wege, auf denen Helicität und helicale Strukturen betrachtet werden können.

Bild 4.10 zeigt ein verallgemeinertes helicales Segment (Segment deshalb, weil prinzipiell betrachtet eine Helix eine unendliche Länge aufweist). Die Helix wird durch ihre Achse (Linie AA'), ihre Steigung (Linie PP') und ihre Richtung charakterisiert.

Die Achse liegt im Zentrum der Helix und die Richtung der Helix kann dadurch bestimmt werden, daß man die Achse der Helix entlang blickt. Wenn die Windungen der Helix entlang der Achse betrachtet, wie in Bild 4.10(a) gezeigt, der Blickrichtung folgend im Uhrzeigersinn verlaufen, spricht man von einer rechtsgängigen Helix. Ihr wird der Stereodeskriptor *P* (Plus) zugeordnet. Verlaufen die Windungen stattdessen entgegen dem Uhrzeigersinn [Bild 4.10(b)], spricht man von einer linksgängigen Helix, der der Stereodeskriptor *M*

(Minus) zugeordnet wird. Beachten Sie, daß es keine Rolle spielt, ob wir die Achse in Richtung A→A' oder A'→A betrachten. Die Helicität ist die gleiche.

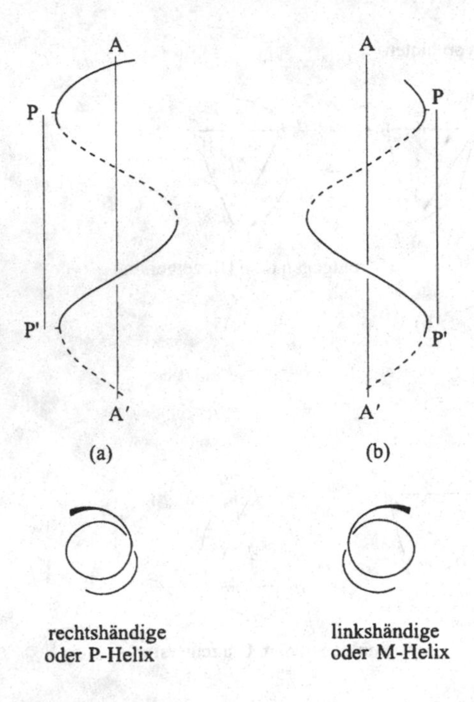

Bild 4.10

Ein einfach erkennbares Beispiel einer helicalen Struktur ist das in Bild 4.11 gezeigte Hexahelicen.[2] Durch den Molekülbau würden die beiden äußeren aromatischen Sechsringe denselben Raum beanspruchen; dieses geometrische Problem zwingt einen der endständigen Ringe dazu, entweder über oder unter dem anderen zu liegen. Damit nimmt das gesamte Molekül die Form einer Helix an.

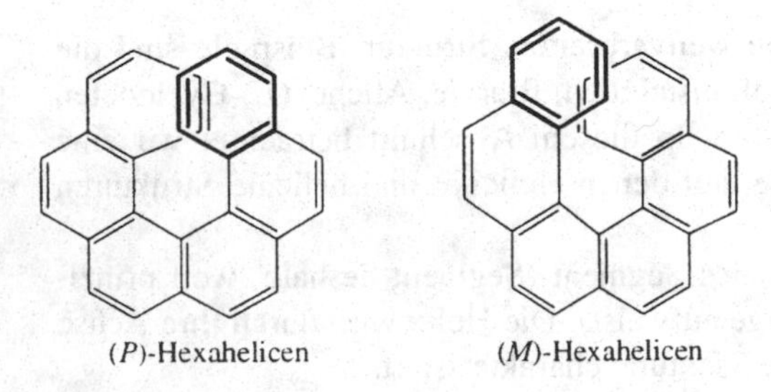

Bild 4.11

Die andere die Helix charakterisierende Eigenschaft ist ihre Ganghöhe. Sie ist der Abstand, in dem die Helix eine volle Windung absolviert.

4.3.1 Polynucleotide

Unter den vielen helicalen Strukturen in der Chemie ist das Polynucleotid DNA (Desoxyribonucleinsäure, Bild 4.12) vermutlich eine der bekanntesten. Die Struktur, die 1953 von Watson und Crick[3] ermittelt wurde, ist eine doppelsträngige Helix (ein Duplex), bestehend aus zwei antiparallelen, rechtsgängigen (*P*)-Helices, die durch Wasserstoffbrükkenbindungen zusammengehalten werden. Das Rückrad jeder einzelnen Helix setzt sich alternierend aus Desoxyribose- und Phosphatresten zusammen. Mit der Desoxyribose ist jeweils eine der vier Basen Thymidin (T), Cytidin (C), Guanin (G) oder Adenin (A) verknüpft und zeigt ins innere der Helix. Die zwei Stränge werden durch die Wasserstoffbrükkenbindungen zwischen den Basenpaaren A–T und G–C zusammengehalten (die beiden Stränge der Helix müssen komplementär sein).

Die charakteristischen Größen solcher Polynucleotid-Helices sind: n = Zahl der Reste pro Windung; h = Höhe der Translation entlang der Helixachse pro Rest; $t = 360°/n$ = Drehwinkel um die Helixachse pro Rest; p = Ganghöhe der Helix = nh. DNA weist 10 Basenpaare pro Windung auf ($n = 10$) und besitzt eine Ganghöhe von 34 Å ($p = 34$ Å) und damit einen Drehwinkel pro Rest $t = 36°$ und eine Translationshöhe pro Rest $h = 3.4$ Å.

4.3.2 Polyaminosäuren

Der obenerwähnte Satz von für eine Helix charakteristischen Größen kann ebenfalls zur Beschreibung der von vielen Polyaminosäuren oder Polypeptiden eingenommenen helicalen Konformationen genutzt werden. Jedoch können helicale Polypeptid-Segmente auch auf zwei weitere Weisen definiert werden.

Eine Möglichkeit ist die Torsionswinkel einzelner Bindungen zu betrachten. Bild 4.13 zeigt eine perspektivische Zeichnung eines Abschnittes einer Polypeptid-Kette. Die drei sich wiederholenden Bindungen entlang des Rückgrats sind N–CO, CO–CHR und CHR–N. In Polypeptiden, die reguläre Konformationen einnehmen, weisen diese Bindungen die festen Torsionswinkel ω, ψ und ϕ auf. So liegt beispielsweise das vom (*S*)-Alanin abgeleitete Polyalanin als rechtsgängige oder (*P*)-α-Helix vor. Die Torsionswinkel sind

$\omega = 180°$, $\psi = -47°$ und $\phi = -57°$

In der spiegelbildlichen (*M*)-α-Helix des Poly-(*R*)-Alanins (linksgängig) liegen die inversen Winkel vor:

$\omega = 180°$, $\psi = +47°$ und $\phi = +57°$

Andere, nichthelicale Konformationen von Polypeptiden werden in Kapitel 13 diskutiert.

Die zweite Möglichkeit, eine helicale Struktur zu kennzeichnen, wird benutzt, wenn Wasserstoffbrückenbindungen zum Aufrechterhalten der helicalen Konformation beitragen. Die obengenannte Torsionswinkel-Methode berücksichtigt Wasserstoffbrückenbindungen nicht. In dieser zweiten Kennzeichnung spricht man von einer n_r-Helix. Dabei ist n die Zahl der Reste pro Windung und r die Zahl der Atome in dem Ring, der aus der Verknüpfung zweier Punkte der Hauptkette durch eine Wasserstoffbrückenbindung entsteht (Bild 4.14).

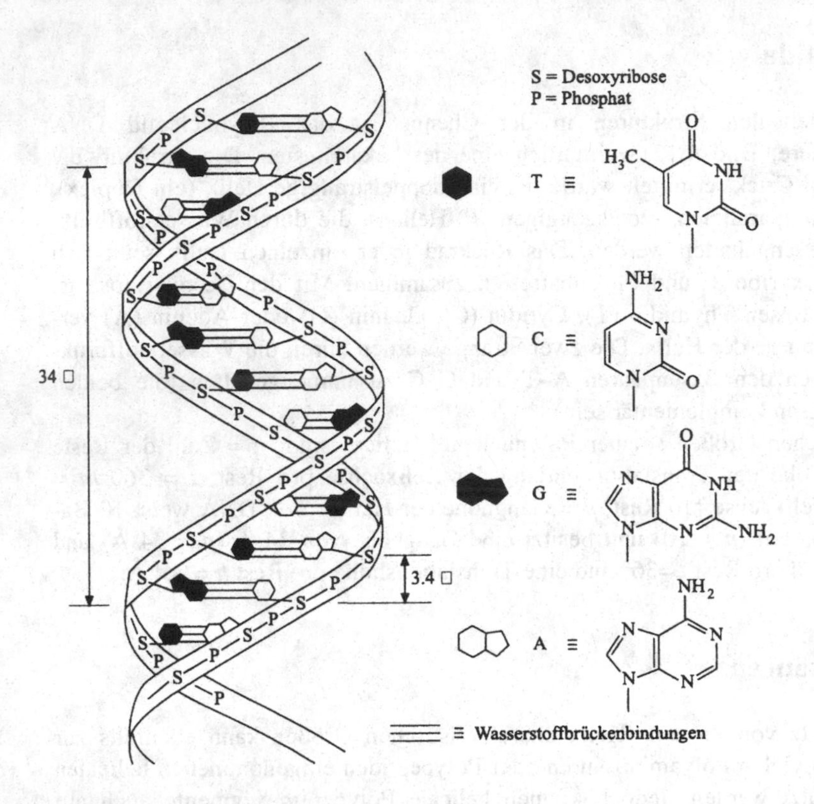

Bild 4.12 Doppelhelix-Struktur der DNA.

Bild 4.13 (a) Die Atome, die das Rückrad der Polypeptidkette bilden, und die Bindungen, mit denen die Torsionswinkel ω, ψ und ϕ verknüpft sind. In (b) ist das Rückrad schematisch gezeichnet, um die Zahl der Reste, die durch die Torsionswinkel überspannt werden, zu zeigen. Ein Rest besteht aus –NH–CHR–CO–. Alle weiteren daran gebundenen Atome gehören zu benachbarten Resten.

Eine α-Helix mit $n = 3.6$ und $r = 13$ kann also eine 3.6_{13}-Helix genannt werden. Ein weiteres Beispiel ist eine 3_{10}-Helix, welche zusammen mit der 3.6_{13}-Helix in dem Protein Myoglobin auftritt (Bild 4.14).

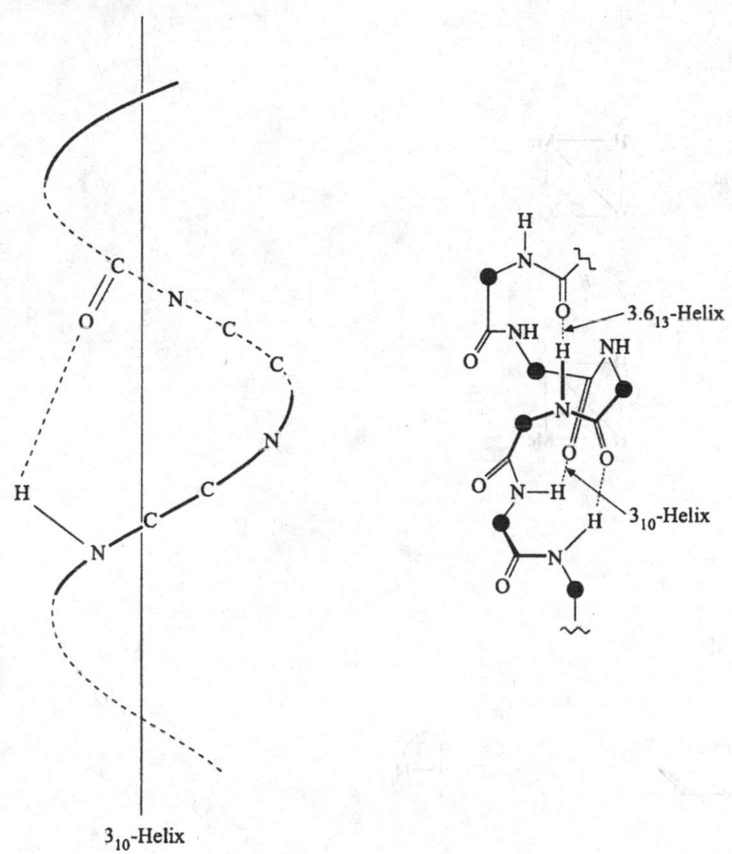

Bild 4.14 3_{10}-Helix in einer Teilstruktur des Myoglobins.

4.3.3 Biaryle und Allene

Die orthogonale Anordnung der Substituenten an der Chiralitätsachse von Biarylen und Allenen führt dazu, daß sie auch als sehr kurze helicale Segmente betrachtet werden können. Als solche können sie durch die helicalen Deskriptoren *M* und *P* beschrieben werden. (R_a)-1,3-Dimethylallen [(R_a)-2,3-Pentadien] soll als Beispiel dienen (Bild 4.15).

Die Struktur wird entlang der Achse betrachtet, und der Torsionswinkel zwischen den Gruppen höchster CIP-Priorität vorne und hinten definiert die Helicität. Wenn der Torsionswinkel, von vorne nach hinten betrachtet, entgegen dem Uhrzeigersinn verläuft, ist der

Stereodeskriptor *M*; wenn der Torsionswinkel im Uhrzeigersinn verläuft, ist der Deskriptor *P*.

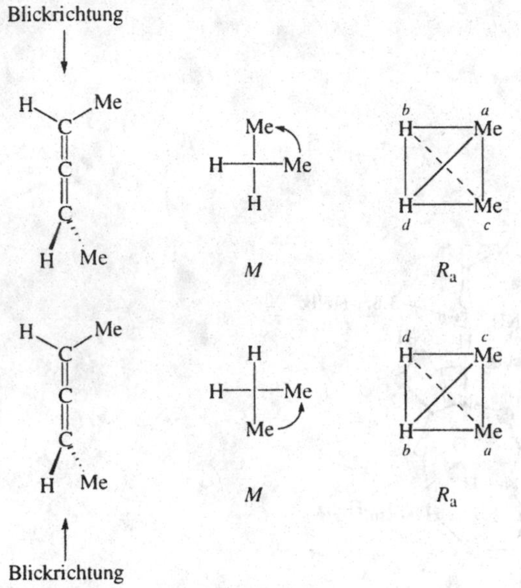

Blickrichtung

H Me C C C H Me

Me H Me H

M

b a H Me H Me d c

R_a

H Me C C C H Me

H H Me Me

M

d c H Me H Me b a

R_a

Blickrichtung

Bild 4.15 (R_a)-1,3-Dimethylallen

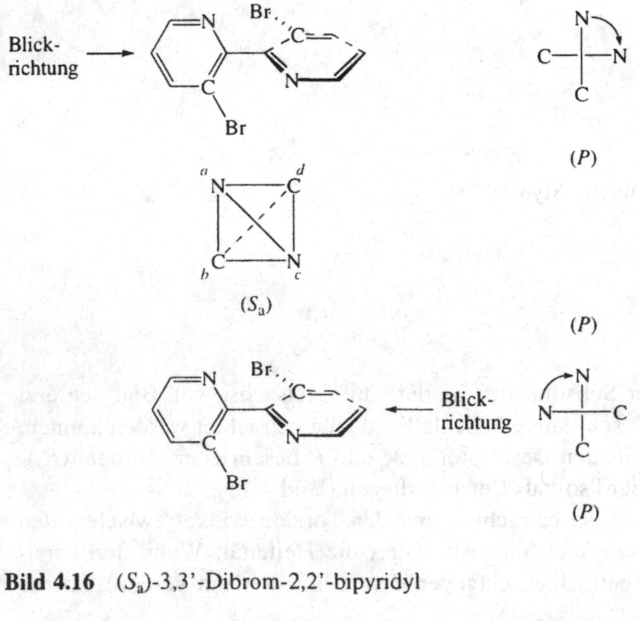

Blick-
richtung

N Br C N C Br

N C N C

(*P*)

a d N C C N b c

(S_a)

(*P*)

N Br C N C Br

Blick-
richtung

N N C C

(*P*)

Bild 4.16 (S_a)-3,3'-Dibrom-2,2'-bipyridyl

Bild 4.16 zeigt die Zuordnung für (S_a)-3,3'-dibrom-2,2'-bipyridiyl. Aus den Abbildungen 4.15 und 4.16 werden Sie sehen, daß ein Zusammenhang zwischen den zwei Arten von Stereodeskriptoren gibt: $R_a \Rightarrow M$; $S_a \Rightarrow P$.

Frage 4.3 (*E*)-Cycloocten ist ein chirales Molekül. Zeichnen Sie die beiden enantiomeren Formen dieser Verbindung.

$(CH_2)_2$
H
H

Antworten

Frage 4.1 (S_a)-2-Chlor-2,3-butadien: CH_3 besitzt Priorität gegenüber H; Cl besitzt Priorität gegenüber CH_3. Folgen Sie dem in Bild 4.5 gegebenen Format.

Frage 4.2 Der Stereodeskriptor ist S_a; nehmen Sie zur Kenntnis, daß F gegenüber NO_2 Priorität hat.

Frage 4.3

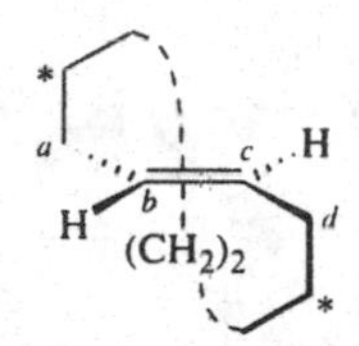

H
H
$(CH_2)_2$

Die Barriere für die Racemisierung von (*E*)-Cycloocten beträgt 150 kJ mol^{-1}. Um solchen Molekülen einen helicalen Sterodeskriptor zuzuordnen, muß die Beziehung der Kohlenstoffatome (*) zur 'chiralen Ebene' aus den Atomen C_a, C_b, C_c und C_d betrachtet werden.

Für das linke Molekül sind die relevanten Projektionen folgende:

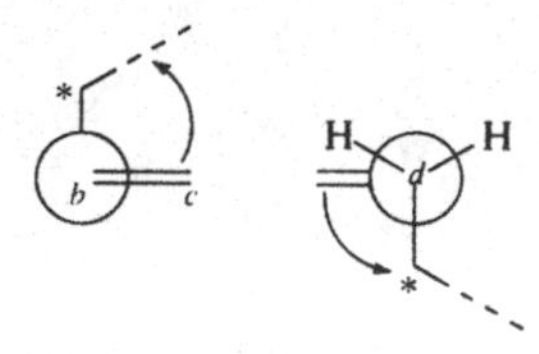

H
H
d
*

Die Bewegung von c nach (*) beim Weg entlang der Bindung zwischen a und b erfolgt entgegen dem Uhrzeigersinn (*M*).

Die gleiche Betrachtung führt dazu, daß es sich bei dem rechten Molekül um das (*P*)-Isomer handelt.

Literatur

1. R. S. Cahn, *J. Chem. Educ.* **1964**, *41*, 116. H. Hirschmann, K. R. Hanson, *J. Org. Chem.* **1971**, *36*, 3293-3306.
2. M. S. Newman, D. Lednicer, *J. Am. Chem. Soc.* **1956**, *78*, 4765-4770. B. Feringa, H. Wynberg, *J. Am. Chem. Soc.* **1977**, *99*, 602-603.
3. J. D. Watson, F. H. C. Crick, *Nature* **1953**, *171*, 737-738. Ebenfalls maßgeblich beteiligt war Rosalind Franklin, aufgrund Ihres frühen Todes konnte sie jedoch nicht für den Nobel-Preis (der nicht postum verliehen werden kann) berücksichtigt werden. Dies deutet Wilkins auch in seinem Nobel-Vortrag an (M. H. F. Wilkins, *Angew. Chem.* **1963**, *75*, 429-439). Dort schreibt er „Rosalind Franklin ... trug wesentliches zur Röntgenstrukturanalyse bei." und nennt erst im folgenden Satz Crick und Watson.

5 Stereoisomerie an Bindungen mit eingeschränkter Drehbarkeit: *cis-trans*-Isomerie

Wir haben bereits die Anordnung von Gruppen um einzelne Atome oder Achsen, die zu chiralen Objekten führen, betrachtet. In diesem Kapitel befassen wir uns mit der Anordnung von Atomen oder Gruppen an Bindungen, die eine eingeschränkte oder gar keine Drehbarkeit besitzen. Dies wird im allgemeinen als *cis-trans*-Isomerie bezeichnet. In älteren Texten wird auch oft der Begriff „geometrische Isomerie“ gebraucht, er wird aber heute nicht mehr verwendet. *Cis-trans*-Isomerie beschreibt die Anordnung von Substituenten um eine Referenzebene. Wenn die Gruppen auf derselben Seite der Referenzebene sind, werden sie als *cis* bezeichnet, wenn sie auf entgegengesetzten Seiten liegen, nennt man sie *trans*.

In einigen, aber nicht allen Fällen, sind *cis-trans*-Isomere chiral. Chirale cyclische Verbindungen fallen in diese Kategorie und das *cis-trans*-System liefert eine nützliche Alternative, diese Strukturen auch dann zu benennen, wenn nur die relative Konfiguration bekannt ist.

5.1 Stereochemie in cyclischen Systemen

5.1.1 *cis-trans*-Nomenklatur

Ein einfaches Beispiel einer *cis-trans*-Isomerie in cyclischen Verbindungen ist Dichlorcyclohexan (Bild 5.1). Hier haben wir zwei identische Substituenten, die entweder auf der gleichen oder auf entgegengesetzten Seiten der Ringebene (der Referenzebene) liegen können. Die relativen Positionen der Substituenten am Ring sind belanglos, alle drei Kostitutionsisomere in Bild 5.1(a) sind *cis*-Dichlorcyclohexane und alle in Bild 5.1(b) sind *trans*-Dichlorcyclohexane.

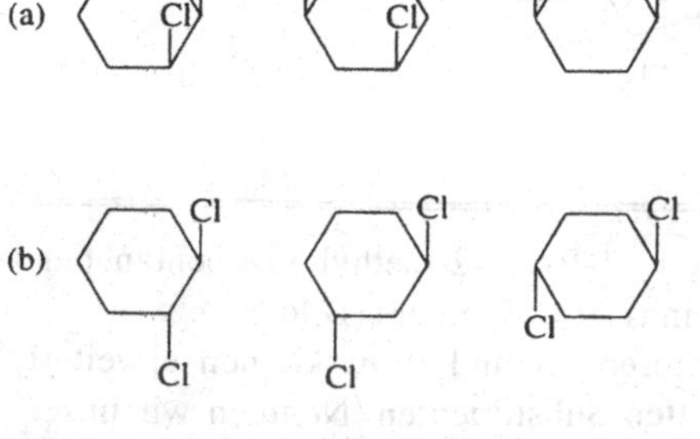

Bild 5.1 (a) *cis*-Dichlorcyclohexane; (b) *trans*-Dichlorcyclohexane.

Natürlich ist Cyclohexan in Wirklichkeit nicht, wie es in Bild 5.1 der Einfachheit halber dargestellt ist, eben gebaut. In der Sesselform (siehe Kapitel 1) besitzt das *cis*-Isomer des 1,2-Dichlorcyclohexans ein axiales und ein äquatoriales Chloratom (Bild 5.2).

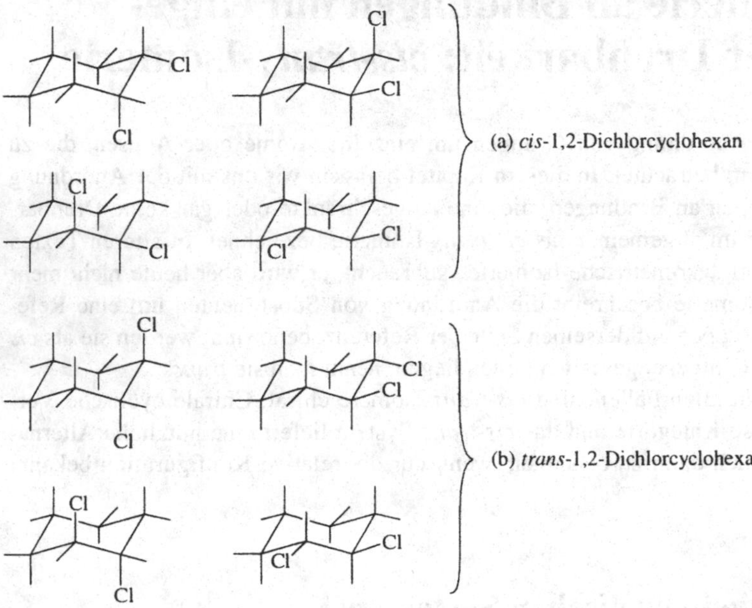

(a) *cis*-1,2-Dichlorcyclohexan

(b) *trans*-1,2-Dichlorcyclohexan

Bild 5.2

Im *trans*-Isomer andererseits, nehmen beide Chloratome entweder axiale oder (bevorzugt) äquatoriale Positionen ein. Die Situation bei den 1,3-Dichlorcyclohexanen ist umgekehrt, bei den 1,4-Dichlorcyclohexanen wieder gleich.

Frage 5.1 *cis*-1,2-Dichlorcyclohexan liegt hauptsächlich in der Sesselform vor. Diese Form des Moleküls ist chiral (**A** und **B** können nicht überlagert werden). Erklären Sie, warum *cis*-1,2-Dichlorcyclohexan und ähnliche Moleküle keine optische Aktivität zeigen.

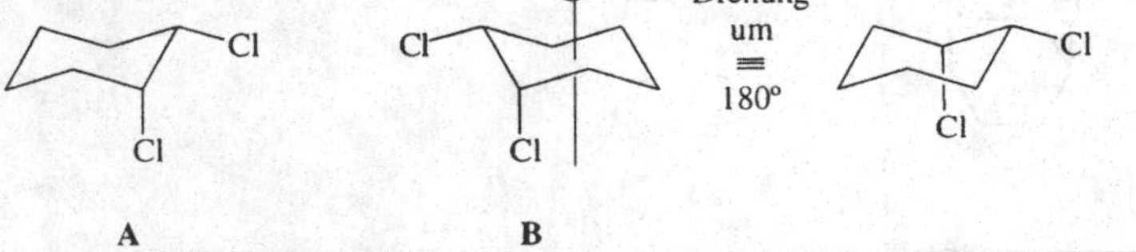

Drehung um 180° ≡

A **B**

Die zwei Substituenten müssen nicht identisch sein: 1-Brom-2-methylcylcopentan beispielsweise existiert ebenfalls in Form eines *cis*- und eines *trans*-Isomers (Bild 5.3).

Die Regeln für die Zuordnung der Stereodeskriptoren *cis* und *trans* können erweitert werden und erlauben dann die Anwesenheit eines dritten Substituenten. Nehmen wir unser Beispiel des 1,2-Dichlorcyclohexans. Wenn ein weiteres Chloratom an einem Kohlenstoffatom, das bereits ein Chloratom trägt, eingeführt wird, geht die *cis-trans*-Isomerie verloren und die *RS*-Nomenklatur muß zur Definition des verbleibenden Stereozentrums verwendet werden (Bild 5.4).

Me Br Br Me

trans-1-Brom-2-methylcyclopentan *cis*-1-Brom-2-methylcyclopentan

Bild 5.3

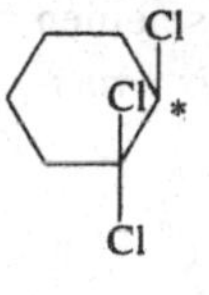

Cl Cl * Cl

Bild 5.4

Wenn der dritte Substituent jedoch verschieden ist und sich in einer anderen Postition befindet, liegt immer noch *cis-trans*-Isomerie vor, aber die Bezeichnung ändert sich geringfügig. Für eine Verbindung wie 5-Chlorcyclohexan-1,3-dicarboxylat, in der sich drei Substituenten an drei verschiedenen Positionen des Rings befinden, wird ein Substituent als Referenz (*r*) verwendet (der am Kohlenstoffatom mit dem niedrigsten Locanten[a], im vorliegenden Fall C1-COOH). Die anderen zwei Substituenten liegen dann entweder *cis* (*c*) oder *trans* (*t*) zum Referenzsubstituenten. *c*, *t* und *r* werden, wie in Bild 5.5 gezeigt, vor die jeweiligen Locanten im Strukturnamen gestellt. Im vorliegenden Fall ist der Name *t*-5-Chlorcyclohexan-*r*-1,*c*-3-dicarboxylat.

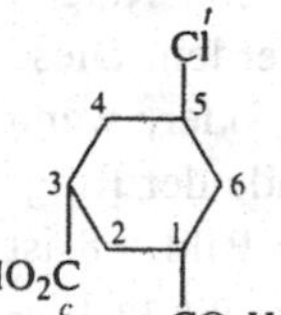

t Cl 4 5 3 6 2 1 HO_2C c CO_2H r

Bild 5.5

Wenn zwei Substituenten für die Referenz in Frage kommen, wie in Bild 5.6 mit zwei Substituenten an demselben Kohlenstoffatom gezeigt, wird der gemäß der CIP-Prioritäts-

[a] Der Locant ist die Nummer, die ein Kohlenstoffatom zur Bezeichnung seiner relativen Position zur funktionellen Gruppe höchster Priorität erhält.

regel bevorzugt Substituent verwendet. Nur ein Substituent des zweiten Paares muß dann zur Beschreibung der Gesamtstruktur zugeordnet werden. Wieder ist dies der Substituent höherer Priorität. Der Name der Verbindung ist daher *r*-1-Brom-1-chlor-*t*-3-ethyl-3-methylcyclohexan.

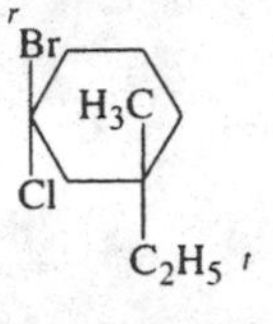

Bild 5.6

Die Begriffe *cis* und *trans* werden manchmal dazu verwendet, die relative Konfiguration der Ringverknüpfung in anellierten Ringsystemen zu kennzeichnen. Obwohl die *RS*-Nomenklatur normalerweise angewendet werden kann, gibt sie nicht notwendigerweise einen Hinweis auf die geometrische Form des Moleküls, anders als die alternative *cis-trans*-Nomenklatur, die dies kann. Bild 5.7 zeigt die *cis*- und *trans*-Form des Decalins.

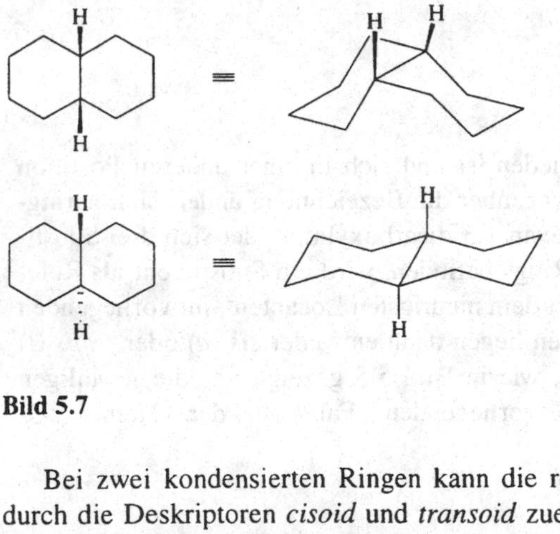

cis-Decalin

trans-Decalin

Bild 5.7

Bei zwei kondensierten Ringen kann die relative Konfiguration in den beiden Ringen durch die Deskriptoren *cisoid* und *transoid* zueinander in Beziehung gesetzt werden. Diese definieren die Anordnung der nächsten Atome der zwei Ringverknüpfungen oder, wenn beide Enden der Ringverknüpfung gleich weit voneinander entfernt sind, das Ende der Ringverknüpfung mit dem niedrigsten Locanten und seinem nächsten Nachbarn. In Bild 5.8 ist das Perhydrophenanthren *cis-cisoid-trans* und das Perhydroacridin *cis*-4a-*cisoid*-4a,10a-*trans*-10a.

5.1.2 *exo-endo-*, *syn-anti*-Nomenklatur

Diese oft falsch verwendeten Stereodeskriptoren stellen ein Mittel zur Identifizierung der relativen Position von Substituenten in bicyclischen Systemen der allgemeinen Formel Bicyclo[x.y.z]alkan dar, die sich nicht an den Brückenkopfpositionen befinden, wobei wie in Bild 5.9 gezeigt $x \geq y \geq z > 0$.

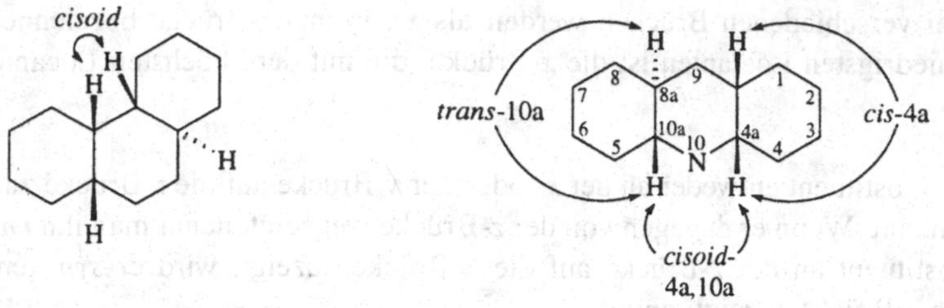

cis-cisoid-trans-Perhydrophenanthren

cis-4a-*cisoid*-4a,10a-*trans*-10a-Perhydroacridin

Bild 5.8

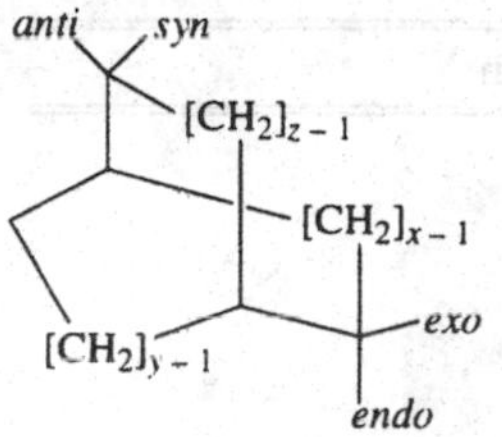

Bild 5.9

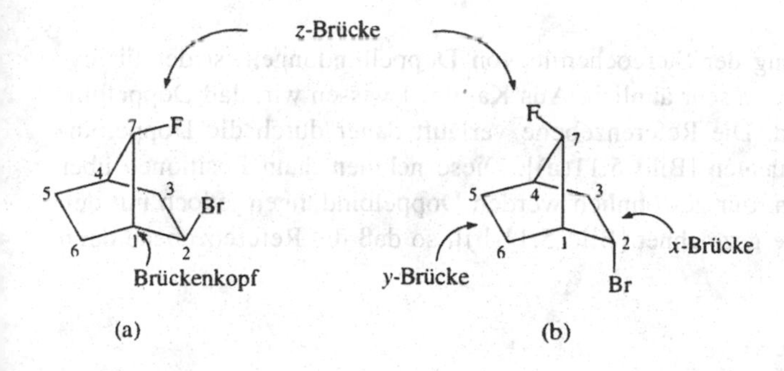

Bild 5.10 (a) 2-*exo*-Brom-7-*syn*-fluorbicyclo[2.2.1]heptan
(b) 2-*endo*-Brom-7-*anti*-fluorbicyclo[2.2.1]heptan

Ein spezifisches Beispiel ist das in Bild 5.10 gezeigte Dihalonorbornan (oder nach der von Baeyerschen Nomenklatur ein Bicyclo[2.2.1]heptan-Derivat). Die zwei Strukturen weisen einen Bromsubstituenten neben dem Brückenkopf und einen Fluorsubstituenten in der Methylenbrücke auf. In Übereinstimmung mit den Regeln für die Nummerierung bicyclischer Systeme beginnt die Nummerierung am Brückenkopfatom und durchläuft zuerst die längste Brücke. In Bild 5.10 gibt es zwei Möglichkeiten, da zwei Brücken dieselbe Länge haben. In diesem Fall wird die Nummerierung durch das Brom festgelegt, das den niedrigst möglichen Locanten, hier 2, zugewiesen bekommt. Die Nummerierung folgt dann durch die zweite Brücke, um dann dem fluor-substituierten Kohlenstoffatom die Nummer 7 zukommen zu lassen. Die drei verschiedenen Brücken werden als *x*-, *y*- und *z*-Brücke bezeichnet, die Brücke mit dem niedrigsten Loctanten ist die *x*-Brücke, die mit dem höchsten Locanten ist die *z*-Brücke.

- Wenn nun der Substituent entweder an der *x*- oder der *y*-Brücke auf die *z*-Brücke zuzeigt, wird er *exo* genannt. Wenn er dagegen von der *z*-Brücke wegzeigt, nennt man ihn *endo*.
- Wenn ein Substituent an der *z*-Brücke auf die *x*-Brücke zuzeigt, wird er *syn* genannt, wenn er auf die *y*-Brücke zuzeigt, *anti*.

Daher handelt es sich, gemäß der obigen Richtlinien, in Bild 5.10(a) um 2-*exo*-Brom-7-*syn*-fluorbicyclo[2.2.1]heptan und in Bild 5.10(b) um 2-*endo*-Brom-7-*anti*-fluorbicyclo-[2.2.1]heptan.

Frage 5.2 Zeichnen Sie 2-*exo*-Brom-3-*endo*-hydroxybicyclo[3.2.1]octan.

5.2 Stereoisomerie an Doppelbindungen

5.2.1 *E,Z*-Nomenklatur

Die Prinzipien für die Zuordnung der Stereochemie von Doppelbindungen ist der für cyclische Strukturen oben diskutierten sehr ähnlich. Aus Kapitel 1 wissen wir, daß Doppelbindungen (sp^2) planar gebaut sind. Die Referenzebene verläuft daher durch die Doppelbindung, senkrecht zu den Substituenten [Bild 5.11(a)]. Diese nehmen dann Positionen über und unter der Referenzebene ein. Für gewöhnlich werden Doppelbindungen jedoch mit den Substituenten in der Papierebene gezeichnet [Bild 5.11(b)], so daß die Referenzebene dann senkrecht zur Papierebene steht.

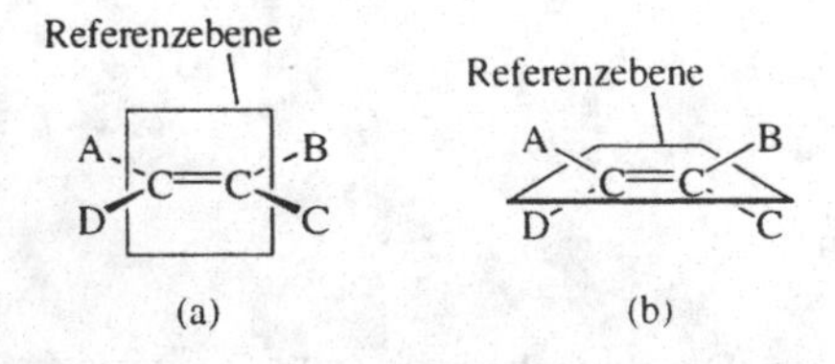

Bild 5.11

Das einfachste Beispiel ist ein System, in dem zwei benachbarte Substituenten gleich sind. Für A = B = H und C = D = CO_2CH_3 [Bild 5.12(a)] liegen die beiden Estergruppen auf der gleichen Seite der Referenzebene und daher handelt es sich um die *cis*-Verbindung. In Bild 5.12(b) befinden sich die Estergruppen auf verschiedenen Seiten und weisen somit eine *trans*-Anordnung auf.

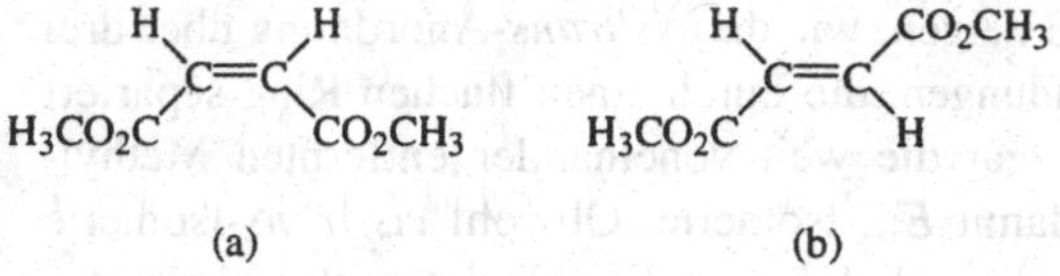

(a) (b)

Bild 5.12

Wenn man allgemein die relative Orientierung von Gruppen an einer Doppelbindung betrachtet, ist es angenehm, wenn *cis* oder *trans* „auf derselben Seite" oder „auf entgegengesetzten Seiten" bedeutet. Wenn jedoch die Doppelbindung in einem Substanznamen spezifiziert werden. verwendet man die Stereodeskriptoren *Z* und *E* [abgeleitet vom deutschen *zusammen* und *entgegen*].[1] *E* und *Z* werden generell in Klammern, verbunden mit Locanten, falls mehr als eine Doppelbindung in der Verbindung vorliegen, an den Anfang des Namens gestellt. Wenn die Doppelbindung nicht in der Hauptkette liegt, werden *E* und *Z* vor den Substituenten, der die Doppelbindung beinhaltet, plaziert. Weitere Beispiele finden sich in Bild 5.13.

(2*E*,4*E*)-2,4-Hexadien

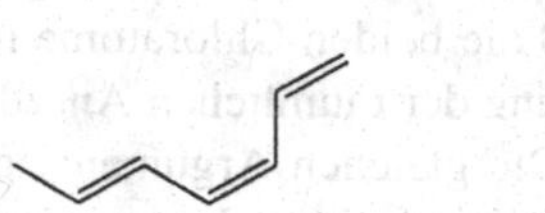

(3*Z*,5*E*)-1,3,5-Heptatrien

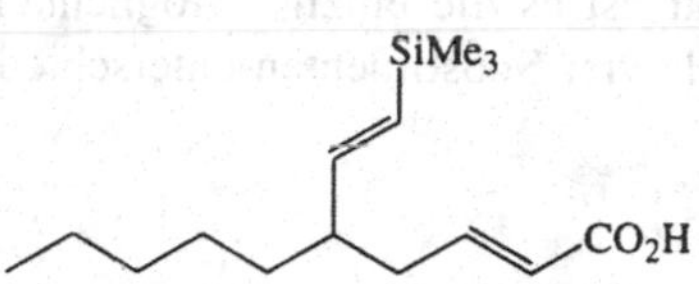

(2*E*)-5-[(*E*)-2-Trimethylsilylvinyl]-2-decencarbonsäure

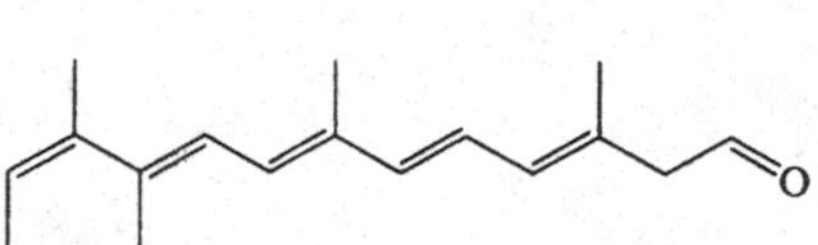

(3*E*,5*E*,7*E*)-3,7-Dimethyl-9-[(*E*)-2,6,6-trimethylcyclohex-2-enyliden]-3,5,7-nona trienal
[(6*E*,8*E*,10*E*,12*E*)-4,14-*retro*-Retinal]

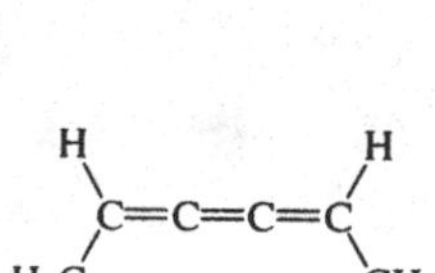

(*Z*)-2,3,4-Hexatrien

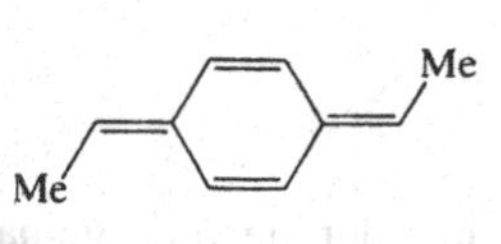

(*E*)-3,6-Diethyliden-1,4-cyclohexadien

Bild 5.13

Die letzten beiden Beispiele aus Bild 5.13 zeigen, wie die *cis/trans*-Anordnung über drei Doppelbindungen bzw. über zwei Doppelbindungen, die durch einen flachen Ring separiert sind, hinaus angewendet werden können. Sogar die weit voneinander entfernten Methylgruppen liegen in einer Ebene und zeigen damit *E,Z*-Isomerie. Obwohl *cis-trans*-Isomerie für das Dimethylkumulen [(*Z*)-2,3,4-Hexatrien] möglich ist, ist dies für das nächst niedrigere Homologe, das Dimethylallen, nicht der Fall. Im zuletztgenannten liegen die Paare der endständigen Substituenten in zueinander senkrechten Ebenen und das Molekül ist damit nicht eben gebaut, sondern ein langgezogener Tetraeder (vergleiche Abschnitt 4.2).

Nun wollen wir zur verallgemeinerten Struktur aus Bild 5.11 zurückkehren. Wenn drei der Substituenten identisch sind, z.B. A = B = C = Br, geht die Stereoisomerie verloren. Wenn nur zwei Substituenten identisch sind, der dritte jedoch verschieden, kann immer noch *cis-trans*-Isomerie vorliegen, jedoch nicht für alle Positionsisomere. So zeigt von den in Bild 5.14 gezeigten Isomeren des Bromdichlorethens (a) im Gegensatz zu (b) und (c) keine Stereoisomerie. Beim Isomer aus (b) handelt es sich um (*E*)-, beim Isomer aus (c) um (*Z*)-1-Brom-1,2-dichlorethen. Da die Verbindung mit den beiden Chloratomen auf der gleichen Seite der Doppelbindung als (*E*)-Isomer und die mit den beiden Chloratomen auf verschiednen Seiten als (*Z*)-Isomer bezeichnet wird, sieht es auf den ersten Blick so aus, als sei die Zuordnung der Stereodeskriptoren für (b) und (c) falsch. Da jedoch die Gruppen höchster Priorität, hier also das Bromatom an C1 und das Chloratom an C2, der Zuordnung zugrunde liegen, ist alles korrekt. Es ist zwar möglich zu sagen, daß die beiden Chloratome in (b) *cis*-ständig angeordnet sind, aber für eine spezifische Zuordnung der räumlichen Anordnung der Substituenten muß der Deskriptor *E* verwendet werden. Die gleichen Argumente gelten für das *Z*-Isomer mit seinen *trans*-ständigen Chloratomen. Während dieses Nomenklatursystem in der obengezeigten Struktur nicht sehr anschaulich wirkt, ist es die einzige Möglichkeit einer eindeutigen Beschreibung von Systemen, in denen alle vier Substituenten unterschiedlich sind (A ≠ B ≠ C ≠ D, siehe Bild 5.15).

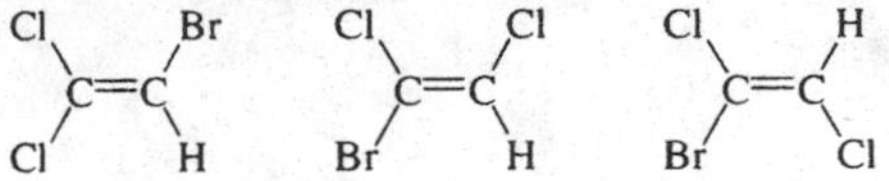

Cl Br Cl Cl Cl H
C=C C=C C=C
Cl H Br H Br Cl

(a) (b) (c)

Bild 5.14 Bromdichlorethen

Me Et Me CO_2H
C=C C=C
Cl CO_2H Cl Et

(a) (b)

(*Z*)-3-Chlor-2-ethyl-2-butencarbonsäure (*E*)-3-Chlor-2-ethyl-2-butencarbonsäure

Bild 5.15

Die Gruppe an jedem einzelnen Ende der Doppelbindung mit der, jeweils gemäß der CIP-Sequenzregel, höheren Priorität definiert die *EZ*-Deskriptoren. Weil die COOH-Gruppe gegenüber der Ethyl-Gruppe und Cl gegenüber Me eine höhere Priorität aufweisen, handelt es sich bei (a) aus Bild 5.15 um (*Z*)-3-Chlor-2-ethyl-2-butencarbonsäure. Bild 5.15(b) zeigt das korrespondierende *E*-Isomer. Weitere Beispiele finden sich in Bild 5.16.

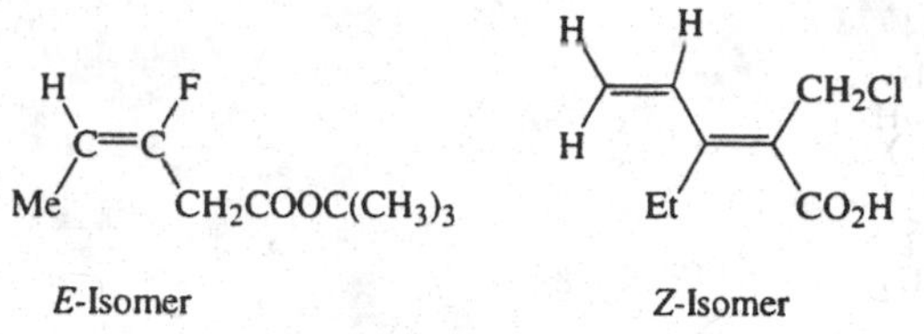

E-Isomer *Z*-Isomer

Bild 5.16

5.2.2 Strukturen mit partieller Bindungsordnung

Strukturen, die benachbarte Einfach- und Doppelbindungen besitzen, können partiellen Doppelbindungscharakter aufweisen und damit auch *cis-trans*-Isomerie zeigen. Zwei gängige Beispiele für dieses Phänomen sind 1,3-Butadiene (bzw. andere Verbindungen mit zwei durch eine Einfachbindung separierten Doppelbindungen) und *N*-Alkylamide.

Zunächst sollen die 1,3-Diene behandelt werden. Die Delokalisierung der Elektronen über das gesamte π-System erhöht, im Vergleich mit einer isolierten Einfachbindung, die Bindungsordnung der mittleren Bindung (Bild 5.17).

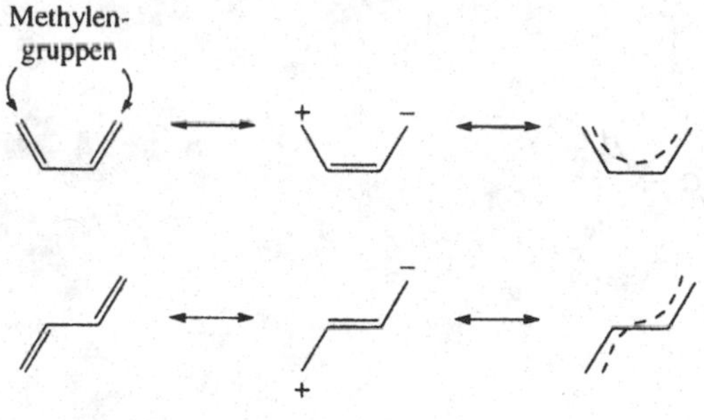

Methylen-gruppen

Bild 5.17

Obwohl die mittlere Bindung durch diese Operation nicht den Status einer Doppelbindung erlangt, erwirbt sie eine gewisse Starrheit, die zwei Konformationen stärker populiert, als dies bei freier Rotation der Fall wäre. Diese zwei Konformationen sind in Bild 5.18 zusammen mit den dazugehörigen Newman-Projektionen gezeigt.

Die Stereodeskriptoren, die für dieses System benutzt werden, sind s-*cis* für (a) und s-*trans* für (b). Dieser Nomenklatur liegt zugrunde, daß die beiden endständigen Methylengruppen auf derselben oder entgegengesetzten Seite der Referenzebene liegen. Es handelt sich ausschließlich um einen konformativen Effekt, bei dem der Diederwinkel durch die räumliche Anordnung der Doppelbindungen fixiert wird, unbeeinflusst durch die Anwesenheit von Gruppen oder Atomen höherer Priorität. Alternative Deskriptoren sind die in Kapitel 1 für Konformationen genannten, d.h. *sp* (synperiplanar) und *ap* (antiperiplanar).

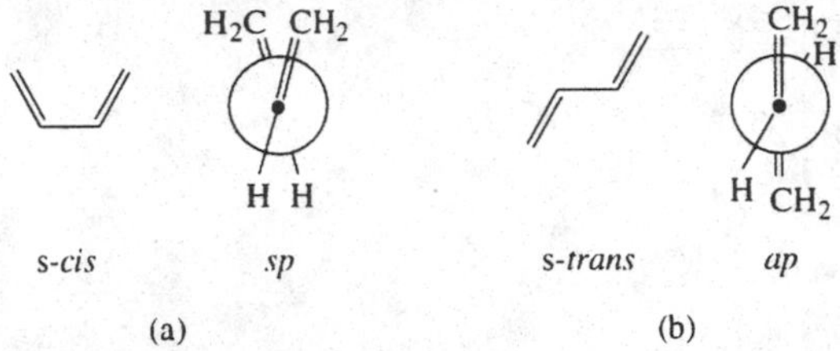

H_2C CH_2 H H CH_2 H H CH_2

s-*cis* *sp* s-*trans* *ap*

(a) (b)

Bild 5.18

Im Gegensatz dazu werden bei *N*-Alkylamiden, wie in Bild 5.19 für *N*-Methylbenzamid gezeigt, die Deskriptoren *E* und *Z* verwendet. Die Substituenten höchster Priorität sind das Sauerstoffatom der Carbonylgruppe und die Methylgruppe am Stickstoffatom. In (a) sind diese auf derselben Seite der Referenzebene und der Deskriptor damit *Z*, in (b) auf entgegengesetzten Seiten (*E*).

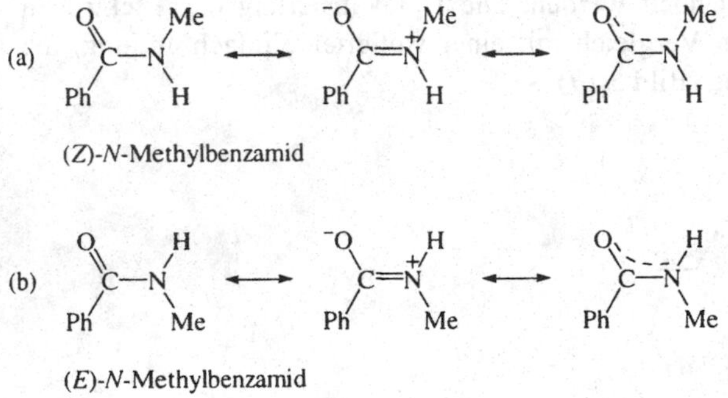

(a) O, Me, C—N, Ph, H ⟷ $^-$O, Me, C=N$^+$, Ph, H ⟷ O, Me, C--N, Ph, H

(*Z*)-*N*-Methylbenzamid

(b) O, H, C—N, Ph, Me ⟷ $^-$O, H, C=N$^+$, Ph, Me ⟷ O, H, C--N, Ph, Me

(*E*)-*N*-Methylbenzamid

Bild 5.19

5.3 *cis-trans*-Isomerie, Enantiomerie und Diastereomerie

Wenn man die in den vorangehenden Kapiteln angegebene Definition für Enantiomerie anwendet, sind die Isomerenpaare aus Bild 5.20 Enantiomere.

Erinnern Sie sich daran, daß Enantiomere Stereoisomere mit nicht-überlagerbaren Spiegelbildern sind. Die Isomerenpaare in Bild 5.21 sind Diastereomere, d.h. Stereoisomere, die nicht in einer Spiegelbildbeziehung stehen.

Nicht alle Paare aus Bild 5.21 sind chiral. (*E*)- und (*Z*)-2-Buten sind achiral und daher optisch inaktiv. *trans*-1,2-Dibromcyclobutan ist chiral (hat ein nicht-überlagerbares Spiegelbild), wogegen *cis*-1,2-Dibromcyclobutan als *meso*-Verbindung optisch inaktiv ist (da es eine Spiegelebene besitzt). Weder *trans*-1,3-Dibromcyclobutan noch *cis*-1,3-Dibromcyclobutan sind chiral – das *cis*-Isomer ist eine *meso*-Verbindung und das *trans*-Isomer besitzt ein Symmetriezentrum und ist damit optisch inaktiv (vergleiche Kapitel 2, Frage 2.5). Sowohl das *cis*- als auch das *trans*-Isomer von 1-Chlor-3-methoxycyclopentan sind chiral.

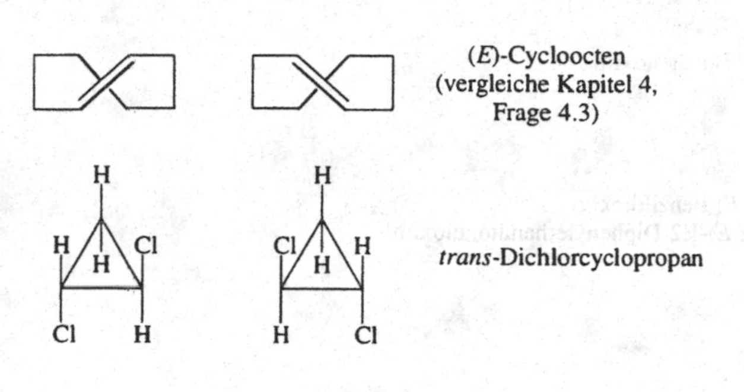

Bild 5.20

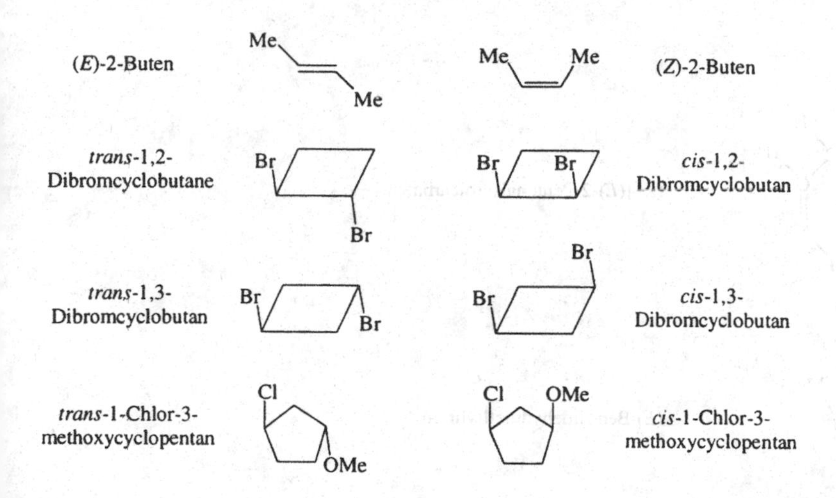

Bild 5.21

Frage 5.3 Welche der Kohlenstoff-Stickstoff-Doppelbindungen in (*Z,E*)-Benzildioxim ist *Z*- und welche *E*-konfiguriert?

5.4 *cis-trans*-Isomerie in Stickstoffverbindungen

Die Stickstoffverbindungen aus Bild 5.22 zeigen *cis-trans*-Isomerie.

Oxime

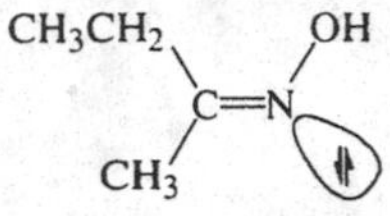

(*Z*)-Butanonoxim

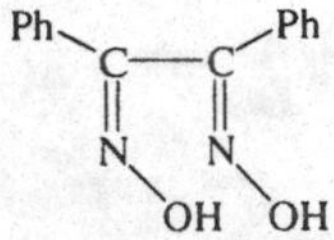

(*Z,E*)-Benzildioxim
[(*Z,E*)-1,2-Diphenylethandiondioxim]

Hydrazone

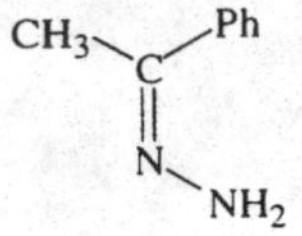

(*Z*)-Acetophenonhydrazon

Semicarbazone

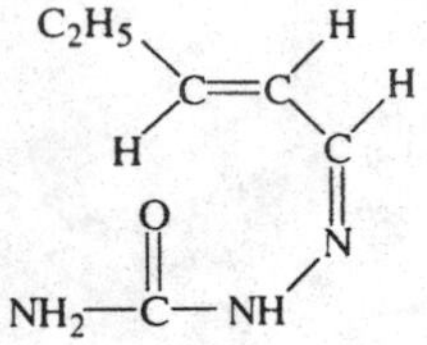

(*Z*)-[(*E*)-2-Pentenalsemicarbazon]

Imine

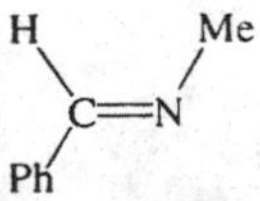

(*E*)-Benzaldehydmethylimin

Azoverbindungen

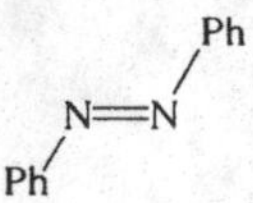

(*E*)-Azobenzol

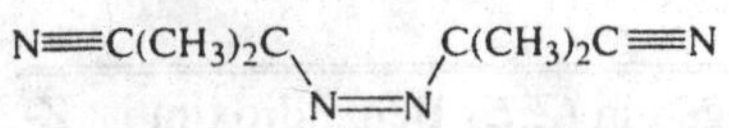

$N\equiv C(CH_3)_2C{-}N{=}N{-}C(CH_3)_2C\equiv N$ (*Z*)-Azoisobutyronitril (AIBN)

Bild 5.22

Antworten

Frage 5.1 Das Enantiomer **A** wird rasch über die „Boot"-Konformation in sein Spiegelbild-isomer **B** übergeführt.

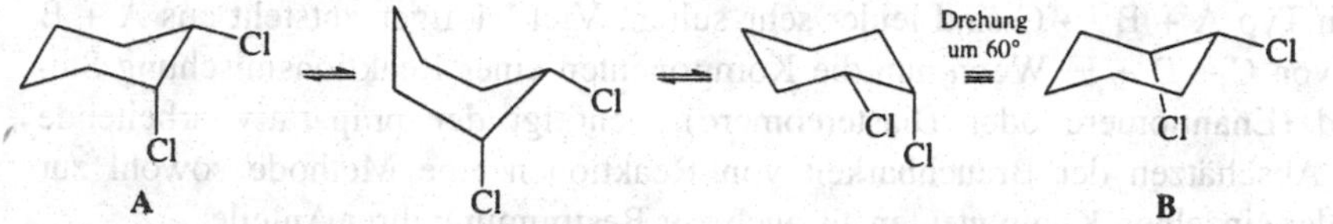

Cl Cl Cl Cl Drehung um 60° Cl Cl Cl Cl

A **B**

Frage 5.2

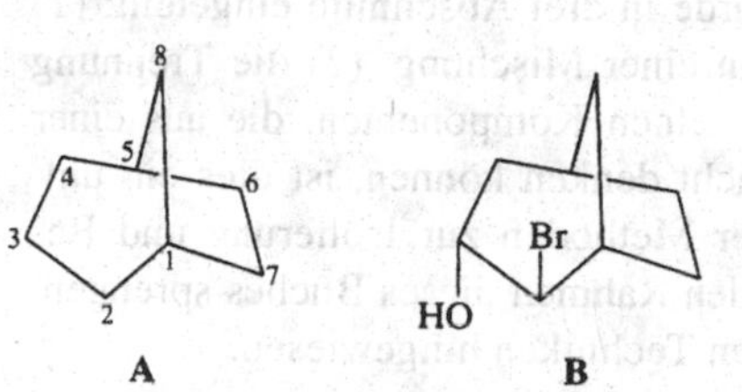

8 5 4 6 3 1 7 2 Br HO

A **B**

Formel **A** zeigt das Grundgerüst eines Bicyclo[3.2.1]octans mit seiner Numerierung. Formel **B** zeigt den Brom- und den Hydroxylsubstituenten in passender Orientierung an den passenden Positionen.

Frage 5.3

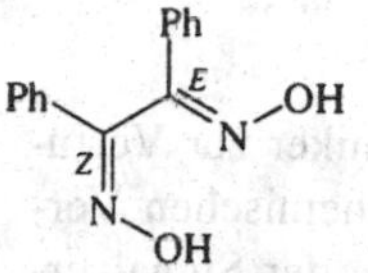

Ph Ph *E* OH N *Z* N OH

Beachten Sie, daß C(NNC) Priorität über C(CCC) aufweist.

Literatur

1. J. E. Blackwood, C. L. Gladys, K. L. Loening, A. E. Petrarca, J. E. Rush, *J. Am. Chem. Soc.* **1968**, *90*, 509-510.

6 Analyse und Trennung von Stereoisomeren

Reaktionen vom Typ A + B → C sind leider sehr selten. Viel häufiger entsteht aus A + B eine Mischung von C + D + E. Wenn nun die Komponenten einer Reaktionsmischung Stereoisomere sind (Enantiomere oder Diastereomere), benötigt der präparativ arbeitende Chemiker zum Abschätzen der Brauchbarkeit von Reaktionen eine Methode sowohl zur Identifizierung der einzelnen Komponenten als auch zur Bestimmung ihrer Anteile.

Es gibt viele Wege, auf denen solche Bewertungen möglich sind, die gebräuchlichsten werden in diesem Kapitel vorgestellt. Die Thematik wurde in drei Abschnitte eingeteilt: (1) Das Bestimmen der Verhältnisse von Stereoisomeren in einer Mischung, (2) die Trennung der Stereoisomeren und (3) die Identifizierung der einzelnen Komponenten, die aus einer solchen Mischung isoliert wurden. Wie Sie sich vielleicht denken können, ist dies ein umfangreiches Gebiet und eine detaillierte Darstellung der Methoden zur Isolierung und Bestimmung der Struktur von Reaktionsprodukten würde den Rahmen dieses Buches sprengen. Im folgenden wird daher nur auf die besonders nützlichen Techniken hingewiesen.

6.2 Bestimmung der Verhältnisse der Stereoisomere

6.1.1 NMR-Spektroskopie

Die NMR-Spektroskopie[1] ist eine der wertvollsten Methoden, die dem Chemiker zur Verfügung steht. Information über die Struktur einer Verbindung kann aus der chemischen Verschiebung (δ), den Spin-Spin-Kopplungskonstanten (*J*) sowie Techniken wie der Signalverstärkung durch den Kern-Overhauser-Effekt gewonnen werden. Es muß betont werden, daß im folgenden nur ein flüchtiger Blick auf die NMR-Spektroskopie mit Bezug auf stereochemische Probleme geworfen wird. Weitere Literatur zum Verständnis dieser potenten Methode sei wärmstens empfohlen. Was folgt, ist eine einfache Gedächtnisauffrischung über die Ursachen der chemischen Verschiebung und der Kopplungskonstanten.

Die chemische Verschiebung

Qualitativ betrachtet beruht das NMR-Phänomen auf der Tatsache, daß bestimmte Kerne wie ^{1}H, ^{13}C, ^{19}F und ^{31}P, die alle einen Kernspin von $I = 1/2$ besitzen, sich wie kleine Magneten verhalten können. Ähnlich wie Magneten zeigen diese Kerne Orientierung. Wenn sie in ein externes Magnetfeld eingebracht werden (wie z.B. die Proben im NMR-Spektrometer), können diese Kerne zwei verschiedene Orientierungen einnehmen: Ihre kernmagnetischen Momente können parallel (was vergleichsweise wenig Energie erfordert) oder antiparallel (die Orientierung mit höherem Energieinhalt) zum äußeren Magnetfeld angeordnet sein (Bild 6.1).

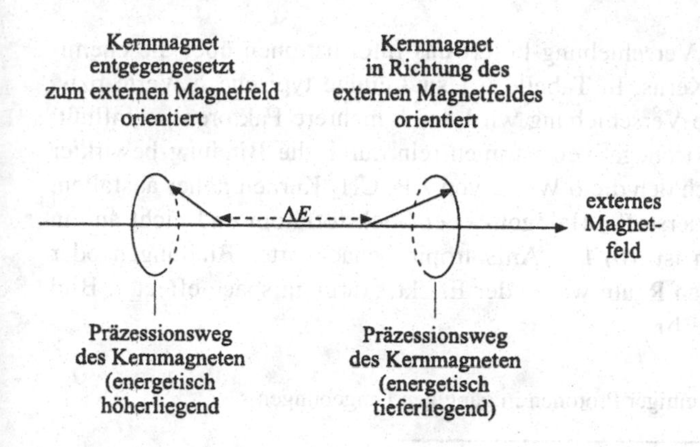

Bild 6.1

Bildlich gesprochen kann das Verhalten eines Kerns mit dem eines Kreisels verglichen werden: Die kernmagnetischen Momente präzessieren (die Achse ihres Spins „wackelt") um die Richtung des externen magnetischen Feldes, wie es auch Kreisel im Gravitationsfeld der Erde tun. Die Frequenz dieser Präzession (die Resonanzfrequenz) hängt von der Kernart (^{1}H, ^{13}C oder andere), der Stärke des äußeren Magnetfeldes und, als maßgeblicher Faktor, vom der chemischen Umgebung, d.h. von der Position der Kerne im Molekül, ab.

Resonanz wird dann beobachtet, wenn die passende Energie („Resonanzfrequenz") zum Umklappen der magnetischen Momente eingestrahlt wird. Dies kann entweder dadurch verwirklicht werden, daß man das magnetische Feld konstant hält und und die eingestrahlte Energie variiert (Kerne in unterschiedlicher chemischer Umgebung benötigen unterschiedliche Energie zur Resonanz) oder durch Einstrahlen mit konstanter Energie und Variation der magnetischen Feldstärke.

Wenn beispielsweise ein ^{1}H-NMR-Spektrum auf einem „continous-wave"-NMR-Spektrometer aufgenommen wird, geschieht dies über die zuletztgenannte Vorgehensweise. Dabei ist die Frequenz der eingestrahlten elektromagnetischen Strahlung z.B. 60 MHz. Das Spektrometer liefert das externe magnetische Feld, in dem sich die Kerne der Probe ausrichten, und die Energie, die sie zur Resonanz benötigen. Die aufgenommenen Signale spiegeln die verschiedenen Feldstärken wieder, bei denen die einzelnen Sorten von ^{1}H-Kernen einer Verbindung (also die Kerne in unterschiedlicher chemischer Umgebung) bei konstanter Frequenz das Resonanzphänomen zeigen.

In einem modernen Hochfeld-Spektrometer wird die Probe in ein starkes Magnetfeld gebracht und ein Radiofrequenzsignal (z.B. 250 MHz) für sehr kurze Zeit (als Puls) eingestrahlt. Dies bewirkt, daß die Kerne in Phase präzessieren. Nach dem Puls präzessieren die Kerne für einige Sekunden weiter im Gleichtakt, jede Sorte von Kernen mit ihrer eigenen Resonanfrequenz. Diese Frequenzen werden dann einem radioempfänger-artigen Gerät empfangen, durch einen Computer analysiert und als Spektrum ausgegeben. Dieses Spektrum besteht aus Peaks (Signalen) unterschiedlicher Intensität, die an verschiedenen Stellen der horizontalen Frequenzachse, die in Hertz (Hz) oder in „parts per million" (ppm, Teile pro Million) kalibriert ist, auftauchen.

Die Position eines Signals in einem NMR-Spektrum wird die chemische Verschiebung (δ) genannt. Sie wird relativ zu dem Signal einer Referenzverbindung, meist Tetramethylsilan (δ_0), gemessen. Die chemische Verschiebung liefert uns Informationen über die chemische Umgebung des betreffenden Kerns. In Tabelle 6.1 sind einige typische δ-Werte bzw. Bereiche aufgeführt. Die chemische Verschiebung wird durch mehrere Faktoren beeinflußt: (a) Den induktiven Effekt von elektronegativen Atomen (ein durch die Bindung bewirkter Effekt, „through bond effect"), durch den die δ Werte von z.B. CH_2-Kernen höher ausfallen, wenn diese Gruppierung an ein Sauerstoff-, Halogen- oder Stickstoffatom und nicht an ein anderes Kohlenstoffatom gebunden ist. (b) Die Anisotropie benachbarter Bindungen oder funktioneller Gruppen (ein durch den Raum wirkender Effekt, „through space effect"). Bild 6.2 zeigt ein Beispiel für den Effekt (b).

Tabelle 6.1 Chemische Verschiebung einiger Protonen in gängigen Umgebungen

Proton	Chemische Verschiebung (d) (Näherungswerte)
CH_3–C(Alkyl)$_3$	0.9
CH_3–C–O–	1.3
CH_3–CO–OR	2.3
CH_3–Aryl	2.3
CH_3–OR	3.3
–CH_2–OR	3.4
–CH_2–Cl	3.6
–CH_2–Br	4.3
–CH_2–NO_2	4.7
CH_2=CH_2	5.3
H–Ph	7.3
H–OR	Bereich 0.5-4.5
H_2NR	Bereich 1.0-5.0
H(OC)R	Bereich 9.0-13.0

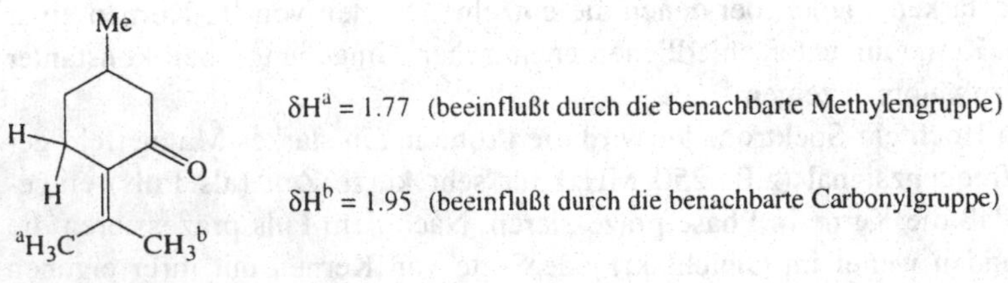

Me, H, O, H, ^aH_3C, $CH_3{}^b$

δH^a = 1.77 (beeinflußt durch die benachbarte Methylengruppe)

δH^b = 1.95 (beeinflußt durch die benachbarte Carbonylgruppe)

Bild 6.2

Spin-Spin-Kopplung

Das NMR-Signal eines Protons in einer gegebenen chemischen (und magnetischen) Umgebung erscheint oft nicht als einzelne Linie, sondern als eine Gruppe eng beieinanderliegender Linien. Diese Aufspaltungsmuster rühren von der sogenannten Spin-Spin-Kopplung her.

Beispielsweise kann das Signal einer Methylgruppe als Triplett erscheinen. Dies wird z. B. durch eine benachbarte Methylengruppe, in der die beiden Wasserstoffatome (präziser ihre Kerne) entweder (a) beide in Richtung des Feldes, (b) einer in Richtung und einer gegen das Feld oder (c) beide entgegen dem Feld orientiert sind, bewirkt. Aus jeder dieser Situationen resultiert ein anderer Peak im Signal der Methylgruppe (man sagt sie koppelt mit der Methylengruppe). Da es nur eine mögliche Anordnung für die Fälle (a) und (c), aber zwei mögliche Anordnungen für (b) gibt, besitzen die Linien des Tripletts die relative Intensität von 1 : 2 : 1. Ein typisches Bild einer Methylgruppe, deren Signal durch eine benachbarte Methylengruppe in ein Triplett aufgespalten wird, ist in Bild 6.5 gezeigt. In diesem einfachen Beispiel (Kopplungsmuster können auch komplizierter ausfallen) ist der Abstand zwischen jeweils zwei benachbarten Linien des Tripletts die Kopplungskonstante *J*. Sie stellt neben der chemischen Verschiebung die zweitwichtigste Information über die Struktur des Moleküls dar. Einige typische Werte für *J* sind in Tabelle 6.2 aufgeführt. Wenn das Proton mit mehr als einer Sorte anderer Protonen koppelt, können die verschiedenen Kopplungskonstanten in dem so entstehenden, oft ziemlich kompliziert ausfallenden Multiplett, unterschieden werden.

Tabelle 6.2 Einige typische Werte *J* für H,H-Kopplungen

Kopplungspartner	Typischer Wert für *J* [Hz]
H–C–H	12-15
CH–CH (freie Rotation möglich)	6-8
CH–CH (konformativ fixierte Systeme)	0-12 (abhängig vom Diederwinkel (Karplus-Beziehung))
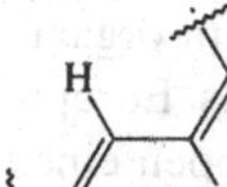 H H (*Z*-Alken)	7-11
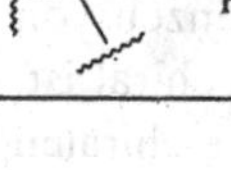 H H (*E*-Alken)	12-18
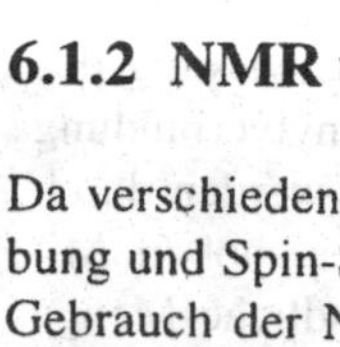 H H	9-11

6.1.2 NMR und Isomerenverhältnisse

Da verschiedene Verbindungen (z.B. verschiedene Isomere) durch die chemische Verschiebung und Spin-Spin-Kopplung ihrer Wasserstoffatome unterschieden werden können, ist der Gebrauch der NMR-Spektroskopie zur Strukturbestimmung und dem Abschätzen von Isomerenverhältnissen weitverbreitet. Zweifellos gelingt die Bestimmung der Isomerenverhältnisse einer Mischung durch zahlreiche physikalische Methoden, aber die NMR-

Spektroskopie ist besonders nützlich, da das Material nicht verbraucht wird und man die Isomeren nicht extra trennen muß.

So kann das Verhältnis einer Mischung des *E*- und *Z*-Isomers einer Mischung disubstituierter Alkene durch NMR-Spektroskopie ermittelt werden. Meist sind die Signale der Alken-Protonen (normalerweise im Bereich δ = 5-7) klar zu unterscheiden und liefern über die Integration das Isomerenverhältnis. Die Zuordnung gelingt über die Kopplungskonstante *J*, die für das *E*-Alken den größeren Wert aufweist (vgl. Tabelle 6.2).

Ebenso kann das Verhältnis zweier Diastereomere, die als Mischung vorliegen, direkt über die NMR-Spektroskopie bestimmt werden. Die meisten, wenn nicht sogar alle der ^{1}H- und ^{13}C-Kerne in den beiden Diastereoisomeren sind magnetisch (und chemisch) nicht äquivalent. Die NMR-Signale unterscheiden sich mehr oder weniger, und das Isomerenverhältnis kann durch die Integration dieser Signale ermittelt werden. Das Verhältnis zweier Diastereoisomere A und B wird als Diastereomerenüberschuß (d.e., „diastereomeric excess") angegeben, dieser ist durch den folgenden Ausdruck definiert:

$$\text{d.e.} = \frac{\%\ \text{Diastereomer A} - \%\ \text{Diastereomer B}}{\%\ \text{Diastereomer A} + \%\ \text{Diastereomer B}}\ \%$$

Wenn mehr als zwei Diastereomere in der Mischung anwesend sind, wird insbesondere für die Minderkomponenten die Bestimmung der Anteile über NMR-Spektroskopie zunehmend schwieriger.

Die NMR-Spektrokopie kann ebenfalls zum Ermitteln des Verhältnisses zweier Enantiomere genutzt werden. So kann der Enantiomerenüberschuß (e.e., „enantiomeric excess") über die folgende Gleichung berechnet werden:

$$\text{e.e.} = \frac{\%\ \text{Enantiomer A} - \%\ \text{Enantiomer B}}{\%\ \text{Enantiomer A} + \%\ \text{Enantiomer B}}\ \%$$

Eine 90 : 10 Mischung zweier Enantiomere entspricht also einem Enantiomerenüberschuß von 80%. Die Messung des Enantiomerenüberschusses kann durch das Überführen von Enantiomeren in unterscheidbare, diastereomere Einheiten erreicht werden. Verwirklicht wird dies durch sogenannte Verschiebungsreagenzien (Shift-Reagenzien), die ein in organischen Lösungsmitteln lösliches Derivat eines paramagnetischen Metalls (z.B. als Europium(III)-Salz) enthalten. Diese Reagenzien lagern sich an polare funktionelle Gruppen eines Moleküls an und bewirken dabei eine Tieffeld-Verschiebung der Resonanzfrequenzen von Protonen in unmittelbarer Umgebung. Wenn nun der Ligand am Übergangsmetall chiral ist, wie beispielsweise im $Eu(hfc)_3$ (Bild 6.3), werden die beiden Enantiomeren einer chiralen Verbindung diastereomere Komplexe mit dem Shift-Reagenz bilden, was zu unterschiedlichen chemischen Verschiebungen führt. In Bild 6.4 wird eine solche Wechselwirkung des Europium-Shift-Reagenzes mit den beiden Enantiomeren einer chiralen Carbonylverbindung gezeigt. Die Signale der durch den Pfeil gekennzeichneten Wasserstoffatome werden durch das paramagnetische Übergangsmetall in unterschiedlichem Ausmaß tieffeldverschoben. Mit steigender Menge an Verschiebungsreagenz wird die im Gleichgewicht befindliche Menge an Komplex ansteigen, damit vergrößern sich die Unterschiede in der chemischen Verschiebung ($\Delta\delta$). Die Auswirkungen der Zugabe von $Eu(hfc)_3$ zu einer Lösung des racemischen

Esters **1** sind in Bild 6.5 gezeigt: In diesem Fall spiegeln sogar die Methylgruppen am Kettenende die magnetischen Unterschiede beim Komplexieren der beiden Enantiomere des Esters an Eu(hfc)$_3$ wider. Doch Vorsicht ist angebracht, die Zugabe von zuviel Verschiebungsreagenz führt zu einer Signalverbreiterung und erschwert damit das Abschätzen des Enantiomerenverhältnisses.

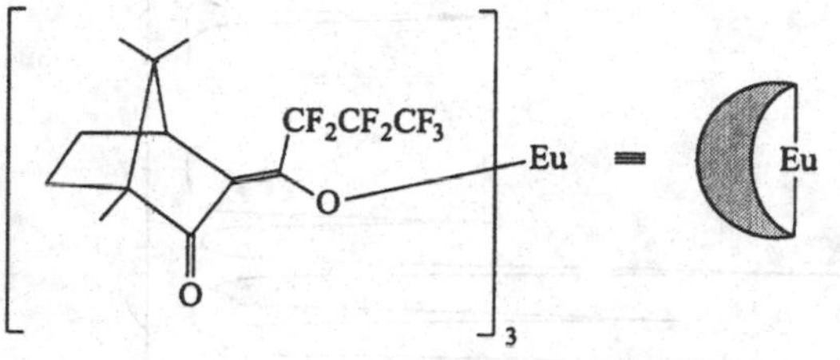

Bild 6.3 Tris[3-(heptafluoropropylhydroxymethylen)-(+)-camphorato]-europium(III) [Eu(hfc)$_3$].

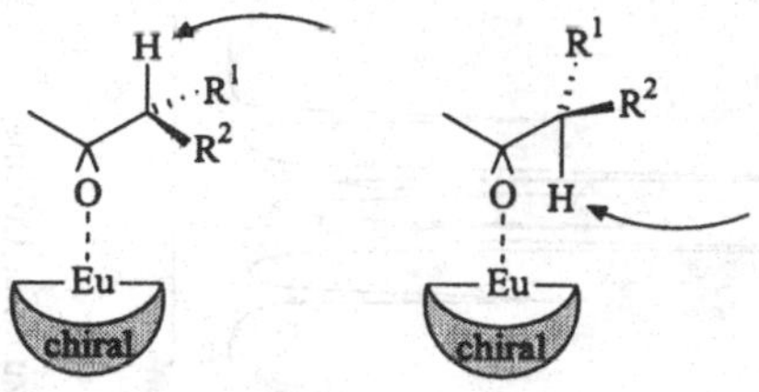

Bild 6.4

Viele verschiedene Verbindungen, insbesondere solche mit einem (koordinationsfähigen) Heteroatom in der Nähe des stereogenen Zentrums, können auf diese Weise analysiert werden. Alternativ dazu können Enantiomerengemische mit einer enantiomerenreinen Verbindung über kovalente Bindungen verknüpft werden. Die so entstandenen Diastereomere weisen unterschiedliche spektroskopische Eigenschaften auf. Die zu diesem Zweck verwendete, enantiomerenreine Verbindung sollte im NMR-Spektrum leicht identifizierbare Signale aufweisen. So können sekundäre Alkohole beispielsweise mit der Mosher-Säure zu den korrespondierenden Estern umgesetzt werden (Bild 6.6(a)). Die Signale der Methoxy-Gruppe und/oder die Signale der CF$_3$-Gruppe im ^{19}F-NMR-Spektrum zeigen das Enantiomerenverhältnis. Ausschnitte der NMR-Spektren der Mosher-Ester von (*R*)- und (*S*)-1-Phenyl-1-butanol sind in Bild 6.6(b), (c) und (d) gezeigt.

Als zweites Beispiel können chirale Lactone mit einem enantiomerenreinen Diol zu – für jedes Enantiomer unterschiedlichen – Orthoestern umgesetzt werden. Viele der NMR-Signale der diastereomeren Produkte sind unterscheidbar und können zur Bestimmung des Verhältnisses herangezogen werden (Bild 6.7).

Die Anwendung der NMR-Spektroskopie zur Identifikation der einzelnen Stereoisomeren wird später in diesem Kapitel behandelt.

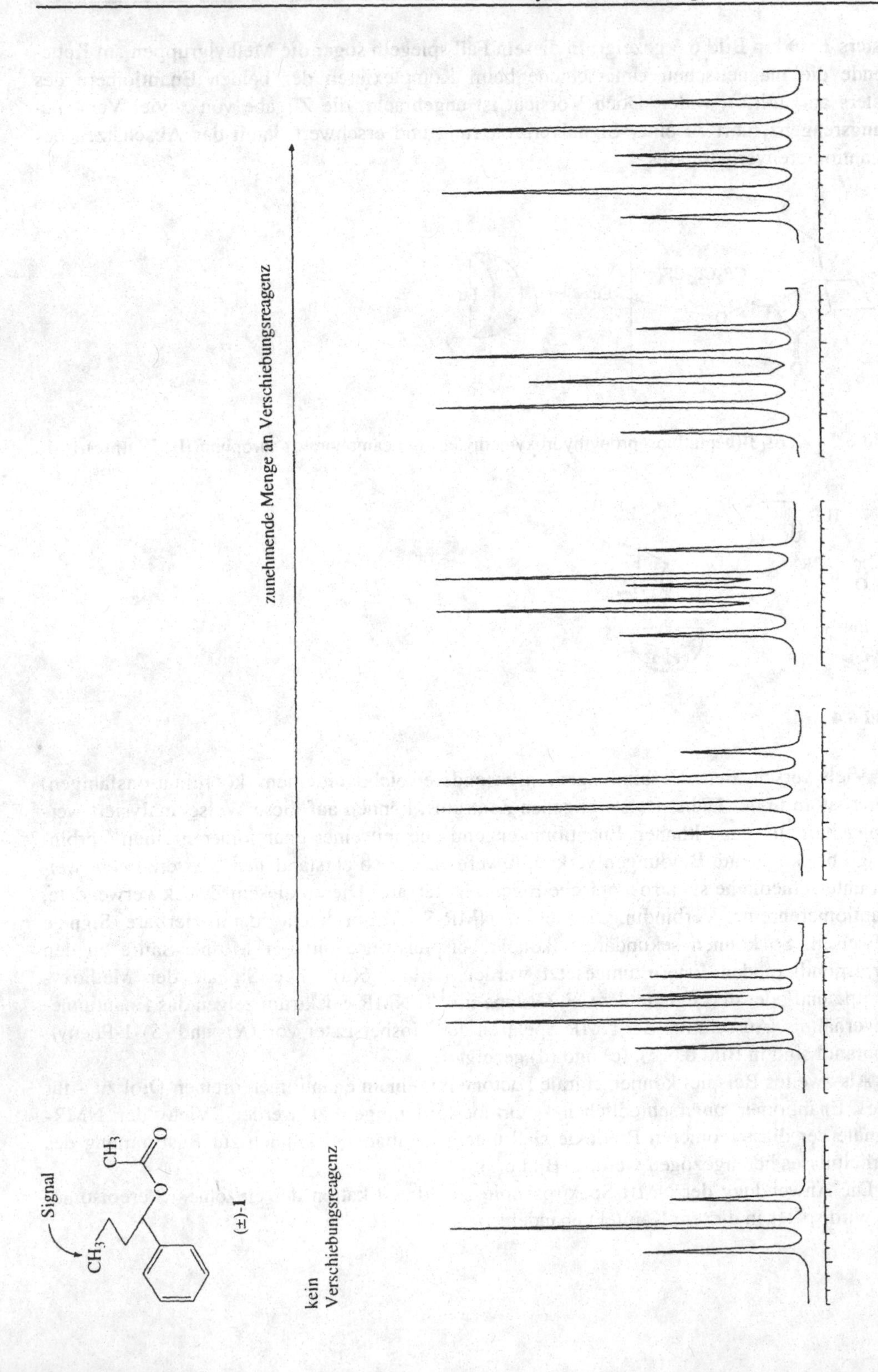

Bild 6.5 (a) Effekt der Zugabe des chiralen Verschiebungsreagenzes $Eu(hfc)_3$ zu einer Lösung von (±)-1.

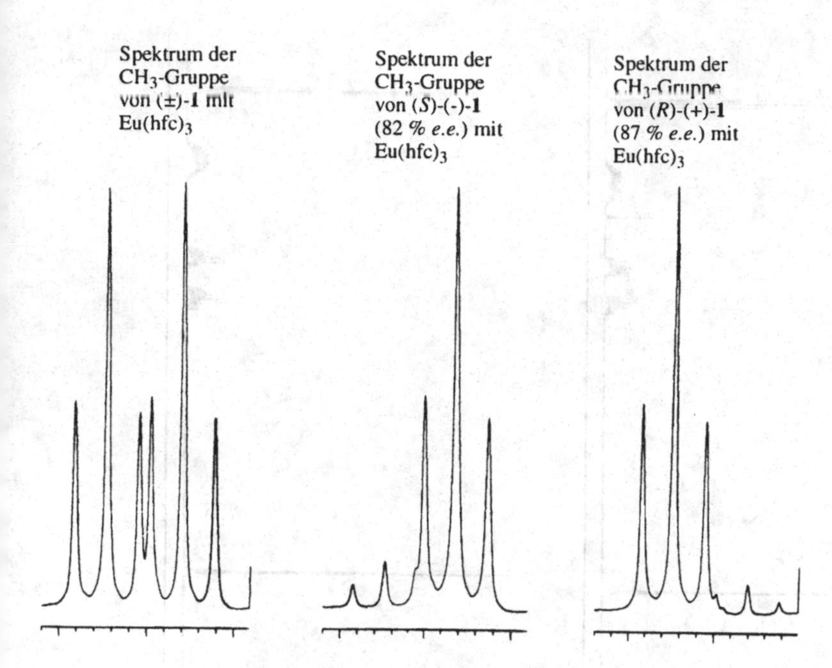

Bild 6.5 (b) Effekt der Zugabe von $Eu(hfc)_3$ zu Lösungen von (±)-**1** und Proben von **1**, in denen das (+)- oder (–)-Enantiomer angereichert ist.

(a)

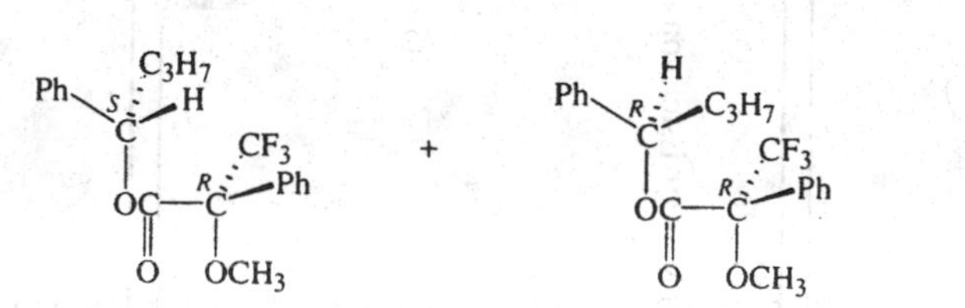

$PhCH(OH)CH_2CH_2CH_3$ + Ph–C(CO_2H)(CF_3)(OMe) (*R*)-Mosher-Säure

↓ Kondensation

Ph–*S*C(C_3H_7)(H)–OC(=O)–*R*C(CF_3)(Ph)(OCH_3) + Ph–*R*C(H)(C_3H_7)–OC(=O)–*R*C(CF_3)(Ph)(OCH_3)

Bild 6.6 (a) Phenylbutanol bildet mit Mosher-Säure zwei diastereomere Ester.

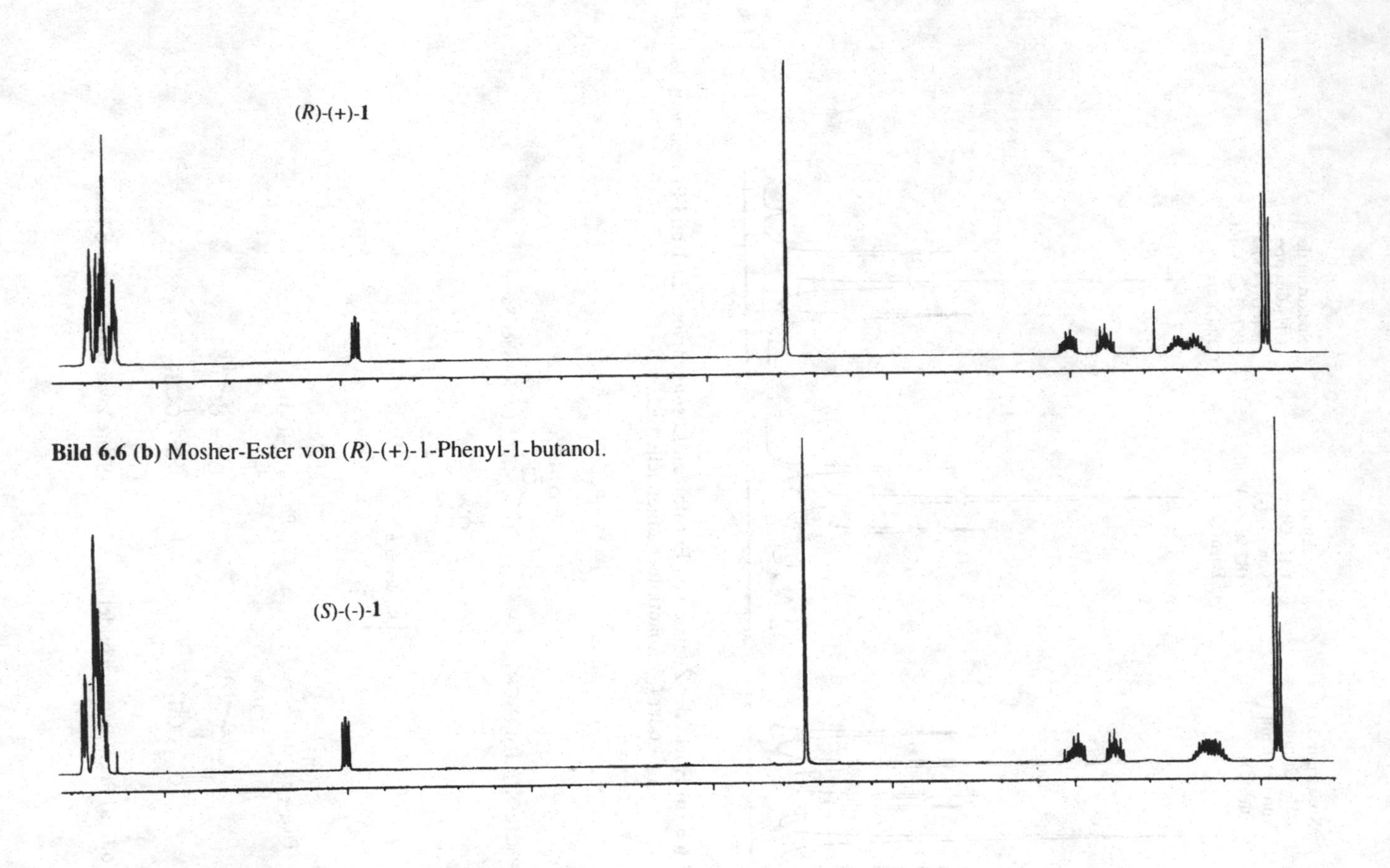

Bild 6.6 (b) Mosher-Ester von (*R*)-(+)-1-Phenyl-1-butanol.

Bild 6.6 (c) Mosher-Ester von (*S*)-(−)-1-Phenyl-1-butanol.

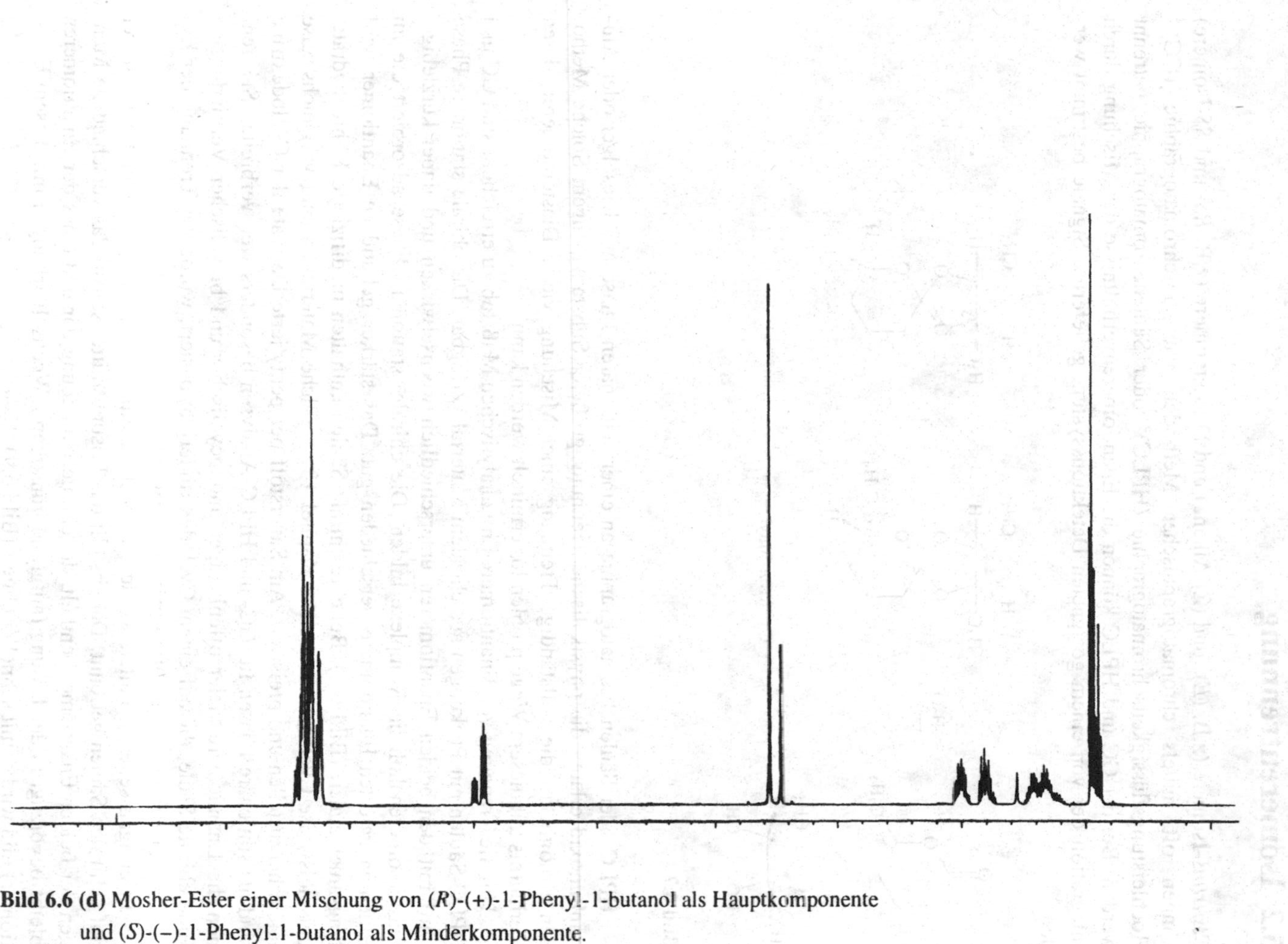

Bild 6.6 (d) Mosher-Ester einer Mischung von (*R*)-(+)-1-Phenyl-1-butanol als Hauptkomponente und (*S*)-(–)-1-Phenyl-1-butanol als Minderkomponente.

6.2 Isomerentrennung

Cis/*trans*-Isomere (z.B. (*E*)- und (*Z*)-Alkene) und Diastereomere (z.B. *RS*- und *SS*-Isomere) können oft mittels chromatographischer Methoden wie Gaschromatographie (GC),[2] Hochleistungsflüssigkeitschromatographie (HPLC)[3] oder Säulenchromatographie getrennt werden. Bei der GC und HPLC können die Enantiomerenverhältnisse der Mischung durch Integration der von einem geeigneten Detektionssystem gelieferten Signale bestimmt werden.

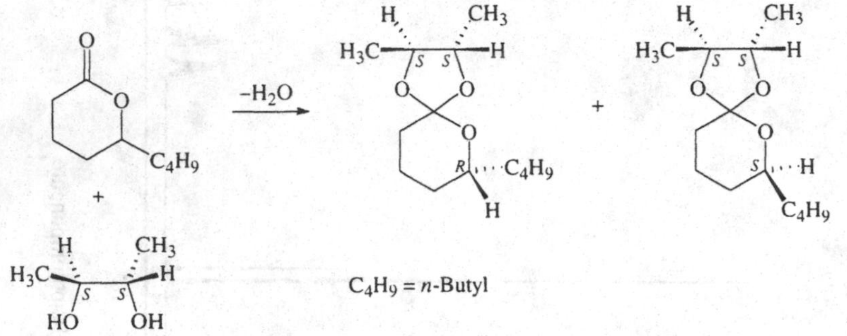

$-H_2O$

C_4H_9 = *n*-Butyl

Bild 6.7

HPLC oder Säulenchromatographie an einer stationären Phase aus Kieselgel oder Aluminiumoxid erlaubt die physikalische Trennung größerer Substanzmengen. Solche Methoden ermöglichen die vollständige Trennung einer Mischung vieler Diastereomerer, deren Verhältnis auf diesem Wege problemlos ermittelt werden kann.

Um die Trennung von Enantiomeren im analytischen Maßstab zu erreichen, sind GC und HPLC-Säulen mit Packungen aus chiralem Material verfügbar. Die chirale stationäre Phase wird mit den beiden Enantiomeren unterschiedlich wechselwirken und dabei kurzlebige, diastereomerenähnliche Komplexe bilden. Die chirale, stationäre Phase adsorbiert die im Eluenten gelösten Enantiomere verschieden gut. Das stärker gebundene Enantiomer wird langsamer eluiert (Bild 6.8). Beliebte chirale Säulen enthalten modifizierte Kohlenhydrate, beispielsweise Cyclodextrine (siehe Kapitel 13) – solche Materialien sind vergleichsweise leicht herzustellen und preiswert. Am Sauerstoff per-pentylierte Derivate der Cyclodextrine sind als stationäre Phasen für GC- und HPLC-Analysen besonders weit verbreitet. Sie trennen die Enantiomere vieler offenkettiger, monocyclischer und bicyclischer Verbindungen. Eine chirale Säule, die auf einem Cyclodextrinderivat basiert, wurde zur Trennung der Enantiomeren des Brom(chlor)fluormethans verwendet.

In einigen seltenen Fällen wurde eine nichtracemische Mischung zweier Enantiomerer auf achiralen Säulen getrennt. Dabei stellt das Lösungsmittel selbst, das verschiedene Mengen der beiden Enantiomere enthält, die chirale Umgebung dar und eines der Enantiomeren bleibt bevorzugt in der Lösung (aufgrund günstigerer Wechselwirkungen mit diesem Enantiomer) und wird damit schneller eluiert (Bild 6.9).

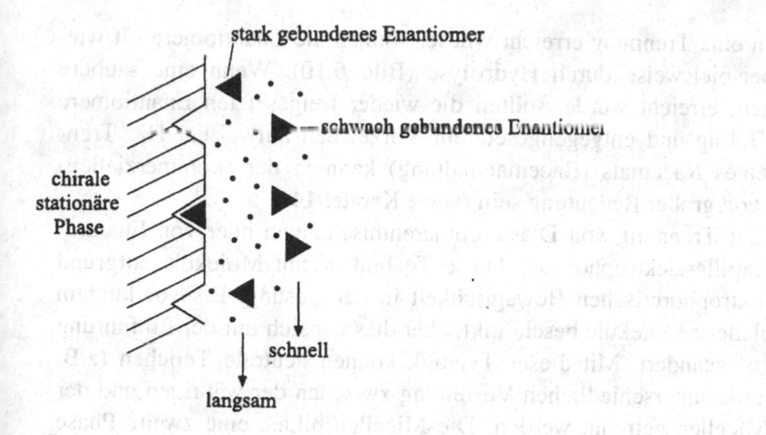

Bild 6.8

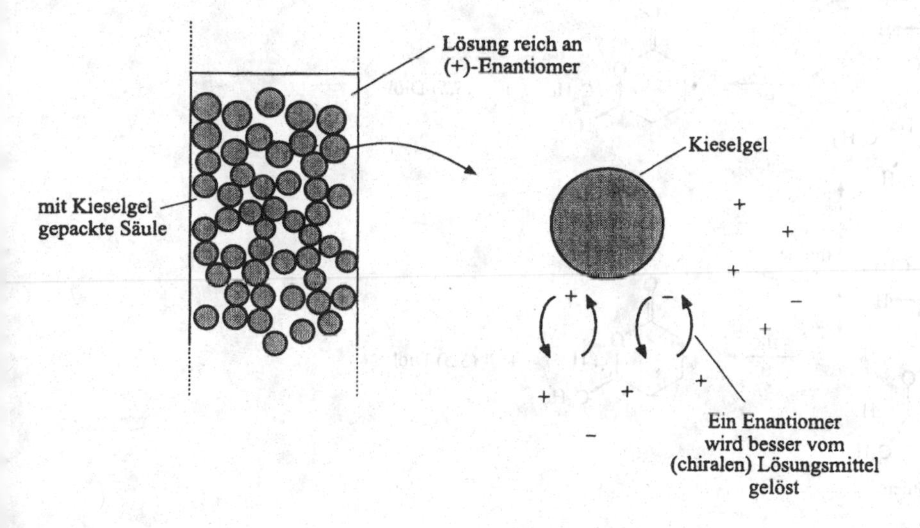

Bild 6.9

Um eine Enantiomerentrennung durchzuführen, ist es oft vorteilhaft, die Mischung mit einer optisch reinen Verbindung umzusetzen und auf diese Weise eine Diastereomerenmischung zu erzeugen. (In der Praxis ist es immer ratsam, die Diastereomerenmischung auch aus dem Racemat herzustellen, um damit sicherzustellen, daß auch kleine Mengen des einen oder anderen Enantiomers detektiert werden können). Es ist wichtig, sich klarzumachen, daß zwei Enantiomere unter Umständen nicht gleich schnell mit einer chiralen Verbindung reagieren. Zur Vermeidung von Fehlern bei der Analyse durch die schnellere Bildung eines der beiden möglichen Produkte, muß daher der Umsatz bei der Derivatisierung vollständig sein.

Wenn man nun die Diastereomeren aus den Enantiomeren gebildet hat, kann die physikalische Trennung aufgrund der unterschiedlichen Löslichkeiten, Siedepunkte, Affinität zu Kieselgel etc., durch Kristallisation, sorgfältige Destillation, Chromatographie und ähnliches versucht werden. Nachdem eine Trennung erreicht wurde, können die Enantiomere oft wieder freigesetzt werden, beispielsweise durch Hydrolyse (Bild 6.10). Wenn eine saubere Trennung der Diastereomere erreicht wurde, sollten die wieder freigesetzten Enantiomere Drehwerte mit gleichem Betrag und entgegengesetztem Vorzeichen aufweisen. Die Trennung der Enantiomeren eines Racemats (Racematspaltung) kann in der (kommerziellen) asymmetrischen Synthese von großer Bedeutung sein (siehe Kapitel 14).

Eine andere Methode zur Trennung von Diastereomerenmischungen oder von Enantiomerengemischen ist die Kapillarelektrophorese.[4] Diese Technik trennt Moleküle aufgrund ihrer unterschiedlichen elektrophoretischen Beweglichkeit in der Lösung. Bis vor kurzem war Elektrophorese auf geladene Moleküle beschränkt, aber dies hat sich mit der Einführung der Micellarelektrophorese[5] geändert. Mit dieser Technik können neutrale Teilchen (z.B. Diastereomere) aufgrund ihrer unterschiedlichen Verteilung zwischen der wäßrigen und der hydrophoben Phase von Micellen getrennt werden. Die Micellen bilden eine zweite Phase (verwandt der stationären Phase in der konventionellen Chromatographie).

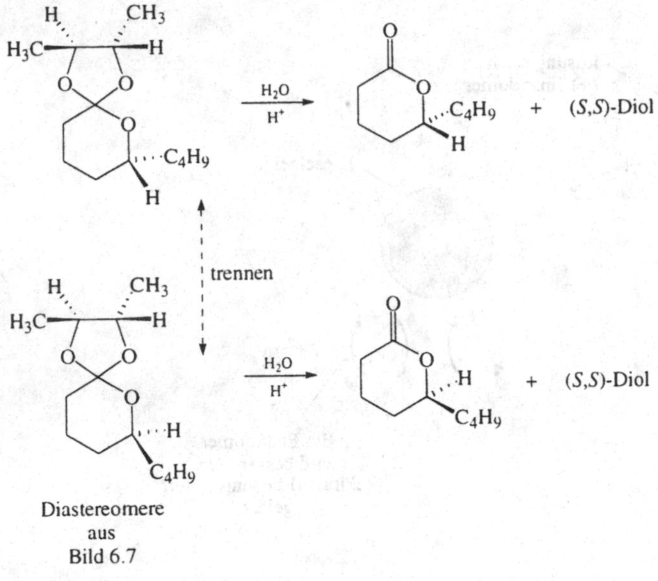

Diastereomere aus Bild 6.7

Bild 6.10

Um die Trennung von Enantiomeren zu bewirken, wird ein chirales Additiv, z.B. ein Cyclodextrin-Derivat, der micellaren Lösung zugesetzt. Die Enantiomere bilden kurzlebige Assoziate mit dem chiralen Additiv, und diese vorübergehende, nichtkovalente Bindung bewirkt die unterschiedliche Mobilität der beiden Enantiomere. Die getrennten Verbindungen werden meist durch UV-Absorption oder Fluoreszenz-Techniken detektiert.

6.3 Identifikation einzelner Stereoisomerer

6.3.1 NMR-Spektrokopie

Die Identität eines geometrischen Isomers oder eines bestimmten Diastereomers kann, wenn diese Verbindung vorher bereits über unzweideutige Methoden hergestellt wurde, durch den Vergleich mit authentischem Material abgesichert werden. Wenn die Verbindung jedoch neu ist, muß man auf die Spektroskopie und andere physikalische Methoden zurückgreifen. Bei disubstituierten Alkenen gelingt eine Unterscheidung zwischen dem *cis*- und dem *trans*-Isomer oft bereits durch die NMR-Spektroskopie. Die Kopplungskonstante der vinylischen Protonen ist im allgemeinen für das (*E*)-Isomer ($J_{ab} \approx 15\pm3$ Hz) größer als für das (*Z*)-Isomer ($J_{ab} \approx 9\pm2$ Hz) (Tabelle 6.2 und Bild 6.11). Für höhersubstituierte Alkene gelingt die Unterscheidung häufig über Kern-Overhauser-Experimente. Der Kern-Overhauser-Effekt (nuclear Overhauser effect, NOE) ist cin durch den Raum wirkendes Phänomen, das mit steigendem Abstand *r* zwischen den beiden beteiligten Kernen abnimmt ($\propto 1/r^6$). Unter Verwendung dieser Methode kann die räumliche Nähe zweier Gruppen an einer Doppelbindung oder an einem Ring (wie z.B. einem Cyclobutan-Ring) ermittelt werden (siehe Bild 6.12).

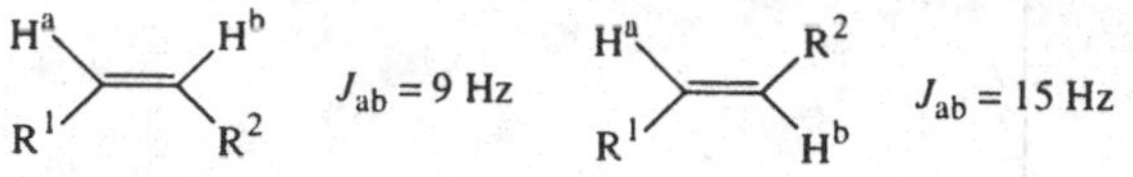

H^a, H^b, R^1, R^2 $J_{ab} = 9$ Hz — H^a, R^2, R^1, H^b $J_{ab} = 15$ Hz

Bild 6.11

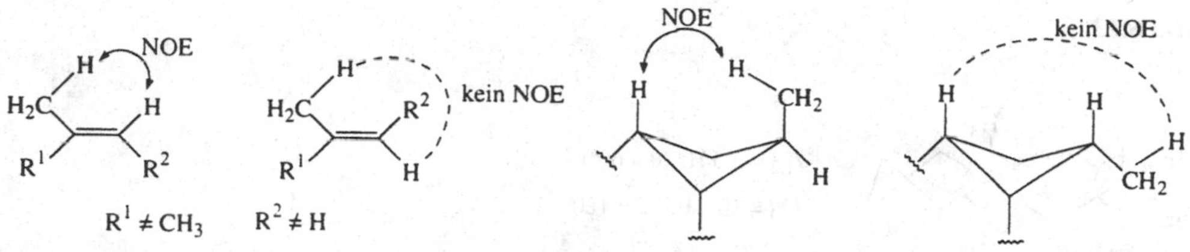

NOE — kein NOE — NOE — kein NOE

$R^1 \neq CH_3$ $R^2 \neq H$

Bild 6.12 Der Kern-Overhauser-Effekt (NOE).

Frage 6.1 (*E*)-Citral und (*Z*)-Citral kommen in der Natur vor. Sie besitzen die Formel $(CH_3)_2C{=}CHCH_2CH_2C(CH_3){=}CHCHO$. Die Carbonylgruppe wird mit 1 nummeriert. Bei Einstrahlen an der C3-Methylgruppe des einen Isomers (**A**) wird eine Signalverstärkung von 18% des Signals von H2 beobachtet. Das gleiche Experiment am anderen Isomer (**B**) führt zu keiner Signalverstärkung für H2. Ordnen Sie (*Z*) und (*E*) den Isomeren **A** und **B** zu.

Die NMR-Spektroskopie wird ebenfalls häufig zur Identifikation einzelner Diastereomere angewandt. Ein besonders nützliches Werkzeug zum Ermitteln der relativen Stellung von Substituenten an einer nicht frei rotierenden C–C-Bindung ist die Karplus-Beziehung, die es uns erlaubt, die Diederwinkel zwischen vicinalen Protonen abzuschätzen. Die Karplus-Gleichung setzt den Diederwinkel θ und die Kopplungskonstante J_{ab} für die beiden Protonen H_a und H_b in Beziehung. Eine typische Karplus-Kurve ist in Bild 6.13 gezeigt. Einige Beispiele für Kopplungskonstanten eines Dekalinsystems finden sich in Bild 6.14.

Durch Berücksichtigung all dieser NMR-Daten, einschließlich der Kopplungskonstanten und NOEs, gelingt die Unterscheidung zwischen zwei oder mehr diastereomeren Strukturen. Natürlich können auch andere spektroskopische Methoden (Infrarot-, Ultraviolettspektroskopie, Massenspektrometrie) und die Kristallstrukturanalyse mittels Röngtenstrahlung dazu beitragen, die vorgeschlagene Struktur zu bestätigen.

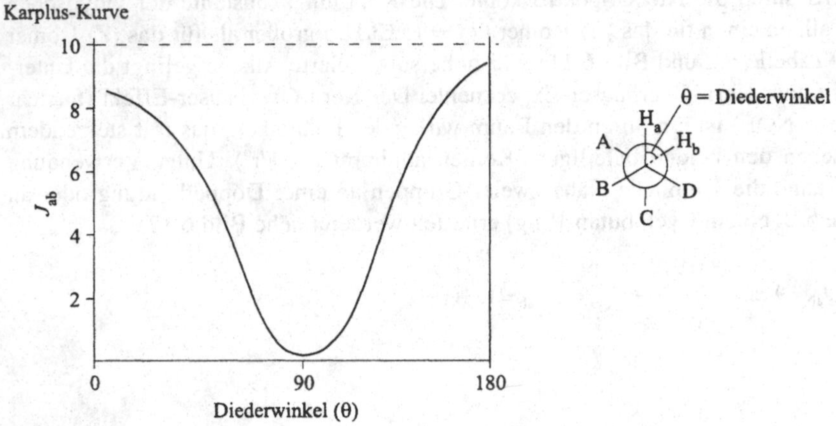

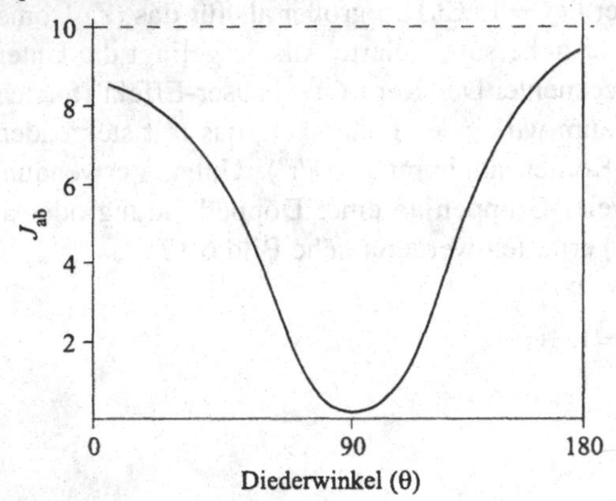

Karplus-Kurve
10
8
6
4
2
J_{ab}
0
90
180
Diederwinkel (θ)
θ = Diederwinkel
H_a
H_b
A
B
C
D

Bild 6.13

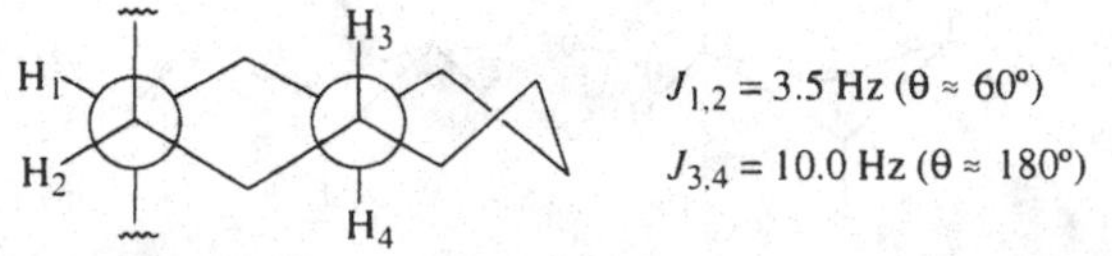

H_1
H_2
H_3
H_4
$J_{1,2}$ = 3.5 Hz (θ ≈ 60°)
$J_{3,4}$ = 10.0 Hz (θ ≈ 180°)

Bild 6.14

6.3.2 Optische Aktivität

Die Bestimmung der absoluten Konfiguration einer optisch aktiven Substanz kann gewissenhaftere Arbeit erfordern. Wenn die Verbindung bereits zuvor synthetisiert wurde, liefert ein Vergleich des bekannten mit dem gemessenen optischen Drehwert die Antwort. Es ist wichtig, daß die Drehwerte bei der gleichen Konzentration im gleichen Lösungsmittel bei ähnlicher Temperatur gemessen werden (siehe Kapitel 2). Die Richtung der Drehung (laevorotatorisch oder dextrorotatorisch) bestimmt dann die absolute Konfiguration des Produktes. Der Absolutwert der Drehung liefert ein Maß für die optische Reinheit. Wenn also +50 für den Drehwert gemessen wird und die Literatur einen Drehwert von +100 für diese Verbindung nennt, weist die vorliegende Probe eine optische Reinheit von etwa 75% auf. Viele Chemiker vertrauen jedoch Angaben über die optische Reinheit, die nur auf den Drehwerten beruhen, nicht und bevorzugen meist Werte, die durch NMR-, GC- und/oder HPLC-Daten bestimmt wurden. Kurzum, der optische Drehwert einer Probe wird im allgemeinen zur Identifikation der absoluten Konfiguration einer neuen Probe verwendet, aber die Nutzung für eine exakte Bestimmung der optischen Reinheit kann nicht empfohlen werden.

Frage 6.2 Wie unten abgebildet zeigen die Verbindungen **A** und **B** unterschiedliche Kopplungskonstanten für die Protonen H1, H2 und H3. Erklären Sie, warum dieser Unterschied beobachtet wird (zur Beantwortung dieser Frage ist es notwendig, ein Modell des bicyclischen Ringgerüstes mit den betreffenden Wasserstoffatomen zu bauen).

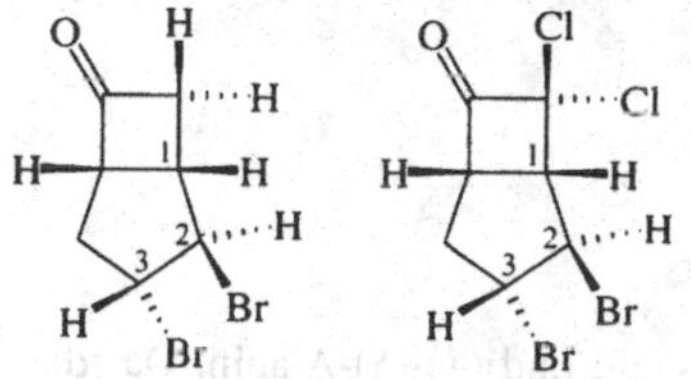

$J_{1,2}$ = 0.5 Hz
$J_{2,3}$ = 0.1 Hz

A

$J_{1,2}$ = 3.5 Hz
$J_{2,3}$ = 4.0 Hz

B

Wenn die optisch aktive Verbindung noch nicht bekannt ist, ist mehr Laborarbeit notwendig. Um die Struktur der neuen Verbindung abzusichern, sollte sie in eine Verbindung mit bekannter absoluter Konfiguration überführt werden. Dabei muß sicher gestellt sein, daß die Konfiguration am stereogenen Zentrum während der Umwandlung in die neue Verbindung unbeeinflußt bleibt (oder auf eine vorhersagbare, nicht zufällige Weise verändert wird). Als einfaches Beispiel kann optisch aktive Brompropionsäure von zunächst unbekannter Konfiguration dienen, die mit (+)-(*S*)-Milchsäure oder (+)-(*S*)-Alanin korreliert werden kann (Bild 6.15).

6.3.3 Kristallstrukturanalyse

Eine andere, sichere Methode zur Bestimmung der absoluten Konfiguration einer Verbindung besteht darin, das Material mit einem Reagenz, das ein oder mehrere stereogene Zentren bekannter Konfiguration besitzt, in ein kristallines Derivat, von dem eine Kristallstrukturanalyse angefertigt werden kann, umzuwandeln. So wurde z.B. das in Bild 6.16 dargestellte Hydroxylacton mit zunächst unbekannter absoluter Konfiguration in den korrespondierenden Mosher-Ester überführt. Der Ester ist kristallin, und da in der Seitenkette die *S*-

Konfiguration vorlag, konnte die Konfiguration der Stereozentren des Bicyclus ermittelt werden. (Beachten Sie, daß sich die räumliche Anordnung der Substituenten am exocyclischen stereogenen Zentrum im Verlauf der Kupplungsreaktion nicht ändert. Der Wechsel von der *R*-Konfiguration im Säurechlorid zur *S*-Konfiguration im Produkt ergibt sich aus der Sequenzregel und dem Ersatz des Chloratoms durch einen Alkoxysubstituenten: Cl > F > O).

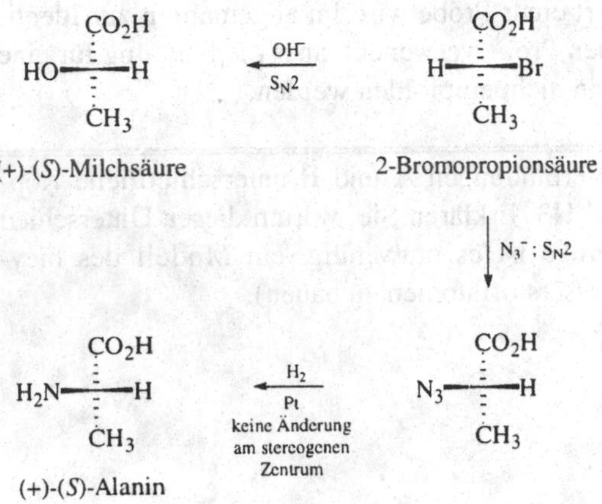

CO_2H HO—H CH_3 (+)-(*S*)-Milchsäure ← OH^-, S_N2 — CO_2H H—Br CH_3 2-Bromopropionsäure

↓ N_3^-; S_N2

CO_2H H_2N—H CH_3 (+)-(*S*)-Alanin ← H_2, Pt, keine Änderung am stereogenen Zentrum — CO_2H N_3—H CH_3

Bild 6.15 Korrelation von 2-Brompropionsäure mit (+)-(*S*)-Milchsäure und (+)-(*S*)-Alanin. Da die Konfiguration der Referenzverbindungen bekannt ist und S_N2-Reaktionen zur Inversion der Konfiguration führen, kann man auf die Konfiguration der 2-Brompropionsäure schließen, im hier dargestellten Fall *R*.

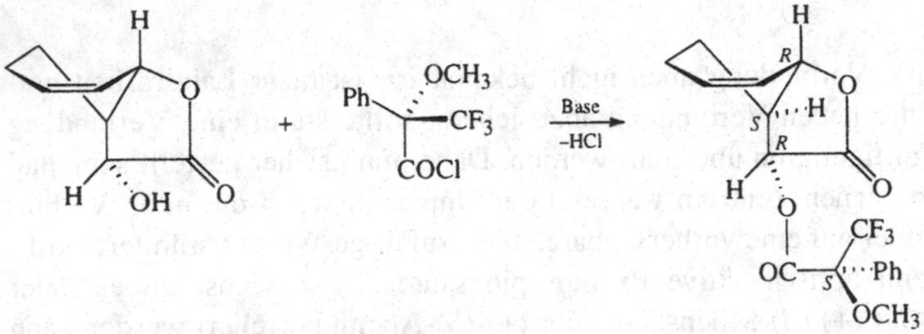

H, H, OH, O, O + Ph, OCH_3, CF_3, COCl → Base, −HCl → H, *R*, O, H, *S*, *R*, H, O, O, CF_3, OC, *S*, Ph, OCH_3

Bild 6.16

Die direkte Bestimmung der absoluten Konfiguration der Stereozentren eines Moleküls ist mit den normalen Methoden der Kristallstrukturanalyse nicht möglich, gelingt jedoch mit der Methode der anomalen Streuung. Diese Methode nutzt folgende Tatsache: Wenn die Wellenlänge des einfallenden Strahls nur wenig kürzer als die Absorptionskante eines Atoms im Molekül ist, dann werden die inneren Elektronen angeregt und Fluoreszenz bei der anomalen Beugung tritt auf. Im Gegensatz zur normalen Beugung fällt die Phasenverschiebung der gebeugten Wellen, je nach dem ob die Gitterebene mit dem fluoreszierenden Atom in Bezug auf die Strahlungsquelle vor oder hinter den anderen Referenzatomen liegt, unterschiedlich aus. In diesem Fall ergeben Kristallstrukturen von enantiomerenreinen Verbindungen unterschiedliche Beugungsmuster, die im Sinne der räumlichen Anordnung der Kerne im Kristall im Bezug auf die Strahlungsquelle ausgewertet werden können. Dies liefert die absolute Konfiguration.

Die Bedingungen, bei denen anomale Beugung auftritt, sind kritisch, da eine bestimmte Beziehung zwischen der Frequenz des einfallenden Strahls und der Ordnungszahl des streuenden Atoms erfüllt werden muß. Geeignete Zentren für die anomale Streuung sind die Elemente Iod, Brom und Rubidium (wie in Natrium Rubidium Tartrat, siehe unten). Daher wird die Arbeit im Fall von Verbindungen, die nur C, H, N und O enthalten, durch den Einbau eines Schweratoms (I, Br, Rb) in die Struktur erleichtert. Die Auswertung der Kristallstrukturdaten ist nicht trivial, und Literatur, die die absolute Konfiguration einfacher Verbindungen ohne geeignete Derivatisierung beschreibt, sollte mit Vorsicht betrachtet werden.

Historisch gesehen wurde das wichtigste Experiment dieses Typs 1951 von Bijvoet[6] durchgeführt. Dabei stellte sich heraus, daß das Natrium-Rubidium-Salz der (+)-Weinsäure die *RR*-Konfiguration aufweist. Damit war zum ersten Mal die absolute Konfiguration einer chiralen Verbindung zweifelsfrei ermittelt.

6.3.4 Der Cotton-Effekt

Andere, speziellere spektroskopische Techniken können bei der Bestimmung der absoluten Konfiguration bestimmter Strukturtypen, wie beispielsweise bei Verbindungen mit einer Nitro- oder Carbonylgruppe, helfen. Um die Grundlagen des wichtigen Phänomens bei diesen speziellen Techniken zu verstehen, müssen wir die Drehung von planar polarisiertem Licht durch asymmetrische Verbindungen nochmals betrachten.

Der Wert für $[\alpha]_\lambda^\theta$ hängt von der Wellenlänge des einfallenden Strahls ab (der sogenannte Cotton-Effekt).[7] Um die [α]-Werte verschiedener Substanzen oder verschiedener Proben der gleichen Substanz vergleichen zu können, wird die Messung bei einer bestimmten Wellenlänge, der Natrium-D-Linie bei 589 nm, also $[\alpha]_D$, durchgeführt (vergleiche Kapitel 2). Die Änderung von [α] mit der Wellenlänge des einfallenden, polarisierten Lichtes (λ) wird optische Rotationsdispersion (ORD) genannt. Typische Kurven sind in Bild 6.17 gezeigt. Der Graph der ORD-Kurve wechselt an zwei Stellen sein Vorzeichen: Diese Stellen werden Extrema genannt. Wenn der Drehwert am Extremum mit der größeren Wellenlänge (erstes Extremum) positiver als der Drehwert am Extremum mit der kleineren Wellenlänge (zweites Extremum) ist, nennt man die ORD-Kurve positiv (ein positiver Cotton-Effekt). Am Wendepunkt der ORD-Kurve ist der optische Drehwert Null (bei λ_0). Wenn λ_0 bei kurzen Wellenlängen liegt und das erste Extremum vom Meßgerät nicht registriert werden kann, nennt man die Kurve eine „normale“ Kurve (engl. plain curve). Enantiomere haben ORD-Kurven mit entgegengesetzten Vorzeichen (Bild 6.17). Die Amplitude der ORD-Kurve stellt ein Maß für das optische Drehvermögen dar.

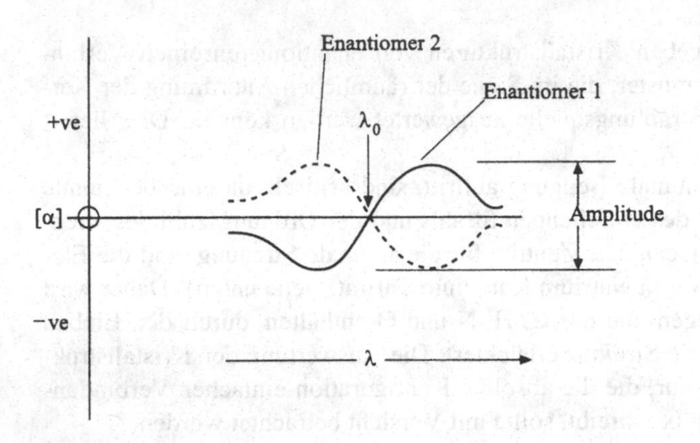

Bild 6.17 Eine ORD-Kurve

Wenn ein Molekül mit einem symmetrischen Chromophor[a] eine benachbarte asymmetrische Einheit (wie z.B. ein stereogenes Zentrum) aufweist, wird das Vorzeichen des Cotton-Effektes dieses Chromophors duch die Chiralität der benachbarten, störenden Umgebung bestimmt. Da das Vorzeichen des Cotton-Effektes die Stereochemie der Umgebung des Chromophors widerspiegelt, folgt daraus: Wenn zwei ähnliche Substanzen Kurven mit gleichem Vorzeichen und gleicher Form aufweisen, dann sind die Konfiguration(en) der asymmetrischen Gruppe(n) in der Nähe des Chromophors gleich. Auf der anderen Seite weisen Cotton-Effekte mit entgegengesetztem Vorzeichen auf die spiegelbildliche Umgebung und damit auf Enantiomere hin. So kann ein Chromophor wie die Carbonylgruppe als Sonde für die Chiralität in ihrer Umgebung dienen.

Die in Bild 6.18 gezeigten Verbindungen **2** und **3** sind keine Enantiomere. Dennoch weisen die Gruppen in der unmittelbaren Nähe der Carbonylgruppe eine Bild-Spiegelbild-Beziehung auf, und diese spiegelt sich auch in den ORD-Kurven durch entgegengesetzte Vorzeichen des auf der $n \rightarrow \pi^*$-Anregung beruhenden Absorption der Carbonylgruppe bewirkten Cotton-Effektes wider.

Solche Beobachtungen haben zur Formulierung der Octanten-Regel geführt, die zur Bestimmung der absoluten Konfiguration von Verbindungen unbekannter Konfiguration verwendet werden kann. Hierbei wird die Umgebung der Carbonylgruppe in acht Octanten, von denen jedem ein Vorzeichen zugeordnet wird, unterteilt. Das Gesamtvorzeichen des $n \rightarrow \pi^*$-Cotton-Effektes wird aus der Summe der Einzelbeiträge durch die störenden Gruppen in jedem der acht Octanten abgeschätzt.

Die notwendige Unterteilung des Raumes ist am besten zu verstehen, wenn man entlang der Sauerstoff-Kohlenstoff-Bindung der Carbonylgruppe blickt (Bild 6.19). Es gibt vier Sektoren, die sich am Carbonyl-Kohlenstoffatom treffen. Hinter der Papierebene gibt es vier Regionen (vier „Ausschnitte“ im Raum), in denen die Substituenten liegen können. Die anderen vier Regionen, die das Octett voll machen, werden wiederum durch die in Bild 6.19

[a] Z.B. eine Carbonylgruppe, die aufgrund der Anregung eines Elektrons eines nichtbindenden Orbitals (n) (freies Elektronenpaar am Sauerstoffatom) in ein tiefliegendes antibindendes Orbital (π-Bindung) ein Chromophor darstellt.

eingezeichneten Linien unterteilt, befinden sich aber diesmal vor der Papierebene. (Nur in seltenen Ausnahmefällen befinden sich Substituenten in diesen vorderen vier Segmenten).

Für Cyclohexanon sind in Bild 6.19 zwei Möglichkeiten dargestellt. In einer nehmen die Kohlenstoffatome 3-5 den Raum über und hinter der Carbonylgruppe ein, in der anderen (dem Spiegelbild) besetzen dieselben Kohlenstoffatome die unteren, hinteren Segmente. Diese zwei Konformere des Cyclohexanons liegen zu gleichen Anteilen vor und wandeln sich durch Drehung um die C–C-Bindungen ineinander um (vergleiche Cyclohexan, Kap. 1).

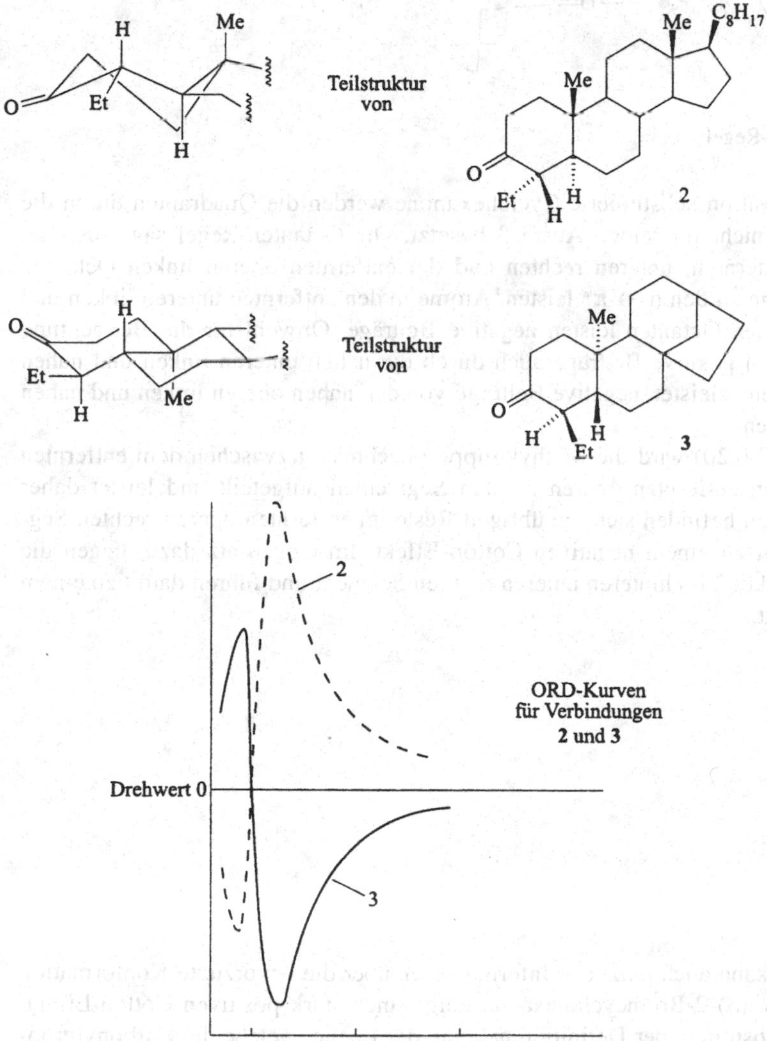

H Me O Et H Teilstruktur von Me C_8H_{17} Me O Et H H 2

O H Et H Me Teilstruktur von Me O H H Et 3

2 ORD-Kurven für Verbindungen 2 und 3

Drehwert 0 3

300 400 500

λ

Bild 6.18

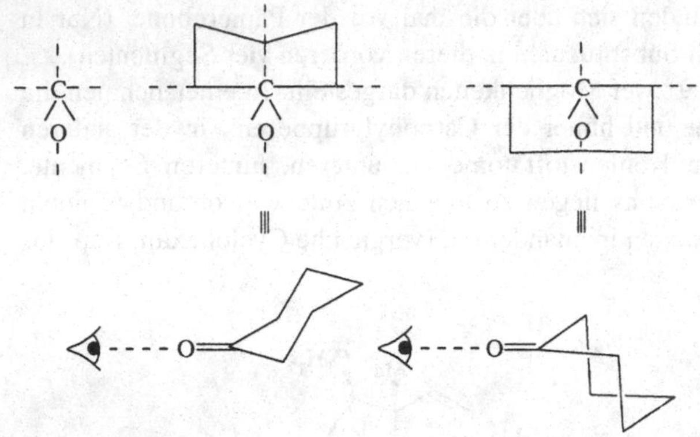

Bild 6.19 Die Octanten-Regel

Für in 2- und 3-Position substituierte Cyclohexanone werden die Quadranten durch die Atome oder Gruppen nicht im selben Ausmaß besetzt. Die Octanten-Regel sagt aus, daß Atome, die in der entfernten, unteren rechten und der entfernten oberen linken Octanten liegen, positive Beiträge zu den n → π* leisten, Atome in den entfernten unteren linken und entfernten oberen rechten Octanten leisten negative Beiträge. Obwohl für die Betrachtung nur selten nötig, werden positive Beiträge auch durch die nahen unteren linken und nahen oberen rechten Octanten geleistet, negative Beiträge von den nahen oberen linken und nahen unteren rechten Octanten.

Im Molekül **3** (Bild 6.20) wird die Methylgruppe gleichmäßig zwischen dem entfernten oberen linken und dem entfernten oberen rechten Segmenten aufgeteilt und leistet daher keinen Beitrag. Dagegen befinden sich die übrigen Reste im entfernten oberen rechten Segment und führen damit zu einem negativen Cotton-Effekt. Im Gegensatz dazu, liegen die Substituenten im Molekül 2 im hinteren unteren rechten Segment und führen damit zu einem positiven Cotton-Effekt.

H
Me
C
Et
O
H

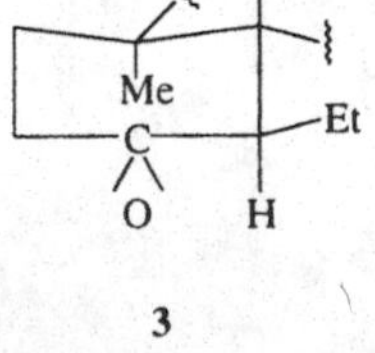

3

Bild 6.20

Der Cotton-Effekt kann auch nützliche Informationen über die bevorzugte Konformation eines Moleküls liefern. (*S*)-2-Bromcyclohexanon zeigt einen stark positiven Cotton-Effekt. Da ein äquatorialer Substituent per Definition nahe an der Ebene, welche die Carbonylgruppe sowie C2 und C6 durchschneidendet, liegt (und somit nur einen kleinen Beitrag zum Cotton-Effekt leisten würde), weist dies darauf hin, daß der Brom-Substituent eine axiale Position einnimmt (Bild 6.21).

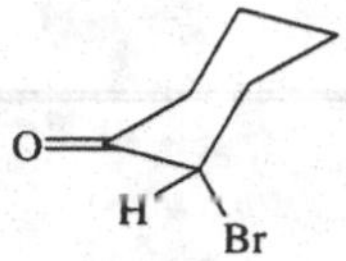

(*S*)-2-Bromcyclohexanon
(Br axial)

(*S*)-2-Bromcyclohexanon
(Br äquatorial)

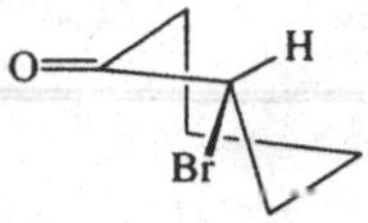

Bild 6.21

Weiter von der Carbonylgruppe entfernte Substituenten (beispielsweise axiale und äquatoriale Substituenten an C3 und/oder C5) leisten Beiträge zum Cotton-Effekt, aber diese sind weniger ausgeprägt als die durch axiale Gruppen an C2 und C6.

Frage 6.3 Erklären Sie, warum (2*R*,5*R*)-2-Chlor-5-methylcyclohexan, wenn es in Octan gelöst wird, einen negativen Cotton-Effekt zeigt, in Methanol dagegen einen positiven Cotton-Effekt.

Wenn das zu untersuchende Molekül ein asymmetrisches Chromophor beinhaltet, hängt das Vorzeichen und das Ausmaß des Cotton-Effektes einzig und alleine von diesem Chromophor ab. Die in Bild 6.22 gezeigte Biphenylverbindung hat einen negativen Cotton-Effekt. Wenn ein π-System wie das des Phenylrings passend in einem der hinteren Octanten orientiert ist, genügt die Anwesenheit dieses π-Systems, um das Vorzeichen des Cotton-Effektes festzulegen. Alle anderen Überlegungen die andere, aber schwächer störende Gruppen (auch solche mit asymmetrischen Atomen) beinhalten, werden zweitrangig. Damit kann die absolute Konfiguration eines Moleküls mit einem verdrillten Chromophor ermittelt werden.

ORD-Kurve der substituierten Biphenylverbindung

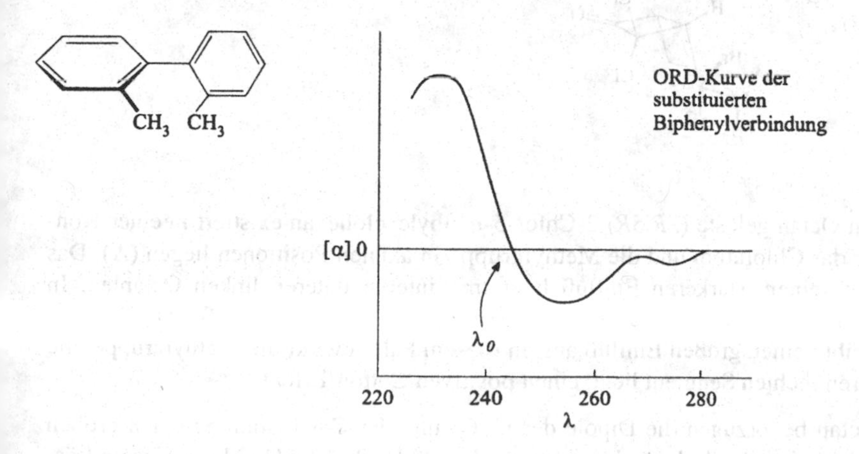

Bild 6.22

Antworten

Frage 6.1

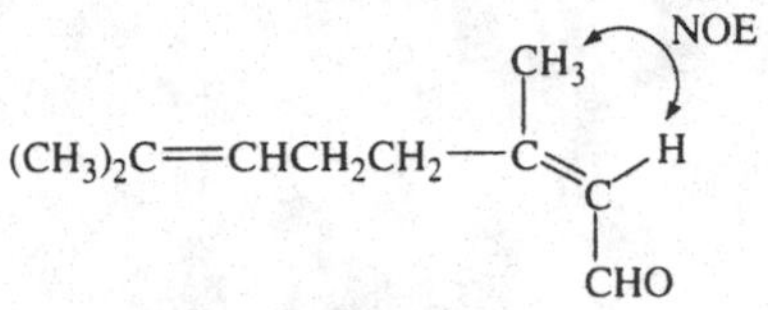

CH_3 NOE

$(CH_3)_2C{=}CHCH_2CH_2{-}C{=}C(H)(CHO)$

Z-Isomer

CH_3

$(CH_3)_2C{=}CHCH_2CH_2{-}C{=}C(CHO)(H)$ kein NOE

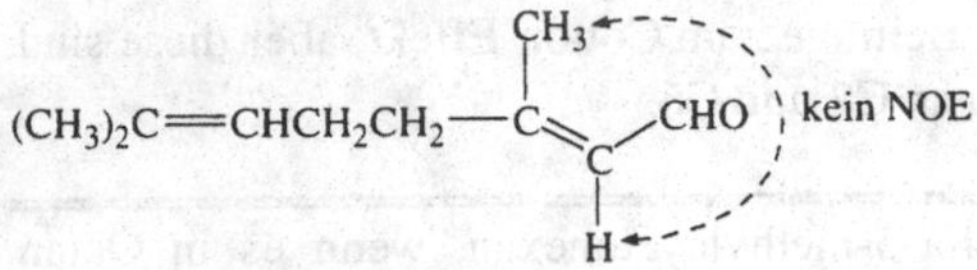

E-Isomer

Aus den obigen Strukturen kann man erkennen, daß das (*Z*)-Isomer Verbindung **A** und das (*E*)-Isomer Verbindung **B** ist.

Frage 6.2 Beim Übergang von Verbindung **A** in Verbindung **B** findet eine Änderung der Konformation statt. Daher weist Verbindung **A** die unten gezeigte Konformation auf. Die Konformation hat Diederwinkel von etwa 90° zwischen H1 und H2 sowie zwischen H2 und H3. Daher beobachtet man sehr kleine Kopplungskonstanten. Um die transannularen Wechselwirkungen zwischen dem Chlor- und dem Bromatom zu minimieren, bevorzugt Verbindung **B**, wie gezeigt, eine alternative Konformation. Der Diederwinkel zwischen H1 und H2 beträgt ca. 150° und der zwischen H2 und H3 etwa 160°. Damit fallen die Kopplungskonstanten größer aus. Der viergliedrige Ring ist in beiden Fällen im wesentlichen planar.

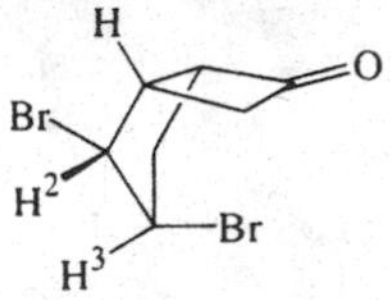

A 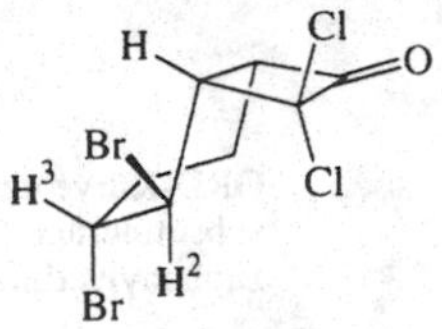 **B**

Frage 6.3 Das in Octan gelöste (2*R*,5*R*)-2-Chlor-5-methylcyclohexan existiert in einer Konformation, in der das Chloratom und die Methylgruppe in axialen Positionen liegen (**A**). Das Halogenatom mit seinem stärkeren Einfluß liegt im hinteren unteren linken Octanten. In Methanol befinden sich beide Subsitutenten in einer äquatorialen Position (**B**). Das äquatoriale Chloratom übt keinen großen Einfluß aus, in diesem Fall bewirkt die Methylgruppe, die im hinteren unteren rechten Segment liegt, einen positiven Cotton-Effekt.

Im unpolaren Octan bevorzugen die Dipole der C=O- und der C–Cl-Bindung einen großen Abstand. Die Solvatation durch das polare Methanol bewirkt, daß die Dipole in diesem Lösgungsmittel parallel ausgerichtet sein können.

A B

Literatur

1. M. Hesse, H. Meier, B. Zeeh, *Spektroskopische Methoden in der organischen Chemie*, Georg Thieme, Stuttgart, 1991. R. Benn, H. Günther, *Angew. Chem.* **1983**, *95*, 381-411. H. Kessler, M. Gehrke, C. Griesinger, *Angew. Chem.* **1988**, *100*, 507-554.
2. I. Halász, G. Görlitz, *Angew. Chem.* **1982**, *94*, 50-62. G. Seipke, H. Müllner, U. Grau, *Angew. Chem.* **1986**, *98*, 530-548.
3. V. Schurig, *Angew. Chem.* **1984**, *96*, 733-752. V. Schurig, H.-P. Nowotny, *Angew. Chem.* **1990**, *102*, 969-986.
4. A. Paulus, *Angew. Chem.* **1996**, *108*, 931-933.
5. H. Naumer, W. Heller, *Untersuchungsmethoden in der Chemie*, Georg Thieme, Stuttgart, 1997.
6. J. M. Bijvoet, A. F. Peerdeman, A. J. van Bommel, *Nature* **1951**, *168*, 271-272.
7. G. Snatzke, *Angew. Chem.* **1968**, *80*, 15-26. H. Eyring, H.-C. Liu, D. Caldwell, *Chem. Rev.* **1968**, *68*, 525-540. G. Snatzke, *Angew. Chem.* **1979**, *91*, 380-393.

7 Racemisierung und Racematspaltung

Die meisten Reaktionen der Organischen Chemie finden entweder an oder in direkter Nachbarschaft zu funktionellen Gruppen statt. Viele solcher Umwandlungen werden an oder neben stereogenen Zentren durchgeführt. In diesem Kapitel werden zwei unmittelbar mit stereogenen Zentren zusammenhängende Prozesse, die Racemisierung und die Racematspaltung, beschrieben.

7.1 Racemisierung

Die Racemisierung[1] ist der Vorgang, durch den ein Enantiomer in sein Spiegelbild überführt wird. Dies findet solange statt, bis eine Mischung, die gleiche Anteile jedes Enantiomers enthält, entstanden ist. Solch eine Mischung ist optisch inaktiv und wird Racemat genannt (Bild 7.1).

(+)-Enantiomer —Racemisierung→ (±)-Racemat ←Racemisierung— (–)-Enantiomer

≡

50:50-Mischung der (+)- und (–)-Form

Bild 7.1

Racemisierungen sind meist ärgerlich. Eine Reaktion mag zunächst ein stereochemisch definiertes Produkt liefern, doch die Reaktionsbedingungen ermöglichen eine nachfolgende Racemisierung, und man erhält im Endeffekt eine Mischung von Isomeren. Daher ist eine sorgfältige Planung beim Entwurf einer Synthesestrategie für enantiomerenreine Verbindungen oft entscheidend. Es gibt jedoch Fälle, in denen die Neigung einer Verbindung zur Racemisierung positiv genutzt werden kann, ein Beispiel wird später in diesem Kapitel besprochen (Bild 7.11).

Es existieren eine Reihe von Wegen, auf denen optisch aktive Verbindungen racemisieren können, drei typische Mechanismen werden im folgenden vorgestellt.

(a) Über eine S_N2-Reaktion

In einer S_N2-Reaktion nähert sich ein Nucleophil Nu^- einem tetraedrisch gebauten Substrat R_3C–X, wobei X die Abgangsgruppe ist, von der Rückseite her (also der der Gruppe X entgegengesetzten Seite). Während die Bindung zwischen Nu und C sich zu bilden beginnt, wird die Bindung zwischen C und X schwächer. Dabei werden die Reste R solange auseinandergedrängt, bis ein Übergangszustand, in dem die drei Reste R und C coplanar sind, erreicht wird (Bild 7.2). Dann wird die Bindungsbildung zwischen Nu und C abgeschlossen und X verläßt das Molekül endgültig. Gleichzeitig klappen die Reste R in die entgegengesetzte Konfiguration um.

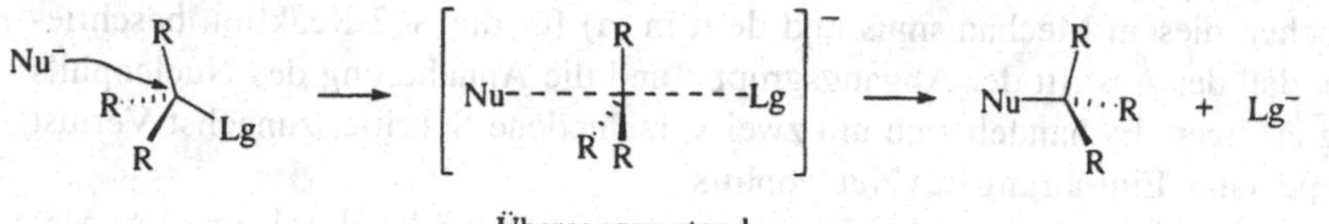

Übergangszustand

Bild 7.2 S_N2-Reaktion

Ein Beispiel für eine S_N2-Racemisierung ist die Reaktion von (*S*)-2-Iodoctan mit Natriumiodid. Wenn man sie mit einem Polarimeter verfolgt, sinkt die optische Aktivität allmählich ab und erreicht schließlich den Endwert Null. Die Untersuchung der Reaktionsmischung zeigt, daß das Reaktionsprodukt konstitutionell identisch mit dem Edukt ist. Damit muß die Schlußfolgerung lauten, daß durch irgendeinen Prozeß das optisch reine Ausgangsmaterial in eine 50:50-Mischung von Enantiomeren, also ein Racemat, übergeführt worden ist.

Daß der Mechanismus der S_N2-Racemisierung wie oben beschrieben verläuft, wurde in der Mitte der 30er Jahre von Hughes et al. bewiesen. Sie führten die oben beschriebene Reaktion mit radioaktiv markiertem Iod (I*) als Nucleophil aus. Die Sequenz entspricht genau der aus Bild 7.2, in diesem Fall mit I^{*-} als Nucleophil und I^- als Abgangsgruppe. I^{*-} nähert sich einem Molekül 2-Iodoctan von der Rückseite her, substituiert I^- und bewirkt eine Inversion der Konfiguration (Bild 7.3). Selbstverständlich findet auch die umgekehrte Reaktion statt, und wenn die optische Aktivität den Wert Null erreicht hat, befinden sich Hin- und Rückreaktion im Gleichgewicht.

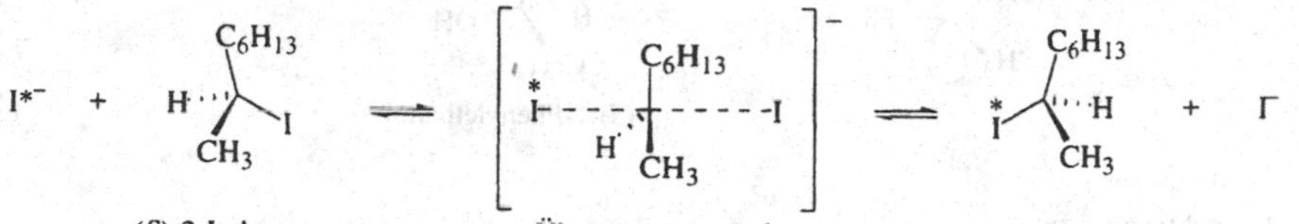

(*S*)-2-Iodoctan Übergangszustand (*R*)-2-Iodoctan

Bild 7.3 Racemisierung von (*S*)-2-Iodoctan über eine S_N2-Reaktion

Dieses Experiment war eines der entscheidenden zur Aufklärung des Substitutionsmechanismus. Polarimetrische Messungen erlaubten es, die Anfangsgeschwindigkeit der Racemisierung und damit die Racemisierungsrate zu messen [da von jedem Paar zweier *S*-Isomerer nur eines zur Bildung des Racemates invertieren muß, ist die Inversionsrate halb so groß wie die Racemisierungsrate: $S + S \rightarrow S + R$ (Racemat)]. Die Rate des Einbaus von markiertem Iod konnte aus dem Produkt ebenfalls bestimmt werden, sie war identisch mit der Inversionsrate. Mit anderen Worten, es war möglich zu sagen, daß mit jeder Substitution der Abgangsgruppe Iodid durch markiertes Iodid auch eine Inversion stattfand; der S_N2-Mechanismus war bestätigt.

(b) Über eine S_N1-Reaktion

Moleküle, die eine gute Abgangsgruppe (wie Iodid) in der Nachbarschaft von Substituenten, die eine positive Ladung stabilisieren, besitzen, gehen leicht S_N1-Substitutionen ein. Der Unterschied zwischen diesem Mechanismus und dem in (a) für die S_N2-Reaktion beschriebenen liegt darin, daß der Austritt der Abgangsgruppe und die Annäherung des Nucleophils nicht gleichzeitig erfolgen. Es handelt sich um zwei verschiedene Schritte, zunächst Verlust der Abgangsgruppe, dann Einführung des Nucleophils.

(*S*)-1-Iod-1-phenylethan ist ein solches Molekül, und es ist ebenfalls chiral. In Anwesenheit eines schwachen Nucleophils in einem polaren Lösungsmittel wird das Iodid substituiert, das Reaktionsprodukt ist ein Racemat. Bild 7.4 zeigt den Ablauf für Wasser als Nucleophil. Die positive Ladung, die bei Austritt des Iodids entsteht, wird durch den Phenylsubstituenten über Mesomerie, zu einem geringen Ausmaß auch induktiv durch die Methylgruppe, stabilisiert. Wie in der Antwort auf Frage 1.1 erläutert, kann das Carbeniumion als sp^2-hybridisiert und damit eben gebaut betrachtet werden. Daraus ergibt sich, daß das Nucleophil, hier Wasser, von beiden Seiten gleich leicht angreifen kann. Der Angriff von Seite (a) führt zur Inversion der Konfiguration, während der Angriff von Seite (b) zur Retention der Konfiguration führt. In Summe entsteht also eine 50:50-Mischung des *R*- und des *S*-Enantiomers.

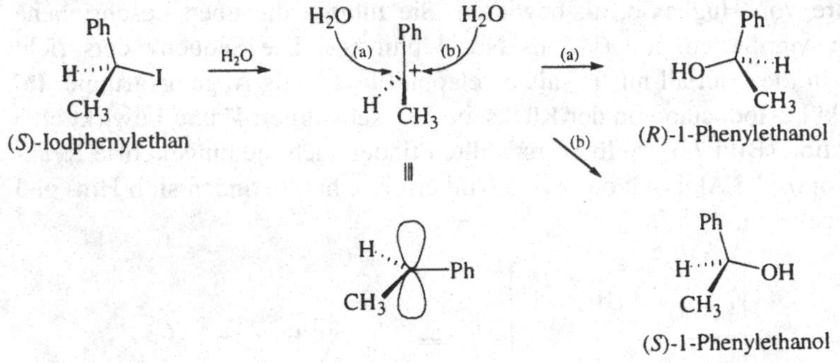

Bild 7.4 S_N1-Reaktion

Frage 7.1 (*S*)-2-Pentanol reagiert mit Thionylchlorid ($SOCl_2$) unter Retention der Konfiguration des chiralen Zentrums zum 2-Chlorpentan. Schlagen Sie einen Mechanismus zur Erklärung dieses Ergebnisses vor.

(c) Über ein Enol

Sorgfältige Überlegungen zu den Reaktionsbedingungen müssen bei der Synthese von Verbindungen, die ein wasserstofftragendes Chiralitätszentrum neben einer Carbonylgruppe aufweisen, angestellt werden. Aufgrund der Labilität des der Carbonylgruppe benachbarten Wasserstoffatoms enolisieren solche Verbindungen in Anwesenheit von Säure oder Base leicht. Bild 7.5 zeigt (*S*)-3-Phenylbutanon und die zwei möglichen Mechanismen der Enolbildung. Das Enol ist achiral und kann von Elektrophilen (H_3O^+ oder H_2O) von beiden Seiten her angegriffen werden. Dies führt wieder zu einer 1:1-Mischung von Enantiomeren, einem Racemat.

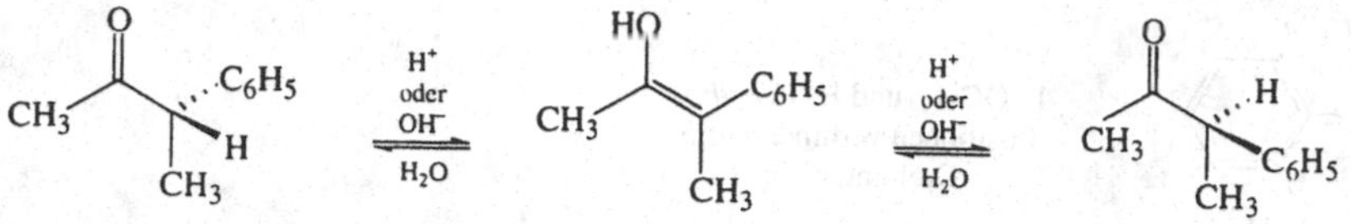

(*S*)-3-Phenylbutanon ⇌ (H^+ oder OH^- / H_2O) achirales Enol ⇌ (H^+ oder OH^- / H_2O) (*R*)-3-Phenylbutanon

Bild 7.5

Frage 7.2 Es gibt auch noch andere Gruppen außer der Carbonylgruppe, die benachbarte Protonen so aktivieren, daß sie leicht durch eine Base entfernt werden können. Beispiele sind Nitroverbindungen, Sulfone und Nitrile. Daher würde man auf den ersten Blick erwarten, daß das optisch aktive Nitril **A** bei Behandlung mit Base racemisiert. Jedoch tauscht **A** bei Behandlung mit Natriummethoxid in Deuteromethanol 4000 mal schneller H gegen D aus, als es racemisiert. Erklären Sie, warum **A** eine Ausnahme von der Regel darstellt.

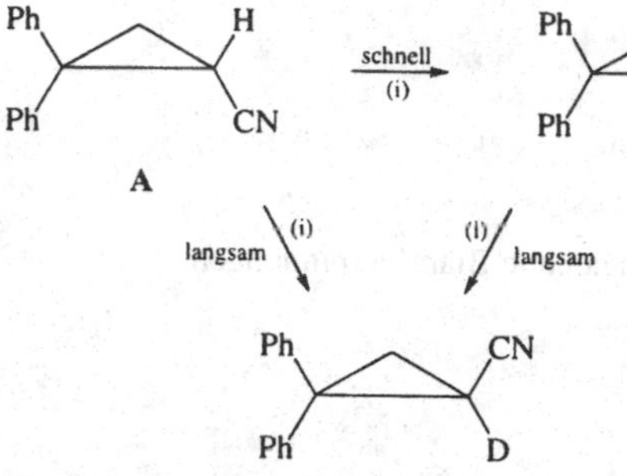

A — schnell (i) → ; langsam (i)

(i) MeONa in MeOD

Die Racemisierung anderer chiraler Species kann oft durch Aufheizen der Probe auf hohe Temperaturen erreicht werden. Helicene wie das Hexahelicen (Bild 4.11) racemisieren nach 10 Minuten bei 380°C vollständig. Bindungsdeformationen im gesamten Molekül erlauben das Einnehmen einer planaren Struktur im Übergangszustand. Ebenso können die Biphenyl-Verbindungen aus Bild 7.6, wenn sie als enantiomerenreine Verbindungen isoliert werden können, durch Erhitzen racemisiert werden.

7.2 Racematspaltung

Nichtnatürliche, durch Synthese erhaltene Verbindungen fallen häufig als Racemate an, aus denen man unter Umständen die einzelnen Enantiomeren abtrennen muß. Dieser Trennungsprozeß wird Racematspaltung[2] genannt (Bild 7.7).

(a) **Nicht spaltbar**

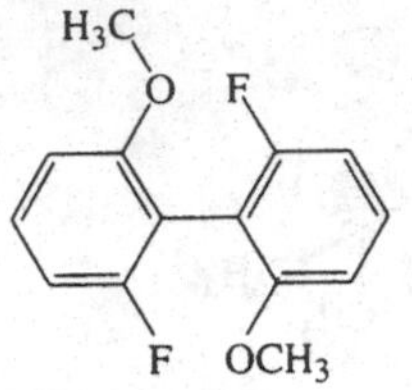

H_3C O F F OCH_3

F, OCH_3 (und H) in *ortho*-Positionen verhindern die Drehung nicht

(b) **Spaltbar, aber leichte Racemisierung**

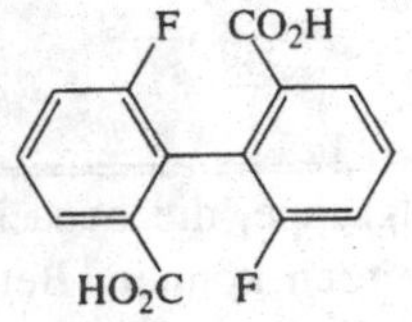

F CO_2H HO_2C F

Moleküle, die zwei Amino- oder zwei Carboxygruppen oder eine Amino- und eine Carboxygruppe enthalten; die anderen Gruppen in der *ortho*-Position müssen F, OCH_3 oder ähnliche Reste sein

(c) **Nicht leicht racemisierend**

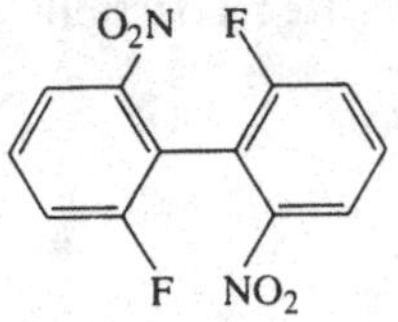

O_2N F F NO_2

Moleküle, die wenigstens zwei Nitrogruppen enthalten; die verbleibenden Gruppen in der *ortho*-Position müssen F, OCH_3 oder ähnliche Reste sein

Bild 7.6 Einige Beispiele für sich in ihrer Stabilität unterscheidende Biarylverbindungen

(±)-Racemate —Racemat-spaltung→ (+)-Enantiomer + (–)-Enantiomer

Bild 7.7

In seltenen Fällen kristallisieren die beiden Enantiomeren des Racemats getrennt voneinander. Es entstehen ein Satz von Kristallen, die nur das (+)-Enantiomer, und ein Satz von Kristallen, die nur das (–)-Enantiomer enthalten. Dieses Phänomen wurde von Pasteur in seinen Arbeiten über die verschiedenen Formen der Weinsäure beobachtet. Pasteurs Arbeiten wurden von der französischen Weinanbau-Industrie unterstützt: Pasteur und die Winzer waren durch die Tatsache, daß die früh beim Fermentationsprozeß anfallende Weinsäure sich von der von Biot 1815 untersuchten unterschied, neugierig geworden. Der Unterschied beruht darauf, daß aus dem Wein ein Racemat anfällt, während Biot mit dem rechtsdrehenden Enantiomer gearbeitet hatte (Bild 7.8).

Pasteur[3] stellte das Natriumammonium-Salz der Weinsäure her und kristallisierte das Material durch langsames Eindampfen der wäßrigen Lösung. Die so gebildeten Kristalle des Natriumammonium-Salzes der Weinsäure verhalten sich wie Bild und Spiegelbild. Pasteur war in der Lage, die beiden Formen mit Hilfe einer Lupe und einer Pinzette zu trennen. Man sollte sich jedoch bewußt sein, daß racemische Verbindungen nur selten auf diese Weise kristallisieren [das (+)-Enantiomer lagert sich mit anderen (+)-Molekülen zusammen]. Man schätzt, daß heterochirale Packungen (die bevorzugte Bildung von Kristallen des Racemats) in mehr als 90% der Fälle auftreten.

(−)-(*S*,*S*)-Weinsäure (+)-(*R*,*R*)-Weinsäure

Bild 7.8

Um ein Racemat zu spalten, ist es häufiger der Fall, daß das Racemat mit einer zweiten chiralen Verbindung zu einem Diastereomerengemisch umgesetzt werden muß. Die Diastereomere sind vergleichweise einfach zu trennen. Aus Kapitel 2 sollten Sie sich daran erinnern, daß die beiden Enantiomeren des 2-Butanols mit einem Enantiomeren der 2-Chlorpropionsäure Ester bilden (Bild 7.10). Es werden zwei Diastereomere, die *SR*- und die *RR*-Verbindung, gebildet. Diese haben unterschiedliche physikalische Eigenschaften (Schmelzpunkt, Siedepunkt, Absorptionseigenschaften, Löslichkeit etc.), was ihre Trennung, beispielsweise durch Chromatographie, ermöglicht. Nachdem man die beiden Diastereomere getrennt hat, können sie separat in einem Fall zur *R*-Säure und *S*-Alkohol und im anderen Fall zur *R*-Säure und *R*-Alkohol hydrolysiert werden.

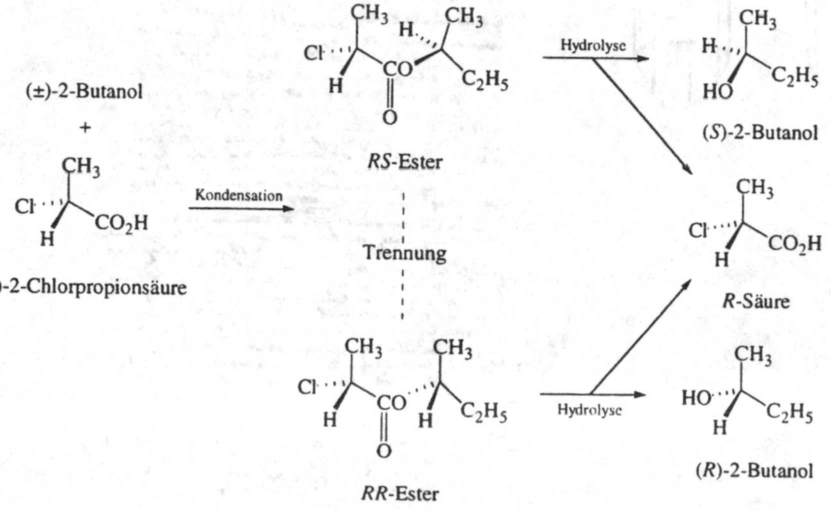

(±)-2-Butanol + (*R*)-2-Chlorpropionsäure → Kondensation → *RS*-Ester / *RR*-Ester (Trennung) → Hydrolyse → (*S*)-2-Butanol, *R*-Säure, (*R*)-2-Butanol

Bild 7.10 Racematspaltung von (±)-2-Butanol

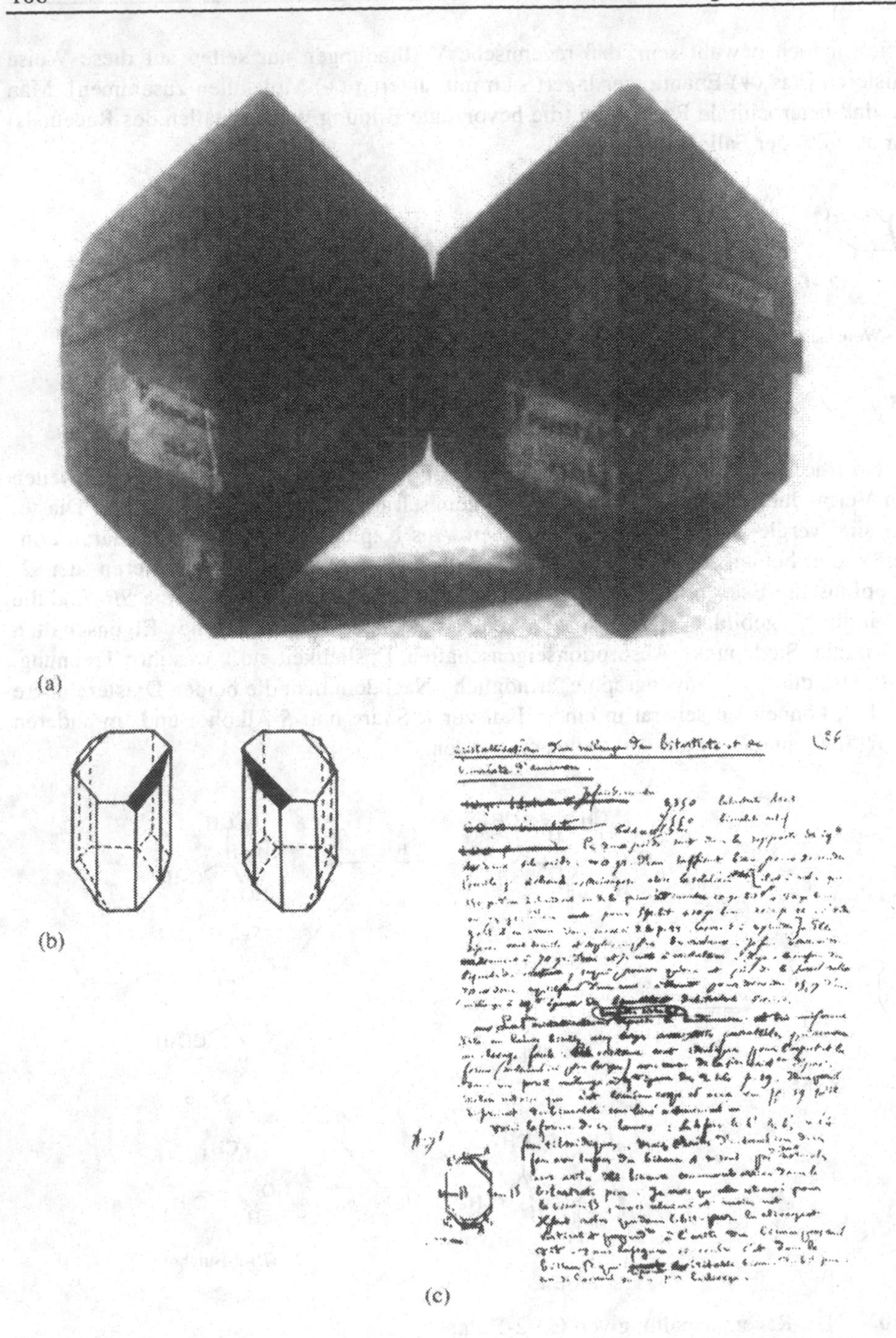

Bild 7.9 (a) Die von Pasteur verwendeten Modelle. (b) Diagrammartige Darstellung der Kristalle der (+) und (–)-Form von Natriumammoniumtartrat. (c) Auszüge aus Pasteurs Notizen (Mit freundlicher Erlaubnis des Musée Pasteur in Paris).

Diese Vorgehensweise ist als klassische Racematspaltung bekannt und für kommerzielle Anwendungen auf verschiedensten Gebieten, wie z.B. der Herstellung von semisynthetischen Penicillinen, von großer Bedeutung. Bild 7.11 zeigt ein Beispiel hierfür. Ampicillin ist eine klinisch nützliche, antibakterielle Substanz und wird aus 6-Aminopenicillinsäure (6-aminopenicillinic acid, APA)[a] und der Aminosäure Phenylglycin hergestellt. Die Phenylglycin-Komponente fällt generell als Racemat an und wird vor der Umsetzung mit 6-APA zunächst einer Racematspaltung unterworfen. Ampicillin benötigt die aus der *R*-Form des Phenylglycins stammende Konfiguration in der Seitenkette. Die Racematspaltung wird, wie in Bild 7.11 gezeigt, mit (+)-Camphersulfonsäure durchgeführt. Die nicht benötigte *S*-Form wird jedoch nicht verworfen, sondern kann mit einer starken Base racemisiert und danach wiederverwendet werden.

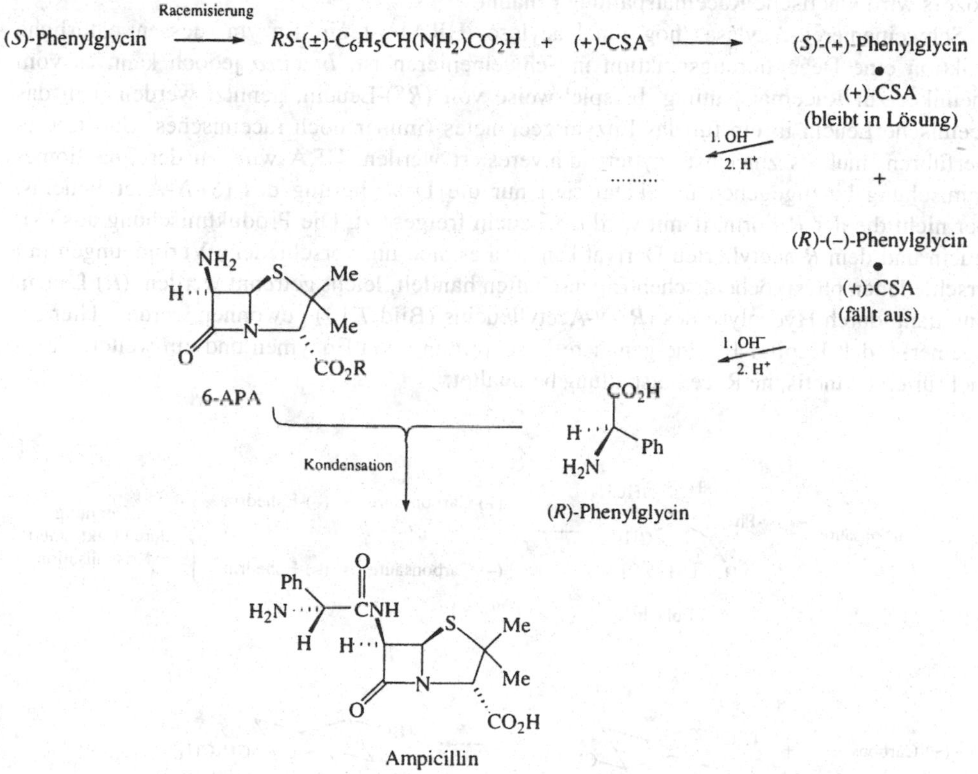

(*S*)-Phenylglycin —Racemisierung→ *RS*-(±)-$C_6H_5CH(NH_2)CO_2H$ + (+)-CSA ⟶ (*S*)-(+)-Phenylglycin • (+)-CSA (bleibt in Lösung) + (*R*)-(–)-Phenylglycin • (+)-CSA (fällt aus)

1. OH^- 2. H^+

6-APA; (*R*)-Phenylglycin; Kondensation; Ampicillin

Bild 7.11 Synthese von Ampicillin.

Frage 7.3 In Bild 7.11 bildet eine Mischung von (*RS*)-(±)-Phenylglycin und (+)-Camphersulfonsäure diastereomere Salze. Das (–)(+)-Salz fällt aus der Lösung aus. Wie könnte (+)-Phenylglycin als eine Komponente weniger löslicher Verbindungen isoliert werden?

[a] Als Ersatz für Penicillin G, das in großen Mengen aus der Fermentation gewonnen wird.

Ebenso einfach können racemische Carbonsäuren über die Bildung diastereomerer Salze und fraktionierte Kristallisation in die Enantiomere getrennt werden. (1*R*,2*S*)-Ephedrin [Bild 7.12(a)] wurde zu diesem Zweck verwendet. Alternativ dazu kann eine racemische Carbonsäure mit einem optisch reinen Alkohol wie (–)-Menthol [Bild 7.12(b)] verestert und dann die Mischung diastereomerer Ester mittels Chromatographie getrennt werden (vergleiche Bild 7.10).

Racemate können auch unter Verwendung eines Enzyms gepalten werden (Enzyme sind natürlich vorkommende, chirale Katalysatoren proteinogener Natur und bestehen aus einer Abfolge kondensierter L-Aminosäuren). Enzyme bieten dem Chemiker den beträchtlichen Vorteil, daß sie häufig hoch enantioselektiv sind: Bei einem racemischen Substrat reagieren sie oft ausschließlich mit einem Enantiomer, das andere Enantiomer bleibt unberührt. Dieser Prozess wird kinetische Racematspaltung genannt.

Schweinenieren-Acylase (hog renal acylase, HRA) ist ein Enzym, dessen natürliche Funktion eine Deacylierungsreaktion in Schweinenieren ist. *In vitro* jedoch kann es vom Chemiker zur Racematspaltung, beispielsweise von (*RS*)-Leucin, genutzt werden. Um das racemische Leucin in ein für das Enzym geeignetes (immer noch racemisches) Substrat zu überführen, muß es zunächst acyliert, d.h.verestert werden. HRA wird zu der Enantiomerenmischung hinzugegeben und katalysiert nur die Deacylierung des (*S*)-*N*-Acetylleucins, aber nicht die der *R*-Form, damit wird (*S*)-Leucin freigesetzt. Die Produktmischung aus (*S*)-Leucin und dem *R*-acetylierten Derivat kann, da es sich um verschiedene Verbindungen mit verschiedenen physikochemischen Eigenschaften handelt, leicht getrennt werden. (*R*)-Leucin kann dann durch Hydrolyse des (*R*)-*N*-Acetylleucins (Bild 7.13) gewonnen werden. Hier sei angemerkt, daß Kapitel 15 eine genauere Beschreibung von Enzymen und ein weiteres Beispiel für eine kinetische Racematspaltung beinhaltet.

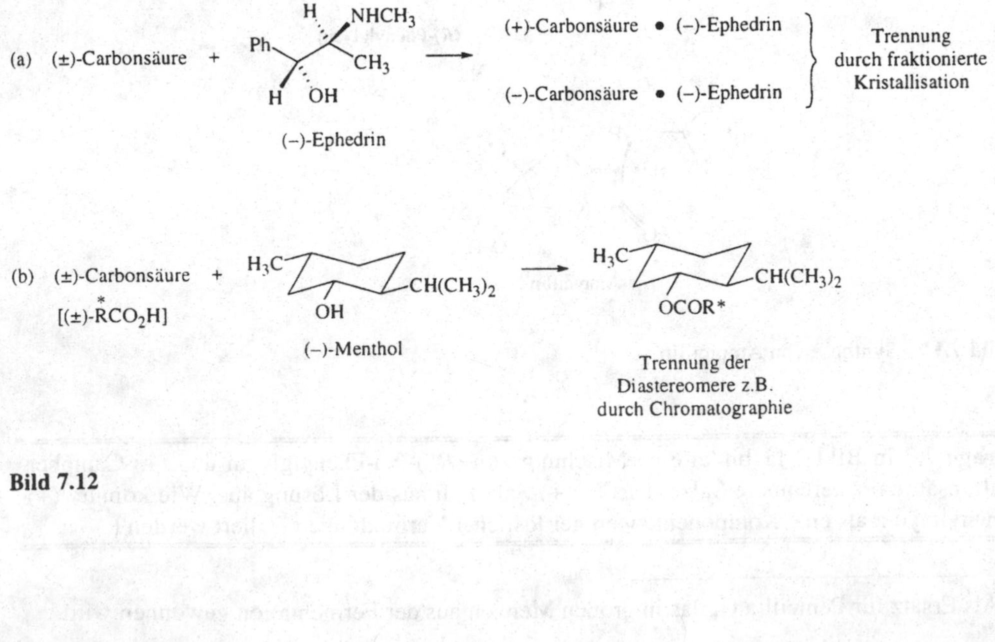

(a) (±)-Carbonsäure + (–)-Ephedrin [H, $NHCH_3$, Ph, CH_3, H, OH] ⟶ (+)-Carbonsäure • (–)-Ephedrin / (–)-Carbonsäure • (–)-Ephedrin } Trennung durch fraktionierte Kristallisation

(b) (±)-Carbonsäure [(±)-R^*CO_2H] + (–)-Menthol [H_3C, $CH(CH_3)_2$, OH] ⟶ [H_3C, $CH(CH_3)_2$, OCOR*] Trennung der Diastereomere z.B. durch Chromatographie

Bild 7.12

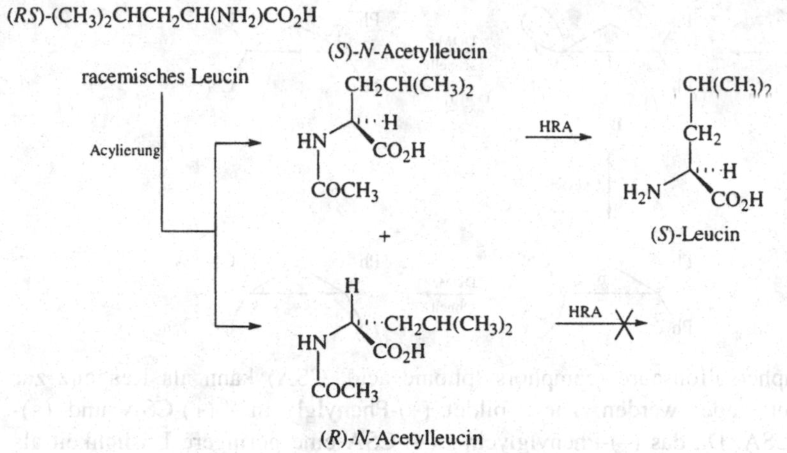

(RS)-(CH3)2CHCH2CH(NH2)CO2H
racemisches Leucin
Acylierung
(S)-N-Acetylleucin
CH2CH(CH3)2
H
HN
CO2H
COCH3
HRA
CH(CH3)2
CH2
H
H2N
CO2H
(S)-Leucin
+
H
CH2CH(CH3)2
HN
CO2H
COCH3
HRA
(R)-N-Acetylleucin

Bild 7.13 Kinetische Racematspaltung von Leucin.

Frage 7.4 Wieviele Verbindungen werden bei der Behandlung von Menthon (**A**) mit Base gebildet?

H
O
CH(CH3)2
H3C
H

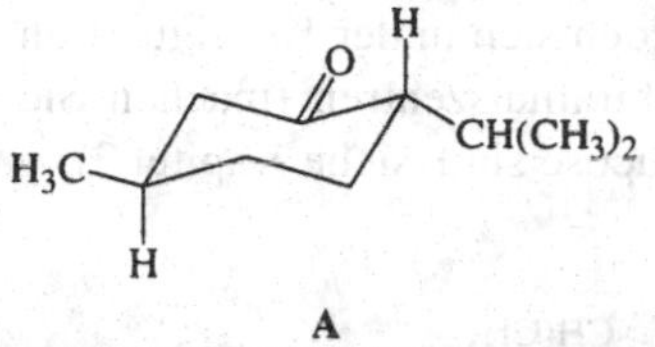

A

Antworten

Frage 7.1 (*S*)-2-Pentanol (**A**) setzt sich mit Thionylchlorid zum Chlorsulfitester (**B**) um. Intramolekulare Übergabe des Chlorids, vermutlich über ein Kontaktionenpaar (verbunden mit der Freisetzung von SO_2), läuft unter Retention der Konfiguration ab. So entsteht das beobachtete Produkt (**C**).

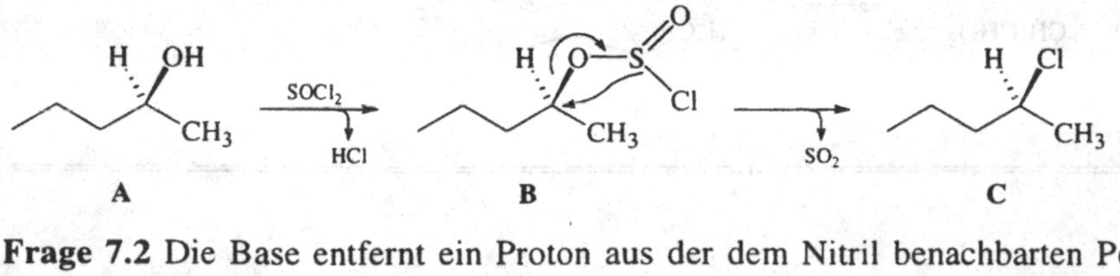

H OH
CH3
SOCl2
HCl
H O S O
Cl
CH3
SO2
H Cl
CH3

A **B** **C**

Frage 7.2 Die Base entfernt ein Proton aus der dem Nitril benachbarten Position und das Carbanion **B** wird gebildet. Zur Inversion des Carbanions muß die Nitrilgruppe und der Cyclopropanring koplanar werden. Ein solcher Vorgang ist jedoch aufgrund der großen Spannung, die dabei aufgebaut würde, ungünstig.

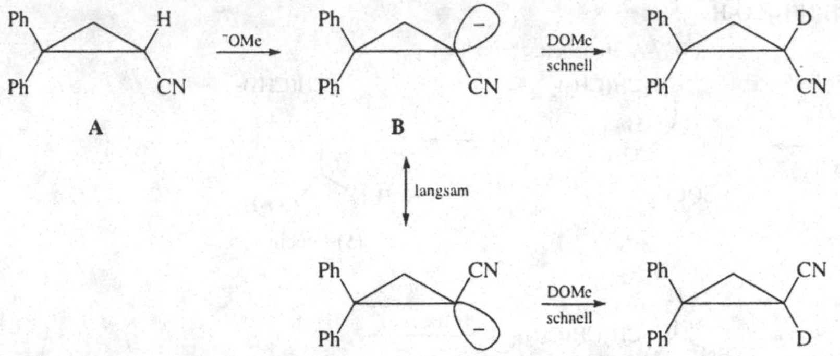

Ph, Ph, H, CN (A) —⁻OMe→ Ph, Ph, CN, − (B) —DOMe schnell→ Ph, Ph, D, CN

langsam

Ph, Ph, CN, − —DOMe schnell→ Ph, Ph, CN, D

Frage 7.3 (–)-Camphersulfonsäure (camphorsulphonic acid, CSA) kann als Reagenz zur Racematspaltung verwendet werden. Diese bildet (+)-Phenylglycin · (+)-CSA und (–)-Phenylglycin · (–)-CSA. Da das (–)-Phenylglycin · (+)-CSA eine geringere Löslichkeit als das (+)-Phenylglycin · (–)-CSA aufweist, folgt daraus, daß die Spiegelbilder dieselben Löslichkeitsunterschiede in Wasser aufweisen. Daher wird (+)-Phenylglycin · (–)-CSA weniger löslich als (–)-Phenylglycin · (–)-CSA sein und das (+)-Phenylglycin wird sich im ausgefallenen Salz befinden.

Frage 7.4 Die Behandlung von Menthon **A** mit Base führt zum Enolat **B**, welches mit Wasser zum Ausgangsmaterial und einer kleine Menge des Isomenthons (**C**) abreagiert. Menthon und Isomenthon werden als Epimere bezeichnet: Sie unterscheiden sich in der Konfiguration nur eines chiralen Zentrums eines Moleküls mit mehreren Chiralitätszentren (machen Sie sich bewußt, daß auch Mannose und Galactose Epimere der Glucose sind, siehe Kapitel 3).

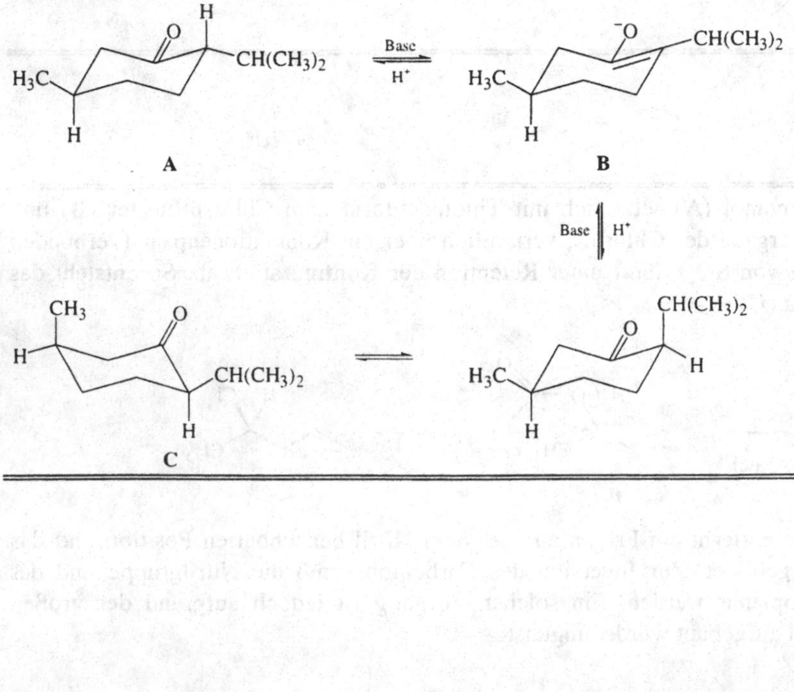

H, O, $CH(CH_3)_2$, H_3C, H (A) ⇌ (Base / H⁺) ^-O, $CH(CH_3)_2$, H_3C, H (B)

Base / H⁺

CH_3, H, O, $CH(CH_3)_2$, H (C) ⇌ $CH(CH_3)_2$, O, H, H_3C, H

Literatur

1. F. Weygand, A. Prox, L. Schmidhammer, W. König, *Angew. Chem.* **1963**, *75*, 282-287.
2. S. H. Wilen, A. Collet, J. Jacques, *Tetrahedron* **1977**, *33*, 2725-2736. A. Collet, *Angew. Chem.* **1998**, *110*, 3429-3431. T. Vries, H. Wynberg, E. van Echten, J. Koeck, W. ten Hoeve, R. M. Kellogg, Q. B. Broxterman, A. Minnard, B. Kaptein, S. van der Sluis, L. Hulshof, J. Kooistra, *Angew. Chem.* **1998**, *110*, 2491-2496.
3. A. Collet, M.-J. Brienne, J. Jacques, *Chem. Rev.* **1980**, *80*, 215-230.

8 Einige einfache Reaktionen von Carbonylverbindungen

8.1 Die Carbonylgruppe

Die Carbonylgruppe[1] ist eine der vielseitigsten funktionellen Gruppen, und ihre Eigenschaften und die Umwandlungsmöglichkeiten werden von den synthetisch arbeitenden Chemikern intensiv genutzt. Der Elektronegativitätsunterschied zwischen Kohlenstoff und Sauerstoff ist, da er zu einer unsymmetrischen Ladungsverteilung entlang der C=O-Doppelbindung führt, der Hauptgrund für die Reaktivität der Carbonylgruppe. Das Kohlenstoffatom weist eine positive und das Sauerstoffatom eine negative Partialladung auf (Bild 8.1). Diese Ladungstrennung macht das Kohlenstoffatom für einen Angriff eines Nucleophils anfällig, und ein Großteil des synthetischen Nutzens der C=O-Gruppe hat mit dieser Eigenschaft zu tun.

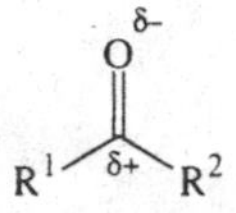

δ–
O
R¹ δ+ R²

$R^1 = R^2 = H$. . . Formaldehyd
$R^1 = H$; R^2 = Alkyl- oder Aryl-Aldehyd
$R^1 = R^2$ = Alkyl- oder Aryl-Keton

Bild 8.1 Die Carbonylgruppe.

Um die nucleophilen Additionen effektiv nutzen zu können, ist es wesentlich, die damit verbundenen stereochemischen Veränderungen zu verstehen. Da das Kohlenstoffatom sp^2-hybridisiert ist (siehe Kapitel 1), ist die Carbonylgruppe planar mit einer trigonalen Anordnung des =O und der anderen zwei Substituenten (OCR-Winkel 120°). Nach der Reaktion mit einem Nucleophil liegt jedoch ein Kohlenstoffatom in tetraedrischer Umgebung und damit ein potentielles Chiralitätszentrum vor. Wenn das Produkt chiral ist, dann gibt es Stereoisomere. Nicht alle dieser Stereoisomere werden benötigt, daher wird die Ausbeute an dem erwünschten Enantiomer oder Diastereomer erniedrigt, und es entsteht zusätzlicher „Abfall". Die Kenntnis der stereochemischen Prinzipien ermöglichen es, durch geeignetes „Tunen" der Reaktionsbedingungen, die Bildung der unerwünschten Stereoisomere zu minimieren oder gar ganz zu unterdrücken und die Reaktion damit insgesamt effektiver zu machen.

Bild 8.2 zeigt eine Carbonylverbindung in allgemeiner Form R^1–CO–R^2 mit der Molekülebene im rechten Winkel zur Papierebene. Da das Molekül eben gebaut ist, hat es eine Unter- und eine Oberseite.

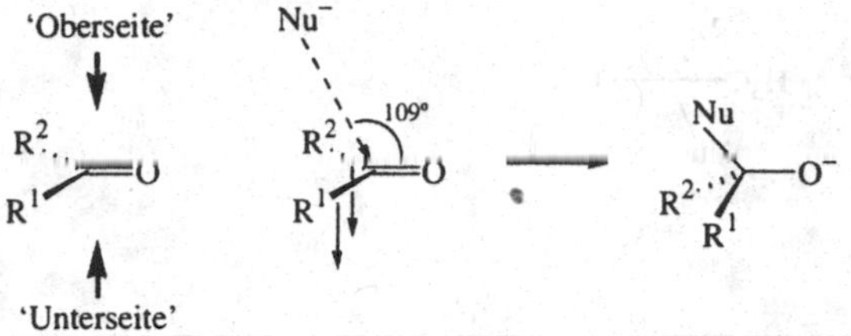

Bild 8.2 Nucleophiler Angriff auf eine Carbonylverbindung von der Oberseite aus.

Der nucleophile Angriff findet von einer dieser Seiten in einem Winkel von 109° zur Carbonylgruppe statt. Wenn wie in Aceton oder Formaldehyd $R^1 = R^2$ ist, sind Ober- und Unterseite identisch und werden homotop genannt. Ein solches Molekül besitzt zwei Symmetrieebenen und eine zweizählige Symmetrieachse (Bild 8.3). Der Angriff des Nucleophils (Nu^-) auf eine homotope Carbonylgruppe (R–CO–R) gibt nur ein einziges Produkt ($RRNuCO^-$), das aufgrund der zwei identischen Reste R mit seinem Spiegelbild zur Deckung zu bringen und damit achiral ist. Stereochemisch gesehen ist es also unerheblich, von welcher Seite aus das Nucleophil angreift.

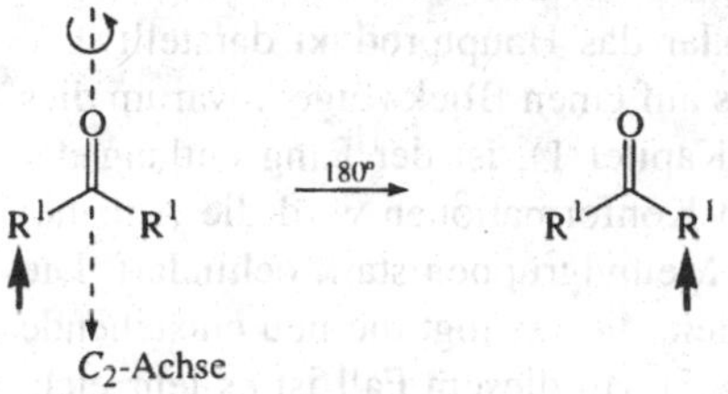

Bild 8.3

Wenn R^1 und R^2 wie in Aldehyden oder in unsymmetrischen Ketonen nicht gleich sind (Bild 8.4), fällt die Situtation anders aus. Ein nucleophiler Angriff von der Oberseite führt zu einem Produkt, daß das Spiegelbild des durch einen Angriff desselben Nucleophils von der Unterseite entstehenden ist. Unter der Voraussetzung, daß das Nucleophil nicht R^1 oder R^2 ist, sind die gebildeten Produkte Enantiomere und die Seiten der Ausgangs-Carbonylverbindung werden daher enantiotop genannt. Bild 8.5 zeigt ein allgemeines Beispiel für einen nucleophilen Angriff auf Butanon, der zu Produkten führt, die in einer Bild/-Spiegelbild-Beziehung stehen. Dies ist ein weiteres Beispiel für Prochiralität, die Addition an eine Seite einer achiralen Vorstufe führt zu chiralen Produkten (siehe Abschnitt 2.2.4).

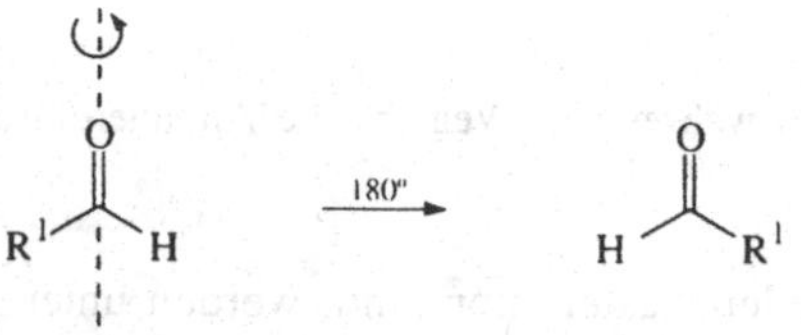

Bild 8.4

Bild 8.5 Nucleophiler Angriff auf Butanon.

Frage 8.1 (*S*)-3-Phenylbutanon reagiert mit HCN zu zwei Diastereomeren. Zeichnen Sie die beiden Produkte in der Fischer-Projektion.

Eine andere Situation entsteht, wenn die Gruppe R^1 und R^2 ein oder mehrere stereogene Zentren enthalten. Die beiden Seiten der Carbonylgruppe werden nun als diastereotop bezeichnet. Ein nucleophiler Angriff auf eine diastereotope Carbonylgruppe führt zu Diastereomeren, also Stereoisomeren, die sich nicht wie Bild und Spiegelbild verhalten. Ein einfaches Beispiel hierfür ist die in Bild 8.6 gezeigte Reduktion von (2*S*,3*S*)-2,3-Dimethylcyclobutanon. Das Nucleophil (H^-) kann sich dem Keton von beiden Seiten her nähern und zwei Produkte werden gebildet: (1*R*,2*S*,3*S*)-2,3-Dimethylcyclobutanol und (1*S*,2*S*,3*S*)-2,3-Dimethylcyclobutanol. Entscheidend ist jedoch, daß diese zwei Produkte nicht zu gleichen Anteilen gebildet werden und daß das all-*cis*-Produkt klar das Hauptprodukt darstellt. Die dreidimensionale Darstellung des Edukt-Ketons wird uns auf einen Blick zeigen, warum dies so ist. Um die Winkelspannung zu minimieren (siehe Kapitel 1), ist der Ring entlang der Diagonalen abgewinkelt. In jeder der beiden möglichen Konformationen wird die Annäherung des Hydrids auf einer der Seiten durch die beiden Methylgruppen stark behindert. Die andere Seite ist für den Angriff des H^- jedoch völlig offen, dies zwingt die neu entstehende Hydroxylgruppe auf die Seite der Methylgruppe (Bild 8.6). [In diesem Fall ist es lehrreich, Modelle der Moleküle zum Überprüfen der für das angreifende Nucleophil verfügbaren Annäherungswege anzufertigen.]

Bild 8.6 Weg (a) wird durch die Methylgruppen behindert, während in Weg (b) die Annäherung des H^- leicht ist.

Gruppen oder Seiten in Molekülen, die enantiotop oder diastereotop sind, werden unter dem Begriff heterotop zusammengefaßt. Bei Carbonylverbindungen bedeutet das einfach, daß R^1 und R^2 (Bild 8.1) verschieden sind und daß die beiden Seiten des trigonalen Zentrums unterschiedlich sind. Ein System zur Unterscheidung dieser beiden Seiten basiert auf den bereits diskutierten Cahn-Ingold-Prelog-Prioritätsregeln. Um wieder auf das Beispiel des (2*S*,3*R*)-2,3-Dimethylcyclobutanons zurückzugreifen: Eine Seite des Kohlenstoffatoms der Carbonylgruppe zeigt die gemäß ihrer Priorität geordneten Substituenten im Uhrzeigersinn (die Seite, auf die die Methylgruppen zeigen) und wird die *Re*-Seite genannt: O > C(CCH) > C(CHH) (Bild 8.7). Die andere Seite zeigt die ebenso geordneten Substituenten entgegen dem Uhrzeigersinn und wird *Si*-Seite genannt. Bei der Reduktion des (2*S*,3*R*)-2,3-Dimethylcyclobutanons nähert sich das Hydridion von der *Si*-Seite her und führt damit zu einem neuen, *R*-konfigurierten Chiralitätszentrum. Vielleicht sollte man jedoch betonen, daß aufgrund der CIP-Prioritätsregeln keine generelle Beziehung zwischen der durch das Nucleophil angegriffenen Seite und dem Stereodeskriptor des Produkts besteht: Letzterer wird nur von R^1, R^2 und dem Nucleophil bestimmt.

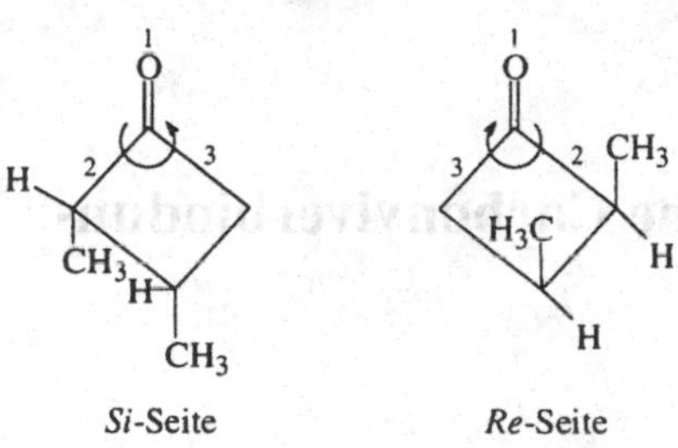

Si-Seite *Re*-Seite

Bild 8.7 1, 2 und 3 stehen für die Priorität gemäß des Cahn-Ingold-Prelog-Systems.

Dieser Prozeß der Umwandlung einer achiralen Position eines Moleküls in ein stereogenes Zentrum ist als chirale oder asymmetrische Induktion bekannt. Sie ist, wenn sie mit hoher Stereoselektivität durchgeführt werden kann, eine der nützlichsten synthetischen Methoden. In einigen Fällen kann ein existierendes stereogenes Zentrum, das im Endprodukt nicht benötigt wird, zur Kontrolle der chiralen Induktion in einem bestimmten Schritt verwendet und danach durch nachfolgende Transformationen entfernt werden.

Einfach gesagt, führt die Reduktion eines (2*R*)-2-substituierten Cyclopentanons mit Natriumborhydrid gefolgt von einer O-Alkylierung und Eliminierung von HX führt zu einem Methylencyclopentenylether mit *R*-Konfiguration an Position 1 (Bild 8.8). Das H^--Ion ist nicht in der Lage, die Carbonylgruppe von der *Re*-Seite her anzugreifen, weil hier die Annäherung unter dem Idealwinkel von 109° durch die großen, sperrigen Substituenten auf dieser Seite verhindert wird. Daher ist nur ein *Si*-Seiten-Angriff möglich und das Ergebnis ist ein *cis*-Cyclopentanol. Die Alkoholfunktion wird durch Alkylierung geschützt und die ursprüngliche Chiralität an Position 2 durch die Eliminierung von HX zu einer exocyclischen Doppelbindung entfernt. Die beiden Seiten der exocyclischen Doppelbindungen sind wiederum diastereotop, es liegt ein trigonales Zentrum mit benachbartem stereogenen Zentrum vor.

Frage 8.2 Bestimmen Sie die Re- und die Si-Seite des Alkens aus Bild 8.8 unter der Voraussetzung, daß $=CH_2$ von niedrigerer Priorität als $-CH_2-$ ist (die Gründe dafür werden in der Antwort auf diese Frage erläutert werden).

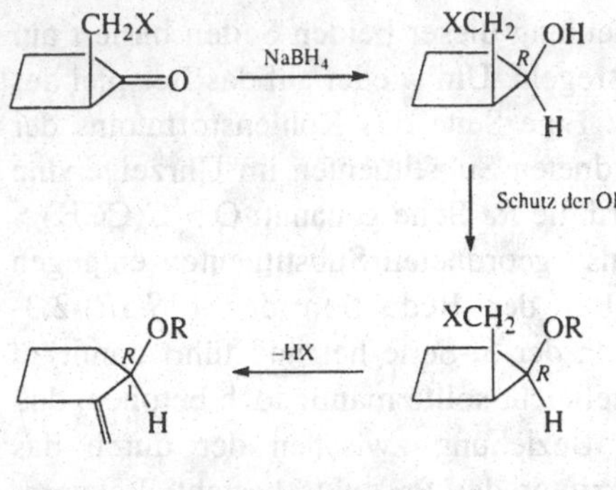

Bild 8.8 Nucleophiler Angriff auf ein 2-substituiertes Cyclopentanon.

8.2 Nucleophiler Angriff auf acyclische Carbonylverbindungen

8.2.1 Cramsche Regel

Die chirale Induktion ist nicht auf Carbonylgruppen in cyclischen Gerüsten beschränkt. Sie kann ebenso auf acyclische Verbindungen angewendet werden, obwohl die größere konformative Freiheit die Situation kompliziert. Eine Regel wurde von Donald Cram[2] formuliert, sie ermöglicht in einem gewissen Ausmaß eine Vorhersage der chiralen Induktion. Dies wird für die Grignard-Reaktion eines diastereotopen Ketons in Bild 8.9 gezeigt. Die vier an das stereogene Zentrum gebundenen Gruppen sind COR, S, M und L, wobei die letzten drei für klein (small), mittel (medium) und groß (large) stehen. Die Cramsche Regel beruht auf dem Prinzip, daß die Gruppe L, als die größte Gruppe, bevorzugt eine so weit wie möglich von der Carbonylgruppe entfernte Position einnimmt. Wie man aus der Newman-Projektion aus Bild 8.9 sieht, stehen damit L und R^1 ekliptisch. Die Grignard-Verbindung greift nun bevorzugt von der weniger gehinderten Seite, der mit der kleinsten Gruppe, an. Ein Beispiel, das der Cramschen Regel folgt (in diesem Fall mit dem Hydridion als Nucleophil), ist in Bild 8.10 gezeigt.

8.2.2 Die Felkin-Ahn-Regel

Während die Cramsche Regel nützlich ist, sind Vorhersagen nur im begrenzten Umfang möglich. Felkin, Ahn und Mitarbeiter entwickelten das Modell weiter und schlugen eine Variation vor, die die beobachtete chirale Induktion für viele hoch stereoselektive Umsetzungen besser erklärt. Diese zweite Modellvorstellung ist für die Vorhersage der stereochemischen Resultate geplanter Reaktionen besser geeignet.

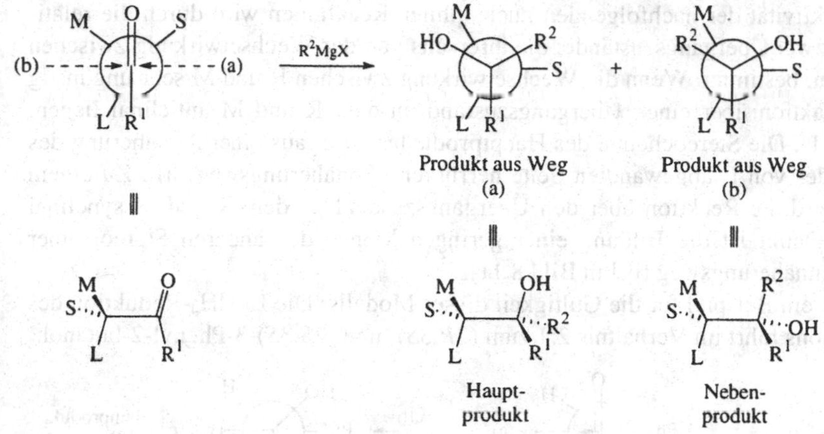

Bild 8.9

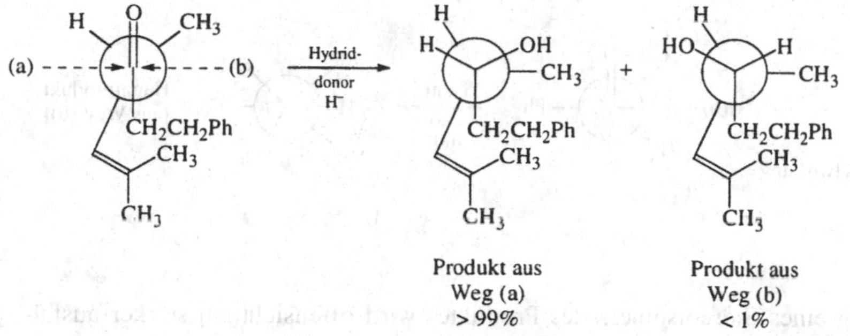

Bild 8.10

Der Unterschied zwischen dem Felkin-Ahn(FA)-Modell[3] und der Cramschen Regel liegt in der Konformation der Carbonylgruppe. Im FA-Modell wird vermutet, daß die Gruppe L nicht antiperiplanar, sondern im rechten Winkel zur CO-Gruppe steht. Dies hat den Vorteil, daß ungünstige ekliptische Wechselwirkungen (oder Pitzer-Spannung, siehe Kapitel 1) zwischen L und R vermieden werden. Es gibt zwei mögliche Orientierungen dieser Art, diese sind als Newman-Projektionen in Bild 8.11 abgebildet.

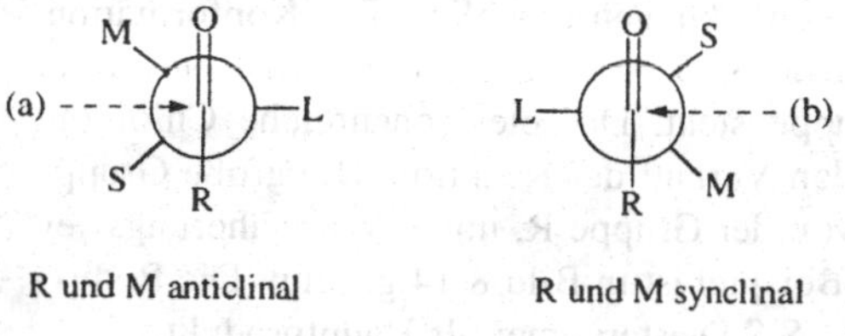

Bild 8.11

Die Stereoselektivität der nachfolgenden nucleophilen Reaktionen wird durch die relativen Energien der zwei Übergangszustände, die ihrerseits von der Wechselwirkung zwischen R und M abhängen, bestimmt. Wenn die Wechselwirkung zwischen R und M sehr ungünstig sind, wird die Reaktion über einen Übergangszustand, in dem R und M anticlinal liegen, ablaufen (Bild 8.11). Die Stereochemie des Hauptproduktes wird aus einer Annäherung des Nucleophils von der von L abgewandten Seite herrühren [Annäherungsweg (a)]. Zu einem geringen Anteil wird die Reaktion über den Übergangszustand, in dem R und M synclinal liegen, ablaufen. Damit ist die Bildung einer geringen Menge des anderen Stereoisomer wahrscheinlich [Annäherungsweg (b)] in Bild 8.11].

Bild 8.12 zeigt ein Beispiel für die Gültigkeit dieses Modells: Die $LiAlH_4$-Reduktion des (*S*)-3-Phenylbutanons führt im Verhältnis 2:1 zum (2*R*,3*S*)- und (2*S*,3*S*)-3-Phenyl-2-butanol.

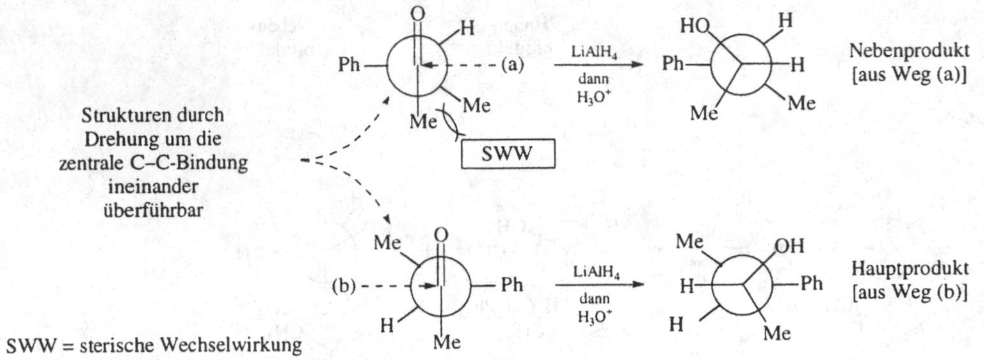

Strukturen durch Drehung um die zentrale C–C-Bindung ineinander überführbar

$LiAlH_4$ dann H_3O^+

Nebenprodukt [aus Weg (a)]

SWW

Hauptprodukt [aus Weg (b)]

SWW = sterische Wechselwirkung

Bild 8.12

Die Bevorzugung eines Stereoisomers des Produktes wird offensichtlich stärker ausfallen, wenn der Größenunterschied zwischen S und M wächst. Sind S und M sehr ähnlich, gibt es wahrscheinlich nur einen kleinen Unterschied in ihrer Wechselwirkung mit R, und die Diastereoselektivität nucleophiler Reaktionen solcher Moleküle ist schlecht.

Elektronische Effekte, die das Felkin-Ahn-Modell beeinflussen

Sterische Effekte bestimmen maßgeblich die Konformationen von diastereotopen Ketonen bei Reaktionen mit einem Nucleophil und damit auch die Konfiguration der Produkte. Es müssen, wenn vorhanden, jedoch auch elektronische Effekte berücksichtigt werden. Eine Methylgruppe und ein Chloratom beispielsweise besitzen ungefähr die gleiche Größe, aber unterscheiden sich in ihren elektronischen Wechselwirkungen erheblich. Die Konformation, die von dem Chlor enthaltendem Molekül aus Bild 8.13 eingenommen wird, ist die in der das Chlor im rechten Winkel zur Carbonylgruppe steht. Das elektronenreiche Chlor mit seinem größeren Abstoßungsvermögen diktiert den Verlauf der Reaktion. Die große Gruppe (Bild 8.13) bevorzugt eine größere Entfernung von der Gruppe R, und der Annäherungsweg des Nucleophils verläuft zwischen L und S. Ein Beispiel ist in Bild 8.14 gezeigt. Die Reduktion von (*S*)-2-Chlor-1-phenylpropanon führt zum *S*,*S*-Diastereomer als Hauptprodukt.

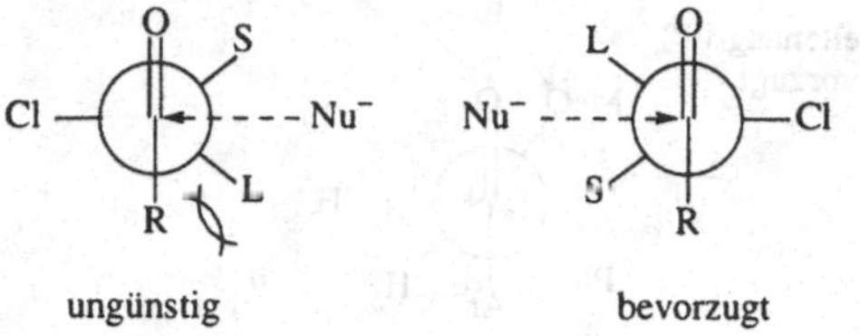

ungünstig bevorzugt

Bild 8.13

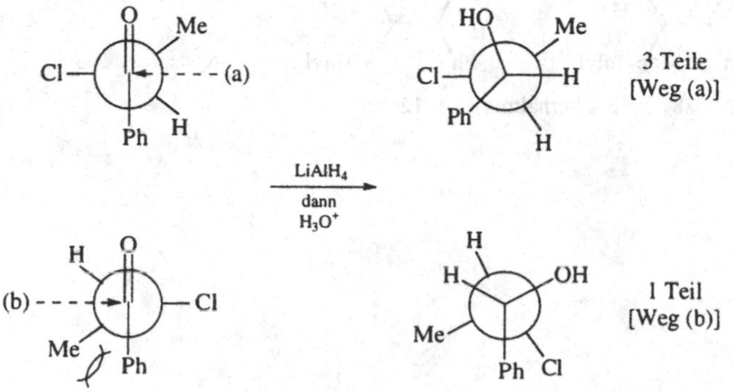

3 Teile [Weg (a)]

$LiAlH_4$ dann H_3O^+

1 Teil [Weg (b)]

Bild 8.14

8.3 Verklammerungs-Effekte bei nucleophilen Reaktionen an Carbonylgruppen

Es ist manchmal möglich, die Stereoselektivität von nucleophilen Reaktionen an Carbonylgruppen durch die Wahl eines geeigneten Reagenzes zu beeinflussen. Lithium-Ionen weisen eine hohe Tendenz zur Koordination an Sauerstoffatome auf. Diese Eigenschaft wird bei der Hydridreduktion von 2-Methoxy-2-phenyl-1-(*p*-tolyl)ethanon genutzt. Beim Behandeln dieser Verbindung mit Lithiumaluminiumhydrid fungiert das Reagenz nicht nur als Reduktionsmittel, sondern auch als eine Klammer, die die konformative Freiheit durch Koordination sowohl an den Methoxy-Sauerstoff als auch das Sauerstoffatom des Ketons einschränkt (Bild 8.15).

Das Hydridion wird dann bevorzugt auf der *Re*-Seite (der der Phenylgruppe abgewandten Seite) angreifen. Diese Seite ermöglicht die Annäherung am leichtesten. Das gemessene Verhältnis der Produktalkohole ist 1*S*,2*R*:1*R*,2*R* = 88:12. Diese besondere Art der Koordination vor der Reaktion wurde für Hydroxylgruppen und kleine Alkoxygruppen beobachtet und scheint mit sperrigeren Resten wie Trialkylsiloxygruppen (R_3SiO) nicht möglich zu sein.

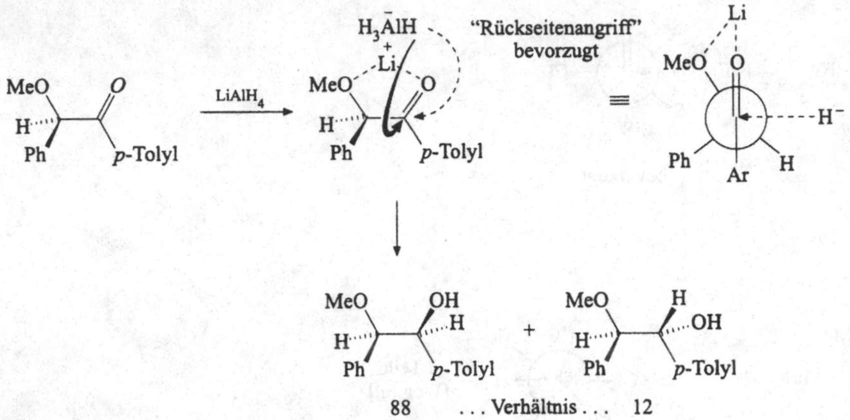

Bild 8.15

8.4 Die Aldolreaktion

Die Reaktion von Acetaldehyd mit einer Base beim Erwärmen ist als die Aldolreaktion[4] bekannt. Die Reihenfolge der einzelnen Schritte ist in Bild 8.16 gezeigt. Die Base abstrahiert ein Proton von einem Molekül des Acetaldehyds, und das entstandene Anion greift ein zweites Molekül Acetaldehyd an. Das Produkt dieses nucleophilen Angriffs ist ein sekundärer Alkohol, der unter drastischeren Reaktionsbedingungen eine Eliminierung von Wasser zu einem achiralen Enal eingehen kann.

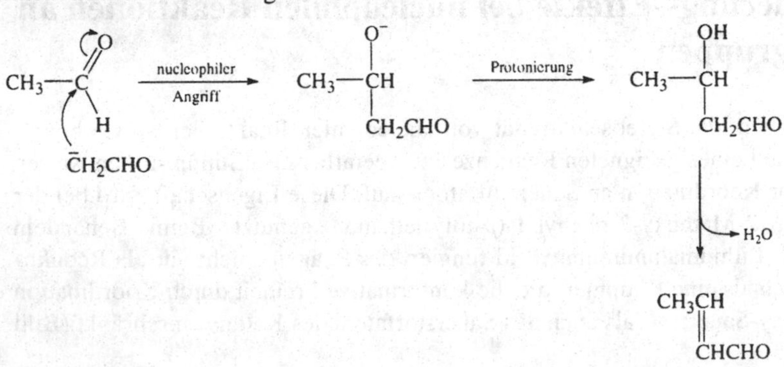

Bild 8.16 Die Aldolreaktion

Vom stereochemischen Blickwinkel aus betrachtet, ist die klassische Aldolreaktion nicht besonders aufregend. Wenn jedoch eine Kombination verschiedener Carbonylverbindungen verwendet wird, wird die Reaktion interessanter. Werden beispielsweise eine 50:50-Mischung eines unsymmetrischen Ketons und eines Aldehyds zusammen mit einer Base erwärmt, können vier Stereoisomere isoliert werden (unter der Voraussetzung, daß R^1, R^2 und R^3 achiral sind). Es entstehen zwei neue stereogene Zentren. Die vier möglichen Produkte sind in Bild 8.17 dargestellt. Dort werden Sie sehen, daß (a) und (b) sowie (c) und (d) Enantiomerenpaare sind und daß (a) und (c) sowie (b) und (d) Diastereomere darstellen. Aus den Newman-Projektionen sollten Sie auch entnehmen, daß ein Enantiomerenpaar in einer synclinalen, das andere dagegen in einer aniperiplanaren Konformation gezeigt ist.

Damit diese Reaktion für den synthetischen Chemiker nützlich ist, müssen die Reaktionsbedingungen für das Erreichen akzeptabler Stereoselektivität sorgfältig abgewogen werden. Eine gute Diastereoselektion wird durch die Verwendung von Lithium- und Borenolaten erreicht. Im folgenden wird eine detaillierte Diskussion der Aldolreaktionen der Borspecies gegeben. Eigentlich bestimmt die Konfiguration des Enolats oft die Stereochemie des Produktes. In Bild 8.18 werden die beiden verschiedenen Borenolate mit ihrer unterschiedlichen Anordnung der Borgruppierung und des Wasserstoffatoms am Alken gezeigt.

Aldolreaktionen von Enolaten mit *trans*-Anordnung führen zu *syn*-Produkten, während Enolate mit der *cis*-Anordnung hauptsächlich die *anti*-Diastereomere ergeben. Die Ursache

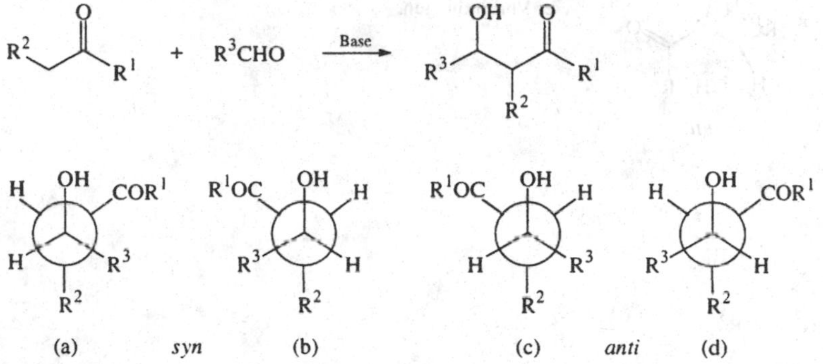

Bild 8.17

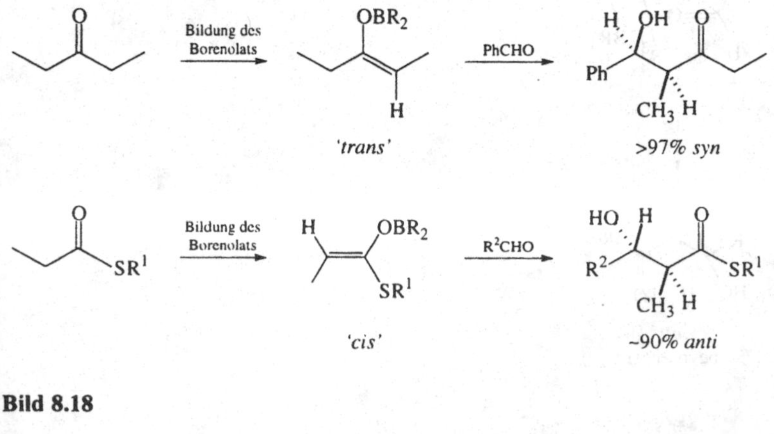

Bild 8.18

hierfür liegt in den verschiedenen Wechselwirkungen der sesselartigen Übergangszustände (Bild 8.19).

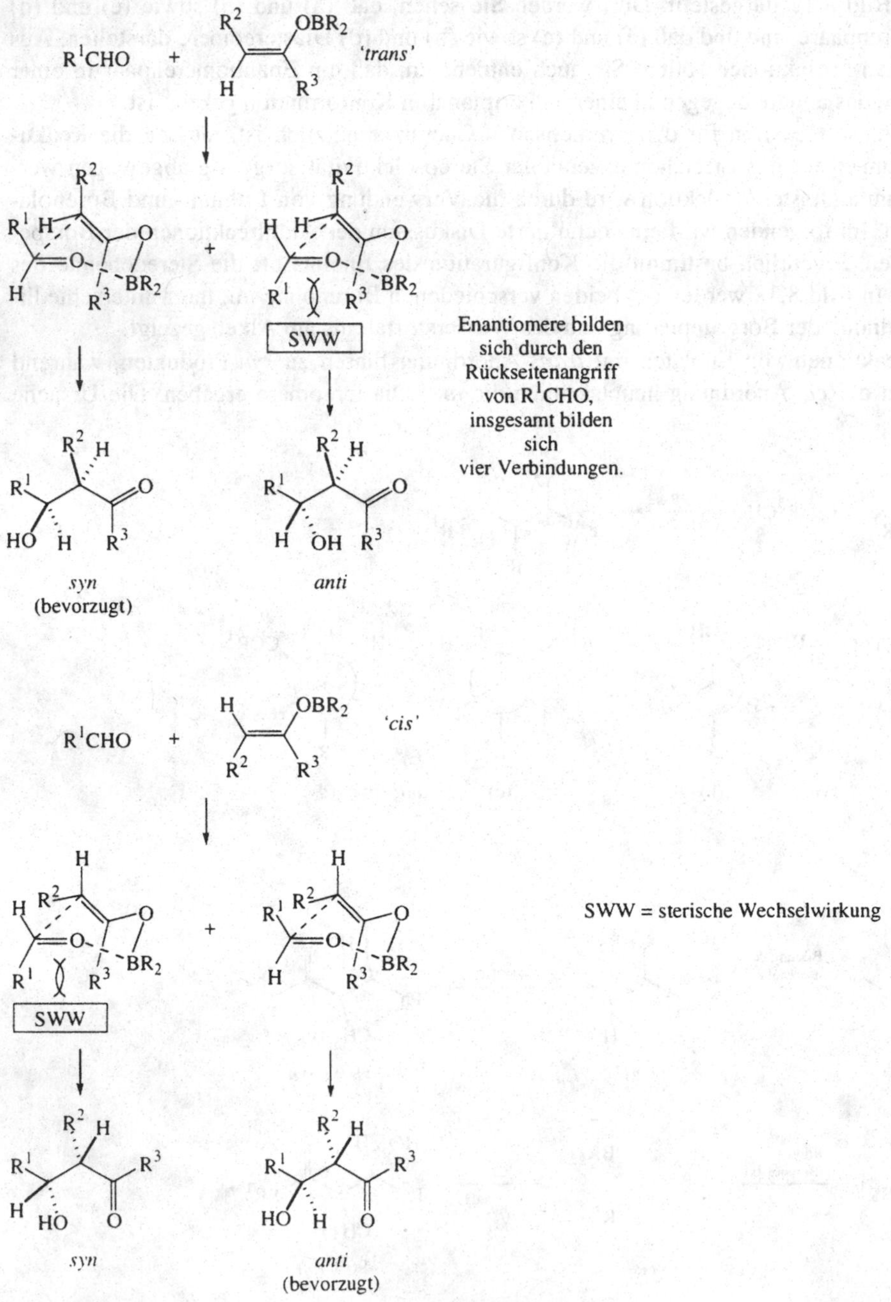

R^1CHO + 'trans'

Enantiomere bilden sich durch den Rückseitenangriff von R^1CHO, insgesamt bilden sich vier Verbindungen.

SWW

syn (bevorzugt) *anti*

R^1CHO + 'cis'

SWW

syn *anti* (bevorzugt)

SWW = sterische Wechselwirkung

Bild 8.19

Damit wird die relative Orientierung von Aldehyd und Enolat durch die Wechselwirkung zwischen dem elektronenreichen Sauerstoffatom der Carbonylgruppe des Aldehyds und dem elektronenarmen Boratom des Enolats (Bor besitzt nur sechs Elektronen in der Valenzschale) bestimmt. Die elektronenreiche Enol-Doppelbindung und das elektrophile Carbonyl-Kohlenstoffatom werden so in unmittelbare Nachbarschaft gebracht. Die Substituenten R^1 und R^3 kommen sich in einem der zwei möglichen Fälle aus Bild 8.19 ungünstig nahe (diese ungünstigen Wechselwirkungen sind dort mit „SWW“ = sterische Wechselwirkung gekennzeichnet). Daher führt das *trans*-Enolat zum *syn*-Produkt und das *cis*-Enolat zum *anti*-Produkt.

In diesem besonderen Szenario führt die detaillierte Betrachtung der Stereochemie der möglichen Übergangszustände zu einem klaren Bild, das erklärt, warum ein Satz von Produkten über den anderen dominiert. Diese Betrachtungen werden in Kapitel 15 fortgeführt.

Antworten

Frage 8.1

CH_3 | HO—C—CN | H_3C—C—H | C_6H_5 ← HCN — CH_3 | C=O | H_3C—C—H | C_6H_5 — HCN → CH_3 | NC—C—OH | H_3C—C—H | C_6H_5

Angriff von der Unterseite der Carbonylgruppe

Angriff von der Oberseite der Carbonylgruppe

Frage 8.2

OR, H, *Si*-Seite, *Re*-Seite

Wenn in der allgemeinen Struktur R^1–C(=O)–R^2 eine der Gruppen R ein Sauerstoffatom enthält, muß zur Bestimmung der *Re*- und *Si*-Seiten eine Wahl getroffen werden, welches Sauerstoffatom (das Carbonylsauerstoffatom oder das Sauerstoffatom der Gruppe R) Priorität besitzt. Ester sind ein solcher Fall und die Prozedur soll am Essigsäuremethylester verdeutlicht werden. Hier ist $R^1 = CH_3$ und $R^2 = OCH_3$.

H_3C–C(=O)–OCH_3

Es ist klar, daß aufgrund der CIP-Sequenzregel die Methylgruppe die niedrigste Priorität aufweist. Wie aber unterscheiden wir zwischen =O und –O–? In Abschnitt 2.2.2 haben wir gesagt, daß Mehrfachbindungen wie die gleiche Zahl an Einfachbindungen betrachtet werden (also Doppelbindungen als zwei und Dreifachbindungen als drei Einfachbindungen). Das Carbonyl-Sauerstoffatom kann daher wie folgt repräsentiert werden:

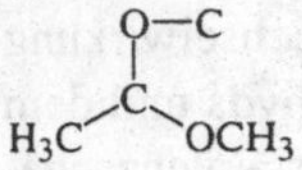

O—C
C
H_3C OCH_3

Das neue Kohlenstoffatom ist dazu verdammt, nicht weiter substituiert zu sein, und wird nominal an ein „Phantom-Atom" der Ordnungszahl 0 gebunden.

Damit stellt sich die Situation nun wie folgt dar:

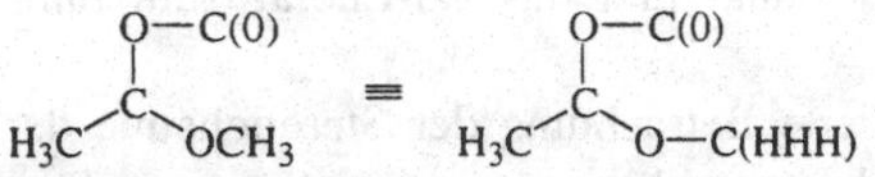

O—C(0) ≡ O—C(0)
C C
H_3C OCH_3 H_3C O—C(HHH)

Der erste Unterschied ist das Kohlenstoffatom der Methoxygruppe, das drei Substituenten der Ordnungszahl 1 (Wasserstoffatome) trägt, während das Sauerstoffatom der Carbonylgruppe an ein Kohlenstoffatom mit einem Substituenten der Ordnungszahl 0 gebunden ist. Daher besitzt die Methoxy-Gruppe Priorität über die Carbonylgruppe und wir betrachten das Molekül in der obigen Darstellung von der *Si*-Seite her.

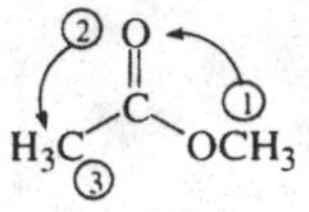

② O ①
C
H_3C OCH_3
③

Die Anwendung dieses Prinzips auf das Alken aus Bild 8.8 ergibt (von der Vorderseite her gesehen):

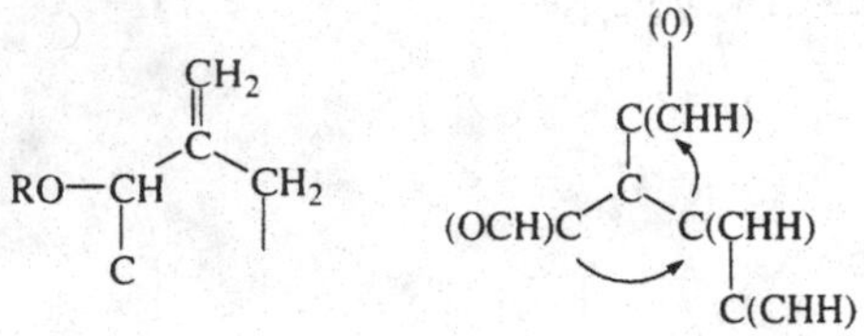

CH_2 (0)
C C(CHH)
RO—CH CH_2 C
C (OCH)C C(CHH)
C(CHH)

Daher wird der Stereodeskriptor *Si* der Vorderseite zugeordnet.

Literatur

1. *Methoden der organischen Chemie* (Houben-Weyl), Bände für Aldehyde und Ketone.
2. D. J. Cram, F. A. Abd Elhafez, *J. Am. Chem. Soc.* **1952**, *74*, 5828-5835. N. T. Anh, *Top. Curr. Chem.* **1980**, *88*, 145-162. P. A. Bartlett, *Tetrahedron* **1980**, *36*, 2-72. Donald Cram
3. N. T. Ahn, O. Eisenstein, *Nouv. J. de Chim.* **1977**, *1*, 61-70. M. Chrest, H. Felkin, N. Prudent, *Tetrahedron Lett.* **1968**, 2199-2204.
4. A. T. Nielsen, W. J. Houlihan, *Org. React.* **1968**, *16*, 1-438.

9 Stereochemie einiger wichtiger zu Alkenen führender Reaktionen

Es gibt eine Fülle verschiedener Wege zur Darstellung von Alkenen, viele davon beinhalten Oxidationen oder Umlagerungs-Schritte. Es existieren drei wichtige Arten von Olefinbildungs-Reaktionen, bei denen sich die Olefingeometrie gut steuern läßt. Namentlich sind dies Eliminierungen, Wittig-Reaktionen (und verwandte Prozesse) sowie Reaktionen einiger von β-Hydroxysulfonen abgeleiteter Substrate. Diese Transformationen werden in diesem Kapitel besprochen.

9.1 Eliminierungsreaktionen

Eine der gebräuchlichsten Methoden zur Bildung von C=C-Doppelbindungen ist die β-Eliminierung (Bild 9.1).[1] Beispiele hierfür sind säurekatalysierte Dehydratisierungen von Alkoholen, baseninduzierte Eliminierungen von HX aus Alkylhalogeniden (oder Alkylsulfonaten) und Hofmann-Eliminierungen an quarternären Ammoniumsalzen.

X, H — Säure, Base und/oder Erwärmen → + HX

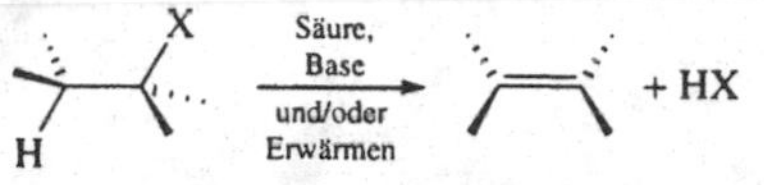

X = OH, Br, OSO_2CH_3, N^+R_3

Bild 9.1 Allgemeine Darstellung einer β-Eliminierung.

Diese Eliminierungsreaktionen verlaufen über einen E1- (unimolekularen) oder E2- (bimolekularen) Mechanismus (Bild 9.2). Im allgemeinen beobachtet man, daß säurekatalysierte Dehydratisierungen von Alkoholen und andere E1-Eliminierungen ebenso wie baseninduzierte E2-Eliminierungen aus Alkylhalogeniden oder Sulfonaten zum höher substituierten Alken als Hauptprodukt führen (Saytzeff-Regel)[Bild 9.3(a)]. Baseninduzierte Eliminierungen an quarternären Ammoniumsalzen führen hauptsächlich zum weniger substituierten Alken (Hofmann-Regel)[Bild 9.3(b)]. Beide in Bild 9.3 gezeigten Reaktionen verlaufen regioselektiv, aber keine ist regiospezifisch (in beiden Fällen werden zwei Produkte gebildet).

Die Hoffman-Reaktion der quarternären Ammoniumsalze und die baseninduzierten Eliminierungen aus Alkylhalogeniden und Sulfonaten sind allgemein E2-*anti*-Eliminierungen. Dies bedeutet, daß das Wasserstoffatom und die Abgangsgruppe die sich gerade bildende Doppelbindung auf verschiedenen Seiten verlassen.

Die Behandlung von *meso*-(*R*,*S*)-1,2-Dibrom-1,2-diphenylethan mit Basen liefert (*E*)-Bromstilben, umgekehrt ergibt das racemische Dibromid [d.h. (*R*,*R*)- und (*S*,*S*)-1,2-Dibrom-

1,2-diphenylethan] unter den gleichen Bedingungen (*Z*)-Bromstilben (Bild 9.4). Beide Eliminierungen sind stereospezifisch.[a] Das heißt, daß das *R*,*S*-Dibromid nur das (*E*)-Stilben und das *S*,*S*-Dibromid nur das (*Z*)-Alken [das *R*,*R*-Dibromid ebenfalls das (*Z*)-Alken] ergibt.

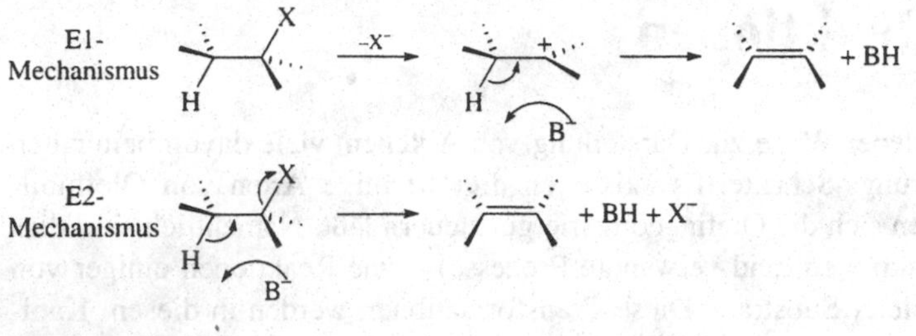

E1-Mechanismus: $\xrightarrow{-X^-}$ ... $\longrightarrow$ ... + BH

E2-Mechanismus: $\longrightarrow$ ... + BH + X^-

Bild 9.2

(a) $CH_3CHBrCH_2CH_3 \xrightarrow[EtOH,\ \Delta]{NaOEt} CH_3CH{=}CHCH_3$ (81%) + $CH_3CH_2CH{=}CH_2$ (19%)

(b) $CH_3CH(CH_2)_2CH_3$ mit $^{+}NMe_3\ I^-$ $\xrightarrow[H_2O,\ 130°C]{KOH} CH_2{=}CH(CH_2)_2CH_3$ (98%) + $CH_3CH{=}CHCH_2CH_3$ (2%)

Bild 9.3

Frage 9.1 Ein Trimethylammonium-Substituent ist viel größer als ein Bromatom. Erklären Sie mit Hilfe dieser Tatsache die Reaktionen (a) und (b) aus Bild 9.3. (Am besten unter Zuhilfenahme der Newman-Projektionen.)

Um das oben Gesagte auf andere Weise zu wiederholen, die Eliminierung gelingt am leichtesten, wenn sich das Wasserstoffatom und die Abgangsgruppe in einer antiperiplanaren Anordnung befinden (Bild 9.5).

Ebenso gehen die quarternären *erythro*- und *threo*-Ammoniumsalze aus Bild 9.6 bei Behandlung mit Base stereospezifische Eliminierungen ein. Aus den in der Antwort auf Frage 9.1 gegebenen Gründen findet keine dieser beiden Reaktionen leicht statt. Jedoch reagiert das *erythro*-Isomer langsamer; in der für die Eliminierung notwendigen Konformation müs-

[a] Das Wort „stereospezifisch“ wird hier in korrekter Weise verwendet: Eine Reaktion ist wirklich stereospezifisch, wenn zwei (oder mehrere) Ausgangsmaterialien, die sich nur in ihrer Konfiguration unterscheiden, in stereochemisch unterschiedliche Produkte überführt werden. Im modernen Sprachgebrauch wird „stereospezifisch“ häufig auch in nicht korrekter Weise als Synonym für „sehr hohe Stereoselektivität“ gebraucht

sen sich die Phenylgruppen sehr nahe kommen (die Phenylgruppen nehmen eine *gauche* oder synclinale Konformation ein), und dabei kommt es zu ungünsigen Wechselwirkungen.

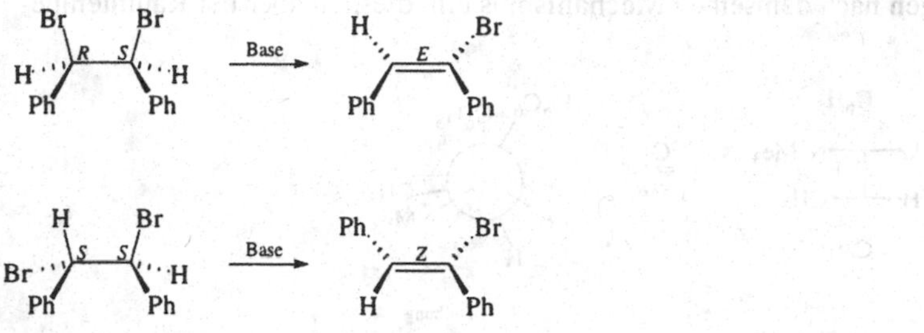
Base
E
Base
Z

Bild 9.4

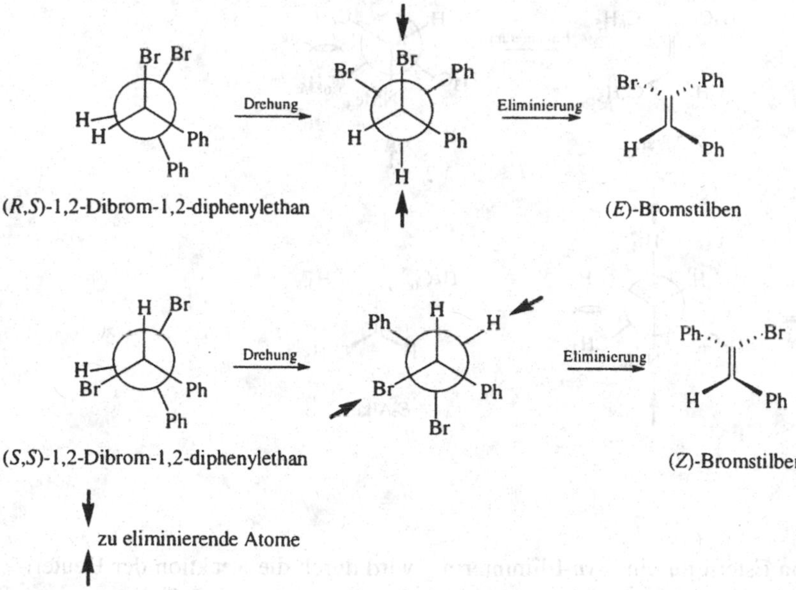
Drehung
Eliminierung
(R,S)-1,2-Dibrom-1,2-diphenylethan
(E)-Bromstilben
Drehung
Eliminierung
(S,S)-1,2-Dibrom-1,2-diphenylethan
(Z)-Bromstilben
zu eliminierende Atome

Bild 9.5

In offenkettigen Verbindungen kann das Molekül normalerweise eine Konformation einnehmen, in der das Wasserstoffatom und die Austrittsgruppe antiperiplanar angeordnet sind. In cyclischen Verbindungen ist dies dagegen nicht immer der Fall, was einen entscheidenden Einfluß auf den Ausgang der Reaktion haben kann. In sechsgliedrigen Ringen müssen die beiden Substituenten *trans*-diaxial stehen, um die für eine E2-Eliminierung notwendige Anordnung einzunehmen. Daher gibt Menthylchlorid bei Behandlung mit Base nur 2-Menthen, während Neomenthylchlorid eine Mischung mit 3-Menthen als Hauptprodukt liefert (Bild 9.7).

Pyrolytische Eliminierungen, beispielsweise von Carbonsäureestern und Xanthogenaten, sind eine weitere wichtige Klasse von alkenbildenden Reaktionen. Sie verlaufen konzertiert über den in Bild 9.8 gezeigten Reaktionsweg. Wie dort vorgeschlagen, gehen *N*-Oxide und Selenoxide Eliminierungen nach demselben Mechanismus ein, diesmal aber bei Raumtemperatur oder darunter.

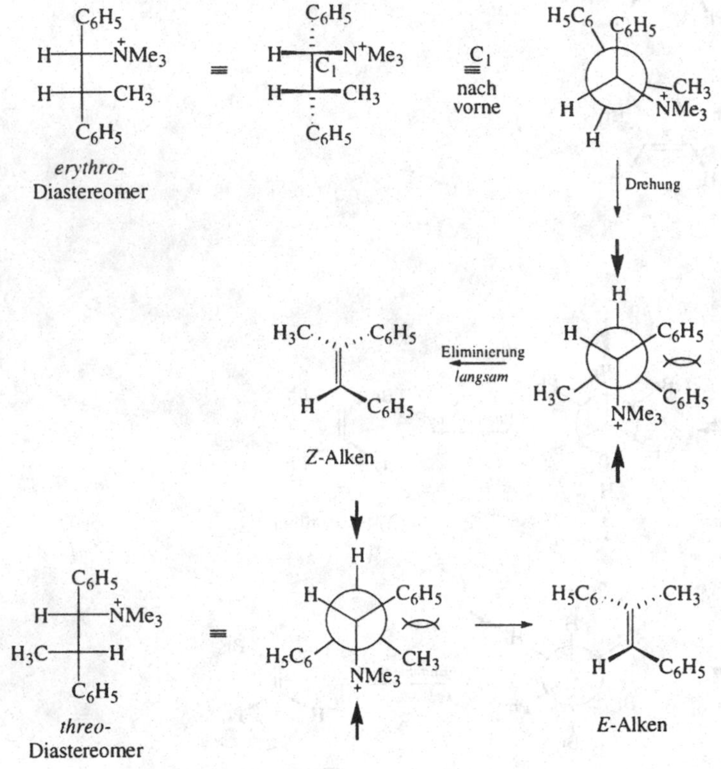

erythro-Diastereomer

nach vorne

Drehung

Eliminierung *langsam*

Z-Alken

threo-Diastereomer

E-Alken

Bild 9.6

Die Vorliebe von Estern für eine *syn*-Eliminierung wird durch die Reaktion der Deuterium-markierten Verbindungen aus Bild 9.9 aufgezeigt. Die Pyrolyse des (*R*,*R*)-Isomers von 1-Acetoxy-2-deutero-1,2-diphenylethan ergibt (*E*)-Deuterostilben (behält das Deuteriumatom), während das (*R*,*S*)-Diastereomer zu Deuterium-freien Stilben führt. In jedem Fall könnte das andere Produkt nur gebildet werden, wenn die Phenylgruppen ekliptisch stehen würden (wie in Bild 9.9 für die *R*,*S*-Verbindung gezeigt), was jedoch sehr ungünstig ist.

Pyrolyse von Aminoxiden (Cope-Eliminierung) und von Methylxanthogenaten (Tschugajew-Reaktion) finden bei niedrigeren Temperaturen statt (etwa 150-200°C) als die für Ester notwendige. Selenoxide dagegen eliminieren bei Raumtemperatur (einige Beispiele hierfür sind in Bild 9.10).

Wieder gibt es in alicyclischen Verbindungen Einschränkungen, die aus der Notwendigkeit einer cyclischen Zwischenstufe und der Konformation der Austrittsgruppe herrühren. Daher eliminiert das in Bild 9.11 gezeigte Cyclohexylacetat beim Erwärmen Essigsäure nur zu einem einzigen Alken. Eine Boot-Konformation wird für eine perfekt planare Anordnung der Estergruppen und des Wasserstoffatoms benötigt, aber wie man aus den Newman-Projektionen sieht, bringt eine synclinale (*gauche*) Konformation die beiden Gruppierungen nahe genug für eine Reaktion zusammen. Wenn man im Blick behält, daß eine *gauche*-Anordnung für den Ablauf der Reaktion ausreicht, verwundert es nicht, daß die Methylxanthogenate aus Bild 9.12, weil Wasserstoffatome an beiden benachbarten Kohlenstoffatomen in diesem Fall erreichbar sind, äquimolare Mengen zweier verschiedener Produkte bilden.

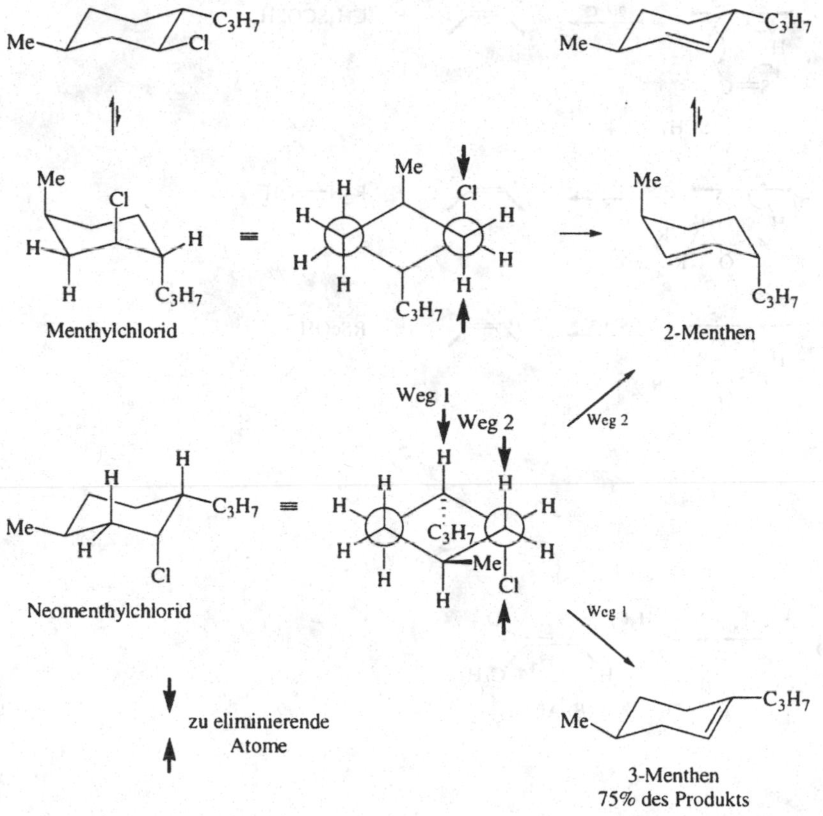

Bild 9.7

9.2 Wittig- und verwandte Reaktionen

Die Reaktion zwischen einem Phosphoran (oder Phosphoniumylid) und einem Aldehyd oder Keton, bei der ein Phosphanoxid und ein Alken entstehen, ist nach dem deutschen Chemiker Georg Wittig[2] als Wittig-Reaktion bekannt. Im Gegensatz zu den meisten oben diskutierten

Reaktionen führt die Wittigreaktion zu Alkenen, in denen die Position der Doppelbindungen eindeutig festgelegt wird (Bild 9.13).

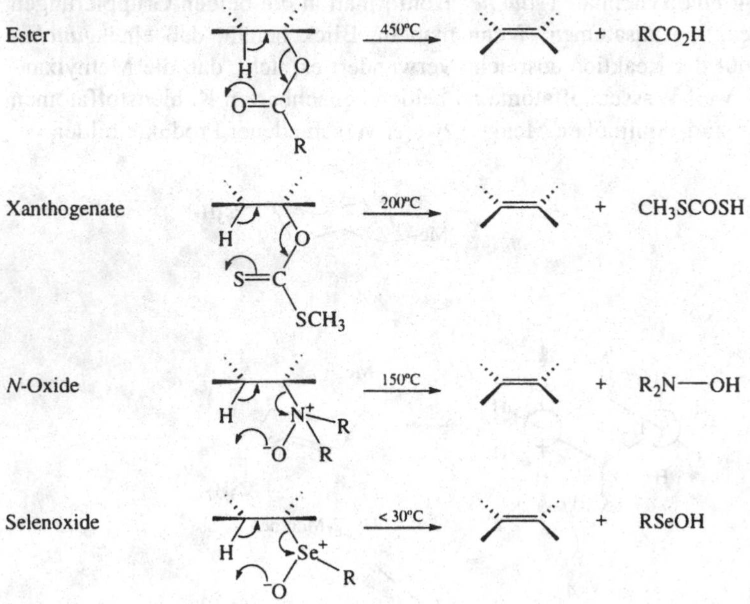

Ester — H, O, O=C, R — 450°C → + RCO_2H

Xanthogenate — H, O, S=C, SCH_3 — 200°C → + CH_3SCOSH

N-Oxide — H, N^+, R, R, ^-O — 150°C → + $R_2N{-}OH$

Selenoxide — H, Se^+, R, ^-O — < 30°C → + RSeOH

Bild 9.8

CH_3, O, O, H, H_5C_6, *R*, *R*, D, H, C_6H_5 — 400°C → H_5C_6, D, H, C_6H_5

(*E*)-Alken

CH_3, O, O, D, H_5C_6, *R*, *S*, H, H, C_6H_5 — 400°C → H_5C_6, H, H, C_6H_5

(*E*)-Alken

Drehung

CH_3, O, O, H, H_5C_6, H_5C_6, H, D

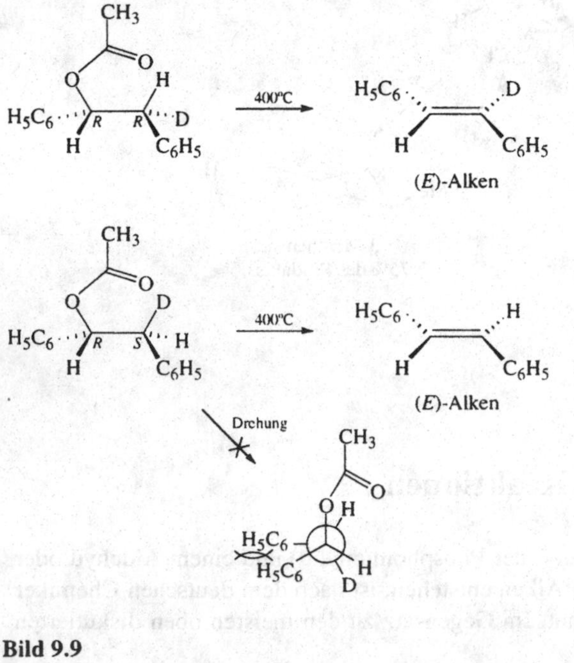

Bild 9.9

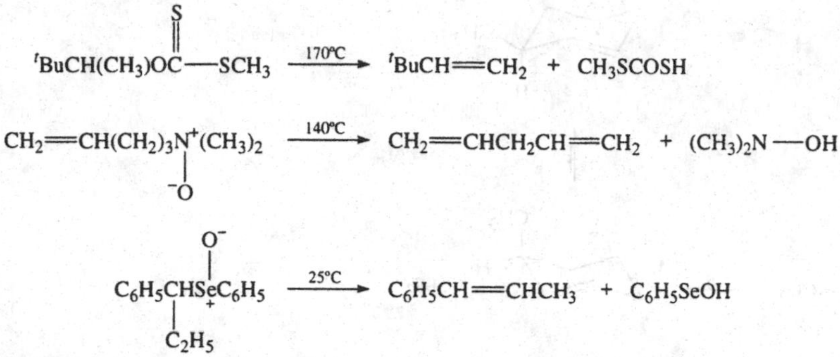

$$ {}^{t}BuCH(CH_3)OC(=S){-}SCH_3 \xrightarrow{170°C} {}^{t}BuCH{=}CH_2 + CH_3SCOSH $$

$$ CH_2{=}CH(CH_2)_3N^{+}(CH_3)_2({-}O^{-}) \xrightarrow{140°C} CH_2{=}CHCH_2CH{=}CH_2 + (CH_3)_2N{-}OH $$

$$ C_6H_5CH(C_2H_5)Se^{+}(O^{-})C_6H_5 \xrightarrow{25°C} C_6H_5CH{=}CHCH_3 + C_6H_5SeOH $$

Bild 9.10

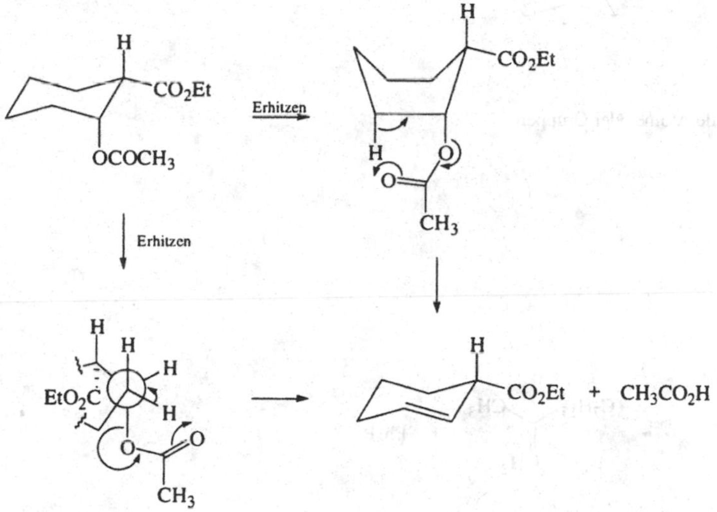

Erhitzen

Erhitzen

CO_2Et + CH_3CO_2H

Bild 9.11

Das Wittig-Reagenz wird durch die Behandlung eines Phosphoniumsalzes mit einer Base hergestellt (Bild 9.13), was zum Ylid führt.[b] Die Reaktion verläuft dann über den Angriff des carbanionenartigen Kohlenstoffatoms des Ylides auf das elektrophile Kohlenstoffatom zum Betain, das über einen viergliedrigen Übergangszustand zum Produkt abreagiert. Die Triebkraft für die Reaktion stellt die Bildung der sehr starken Phosphor-Sauerstoff-Bindung dar (Bild 9.14).

[b] Ein Ylid ist eine Verbindung mit entgegengesetzten Ladungen auf benachbarten, kovalent aneinander gebundenen Atomen, von denen jedes ein Elektronenoktett aufweist.

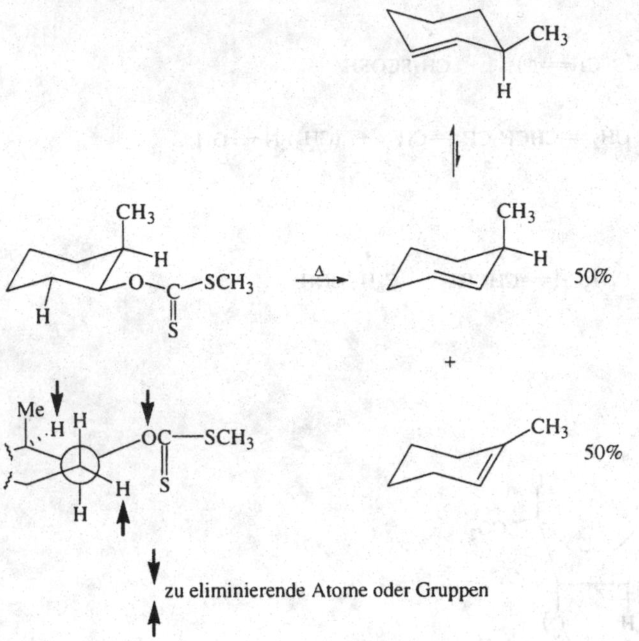

CH_3 H

CH_3 H O–C(=S)–SCH_3 H —Δ→ CH_3 H 50%

+

Me H H OC(=S)–SCH_3 H H

CH_3 50%

↓↑ zu eliminierende Atome oder Gruppen

Bild 9.12

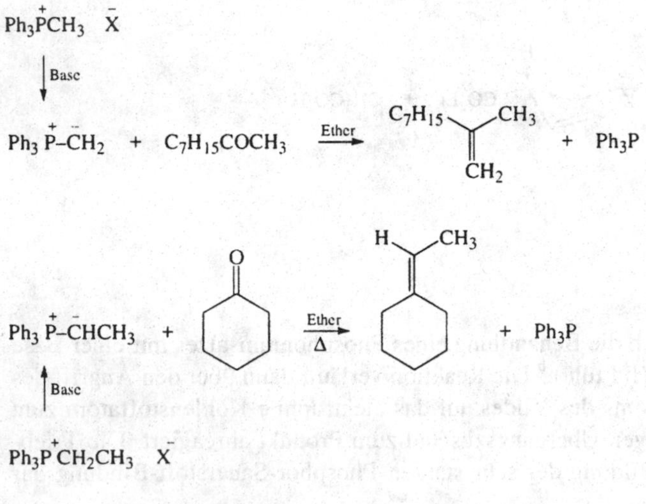

$Ph_3\overset{+}{P}CH_3$ $\overset{-}{X}$

↓ Base

$Ph_3\overset{+}{P}-\overset{-}{C}H_2$ + $C_7H_{15}COCH_3$ —Ether→ C_7H_{15}(C=CH_2)CH_3 + Ph_3P

$Ph_3\overset{+}{P}-\overset{-}{C}HCH_3$ + Cyclohexanon (O) —Ether, Δ→ (H, CH_3) + Ph_3P

↑ Base

$Ph_3\overset{+}{P}CH_2CH_3$ $\overset{-}{X}$

Bild 9.13 Die Wittig-Reaktion

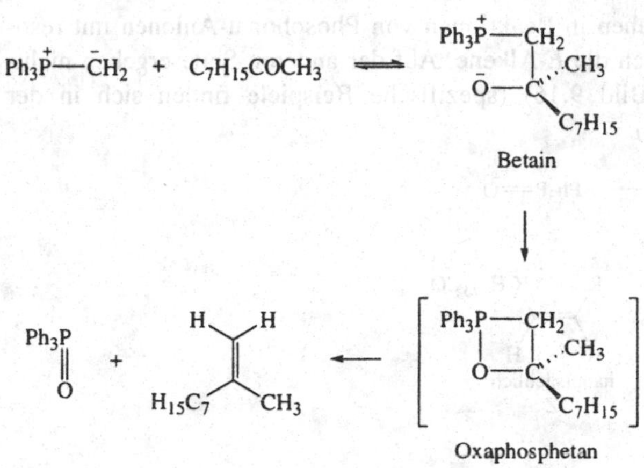

$$Ph_3\overset{+}{P}-\overset{-}{C}H_2 + C_7H_{15}COCH_3 \rightleftharpoons Ph_3\overset{+}{P}-CH_2-C(CH_3)(C_7H_{15})-\overset{-}{O}$$

Betain

$$\downarrow$$

$$Ph_3P{=}O + (H)(H)C{=}C(C_7H_{15})(CH_3) \longleftarrow [\text{Oxaphosphetan}]$$

Oxaphosphetan

Bild 9.14

Das Ylid $Ph_3P^+{-}^-CH_2$ wird durch die Rückbindung des freien Elektronenpaars am Kohlenstoffatom zum freien d-Orbital des Phosphoratoms stabilisiert. Damit kann auch die Formel $Ph_3P{=}CH_2$ zur Beschreibung des Wittig-Reagenzes herangezogen werden. Auch kann die negative Ladung des Ylids durch andere Substituenten am Kohlenstoffatom stabilisiert werden, d.h. Substituenten die, wie die Carbonylgruppe, in der Lage sind, die negative Ladung zu delokalisieren. Diese stabilisieren die Phosphorane, so reagiert $Ph_3P^+{-}^-CHCO_2Et$ vergleichsweise langsam mit Aldehyden oder Ketonen. Diese langsame Reaktion kann dadurch überwunden werden, daß Phosphonat-Ester verwendet werden. Die Reaktion solcher Phosphonate mit geeigneten Basen ergibt die korrespondierenden Carbanionen (Bild 9.15), die nucleophiler als die verwandten Phosphorane sind, weil die negative Ladung am Kohlenstoffatom nicht länger in die d-Orbitale des Phosphors delokalisiert werden kann. Diese Variation der Wittig-Reaktion (Wadsworth-Emmons-Modifikation) zur Synthese von α,β-ungesättigten Estern und Ketonen ist weit verbreitet.

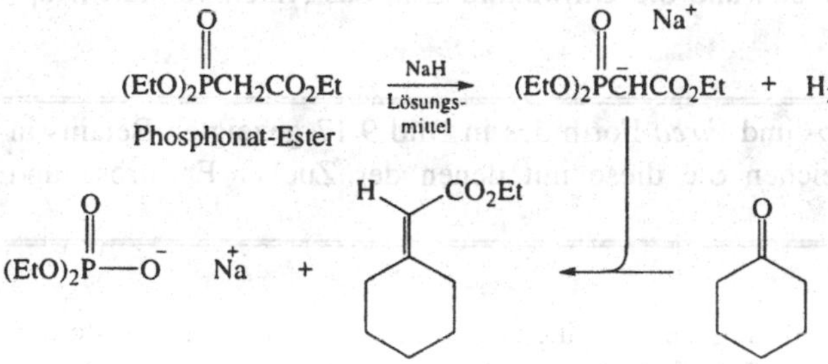

$$(EtO)_2P(O)CH_2CO_2Et \xrightarrow[\text{Lösungsmittel}]{NaH} (EtO)_2P(O)\overset{-}{C}HCO_2Et\ Na^+ + H_2$$

Phosphonat-Ester

$$(EtO)_2P(O){-}O^-\ \overset{+}{Na} + \text{(Cyclohexyliden)}CHCO_2Et \longleftarrow \text{Cyclohexanon}$$

Bild 9.15

Der Hauptnachteil der Wittig-Reaktion ist, daß bei der Synthese von nicht-terminalen, disubstituierten Alkenen, ebenso wie tri- und tetrasubstituierten Systemen, sowohl *Z*- als auch *E*-Alkene gebildet werden können. Weil Alkenisomere schwierig zu trennen sind, kann dies lästig sein. Durch eine sorgfältige Auswahl der Reaktionspartner kann man jedoch eine gewisse Kontrolle ausüben; so entstehen in Reaktionen von Phosphonat-Anionen mit resonanzstabilisierten Yliden hauptsächlich die *E*-Alkene. Auf der anderen Seite ergeben nicht-stabilisierte Ylide mehr *Z*-Alken (Bild 9.16) (spezifische Beispiele finden sich in der Prostaglandin-Synthese in Kapitel 16).

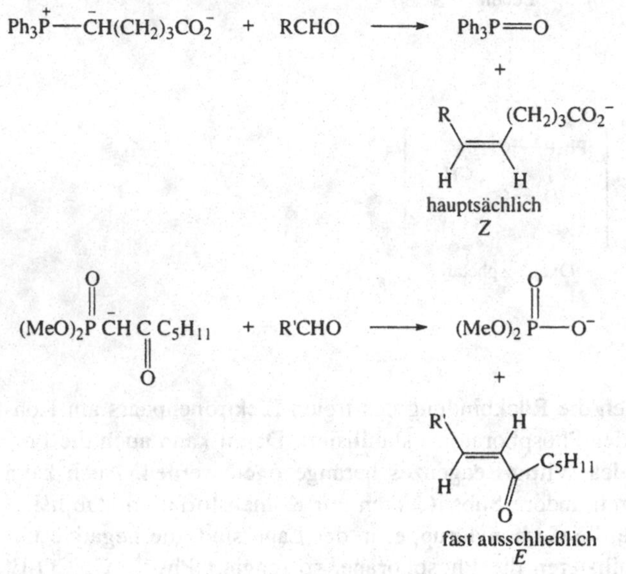

$$Ph_3\overset{+}{P}-\overset{-}{C}H(CH_2)_3CO_2^- + RCHO \longrightarrow Ph_3P{=}O + \text{R(H)C=C(H)(CH}_2)_3CO_2^-$$

hauptsächlich
Z

$$(MeO)_2P(=O)\overset{-}{C}H\,C(=O)\,C_5H_{11} + R'CHO \longrightarrow (MeO)_2P(=O)-O^- + \text{R'(H)C=C(H)C(=O)C}_5H_{11}$$

fast ausschließlich
E

Bild 9.16

Bei stabilisierten Yliden beruht die Bevorzugung des *E*-Isomers auf der Tatsache, daß die Bildung der Betain-Zwischenstufe reversibel ist. Das kinetisch gebildete *erythro*-Betain ist weniger stabil als die *threo*-Form, welche nach kurzer Zeit zum dominierenden Diastereomer wird. Das Betain reagiert zum *E*-Alken ab (Bild 9.17). Mit dem nicht-stabilisierten Ylid ist die Betain-Bildung irreversibel, und die Umwandlung in das Alken verläuft haupsächlich über das *erythro*-Isomer.

Frage 9.2 Zeichnen Sie die *erythro*- und *threo*-Form des in Bild 9.17 gezeigten Betains in der Fischer-Projektion, und vergleichen Sie diese mit denen der Zucker Erythrose und Threose (Kapitel 3).

Die Selektivität zugunsten der Bildung des *Z*-Alkens aus nicht-stabilisierten Systemen wird durch die Verwendung unpolarer Lösungsmittel und sogenannter „salzfreier" Bedingungen, welche die Reaktion rascher über die noch instabilere Zwischenstufen ablaufen läßt, verstärkt.

Die Silizium-Variante der Wittig-Reaktion ist als die Peterson-Olefinierung[3] bekannt und erfordert die Eliminierung von Trimethylsilanol (Me_3SiOH) aus einem β-Hydroxyalkyltrimethylsilan (Bild 9.18). Interessanterweise kann der stereochemische Verlauf der Eliminierungsreaktion kontrolliert werden; aus ein und demselben Alkohol kann entweder das *Z*-

oder das *E*-Alken entstehen. Dies ist deshalb nützlich, weil die Peterson-Reaktion fast immer ein Gemisch von *threo*- und *erythro*-Form des β-Hydroxyalkylsilans ergibt, die leicht voneinander trennbar sind. Unter basischen Bedingungen eliminiert das *threo*-Isomer Trimethylsilanol und gibt über eine *syn*-Eliminierung hauptsächlich (95%) das *E*-Alken. Unter Lewis-aciden Bedingungen findet eine *anti*-Eliminierung statt, und es bildet sich das *Z*-Alken. Umgekehrt ergibt das *erythro*-Hydroxyalkylsilan mit Base das Z-Alken und mit Säure das *E*-Alken (Bild 9.19).

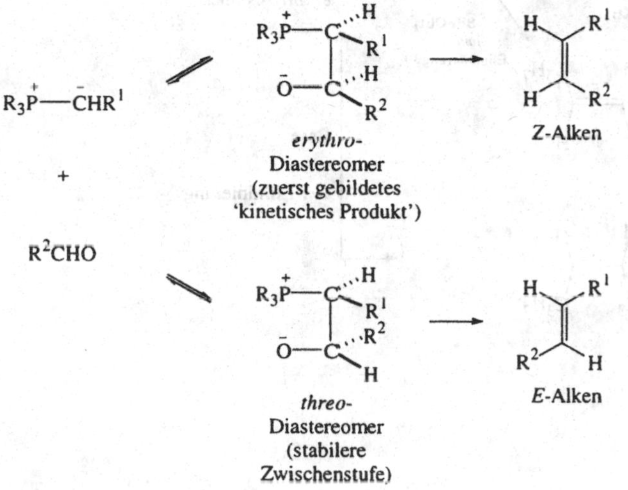

$R_3\overset{+}{P}—\overset{-}{C}HR^1$ + R^2CHO

erythro-Diastereomer (zuerst gebildetes 'kinetisches Produkt') → *Z*-Alken

threo-Diastereomer (stabilere Zwischenstufe) → *E*-Alken

Bild 9.17

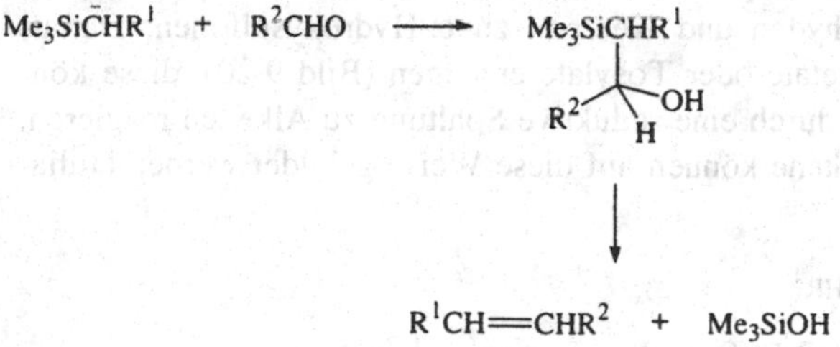

$Me_3Si\bar{C}HR^1$ + R^2CHO ⟶ Me_3SiCHR^1–$C(R^2)(H)OH$

↓

$R^1CH{=}CHR^2$ + Me_3SiOH

Bild 9.18

Frage 9.3 Geben Sie einen plausiblen Mechanismus für die Umwandlung des in Bild 9.19 *threo*-Hydroxysilans in das *E*- bzw. *Z*-Alken mit Base bzw. Säure.

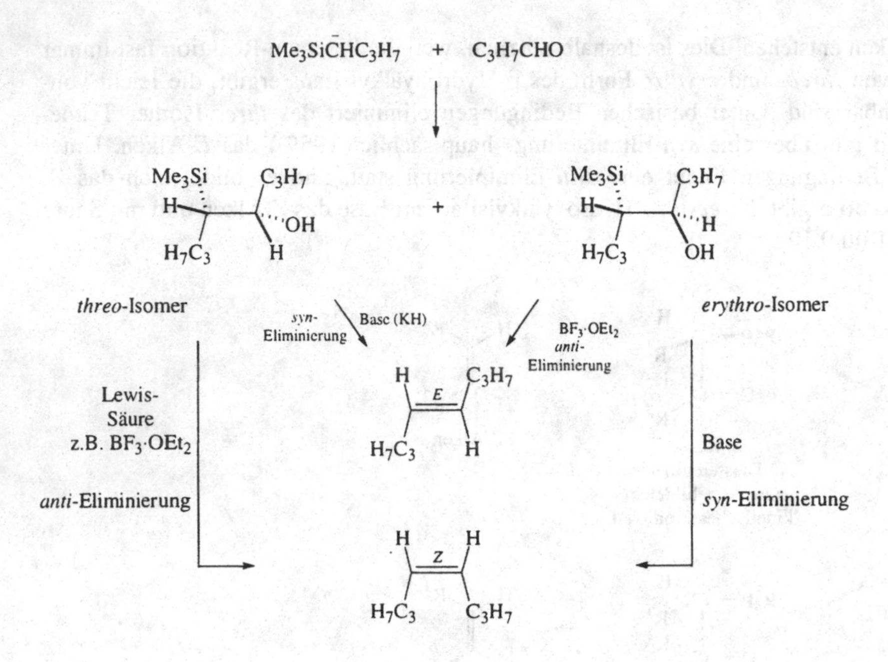

Bild 9.19

9.3 Reaktionen von Sulfonen

Alkylsulfone sind vergleichsweise leicht deprotonierbar, und die so entstandenen Carbanionen reagieren bereitwillig mit Aldehyden und Ketonen zu α-Hydroxysulfonen. Daraus lassen sich die korrespondierenden Acetate oder Tosylate erzeugen (Bild 9.20), diese können mit Natriumamalgam in Methanol durch eine reduktive Spaltung zu Alkenen reagieren. Di-, tri- und sogar tetrasubstituierte Alkene können auf diese Weise gebildet werden (Julia-Lythgoe-Olefinierung)[4].

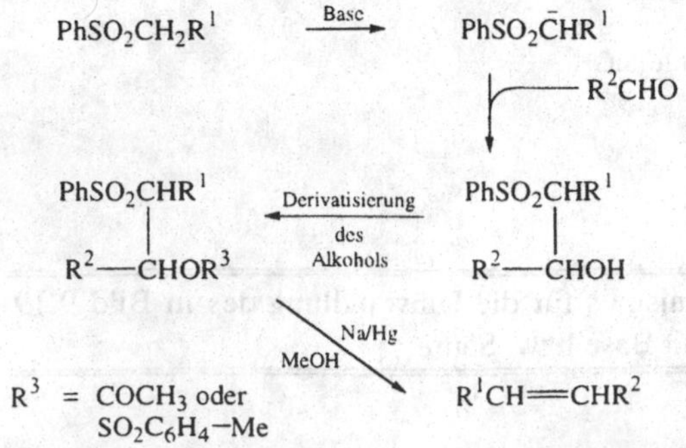

$PhSO_2CH_2R^1$ —Base→ $PhSO_2\bar{C}HR^1$

↓ R^2CHO

$PhSO_2CHR^1$ / R^2—CHOH ($R^2CH(OH)CH(SO_2Ph)R^1$)

←Derivatisierung des Alkohols—

$PhSO_2CHR^1$ / R^2—$CHOR^3$

—Na/Hg, MeOH→ $R^1CH{=}CHR^2$

R^3 = $COCH_3$ oder $SO_2C_6H_4{-}Me$

Bild 9.20

Reaktionen, die zu 1,2-disubstituierten Alkenen führen, ergeben fast ausschließlich das *E*-Isomer, unabhängig von der relativen Konfiguration (*erythro* oder *threo*) des Hydroxyalkylsulfons. Vermutlich führt die reduktive Abspaltung der Phenylsulfonylgruppe zu einem Anion, welches, unabhängig von der ursprünglichen Konfiguration, langlebig genug für eine Rotation zu einer Zwischenstufe, in der R^1 und R^2 weit voneinander entfernt sind, ist. Aus dieser Zwischenstufe entsteht durch Abspaltung des Nucleofugs (d.h. der Austrittsgruppe) das *E*-Alken (Bild 9.21).

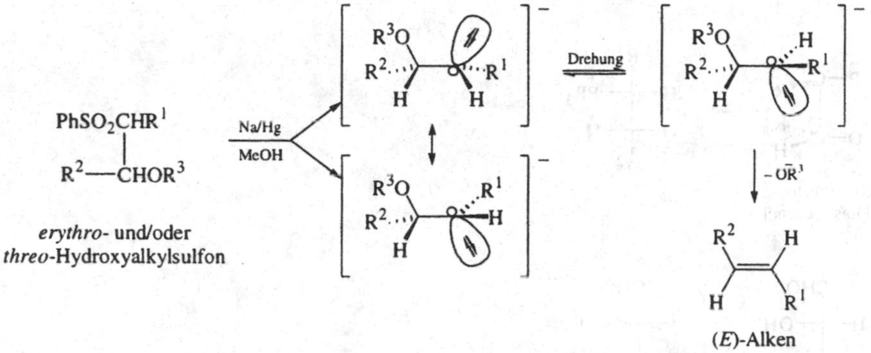

Bild 9.21

Antworten

Frage 9.1 Aufgrund der Größe der quarternären Ammoniumsalze tendieren Hofmann-Eliminierungen dazu, die weniger substiutierten, thermodynamisch weniger stabilen Alkene zu bilden. Für das Trimethyl-(2-butyl)-ammoniumhydroxid, das unter den Reaktionsbedingungen (b) (Bild 9.3) gebildet wird, liegen in den beiden für eine *anti*-Eliminierung möglichen Anordungen, die zum 2-Buten führen, starke ungüstige Wechselwirkungen vor. Im Gegensatz dazu, kann die *anti*-Eliminierung zum 1-Buten ohne ernste sterische Probleme ablaufen. Die relativ kleinen Halogenatome (Br, I) oder Sulfonate ($O–SO_2R$) erfahren nicht die gleichen sterischen Wechselwirkungen, und das höhersubstituierte Buten wird gebildet.

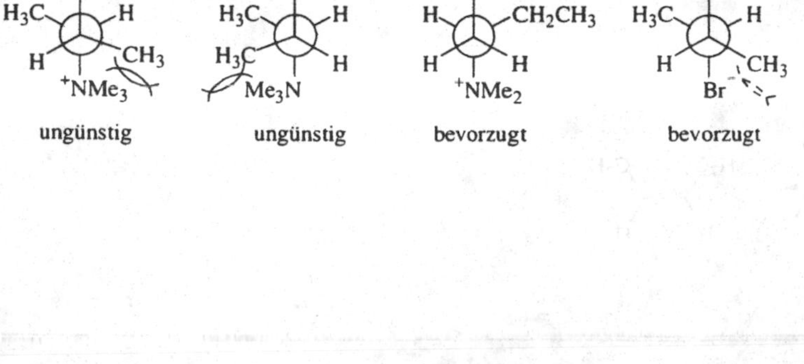

Frage 9.2

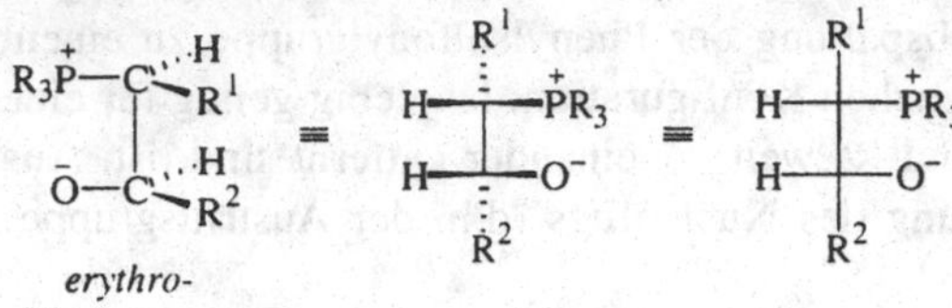

$R_3\overset{+}{P}$—C—H, R^1; $\bar{O}$—C—H, R^2 ≡ R^1; H—$\overset{+}{P}R_3$; H—O^-; R^2 ≡ R^1; H—$\overset{+}{P}R_3$; H—O^-; R^2

erythro-
Diastereomer

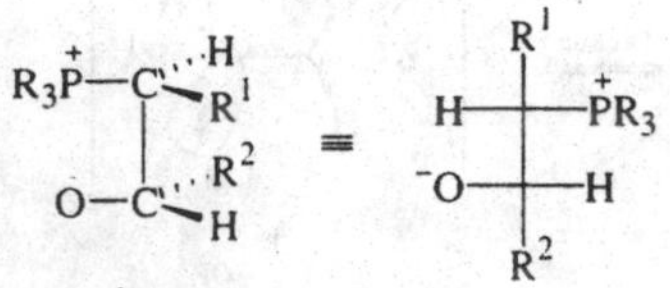

$R_3\overset{+}{P}$—C—H, R^1; $\bar{O}$—C—R^2, H ≡ R^1; H—$\overset{+}{P}R_3$; ^-O—H; R^2

threo-
Diastereomer

CHO	CHO
H—OH	H—OH
H—OH	HO—H
CH_2OH	CH_2OH
(–)-Erythrose	(+)-Threose

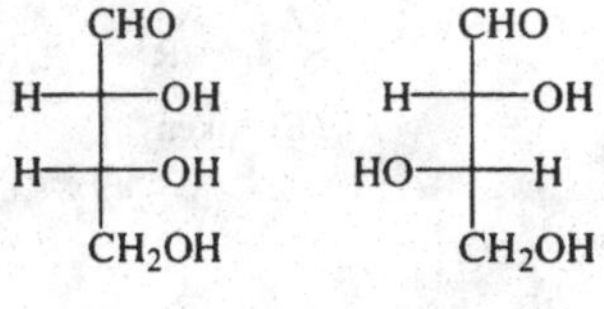

R^1 wurde willkürlich als die Hauptkette im Intermediat der Wittig-Reaktion gewählt. Wenn R^2 die Gruppe höchster Priorität gewesen wäre, wäre die *erythro*-Zwischenstufe der (+)-Erythrose und die *threo*-Zwischenstufe der (–)-Threose verwandt gewesen.

Frage 9.3

Die basenkatalysierte *syn*-Eliminierung verläuft über einen nucleophilen Angriff des Sauerstoffatoms an der benachbarten Silylgruppe:

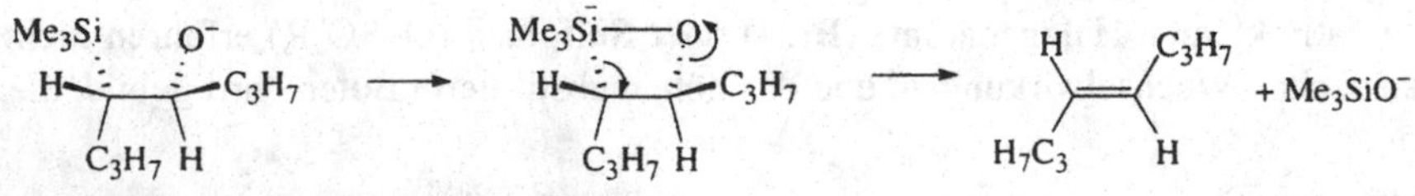

Me_3Si, O^-, H, C_3H_7, C_3H_7, H ⟶ $Me_3\bar{Si}$—O, H, C_3H_7, C_3H_7, H ⟶ H, C_3H_7, H_7C_3, H + Me_3SiO^-

Säure katalysiert eine E2-Eliminierung:

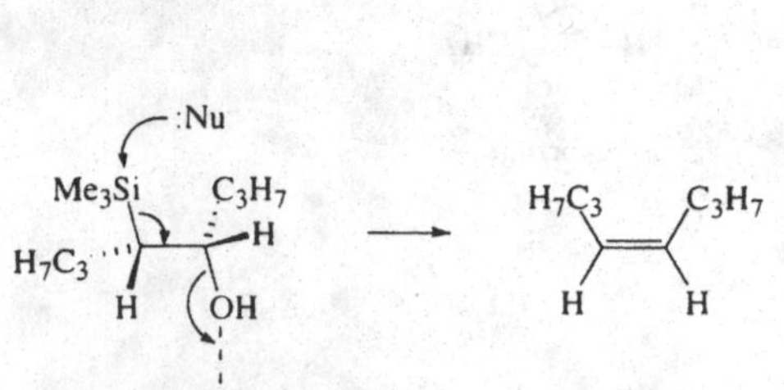

:Nu, Me_3Si, C_3H_7, H, H_7C_3, H, OH, Säure ⟶ H_7C_3, C_3H_7, H, H

Literatur

1. J. Sicher, *Angew. Chem.* **1972**, *84*, 177-191.
2. B. M. Maryanoff, A. B. Reiz, *Chem. Rev.* **1989**, *89*, 863-927.
3. D. J. Peterson, *J. Org. Chem.* **1968**, *33*, 780-784. D. J. Ager, *Org. React.* **1990**, *38*, 1-223.
4. M. Julia, J. M. Paris, *Tetrahedron Lett.* **1973**, 4833-4836. P. Kocienski, *Phosphorus Sulfur* **1985**, *24*, 97-127.

10 Einige Reaktionen einfacher Alkene

Im letzten Kapitel haben wir gesehen, daß es eine Reihe verläßlicher Methoden für die Synthese von Alkenen gibt. Wenn man nun ein bestimmtes Alken hergestellt hat, kann man das Molekül dadurch weiter derivatisieren, daß man die Schwäche der π-Bindung nutzt (Kapitel 1). Oft wird die Reaktion über den Angriff eines Elektrophils auf die elektronenreiche Doppelbindung eingeleitet; die stereochemischen Konsequenzen der Reaktion hängen von der Doppelbindungsgeometrie und dem Mechanismus der Reaktion ab. Dies wird in den folgenden Abschnitten aufgezeigt.

10.1 Bromierungen

Ein monosubstituiertes Alken, zum Beispiel 1-Buten (Bild 10.1), besitzt zwei enantiotope Seiten. Eine wird als *Re*- und die andere als *Si*-Seite bezeichnet. Solche Alkene sind elektronenreiche Species, die bereitwillig mit elektrophilen Reagenzien reagieren. Ein einfaches elektrophiles Reagenz wie Brom wird beide Seiten der Doppelbindung mit gleicher Wahrscheinlichkeit angreifen und zum korrespondierenden Bromoniumion[1] führen (Bild 10.2).

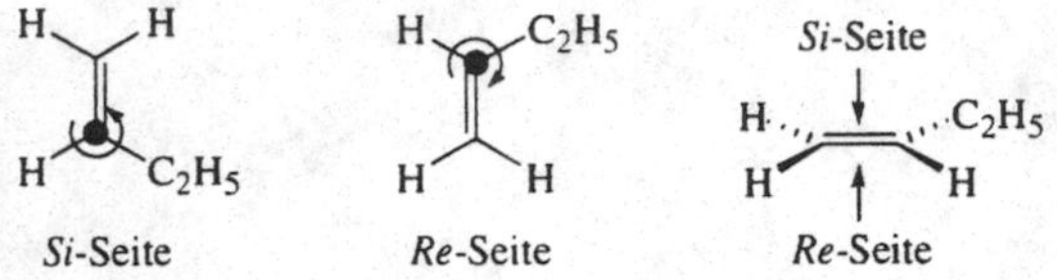

H H H C_2H_5 *Si*-Seite *Re*-Seite *Si*-Seite *Re*-Seite

Bild 10.1

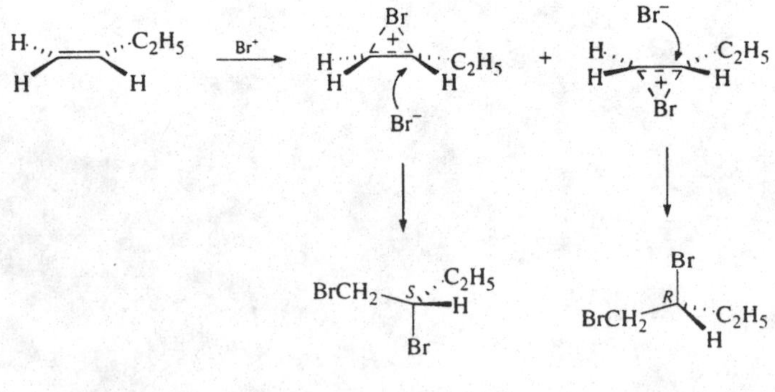

Br^+ Br^- $BrCH_2$ C_2H_5 Br *S* *R*

Bild 10.2

Ein darauffolgender Angriff des Gegenions führt zu einer äquimolaren Mischung des (*R*)- und (*S*)-1,2-Dibrombutans, also einem Racemat. Das Anion wird am elektrophileren C2-Atom angreifen. Konkurrierende Angriffe an C1 werden für beide Bromoniumionen gleich wahrscheinlich sein, somit entsteht nach wie vor die gleiche Menge an *R*- und *S*-Produkt.

Disubstituierte Alkene können in den meisten Fällen als *cis*- oder *trans*-Alkene klassifiziert werden, je nach dem ob die Substituenten auf der gleichen oder verschiedenen Seiten der Doppelbindung liegen (Bild 10.3). Jedoch verliert für tri- und tetrasubstituierte Alkene die Bezeichnung *cis* oder *trans* ihre Eindeutigkeit. Für alle diese Alkene (di-, tri- und tetrasubstituiert) wird daher das auf den Cahn-Ingold-Prelog-Regeln basierende, in Kapitel 5 beschriebene System verwendet. Zur kurzen Wiederholung: Die Substituenten an den beiden Enden der Doppelbindung werden gemäß dieser Regel eingestuft. Wenn die Substituenten höherer Priorität an den beiden Enden der Doppelbindung nahe zusammen liegen, werden sie als *Z* bezeichnet (vom deutschen „zusammen"); liegen die Substituenten höherer Priorität auf verschiedenen Seiten des Alkens, spricht man vom *E*-Alken (vom deutschen „entgegen") (Bild 10.3).

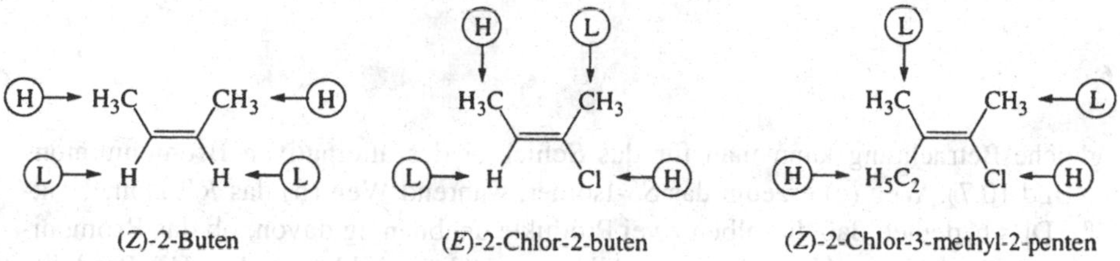

(*Z*)-2-Buten (*E*)-2-Chlor-2-buten (*Z*)-2-Chlor-3-methyl-2-penten

L = niedrigere (lower) Priorität
H = höhere (higher) Priorität

Bild 10.3

Die beiden Seiten eines polysubstituierten Alkens können mit der *Re*/*Si*-Nomenklatur beschrieben werden, aber das Kohlenstoffatom, auf das sich diese Zuordnung bezieht, muß benannt werden. So ist für das (*E*)-2-Chlor-2-buten (Bild 10.4) die „Oberseite" für C2 die *Re*-Seite, dagegen für C3 die *Si*-Seite.

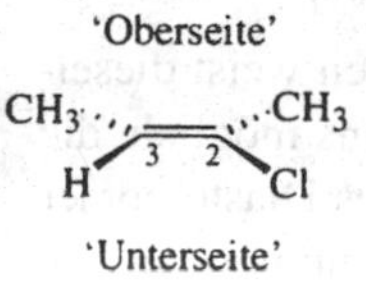

'Oberseite'

'Unterseite'

Bild 10.4 (E)-2-Chlor-2-buten

Die Reaktionen von disubstituierten Alkenen sind oft hoch stereokontrolliert, die Geometrie des Alkens diktiert die relative Konfiguration der Stereozentren in den Produkten. Beispielsweise reagiert das (*Z*)-2-Buten mit Brom über ein Bromoniumion. Wie beim 1-Buten kann das Bromatom über oder unter der Ebene der zuvor existierenden Doppelbindung liegen, dies ist in Bild 10.5 dargestellt.

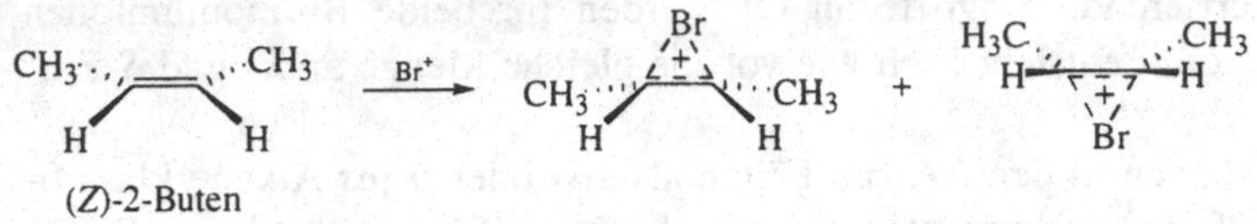

(*Z*)-2-Buten

Bild 10.5

Ein „Rückseitenangriff" des bereitstehenden Bromidanions am Bromoniumion kann an einer von zwei möglichen Positionen stattfinden (Bild 10.6). Weg (a) liefert das *RR*-Isomer des 2,3-Dibrombutans, Weg (b) führt zum (2*S*,3*S*)-Dibrombutan.

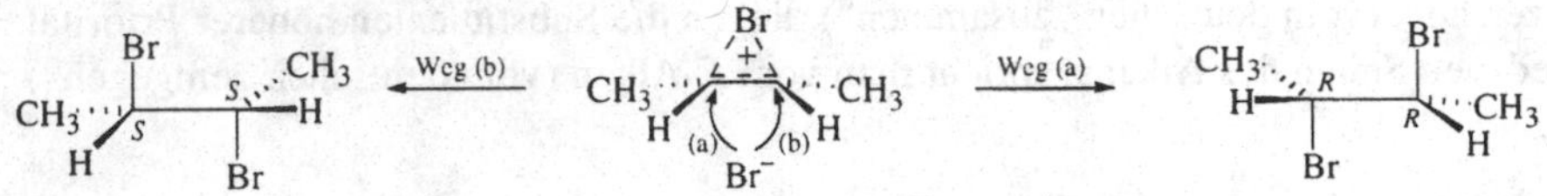

Bild 10.6

Die gleiche Betrachtung kann man für das Schicksal des alternativen Bromoniumions anstellen (Bild 10.7). Weg (c) erzeugt das *SS*-Isomer, während Weg (d) das *RR*-Isomer entstehen läßt. Dies bedeutet, daß dieselben zwei Produkte unabhängig davon, ob das Bromoniumion auf der „Ober"- oder „Unterseite" des Alkens entsteht, gebildet werden. Die Produkte verhalten sich wie Bild und Spiegelbild und werden zu gleichen Anteilen gebildet, da die Wege (b) und (c) nicht gegenüber (a) und (d) bevorzugt werden. Daher führt die Bromierung von (*Z*)-2-Buten zu (±)-2,3-Dibrombutan.

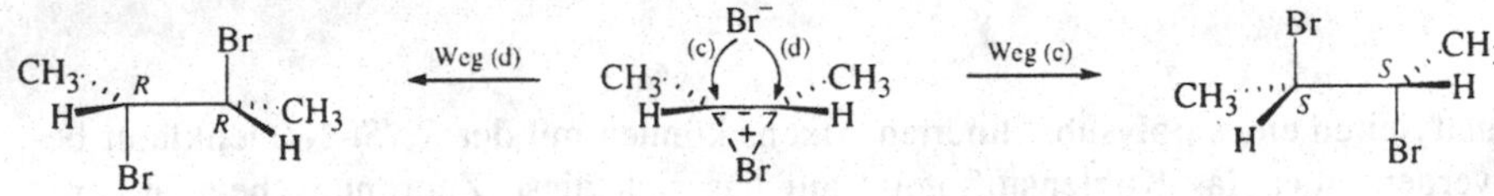

Bild 10.7

Dibrombutan besitzt zwei Chiralitätszentren. Jedes dieser Chiralitätszentren weist dieselben vier Substituenten auf: Daher ist ein weiteres Isomer des 2,3-Dibrombutans möglich, die *R*,*S*- oder *meso*-Form (vergl. 2,3-Butandiol oder Weinsäure, Kapitel 2). Dieses Diastereomer wird bei der Bromierung des (*E*)-2-Butens produziert (Bild 10.8). Die Bromoniumionen, die aus (*E*)-2-Buten auf den Wegen (a)-(d) gebildet werden können, führen zum selben Produkt.

Wenn (*Z*)- oder (*E*)-2-Penten bromiert werden, ändert sich die Situation. Zwei Diastereomere werden in jedem Fall erzeugt. (*Z*)-2-Penten ergibt eine racemische Mischung von (2*S*,3*S*)-Dibrompentan und (2*R*,3*R*)-Dibrompentan (Bild 10.9). Die neugebildeten chiralen Zentren sind verschieden. Komplementär dazu reagiert (*E*)-2-Penten mit Brom zu (2*S*,3*R*)- und (2*R*,3*S*)-Dibrompentan (Bild 10.9). Die Bromierungsreaktionen von (*Z*)- und (*E*)-2-Penten sind stereospezifisch.

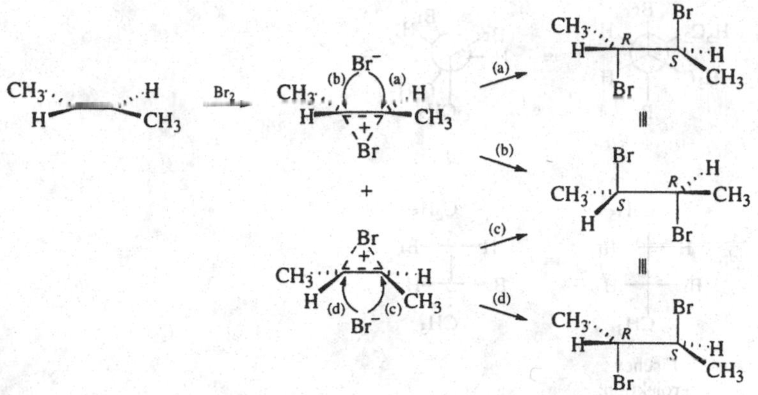

Bild 10.8

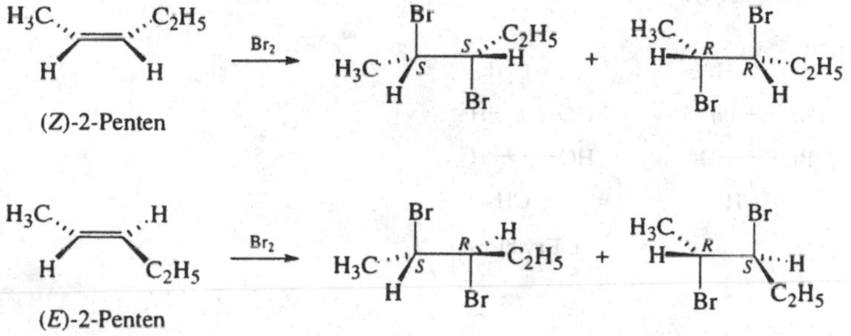

Bild 10.9

(2*S*,3*S*)- und (2*S*,3*R*)-Dibrompentan kann auf verschiedene Weisen dargestellt werden (Bild 10.10). So kann gezeigt werden, wie die beiden Bromatome am Kohlenstoffgerüst angeordnet sind. Die (2*S*,3*S*)-Verbindung kann sowohl als das *syn*-Isomer als auch, aufgrund der Ähnlichkeit zum C4-Zucker Threose, als das *threo*-Isomer bezeichnet werden (Bild 10.10). Die (2*S*,3*S*)-Verbindung ist als das *anti*-Diastereomer oder, aufgrund der Ähnlichkeit zur Erythrose, als die *erythro*-Form bekannt. Die *syn*/*anti*-Nomenklatur angewendet auf Diastereomere existiert parallel zur *syn*/*anti*-Nomenklatur in der mechanistischen Organischen Chemie. Jedoch ist die Verbindung zwischen den zwei Deskriptoren nicht leicht zu erkennen [*anti*-Addition von Brom an (*Z*)-2-Penten ergibt eine racemische Mischung des *syn*-Diastereomers].

Zwei ungleiche Chiralitätszentren entstehen auch bei der Bromierung von (*Z*)- oder (*E*)-2-Buten durch langsame Zugabe von Brom zu einer Lösung des Alkens in Wasser oder Methanol. Im zuletztgenannten Fall stellt Methanol und nicht das Bromidanion die nucleophile Komponente dar. (*Z*)-2-Buten liefert gleiche Anteile an (2*S*,3*S*)-2-Brom-3-methoxybutan und (2*R*,3*R*)-2-Brom-3-methoxybutan (also ein Racemat, Bild 10.11), während die Reaktion von (*E*)-2-Buten mit Brom in Methanol (2*S*,3*R*)-2-Brom-3-methoxybutan und (2*R*,3*S*)-2-Brom-3-methoxybutan als Racemat (Bild 10.12) ergibt.

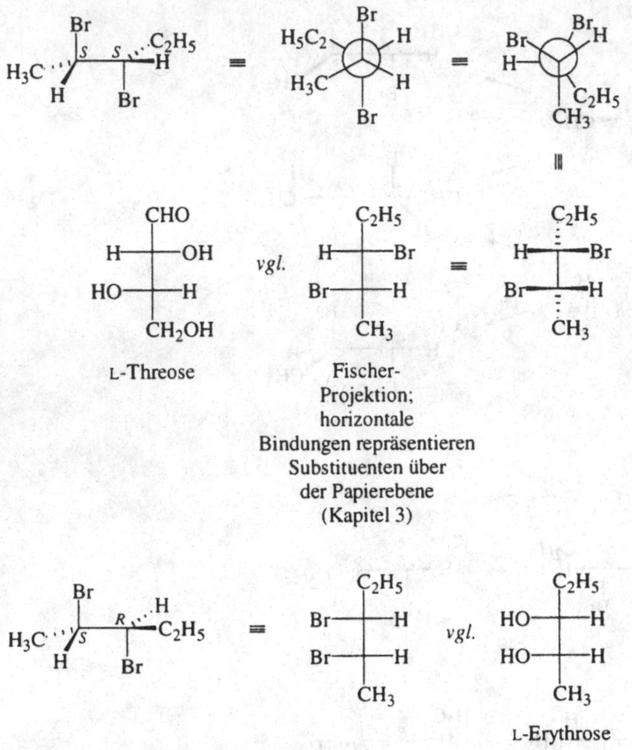

L-Threose

vgl.

Fischer-
Projektion;
horizontale
Bindungen repräsentieren
Substituenten über
der Papierebene
(Kapitel 3)

vgl.

L-Erythrose

Bild 10.10

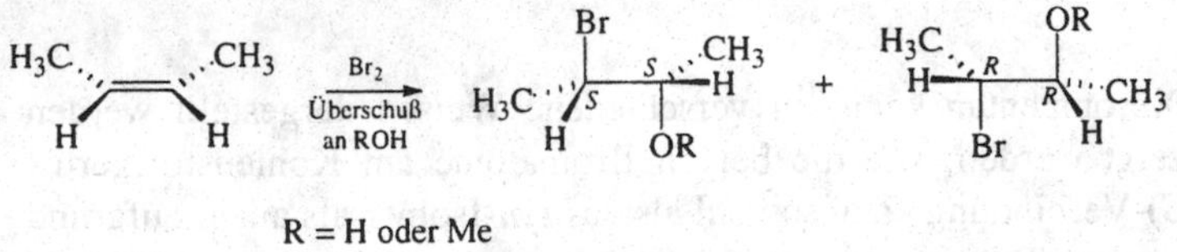

Br_2
Überschuß
an ROH

R = H oder Me

Bild 10.11

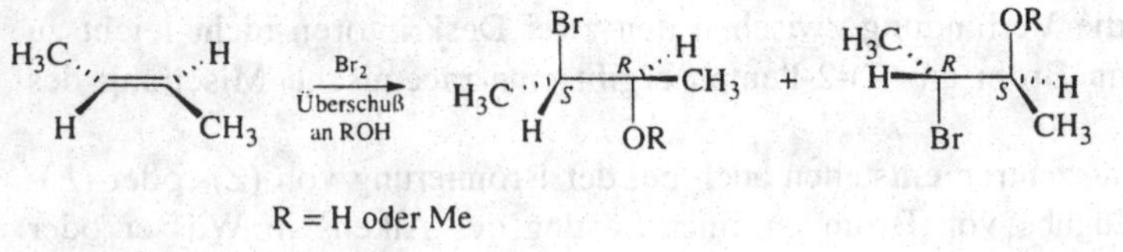

Br_2
Überschuß
an ROH

R = H oder Me

Bild 10.12

Ähnlich dem (*Z*)-2-Buten gibt Cyclopenten bei der Bromierung in Methanol eine racemische Mischung von (1*R*,2*R*)- und (1*S*,2*S*)-1-Brom-2-methoxycyclopentan (Bild 10.13).

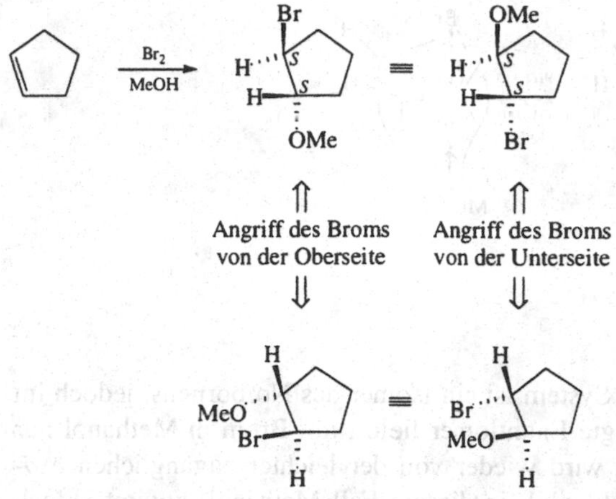

Angriff des Broms von der Oberseite

Angriff des Broms von der Unterseite

Bild 10.13

Frage 10.1 Die Präfixe *syn* und *anti* können auf viele Arten von acyclischen Verbindungen angewendet werden, die Substituenten an der Hauptkette des Moleküls tragen. Manchmal ist es einfacher, die Hauptkette als eine Zick-Zack-Kette (siehe unten) zu zeichnen, ehe man die *syn*- oder *anti*-Präfixe ermittelt.

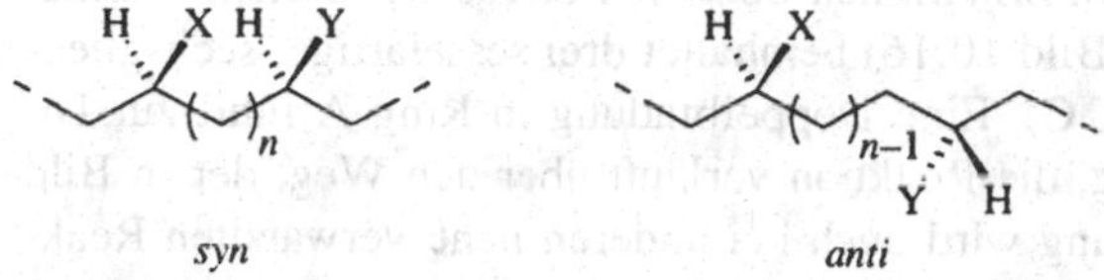

syn *anti*

Zeichnen sie unter Zuhilfenahme dieser Information 2,3-Dibrompentan in der Zick-Zack-Form, um zu sehen, daß das *anti*-Diastereomer in diesem System dem *erythro*-Diastereomer in der Fischer-Projektion entspricht. Zeichnen Sie dann 2,4-*anti*-2,5-*syn*-2,4,5-Octantriol.

Weitere Substituenten am fünfgliedrigen Ring führen zu Substitutionsmustern, die von der bevorzugten Angriffsrichtung des Br^+ und danach des Nucleophils auf das Reaktionszentrum abhängen. Norbornen (Bild 10.14) reagiert mit Brom in Anwesenheit eines Überschusses an Bromidionen bevorzugt zum Bromoniumion, das sich durch einen Angriff des Broms auf der freien *exo*-Seite des Moleküls bildet. Um die *anti*-Addition zu vervollständigen, muß das Nucleophil von der gehinderten *endo*-Seite her angreifen. Dies führt zur racemischen Mischung von 2-*exo*,3-*endo*-Dibromnorbornan als Hauptprodukt.

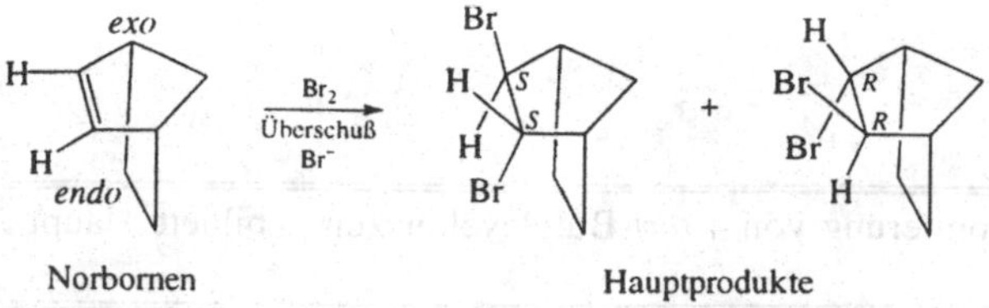

Norbornen Hauptprodukte

Bild 10.14

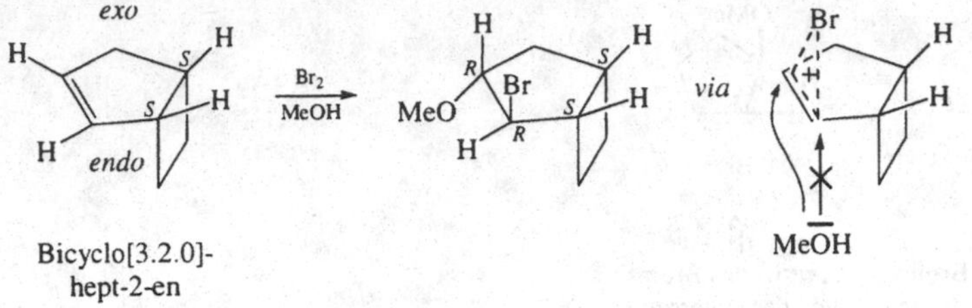

Bild 10.15

Das in Bild 10.15 gezeigte bicyclische System ist ein Isomer des Norbornens, jedoch im Gegensatz zum letzteren chiral. Das gezeigte Enantiomer liefert mit Brom in Methanol nur ein einziges Produkt. Das Bromoniumion wird wieder von der leichter zugänglichen *exo*-Seite des Moleküls aus gebildet. Das Nucleophil, in diesem Fall Methanol, kommt jedoch aufgrund sterischer Abschirmung nur schwer an das dem viergliedrigen Ring benachbarte Kohlenstoffatom heran. Darum findet der nucleophile Angriff fast ausschließlich an dem Kohlenstoffzentrum statt, daß am weitesten vom viergliedrigen Ring entfernt ist. In diesem Fall induziert der viergliedrige Ring ein Substitutionsmuster und eine spezifische relative Konfiguration an zwei zuvor achiralen Positionen des fünfgliedrigen Ringes.

Die Analyse der bei der Bromierung von Cyclohexenyl-Teilstrukturen von Steroiden gebildeten Produkte führte zu weiteren Informationen über den stereochemischen Verlauf solcher Reaktionen. Das Steroid-Gerüst (Bild 10.16) beinhaltet drei sesselartige, sechsgliedrige kondensierte Ringe (die Ringe A, B, C). Eine Doppelbindung in Ring A führt zur Dibromverbindung mit diaxialer Anordnung, die Reaktion verläuft über den Weg, der in Bild 10.16 gezeigt ist. Diese diaxiale Anordnung wird auch bei anderen nahe verwandten Reaktionen beobachtet.

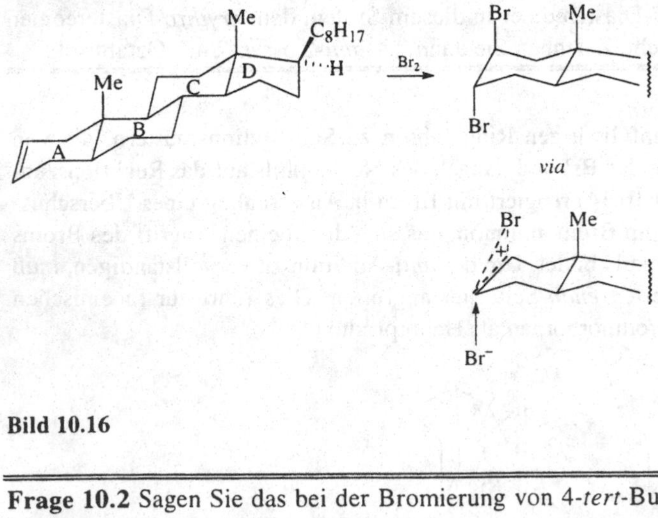

Bild 10.16

Frage 10.2 Sagen Sie das bei der Bromierung von 4-*tert*-Butylcyclohexen gebildete Hauptprodukt vorher.

10.2 Reaktionen mit Osmiumtetroxid

Bislang wurden nur Reaktionen betrachtet, die über eine *anti*-Addition des Reagenzes an Alkene verliefen. Beim Brom beispielsweise greift das Br^+ von der einen und das Br^- von der anderen Seite der Doppelbindung an. Es gibt jedoch auch wichtige Reaktionen, die zu einer *syn*-Addition an die Doppelbindung führen, insbesondere die Reaktion eines Alkens mit Osmiumtetroxid.[2]

Mit Maleinsäure bildet Osmiumtetroxid einen Osmium(VI)-Ester (Bild 10.17). Auf den ersten Blick scheinen zwei verschiedene Osmatester möglich, aber die beiden in Bild 10.17 gezeigten Osmatester sind identisch. Deren Zersetzung ergibt *meso*-(*R*,*S*)-Weinsäure.

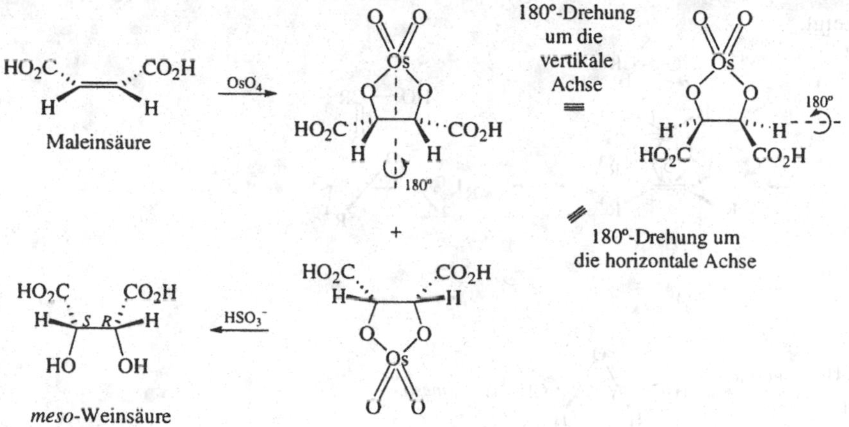

Bild 10.17

Fumarsäure wird mit gleicher Wahrscheinlichkeit von beiden Seiten durch Osmiumtetroxid angegriffen, dies führt zu den beiden Osmatestern, die verschieden sind (sie verhalten sich wie Bild und Spiegelbild). Ihre Zersetzung ergibt gleiche Mengen von (*R*,*R*)- und (*S*,*S*)-Weinsäure (Bild 10.18).

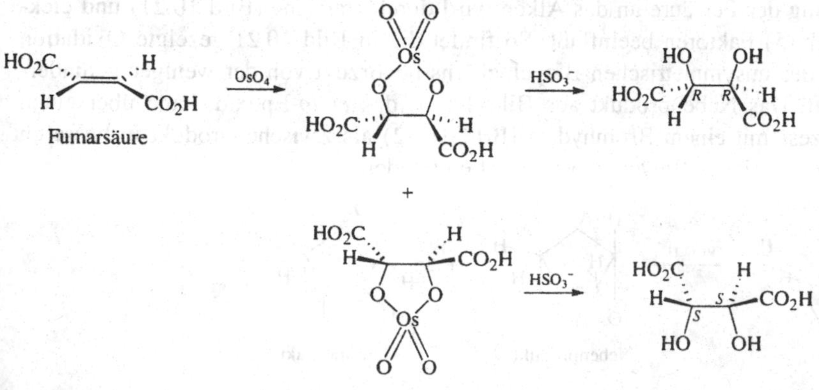

Bild 10.18

In Anwesenheit von Aminen wird der Osmatester durch die Anlagerung eines weiteren Liganden verändert, und dies ist die Grundlage der asymmetrischen Dihydroxylierung nach Sharpless (Kapitel 15).

10.3 Epoxidierung von Alkenen

Die Addition nur eines Sauerstoffatoms an eine Kohlenstoff-Kohlenstoff-Doppelbindung kann durch eine Persäure (RCO_3H) erreicht werden (Bild 10.19). Die konzertierte Bildung der beiden neuen Kohlenstoff-Sauerstoff-Bindungen gewährleistet, daß die Anordnung der Substituenten am Alken auch die Anordnung der Substituenten im Produkt bedingt, wie in Bild 10.20 gezeigt.

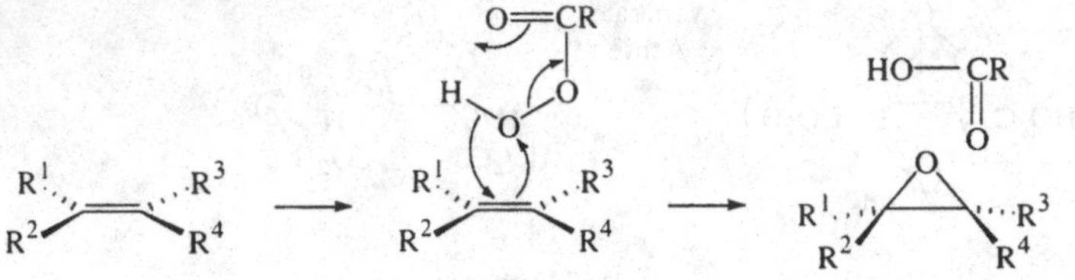

O=CR H O O R1 R3 R2 R4 HO—CR O O R1 R3 R2 R4

Bild 10.19

H_3C CH_3 H H RCO_3H O H_3C S R CH_3 H H ... *meso*

H_3C H H CH_3 RCO_3H O H_3C S S H H CH_3 + H_3C H H R R CH_3 O ... Racemat

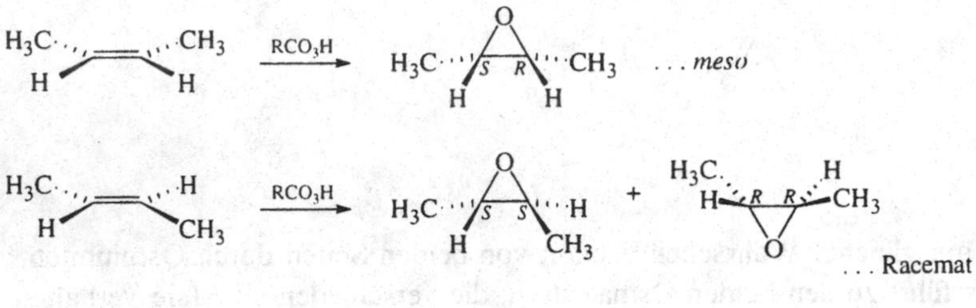

Bild 10.20

Die Annäherung der Persäure an das Alken wird durch sterische (Bild 10.21) und elektronische (Kapitel 15) Faktoren beeinflußt. So findet die in Bild 10.21 gezeigte Oxidation der Alkeneinheit des unsymmetrischen Bicycloalkens bevorzugt von der weniger gehinderten Seite aus statt. Das Nebenprodukt aus Bild 10.21, das *endo*-Epoxid, kann über einen zweistufigen Prozess mit einem Bromhydrin (Bild 10.22) als Zwischenprodukt in besseren Ausbeuten aus dem gleichen Bicyclohepten erhalten werden.

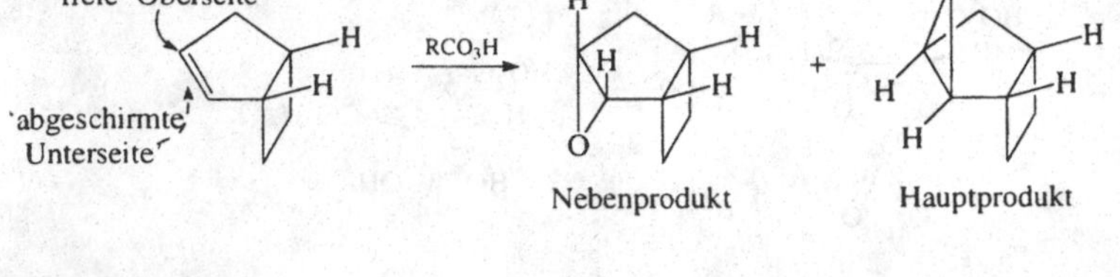

'freie' Oberseite H H 'abgeschirmte' Unterseite RCO_3H H H H H O Nebenprodukt + O H H H H Hauptprodukt

Bild 10.21

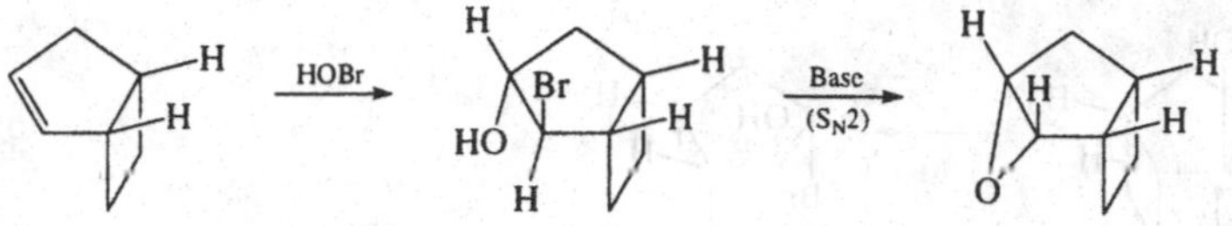

Bild 10.22

Epoxide (Oxirane) stellen wertvolle Verbindungen für die organische Synthese dar. Eine Ringöffnung ist durch den Angriff einer breiten Palette von Nucleophilen (Bild 10.23) möglich. Die Regioselektivität der Ringöffnungsreaktion wird durch mehrere Faktoren bestimmt. Diese sind das Nucleophil selbst, die Größe und elektronische Faktoren der Reste R^1 bis R^4 und die Reaktionsbedingungen (beispielsweise Säurekatalyse). Die Ringöffnung des in Bild 10.21 abgebildeten Epoxids mit HBr liefert die in Bild 10.24 gezeigten Produkte. Das *exo*-Epoxid wird am Sauerstoff protoniert und danach vom Bromid an der weniger gehinderten Position angegriffen; das *endo*-Epoxid reagiert ebenfalls über die protonierte Species, dabei wird jedoch die Route bevorzugt, die eine axiale-axiale Anordnung der sich bildenden C–Br und der zu brechenden C–O-Bindung ergibt.

Frage 10.3 Sagen Sie die aus cis-4-*tert*-Butylcyclohexenoxid mit Lithiumaluminiumdeuterid gebildeten Produkte voraus.

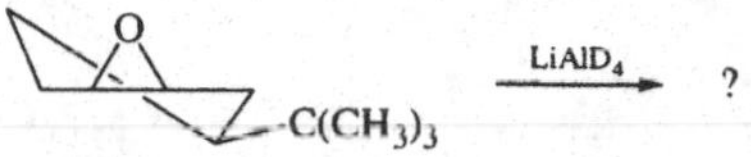

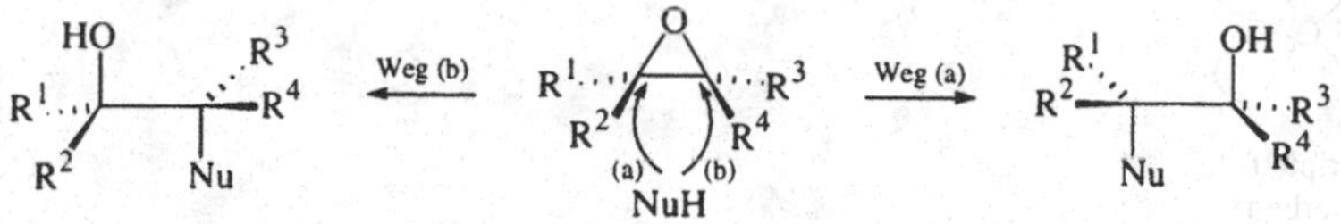

Bild 10.23

10.4 Reaktionen von Alkenen mit Carbenen

Cyclopropane können durch die Addition eines Carbens R^1R^2C: an ein Alken hergestellt werden. Carbene können entweder einen gepaarten Spin (Singulett) oder einen parallelen Spin (Triplett) (Bild 10.25) aufweisen.

Die gleichzeitige Bildung zweier neuer C–C-Bindungen, die die stereochemischen Eigenschaften des Alkens auf das Cyclopropan überträgt, ist nur mit dem spingepaarten Carben möglich. Triplett-Carbene führen zu einem Diradikal, in dem eine Rotation vor der Bildung der zweiten C–C-Bindung möglich ist (Bild 10.26, Skell-Experiment).[3]

Eine der einfachsten Cyclopropanierungen ist die Simmons-Smith-Reaktion, in derem Verlauf eine H_2C-Species (ein Zink-Carbenoid) aus Zink und Diiodmethan gebildet wird. Die Addition von H_2C: läuft unter Retention der Stereochemie am Alken ab.

Bild 10.24

Bild 10.25

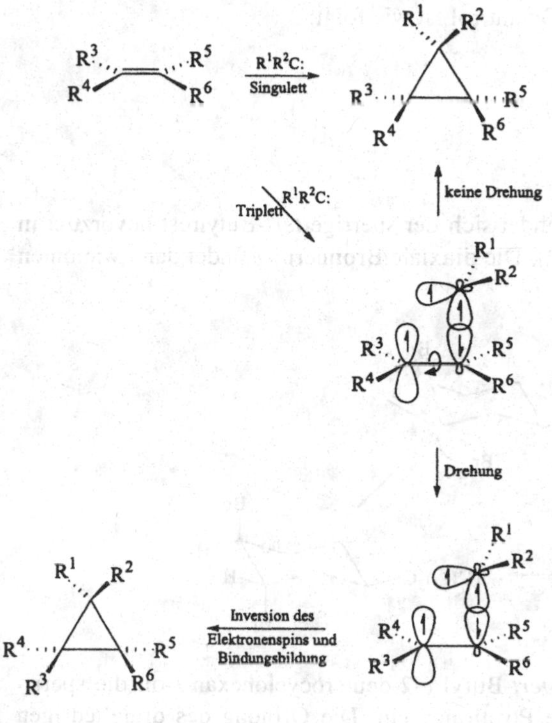

Bild 10.26

Antworten

Frage 10.1 Das *threo*-Isomer des 2,3-Dibrompentans kann wie folgt dargestellt werden:

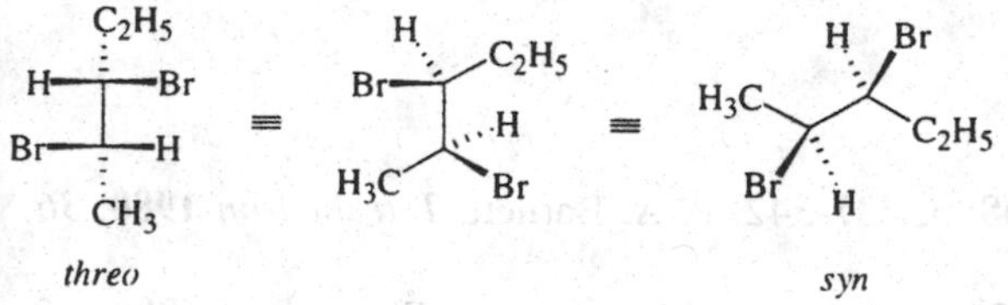

Ebenso kann gezeigt werden, daß das *erythro*-2,3-Dibrompentan das *anti*-Diastereomer ist.

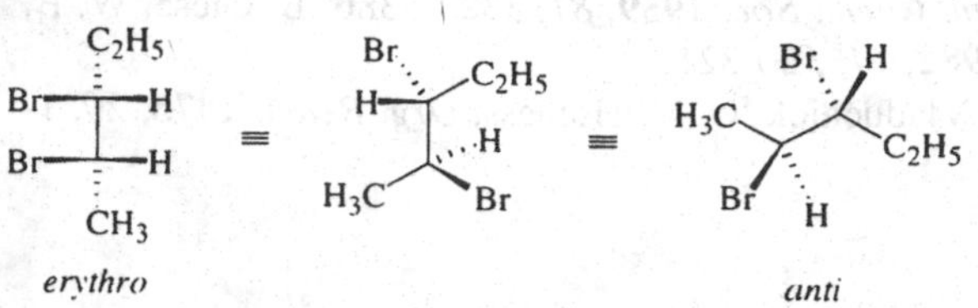

Die Anordnung für 2,4-*anti*-2,5-*syn*-2,4,5-Octantriol ist wie folgt:

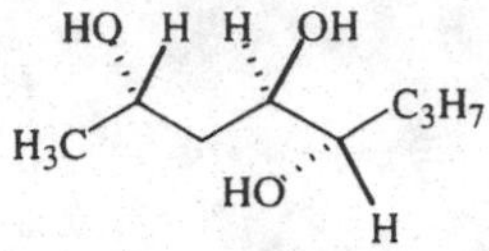

Frage 10.2 Im 4-*tert*-Butylcyclohexen befindet sich der sperrige *tert*-Butylrest bevorzugt in einer äquatorialen Position (siehe Kapitel 2). Die diaxiale Bromierung findet dann wie unten beschrieben statt:

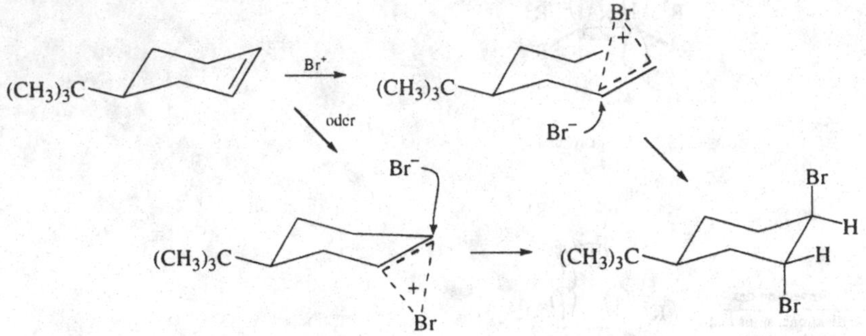

Frage 10.3 Das gebildete Produkt ist *c*-4-*tert*-Butyl-*c*-2-deuterocyclohexan-*r*-ol: die sperrigen *tert*-Butylgruppen nehmen äquatoriale Positionen ein. Die Öffnung des dreigliedrigen Ringes führt zum *trans*-diaxialen Produkt (Fürst-Plattner-Regel).

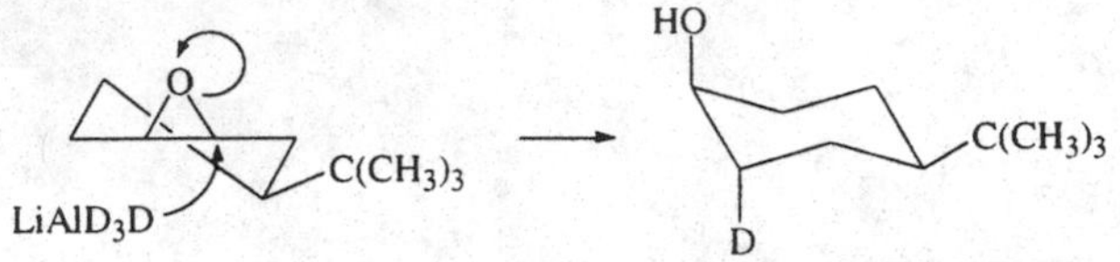

Literatur

1. R. C. Fahey, *Top. Stereochem.* **1968**, *3*, 237-342. P. A. Bartlett, *Tetrahedron* **1980**, *36*, 2-72.
2. R. Crigee, *Liebigs Ann. Chem.* **1936**, *522*, 75-96. M. Schröder, *Chem. Rev.* **1980**, *80*, 187-213.
3. R. C. Woodworth, P. S. Skell, *J. Am. Chem. Soc.* **1959**, *81*, 3383-3386. B. Giese, W. B. Lee, C. Neumann, *Angew. Chem.* **1982**, *94*, 320-321.
4. H. E. Simmons, T. L. Cairns, S. A. Vladuchick, C. M. Hoiness, *Org. React.* **1973**, *20*, 1-131.

11 Einige wichtige Cyclisierungen durch pericyclische Reaktionen

Reaktionen, bei denen zwei oder mehr Bindungen gleichzeitig durch Elektronenverschiebungen geknüpft oder gebrochen werden, sind pericyclische Reaktionen.[1] Viele pericyclische Reaktionen führen auf stereochemisch kontrollierte Weise zu den Produkten. Da zwei oder mehr Bindungen auf eine synchrone oder quasisynchrone Weise gebildet oder gebrochen werden, übertragen sich die stereochemischen Eigenschaften der Reaktanden auf die Produkte. Vier der in der organischen Synthese gebräuchlichsten pericyclischen Reaktionen sind: Die Diels-Alder-Reaktionen, [2+2]-Cycloadditionen, elektrocyclische Reaktionen von Trienen und Cope- bzw. Claisen-Reaktionen.

11.1 Diels-Alder-Reaktionen

Dies ist die Reaktion eines Diens mit einem Dienophil. Die einfachste denkbare Diels-Alder-Reaktion[2] ist in Bild 11.1 gezeigt. Die gekrümmten Pfeile symbolisieren die Bewegung von Elektronenpaaren im Sinn der Valenzbindungstheorie. Es ist jedoch leichter, die verschiedenen stereochemischen Aspekte zu erfassen, wenn man die Reaktion im Sinn eines Überlapps von Molekülorbitalen betrachtet. Um dies zu tun, müssen wir auf einige der in Kapitel 1 aufgeführten Informationen zurückgreifen.

Bild 11.1

Die Form der p-Orbitale von Ethen sind auf beiden Seiten der Ebene der vier Wasserstoffatome und der beiden Kohlenstoffatome identisch. Die beiden Orbitallappen der p-Orbitale unterscheiden sich in ihrer Phase; um diesen Phasenunterschied der Lappen eines bestimmten Orbitals in Diagrammen kenntlich zu machen, werden diese für gewöhnlich in unterschiedlichen Farben dargestellt. In diesem Buch wird ein Orbitallappen des p-Orbitals dunkel, der andere hell dargestellt.

In Kapitel 1 wurde die Art und Weise, in der zwei p-Orbitale des Ethylens überlappen und ein bindendes Molekülorbital bilden, diskutiert. Eigentlich führen die *zwei* Atomorbitale, die die p-Elektronen enthalten, zu *zwei* Molekülorbitalen: Einem energetisch niedrig liegendem Molekülorbital, das die zwei Elektronen beinhaltet (auf dieses Molekülorbital bezog sich die frühere Diskussion), und einem energetisch hochliegenden, antibindenden Molekülorbital (Bild 11.2). Im bindenden Molekülorbital (Ψ_1) stimmen die Phasen der Atomorbitale überein, während in der antibindenden Kombination (Ψ_2) die Phasen unterschiedlich sind; die Phasen der Orbitale werden – wie oben beschrieben – durch unterschiedliche Darstellung unterschieden. Ebenso sollte 1,3-Butadien nicht als ein System zweier isolierter Doppelbindungen, sondern als eine „verschmierte" die Kohlenstoffatome umgebende negative Ladung betrachtet werden. Die *vier* Atomorbitale bilden *vier* Molekülorbitale (Ψ_1–Ψ_4) und die vier Elektronen besetzen die zwei Orbitale niedrigster Energie (Bild 11.2).

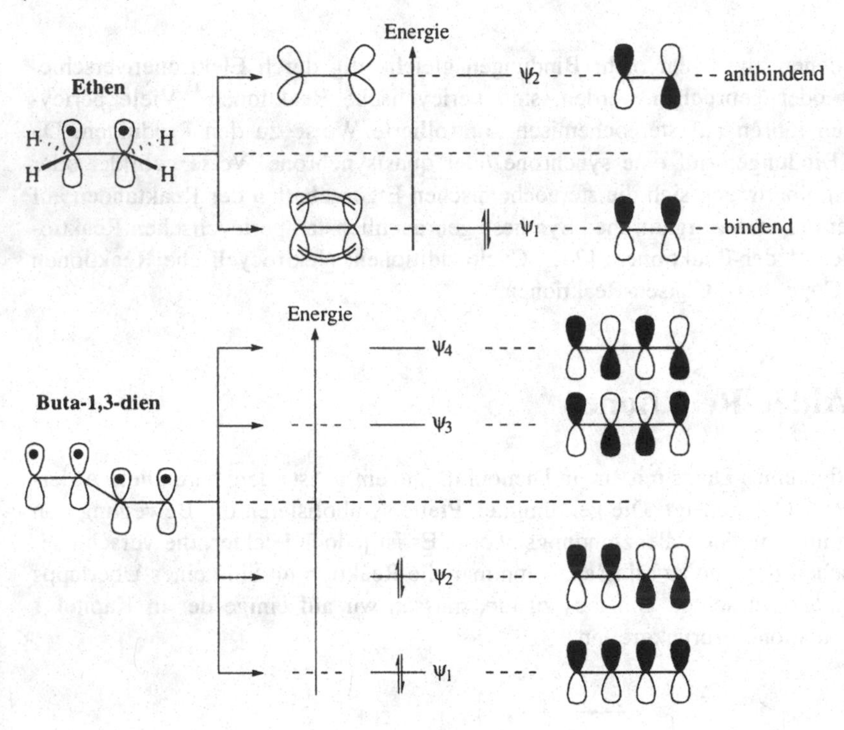

Bild 11.2

In den meisten Diels-Alder-Reaktionen ist die Wechselwirkung des niedrigsten unbesetzten Molekülorbitals (lowest unoccupied molecular orbital, LUMO) des Dienophils (eines elektronenarmen Alkens) mit dem höchsten besetzten Molekülorbital (highest occupied molecular orbital, HOMO) des Dienes entscheidend. Die Phasen dieser sogenannten „Grenzorbitale" sind, wie in Bild 11.3 gezeigt, passend zueinander. Die Reaktion wird, da vier Zentren einer Komponente und zwei Zentren der anderen Komponente an der Transformation beteiligt sind, als [4+2]-Cycloaddition bezeichnet. Die konzertierte Bildung von Bindungen bei der Diels-Alder-Reaktion erlaubt die Synthese einer Vielzahl von sechsgliedrigen Ringverbindungen mit bemerkenswerter Stereoselektivität. Die hohe Stereoselektivität trifft nur auf die initiale, kinetisch kontrollierte Reaktion zu, in Fällen, in denen die Addukte leicht dissoziieren, kann sie wieder verlorengehen. Wiederholte Additionen/Dissoziationen führen dann zu einer thermodynamischen Kontrolle der Reaktion.

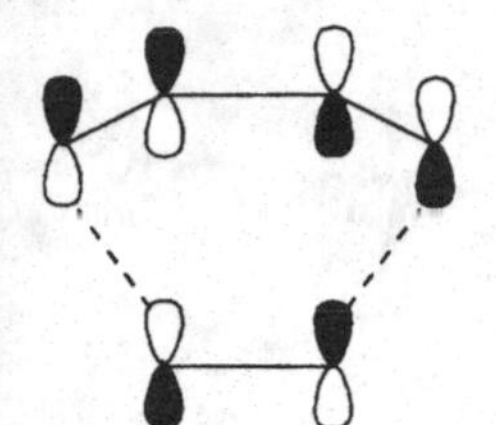

Bild 11.3

1937 entdeckten Alder und Stein das Prinzip, daß die relative stereochemische Anordnung der Substituenten sowohl im Dienophil als auch im Dien im Addukt erhalten bleibt. Dies gilt beispielsweise für die Substituenten in 1- und 4-Position des Diens. Ein (*E*,*E*)-1,4-disubstituiertes Dien ergibt ein Addukt, in dem die 1- und 4-Substituenten *cis* zueinander stehen, das (*Z*,*E*)-Dien ein Addukt mit einer *trans*-Anordnung der Substituenten (Bild 11.4). Die stereochemischen Eigenschaften des Dienophils bleiben bei der Reaktion ebenfalls erhalten. So reagiert Cyclopenten mit Maleinsäuredimethylester zu den zwei *cis*-Addukten (Bild 11.4), während Fumarsäuredimethylester mit demselben Dien das *trans*-Addukt ergibt (Bild 11.6).

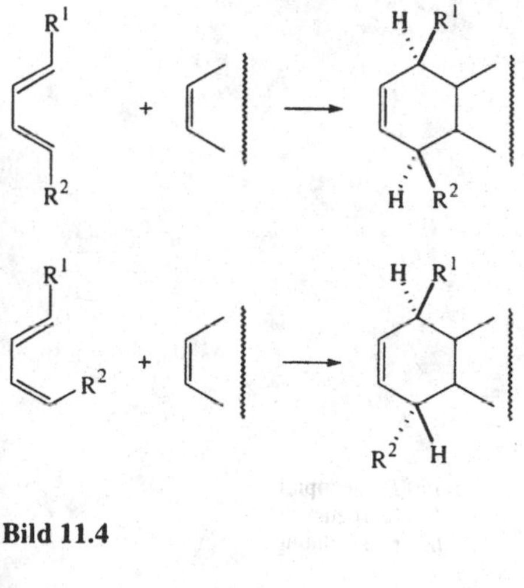

Bild 11.4

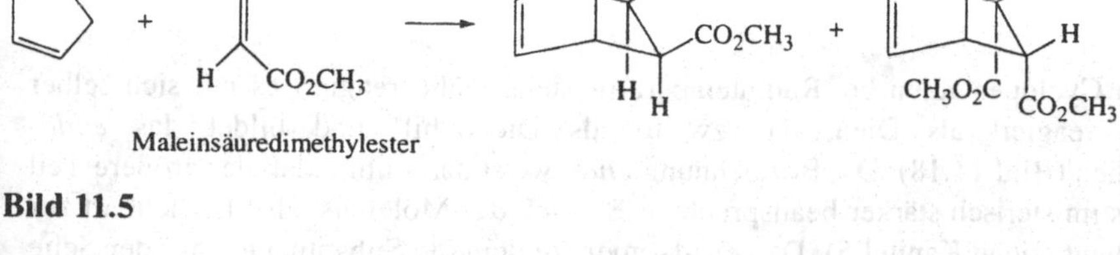

Maleinsäuredimethylester

Bild 11.5

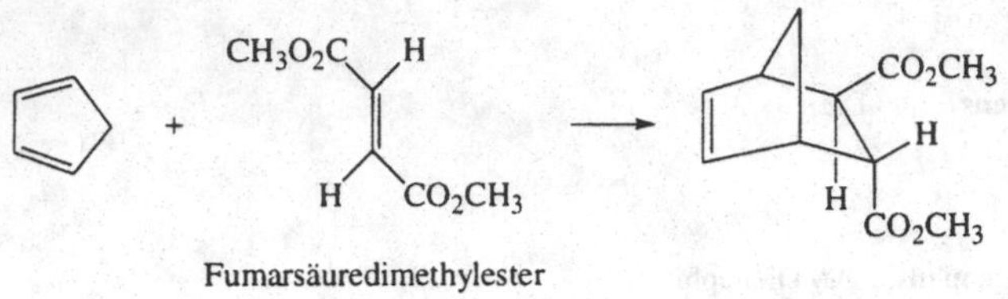

Fumarsäuredimethylester

Bild 11.6

Frage 11.1 Erklären Sie, warum (*E*)-Penta-1,3-dien mit Tetracyanethylen viel schneller als (*Z*)-1,3-Pentadien und dieses wiederum mit demselben Dienophil viel schneller als (*Z*,*Z*)-2,4-Hexadien reagiert.

Die in Bild 11.7 gezeigte intramolekulare Reaktion illustriert in schöner Weise das Alder-Stein-Prinzip, sowohl für das Dien als auch für das Dienophil. Dabei nähert sich das Dienophil von der Unterseite (und nicht von der Oberseite) der Dieneinheit her, da auf diese Weise ungünstigte Wechselwirkungen mit der Ethylgruppe minimiert werden.

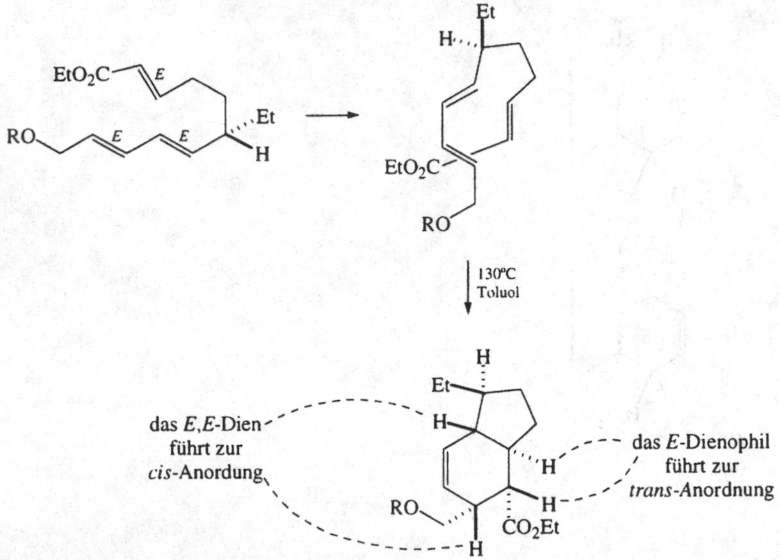

130°C Toluol

das *E*,*E*-Dien führt zur *cis*-Anordnung

das *E*-Dienophil führt zur *trans*-Anordnung

Bild 11.7

Wenn man Cyclopentadien bei Raumtemperatur stehen läßt, reagiert es mit sich selber (ein Molekül reagiert als Dien, das zweite als Dienophil) und bildet das *endo*-Dicyclopentadien (Bild 11.18). Die Bezeichnung *endo* weist darauf hin, daß der größere Teil des Dienophils im sterisch stärker beanspruchten Bereich des Moleküls, also benachbart zur Ethenbrücke, liegt (siehe Kapitel 5). Das *exo*-Isomer (in dem die Substituenten auf der Seite der kürzeren Brücke liegen) weist weniger ungünstige sterische Wechselwirkungen auf. Der

Grund für die Bildung des *endo*-Dicyclopentadiens als das kinetisch bevorzugte Produkt wurde von Woodward und Hofmann[3] erklärt: Bei der Dimerisierung von Cyclopentadien senken günstige *sekundäre* Orbitalwechselwirkungen, in Bild 11.9 durch gestrichelte Linien dargestellt, die Energie des *endo*-Übergangszustandes (unten gezeigt) im Vergleich zum *exo*-Übergangszustand, in dem diese sekundären Orbitalwechselwirkungen fehlen, ab. Somit wird bei kinetischer Kontrolle das *endo*-Addukt erhalten.

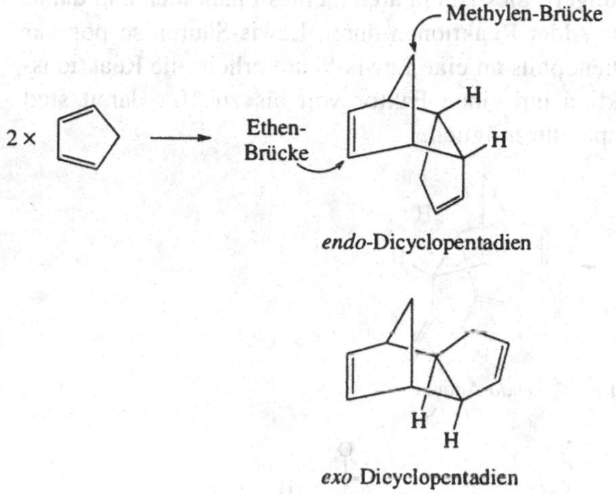

Methylen-Brücke

2 × → Ethen-Brücke H H

endo-Dicyclopentadien

H H

exo-Dicyclopentadien

Bild 11.8

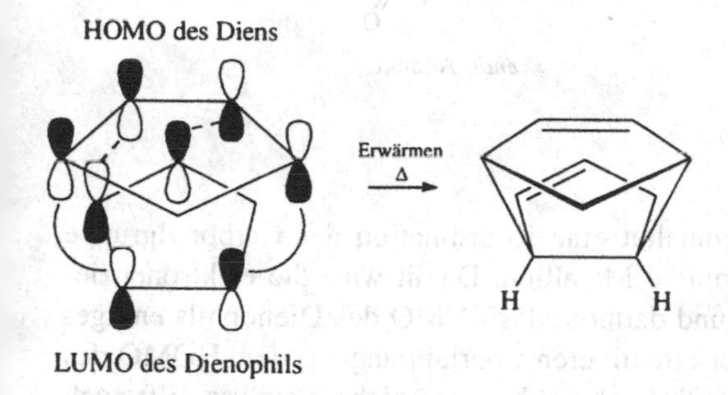

—— primäre Orbitalwechselwirkungen
- - - sekundäre Orbitalwechselwirkungen

Bild 11.9

Ebenso entsteht aus Cyclopentadien und Maleinsäureanhydrid fast ausschließlich das *endo*-Addukt. Dagegen folgt die Cycloaddition von Furan und Maleinsäureanhydrid nicht der *endo*-Regel. Der Grund dafür liegt darin, daß das zunächst gebildete *endo*-Addukt bereits bei niedrigen Temperaturen leicht dissoziiert und damit die Umwandlung des kinetischen *endo*-Addukts in das thermodynamisch stabilere *exo*-Isomer ermöglicht (Bild 11.10).

Die aus *acyclischen* und *cyclischen* Dienophilen erhaltenen Addukte stehen häufig im Einklang mit der *endo*-Regel. Andererseits wird bei der Addition *acyclischer* Dienophile an *cyclische* Diene die *endo*-Regel nicht immer befolgt, und das *exo*:*endo*-Verhältnis der so erhaltenen Reaktionsmischung hängt von der Struktur des Dienophils und den Reaktionsbedingungen ab. So entsteht z.B. bei der Addition von Acrylsäure an Cyclopentadien *endo*- und *exo*-Produkt in einem 75:25-Verhältnis. Der Anteil des *endo*-Addukts wird durch die Zugabe einer Lewis-Säure erheblich gesteigert; dies ist ein allgemeines Phänomen und damit wird klar, warum die Katalyse von Diels-Alder-Reaktionen durch Lewis-Säuren so populär geworden ist. Die Komplexierung des Dienophils an eine Lewis-Säure erhöht die Reaktionsgeschwindigkeit einer Diels-Alder-Reaktion um einen Faktor von bis zu 10^6, damit sind diese Reaktionen auch bei niedriger Temperatur möglich.

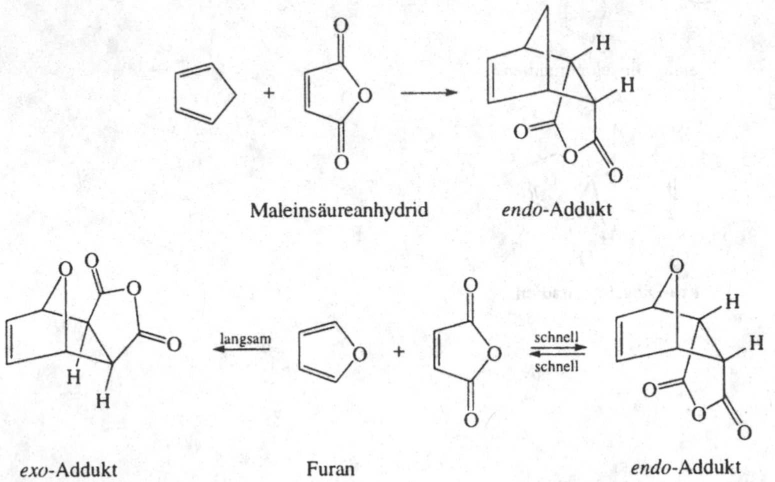

Maleinsäureanhydrid *endo*-Addukt

langsam schnell schnell

exo-Addukt Furan *endo*-Addukt

Bild 11.10

Die Wirkungsweise der Lewis-Säure beinhaltet eine Koordination der Carbonylgruppe der ungesättigten Verbindung an das elektrophile Metallion. Damit wird die elektronenziehende Wirkung der Carbonylgruppe erhöht und dadurch das LUMO des Dienophils energetisch abgesenkt. Dies wiederum führt zu einer effektiveren Überlappung mit dem HOMO des Diens (Bild 11.11). Die Reaktion läuft deshalb leichter ab; eine solche Katalyse hilft auch den Anteil des kinetisch bevorzugten *endo*-Isomers auf über 99 % zu erhöhen.

Wie in Bild 11.7 gut zu sehen ist, nähert sich das Dienophil dem Dien von der weniger gehinderten Seite aus. Wenn das Dienophil durch Substituenten auf beiden Seiten sterisch unterschiedlich beansprucht ist, wird das Dien auf die leichter zugängliche Seite gelenkt. Wenn das Dienophil chiral ist und die Reaktion zu einem neuen Asymmetriezentrum führt, wird die bevorzugte Annäherung des Diens aus einer Richtung zu ungleichen Mengen der zwei diastereomeren Formen des neuen chiralen Moleküls führen. In der Praxis werden bei thermischen Diels-Alder-Reaktionen nur moderate Diastereomerenüberschüsse beobachtet, die besten Resultate wurden in durch Lewis-Säuren bei tiefen Temperaturen katalysierten Reaktionen erhalten. Die absolute Konfiguration des bevorzugt gebildeten Isomers kann oft aus der Struktur des chiralen Ausgangsmaterials und der Kenntnis der Orientierung im Übergangszustand vorhergesagt werden.

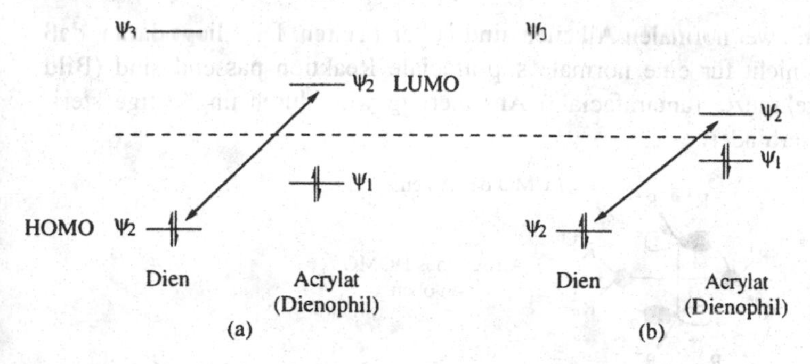

Bild 11.11 Der Einfluß eines Lewis-Säure-Katalysators auf die Grenzorbitale eines Diens und eines Acrylats. (a) Unkatalysierte Reaktion; (b) katalysierte Reaktion.

Das in Bild 11.12 gezeigte, chirale Acrylat kann aus einem gut verfügbaren Naturstoff, dem Campher, hergestellt werden. Die dienophile C=C-Doppelbindung und die Neopentyl-Einheit [$CH_2C(CH_3)_3$] liegen wie dort gezeigt vor. Die Annäherung eines Diens wie Cyclopentadien an die *Re*-Seite der Acrylat-Doppelbindung wird durch die *tert*-Butylgruppe behindert. Auf der Rückseite, der *Si*-Seite, gibt es dagegen kaum eine Hinderung. Daher wird bei Lewis-Säure-Katalyse und tiefen Temperaturen fast ausschließlich ein Diastereomer gebildet. Die Reduktion dieses Esters mit Lithiumaluminiumhydrid liefert enantiomerenreines Norbornenylmethanol und setzt das chirale Auxiliar wieder frei. Ein weiteres Beispiel für eine asymmetrische Diels-Alder-Reaktion wird in Kapitel 15 beschrieben.

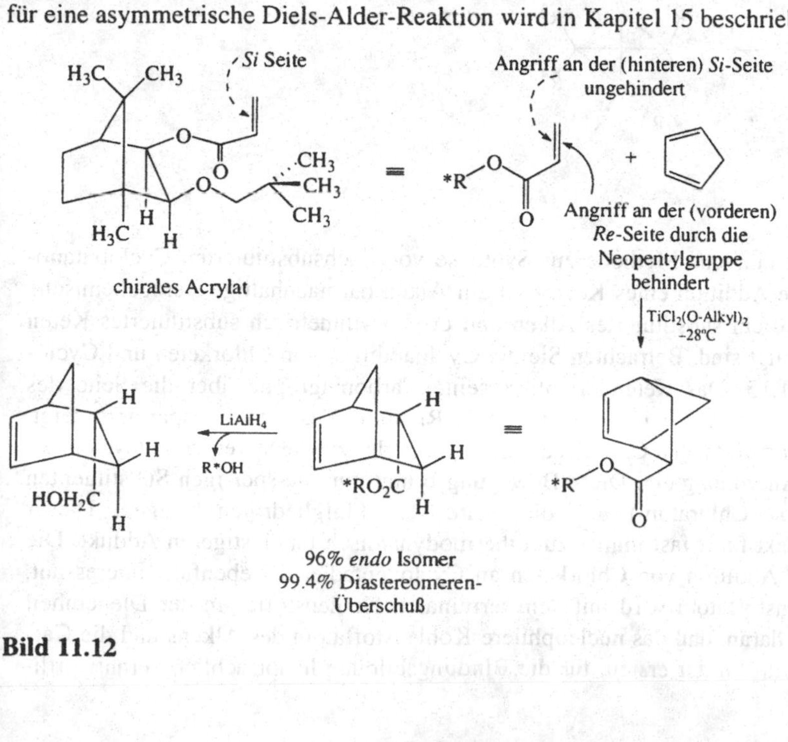

Si Seite
chirales Acrylat
Angriff an der (hinteren) *Si*-Seite ungehindert
Angriff an der (vorderen) *Re*-Seite durch die Neopentylgruppe behindert
$TiCl_2(O\text{-}Alkyl)_2$, −28°C
$LiAlH_4$
R*OH
96% *endo* Isomer
99.4% Diastereomeren-Überschuß

Bild 11.12

11.2 Cycloadditionen eines Alkens mit einem Keten

Cycloadditionen zwischen zwei normalen Alkenen sind äußerst selten. Dies liegt daran, daß das HOMO und LUMO nicht für eine normale suprafaciale Reaktion passend sind (Bild 11.13). Die alternative gekreuzte (antarafaciale) Annäherung wird durch ungünstige sterische Wechselwirkungen verhindert.

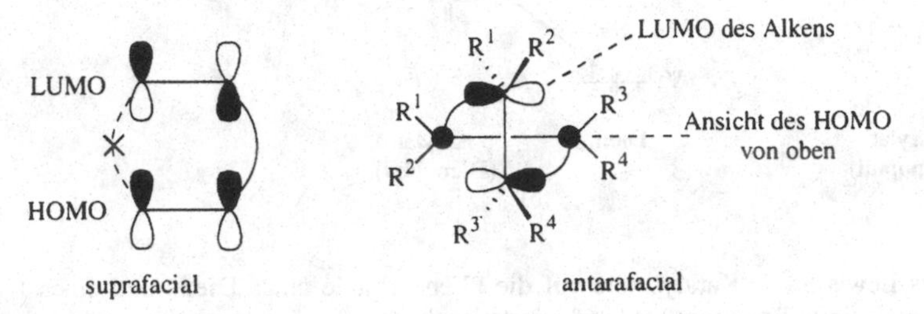

Bild 11.13

Diese problematischen sterischen Wechselwirkungen werden im Fall der Reaktion eines Ketens mit einem Alken minimiert (Bild 11.14) und eine thermische Cycloaddition ist, insbesondere wenn ein elektronenziehender Substituent am Keten vorhanden ist, leicht möglich. Da von jeder Komponente zwei Atome beteiligt sind, wird diese Reaktion eine [2+2]-Cycloaddition genannt.

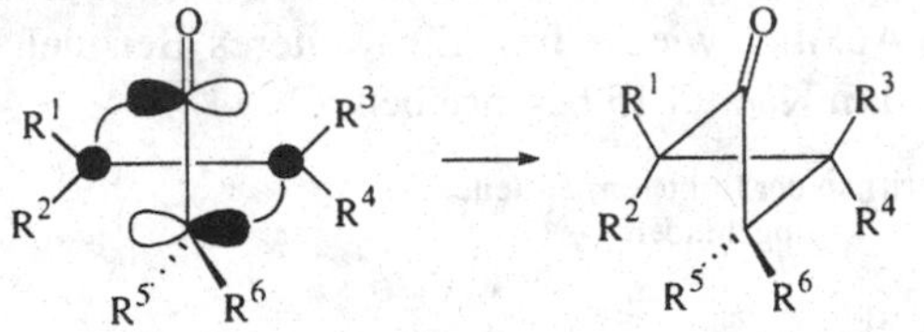

Bild 11.14

Dies ist eine sehr einfache Methode zur Synthese von hochsubstituierten Cyclobutanonen. Die antarafaciale Addition eines Ketens an ein Alken hat nachhaltige stereochemische Konsequenzen, sobald ein substituiertes Alken und ein unsymmetrisch substituiertes Keten an der Reaktion beteiligt sind. Betrachten Sie die Cycloaddition von Chlorketen und Cyclopentadien in Bild 11.15. Das Keten orientiert seine Carbonylgruppe über die Seite des Diens, auf der der weniger sperrige Substituent in Richtung des Reaktionspartners zeigt. Nach der Bildung der zwei neuen C–C-Bindungen nimmt der zunächst verdrillte Cyclobutanonring eine ebene Anordnung ein. Diese Bewegung bringt nun die sperrigen Substituenten (in diesem Fall das Chloratom) auf die Seite des fünfgliedrigen Ringes. Dieser „masochistische" Effekt führt fast immer zum thermodynamisch ungünstigeren Addukt. Die Regioselektivität der Addition von Chlorketen an Cyclopentadien ist ebenfalls interessant. Das Carbonyl-Kohlenstoffatom wird mit dem terminalen Kohlenstoffatom der Dieneinheit verknüpft. Dies liegt daran, daß das nucleophilere Kohlenstoffatom des Alkens und die Carbonylgruppe des Ketens an der ersten, für die Bindungsbildung hauptsächlich verantwortlichen Wechselwirkung beteiligt sind (während beide neuen C–C-Bindungen zur gleichen Zeit gebildet werden, ist bei einer von Anfang an die Orbitalüberlappung stärker ausgeprägt). Daher wird das Keten besser etwas schief über das Alken gezeichnet (Bild 11.16). Um der besonderen Rolle, die durch das Carbonyl-Kohlenstoffatom gespielt wird, gerecht zu werden, wird außerdem die bevorzugte Orbitalwechselwirkung wie in Bild 11.17 eingezeichnet. Obwohl schwieriger zu erkennen, bleiben die stereochemischen Konsequenzen bei der Keten-Alken-Cycloaddition die Gleichen.

Bild 11.15

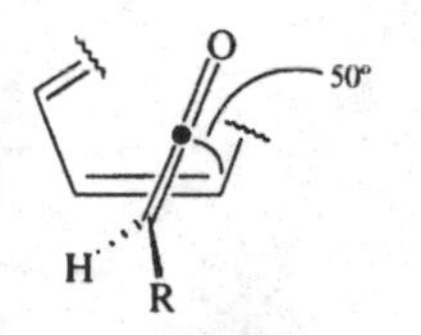

Bild 11.16

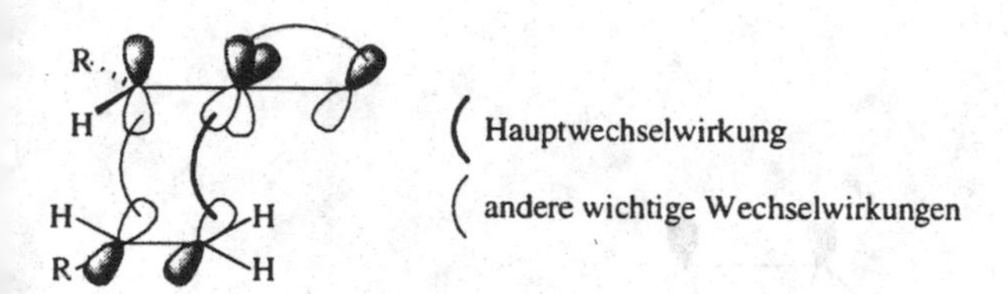

Bild 11.17

11.3 Elektrocyclische Reaktionen

Die Diels-Alder-Reaktion ist eine pericyclische Reaktion, bei der eine Umordnung von sechs π-Elektronen über einen cyclischen Übergangszustand verläuft. Wenn die sechs Elektronen im selben Molekül vorliegen, verläuft dieser Prozeß intramolekular und wird als eine elektrocyclische Reaktion bezeichnet (Bild 11.18). Solche thermischen elektrocyclischen Reaktionen sind stereospezifisch (Bild 11.19). Das HOMO des Triens ist ausschlaggebend und, um eine neue Sigmabindung zu bilden, müssen die gleichen Phasen des Orbitals überlappen.

Dazu ist unbedingt eine „disrotatorische“ Bewegung erforderlich. Der Begriff „disrotatorisch“ wurde eingeführt, um darauf hinzuweisen, daß die Substituenten sich an den Ende der Trien-Einheit in verschiedene Richtungen bewegen, an einem Ende im Uhrzeigersinn, am anderen Ende entgegen dem Uhrzeigersinn (Bild 11.21).

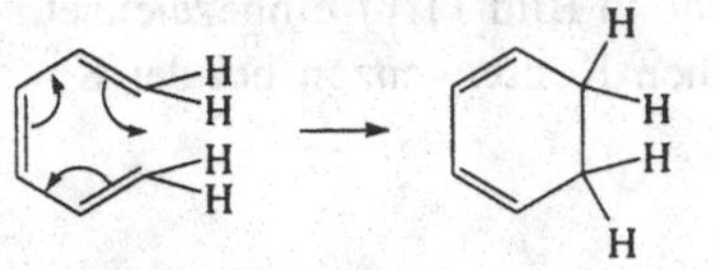

Bild 11.18

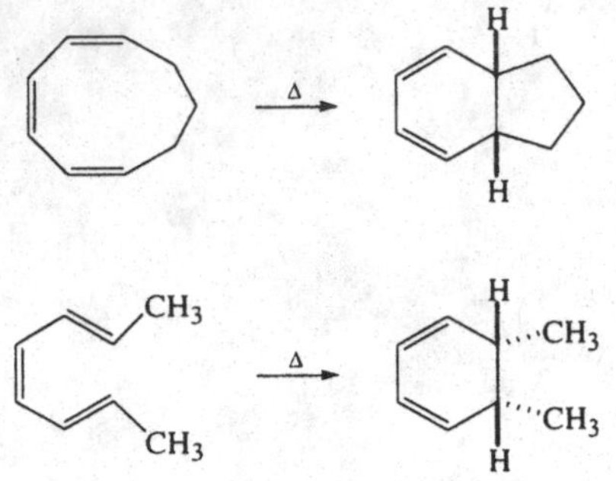

Bild 11.19

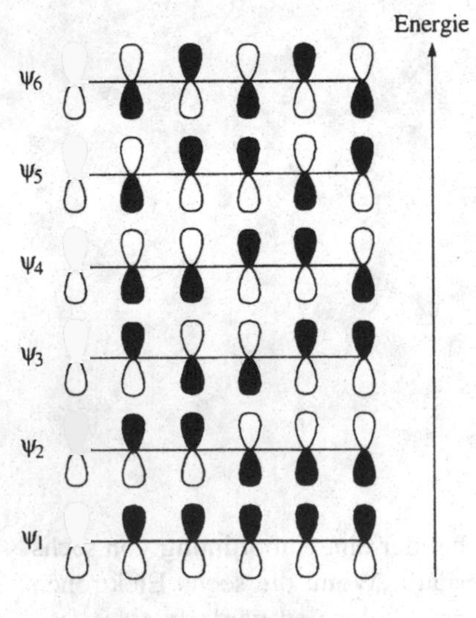

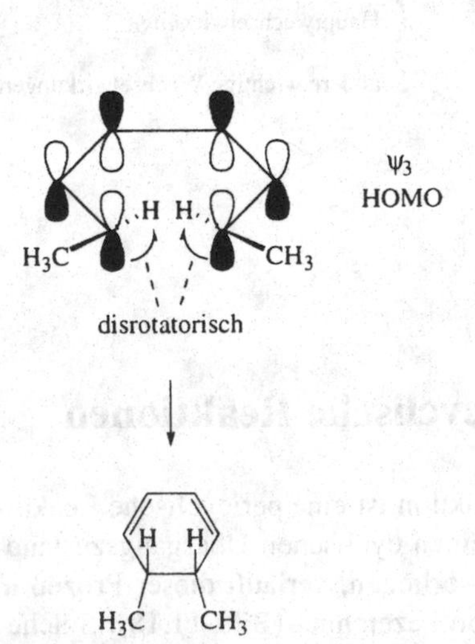

die *sechs* Molekülorbitale des *Sechs*-Elektronen-π-Systems eines Triens

Bild 11. 20

Eine elektrocyclische Ringschlußreaktion kann auch photochemisch erreicht werden. In diesem Fall ist die relative Konfiguration der Stereozentren im Produkt invers zu der bei den thermischen Cyclisierungen erhaltenen (Bild 11.22). Bei der Bestrahlung eines Triens wird ein Elektron vom Molekülorbital Ψ_3 in das Molekülorbital Ψ_4 angehoben. Das letztere wird damit zum HOMO und ist dann das Grenzorbital der Reaktion, nun ist eine „conrotatorische" Bewegung der Termini des Triens für die Bildung der Sigmabindung notwendig. So entsteht das *trans*-5,6-Dimethyl-1,2-cyclohexadien, dabei bewegen sich beide Methylgruppen entgegen dem Uhrzeigersinn (oder alternativ im Uhrzeigersinn, aber auf jeden fall „conrotatorisch").

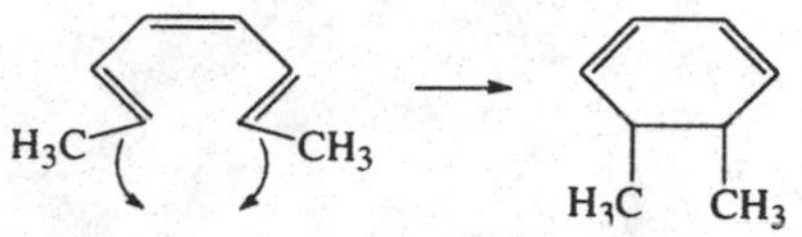

H_3C CH_3 → H_3C CH_3

Bild 11.21

Frage 11.2 Das Dimethylcyclobuten (**A**) ist nicht stabil, die Ringöffnung bei 200°C führt zu einem 2,4-Hexadien. Sagen Sie das stereochemische Resultat unter Zuhilfenahme der Tatsache voraus, daß elektrocyclische Reaktionen als reversibel betrachtet werden können.

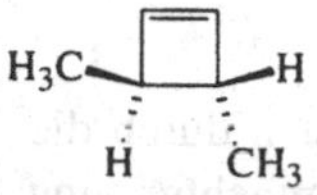

H_3C H H CH_3

A

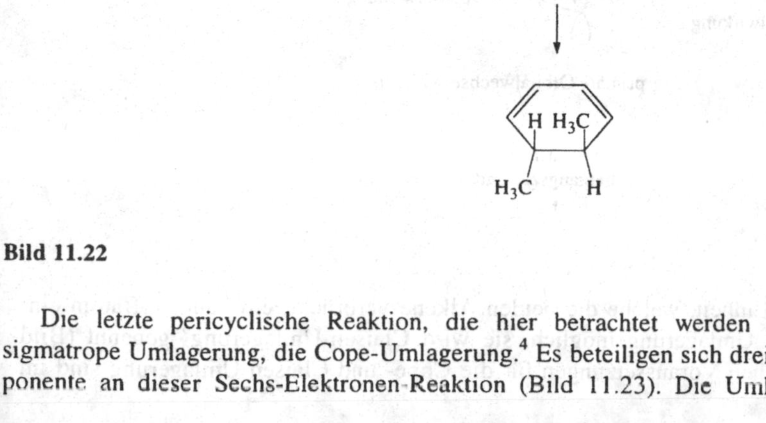

CH_3 CH_3 $h\nu$ H CH_3 H CH_3

H H H_3C CH_3 Ψ_4 HOMO

conrotatorisch

H H_3C H_3C H

Bild 11.22

Die letzte pericyclische Reaktion, die hier betrachtet werden soll, ist eine [3,3]-sigmatrope Umlagerung, die Cope-Umlagerung.[4] Es beteiligen sich drei Zentren jeder Komponente an dieser Sechs-Elektronen-Reaktion (Bild 11.23). Die Umlagerung verläuft im allgemeinen stereospezifisch und – wenn möglich – über einen sesselartigen Übergangszustand (Bild 11.24).

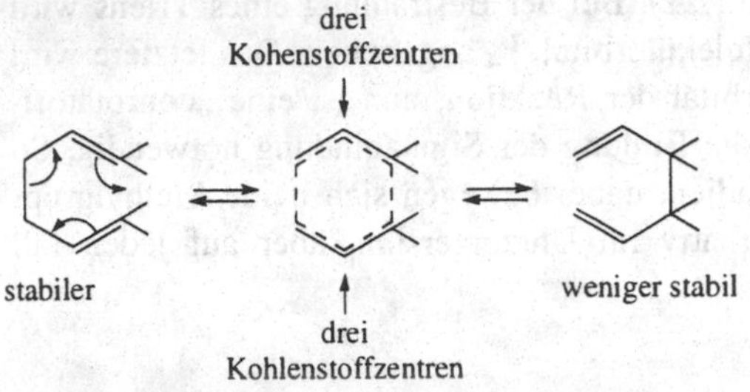

drei Kohenstoffzentren

stabiler

weniger stabil

drei Kohlenstoffzentren

Bild 11.23 Die Cope-Umlagerung

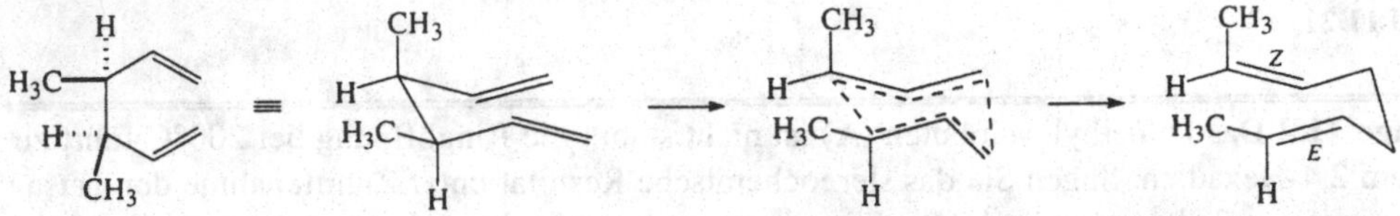

Bild 11.24

Der bootartige Übergangszustand ist weniger günstig, eine Tatsache, die sich durch die beteiligten Molekülorbitale erklären läßt. Wenn man die Bildung der neuen Einfachbindung als eine HOMO-LUMO-Wechselwirkung betrachtet, tritt im bootartigen Übergangszustand eine ungüstige Orbitalwechselwirkung zwischen C2 und C5 auf; diese fehlt dagegen im sesselartigen Übergangszustand (Bild 11.25).

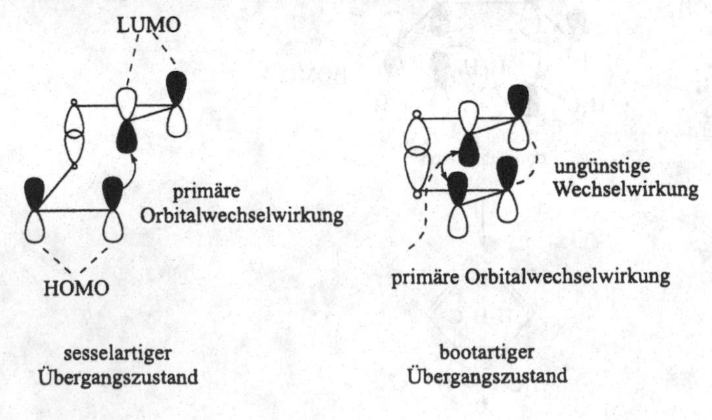

Bild 11.25

Wenn man in die Einheit, welche die beiden Alkene verbrückt, ein Sauerstoffatom einbaut, ist eine analoge Umlagerung möglich, sie wird Claisen-Umlagerung[6] genannt (Bild 11.26). Die energetischen Voraussetzungen für die Cope- und Claisen-Umlagerung sind im wesentlichen identisch. Beispiele finden sich für die Umwandlung von cyclischen Strukturen in die verschiedensten Ringgrößen und Funktionalitäten (Bild 11.27). Die Bevorzugung des sesselartigen Übergangszustandes bei der Claisen-Umlagerung von acyclischen Allyl-Vinyl-Ethern liegt bei etwa 95 %, und dies ist für den stereokontrollierten Verlauf solcher Reaktionen verantwortlich. Die Anordnung der Substituenten an der neuen C–C-Bindung kann auf der Basis beider Olefingeometrien vorhergesagt werden. Dieses Prinzip ist in Bild 11.28 gezeigt, *EE* und *ZZ* geben bevorzugt (>95 %) das *threo*-Diastereomer, während die *EZ*-Isomere bevorzugt (wieder >95 %) das *erythro*-Diastereomer ergeben.

Frage 11.3 Der Enolether (**A**) ergibt eines der beiden Enantiomere (*S*)-**B** oder (*R*)-**B** als das Hauptprodukt. Leiten Sie durch Zeichnen der beiden möglichen sesselartigen Übergangszustände ab, welches Enantiomer das bevorzugt gebildete Produkt ist.

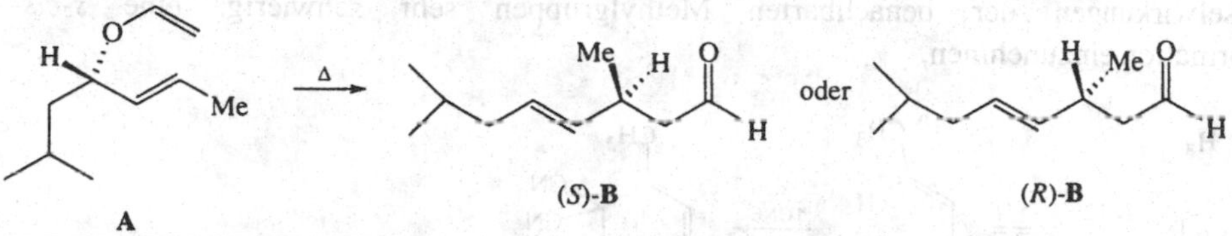

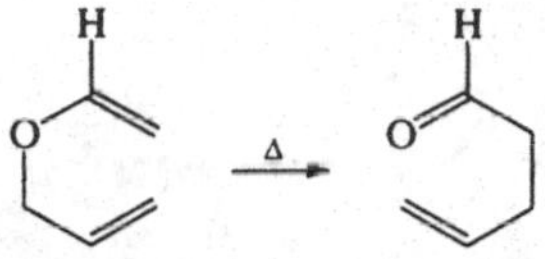

H O Me Δ Me H O H oder H Me O H

A (*S*)-**B** (*R*)-**B**

H O Δ H O

Bild 11.26 Die Claisen-Umlagerung

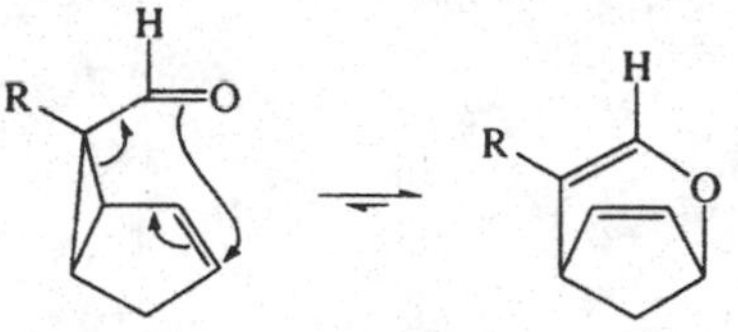

H R O H R O

Bild 11.27

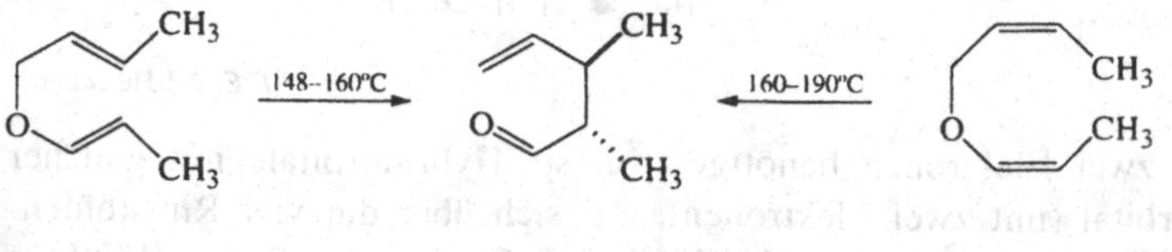

CH_3 O CH_3 148–160°C CH_3 O CH_3 160–190°C CH_3 O CH_3

Bild 11.28 (a)

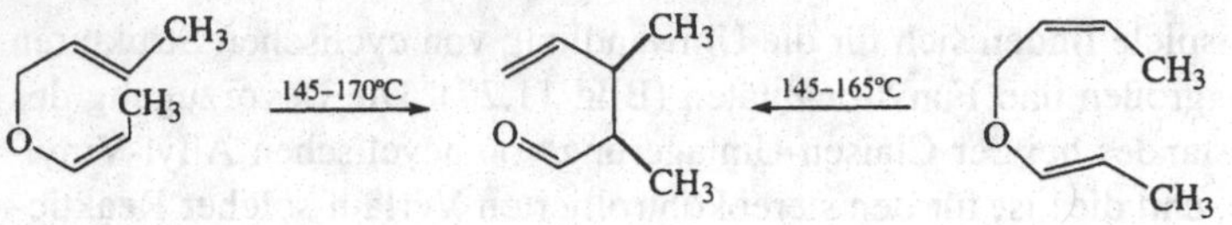

Bild 11.28 (b)

Antworten

Frage 11.1 (*E*)-1,3-Pentadien kann das *s-cis*-Konformer leichter als das (*Z*)-1,3-Pentadien bilden. Die *s-cis*-Anordnung ist für eine effektive Überlappung der Molekülorbitale bei der pericyclischen Reaktion notwendig. Für das (*Z,Z*)-2,4-Hexadien ist es aufgrund starker Wechselwirkungen der benachbarten Methylgruppen sehr schwierig, eine *s-cis*-Konformation einzunehmen.

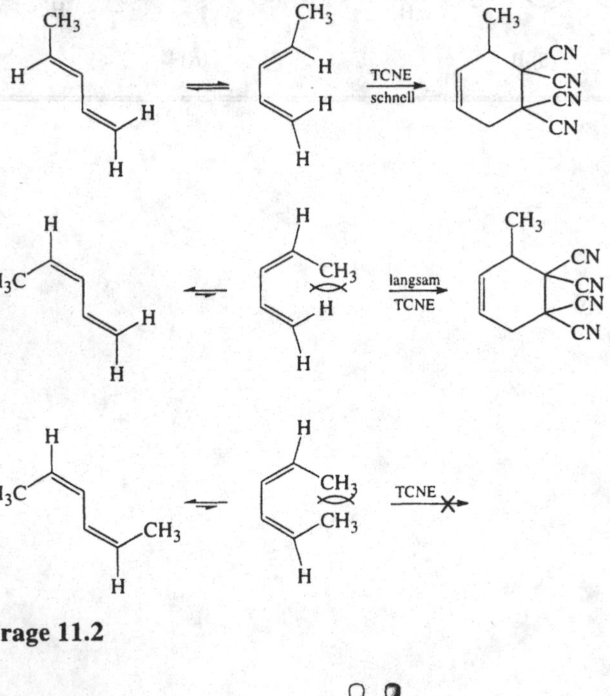

Frage 11.2

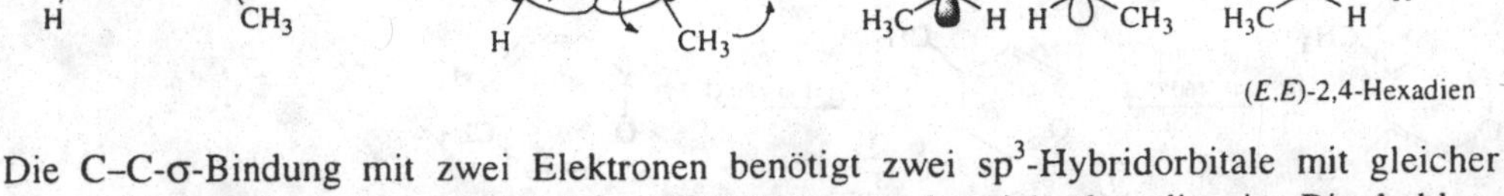

(*E,E*)-2,4-Hexadien

Die C–C-σ-Bindung mit zwei Elektronen benötigt zwei sp^3-Hybridorbitale mit gleicher Phase. Um ein Molekülorbital (mit zwei Elektronen), das sich über die vier Ringkohlenstoffatome erstreckt, zu bilden, müssen die Hybridorbitale ihre Bindung brechen und sich so drehen, daß sie in gleicher Phase mit den Orbitallappen des unbesetzten π*-Orbitals der Alkeneinheit sind. So entsteht das HOMO mit zwei Elektronen, es ist eine conrotatorische Bewegung notwendig, das *E,E*-Dien ist das Hauptprodukt.

Frage 11.3 Weil in dieser pericyclischen Reaktion eine ungünstige axiale Anordnung der *sek*-Butylgruppe vermieden wird, wird (*S*)-**B** als Hauptprodukt gebildet.

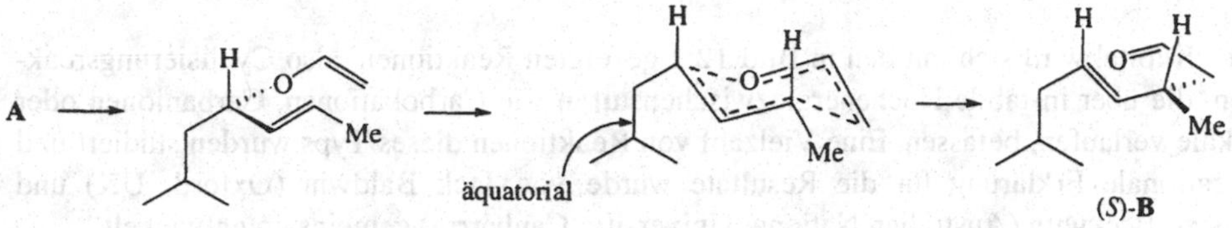

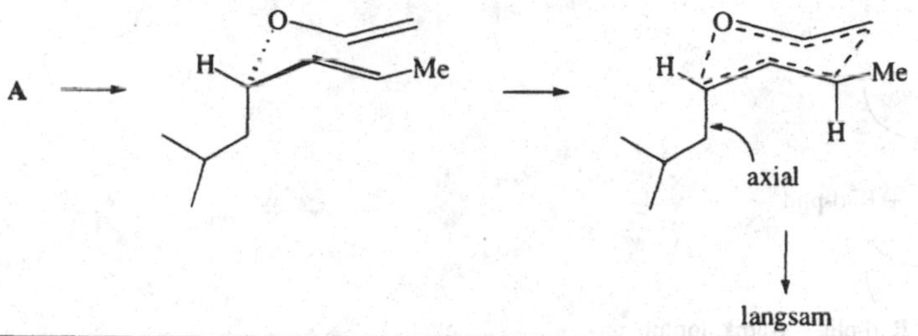

Literatur

1. J. B. Hendrickson, *Angew. Chem.* **1974**, *86*, 71-100.
2. G. Brieger, J. N. Bennett, *Chem. Rev.* **1980**, *80*, 63-97.
3. R. B. Woodward, R. Hoffmann, *Angew. Chem.* **1969**, *81*, 797-869.
4. H. Levy, A. C. Cope, *J. Am. Chem. Soc.* **1944**, *66*, 1684-1688. P. A. Bartlett, *Tetrahedron* **1980**, *36*, 2-72.
5. C. J. Moody, *Adv. Heterocycl. Chem.* **1987**, *42*, 203-244.

12 Über Hochenergiezwischenstufen verlaufende Cyclisierungen

Dieses Kapitel wird sich mit den in Bild 12.1 gezeigten Reaktionen, also Cyclisierungsreaktionen, die über instabile Hochenergiezwischenstufen wie Carbokationen, Carbanionen oder Radikale verlaufen, befassen. Eine Vielzahl von Reaktionen dieses Typs wurden studiert und eine rationale Erklärung für die Resultate wurde von Jack Baldwin (Oxford, UK) und Athelstan Beckwith (Australian National University, Canberrra) gemeinsam entwickelt.[1]

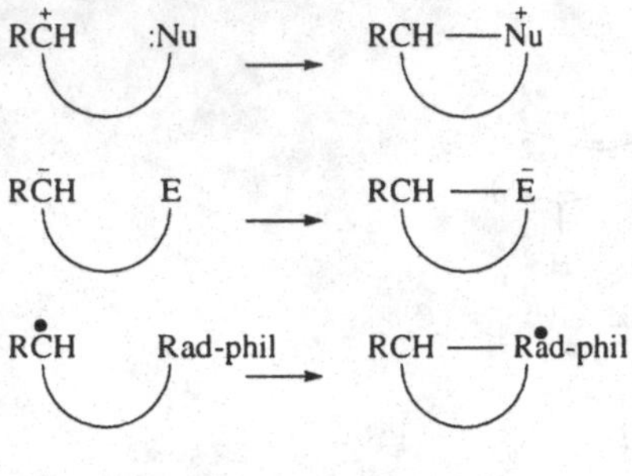

$R\overset{+}{C}H$:Nu ⟶ RCH—$\overset{+}{N}u$

$R\overset{-}{C}H$ E ⟶ RCH—$\overset{-}{E}$

$R\overset{\bullet}{C}H$ Rad-phil ⟶ RCH—$R\overset{\bullet}{a}d$-phil

Nu = Nucleophil; E = Electrophil; Rad-phil = Radikalophil

Bild 12.1

12.1 Intramolekularer Angriff eines Nucleophils

Die Erklärung, die von Baldwin gegeben wird, läßt sich am besten anhand von nucleophilen Angriffen auf elektrophile Zentren erläutern. S_N2-Reaktionen verlaufen über den Rückseitenangriff des Nucleophils an dem sp^3-hybridisierten tetraedrischen (*tet*) Kohlenstoffatom (Bild 12.2). Der Angriff des Nucleophils an einem sp^2-hybridisierten trigonalen (*trig*) Zentrum (wie z.B. einer Carbonylgruppe) findet unter einem Winkel von 109° zum Elektronenakzeptor statt (die Bürgi-Dunitz-Trajektorie).[2] Für den Angriff eines Nucleophils an einem sp-hybridisierten diagonalen (*dig*) Kohlenstoffzentrum (z.B. ein Nitril) wurde ein Winkel von 60° vorgeschlagen.

Wenn das Nucleophil durch eine Kette von Atomen mit dem Nucleophil verbrückt ist, ist die Länge dieser Kette ein Faktor, der bestimmt, ob die intramolekulare Reaktion günstig oder ungünstig ist. Ein weiterer Faktor ist die Frage, ob der Elektronenfluß der Reaktion extern (*exo*) zum sich bildenden Ring oder endocyclisch (*endo*) verläuft (nur für *trig* oder *dig*, Bild 12.3). Daher ist es möglich, die Reaktionen dieses Typs durch folgende Begriffe zu beschreiben:

(1) der Zahl der Atome in neuen Ring
(2) der Beschaffenheit des elektrophilen Zetrums: *tet*, *trig* oder *dig*
(3) dem Elektronenfluß: *endo* oder *exo*

Man fand, daß wie in Tabelle 12.1 gezeigt, die verschiedenen Reaktionstypen entweder günstig oder ungünstig sind.

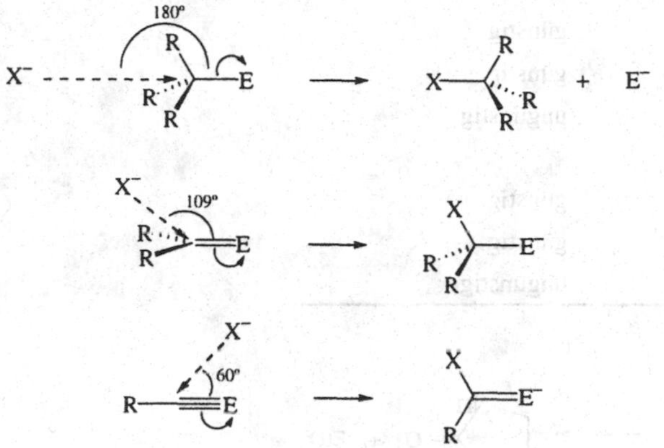

Bild 12.2

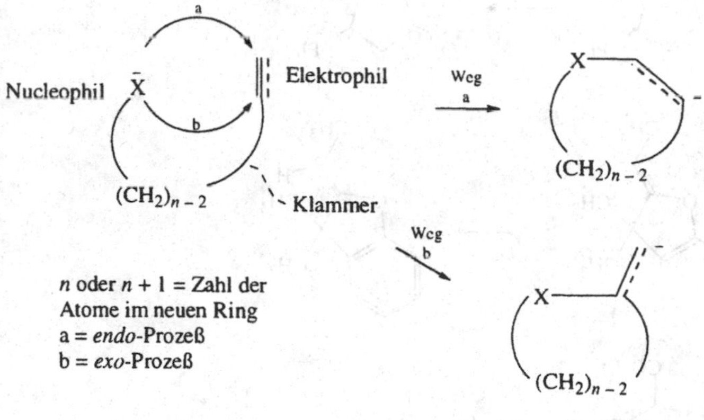

Nucleophil Elektrophil Klammer Weg a Weg b $(CH_2)_{n-2}$

n oder *n* + 1 = Zahl der Atome im neuen Ring
a = *endo*-Prozeß
b = *exo*-Prozeß

Bild 12.3

Die ungünstigen Reaktionen sind nicht unmöglich, sie sind nur schwerer zu erreichen. Die Baldwin-Regeln sind für die Elemente der ersten Achterperiode (C, N, O) streng gültig; die größeren und leichter polarisierbaren Elemente der zweiten Achterperiode, können unter Winkeln angreifen, die bei den Elementen der ersten Periode nicht möglich sind. Einige Beispiele für nucleophile Angriffe auf elektrophile Zentren sind in Bild 12.4 gezeigt.

Tabelle 12.1

n	*exo/endo*	*tet*, *trig* oder *dig*	günstig/ungünstig
3-7	*exo*	*tet*	günstig
3-6	*endo*	*tet*	ungünstig
3-7	*exo*	*trig*	günstig
6-7	*endo*	*trig*	günstig
3-5	*endo*	*trig*	ungünstig
5-7	*exo*	*dig*	günstig
3-7	*endo*	*dig*	günstig
3, 4	*exo*	*dig*	ungünstig

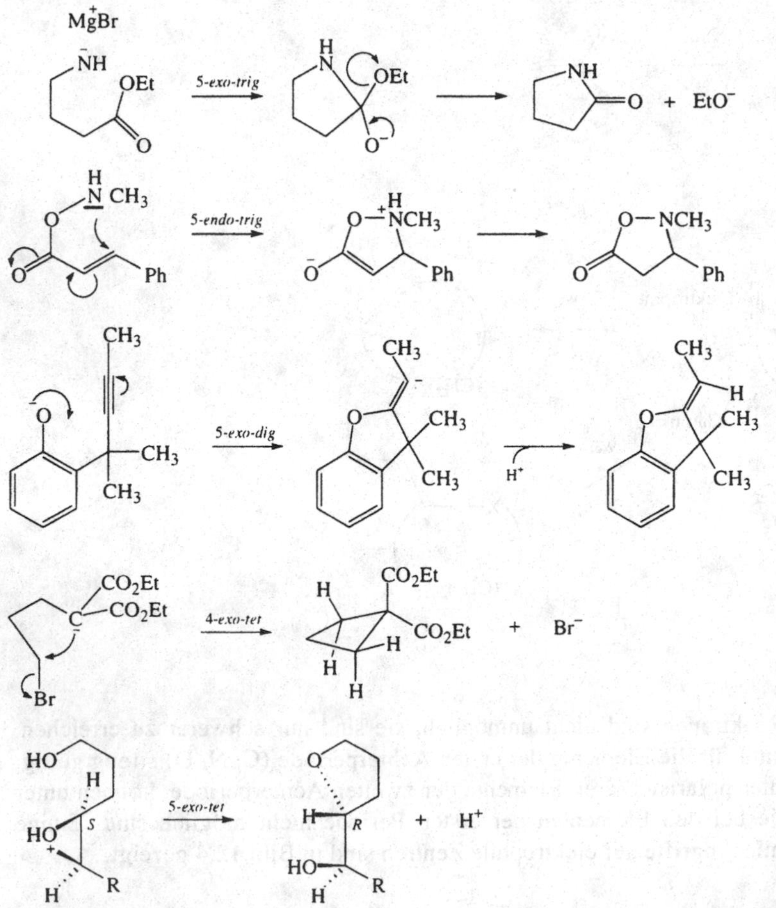

MgBr NH OEt O 5-*exo-trig* H N OEt O⁻ NH O + EtO⁻

H N CH₃ O O Ph 5-*endo-trig* H O NCH₃ O Ph O NCH₃ O Ph

CH₃ O CH₃ CH₃ 5-*exo-dig* CH₃ O CH₃ CH₃ H⁺ CH₃ H O CH₃ CH₃

CO₂Et CO₂Et C Br 4-*exo-tet* H CO₂Et CO₂Et H H H + Br⁻

HO H S HO H R 5-*exo-tet* O H R + H⁺ HO H R

Bild 12.4

Die säurekatalysierte Ringöffnung eines Epoxids durch ein benachbartes Nucleophil (letztes Beispiel in Bild 12.4) ist den in der synthetischen Chemie sehr populär gewordenen Iodlactonisierungsreaktionen (siehe z.B. Bild 12.5) weitgehend analog. Dies liegt daran, daß auf diese weise ebenfalls sauerstoffhaltige Heterocyclen stereokontrolliert aufgebaut werden können.

Solche Halocyclisierungen werden oft im Sinn der Baldwin-Regeln interpretiert. Da sie aber über kationische Zwischenstufen verlaufen, sind diese Regeln hier nicht immer streng gültig. Trotzdem gibt es oft ausreichend Analogie und die Reaktionen können genutzt werden, um hochfunktionalisierte Heterocyclen aus Alkencarbonsäuren und Alkenolen herzustellen (Bild 12.6). Die in Bild 12.6 gezeigten Transformationen zeigen, daß *exo*-Reaktionen bei kinetisch kontrollierten Bedingungen immer bevorzugt sind, insbesondere dann, wenn keine zusätzlichen elektronischen oder sterischen Faktoren zu berücksichtigen sind. Die bevorzugten Übergangszustände der letzten beiden Reaktionen aus Bild 12.6 sind in Bild 12.7 gezeigt. Man kann sehen, daß die Alkeneinheit synclinal zur der (im Vergleich zu Wasserstoff) sperrigeren Amid- (a) oder Methyl-Guppe (b) steht.

Frage 12.1 Das Iodid (**A**) kann dazu gebracht werden, eine 6-*endo-dig*-Cyclisierung einzugehen (eingeleitet durch den Verlust des Iodatoms). Geben Sie die Struktur des Produkts an.

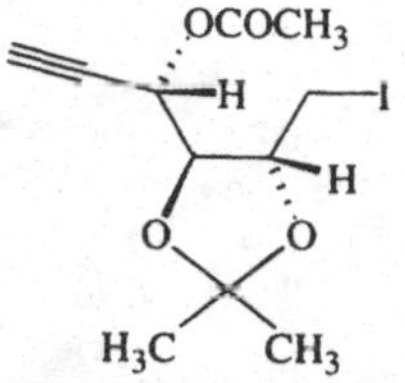

$OCOCH_3$ H I H O O H_3C CH_3 **A**

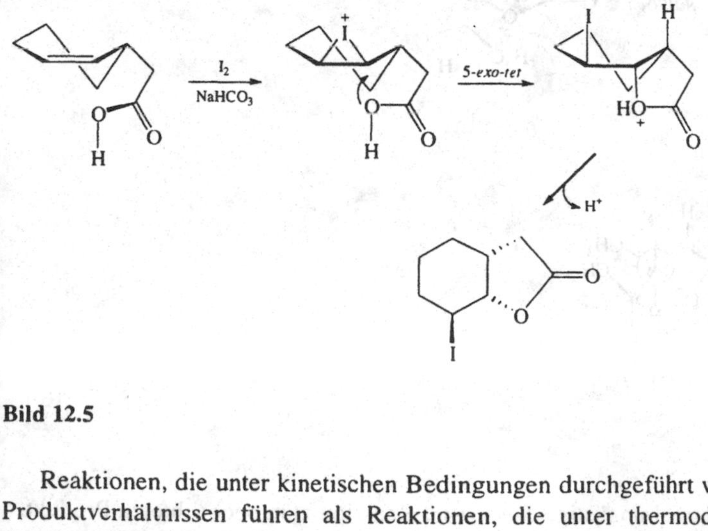

I_2 $NaHCO_3$ 5-*exo-tet* H^+

Bild 12.5

Reaktionen, die unter kinetischen Bedingungen durchgeführt werden, können zu anderen Produktverhältnissen führen als Reaktionen, die unter thermodynamischen Bedingungen durchgeführt werden (Bild 12.8). Die Iodlactonisierung von (*S*)-4-Methylhex-5-ensäure ergibt über einen Übergangszustand, der dem aus Bild 12.7(a) ähnelt, das *cis*-Lacton. Unter thermodynamischer Kontrolle sind die benachbarten Substituenten im neugebildeten Ring *trans* zueinander angeordnet. Dies ist die günstigere Anordnung, in der sich beide Substituenten in äquatorialer Position befinden.

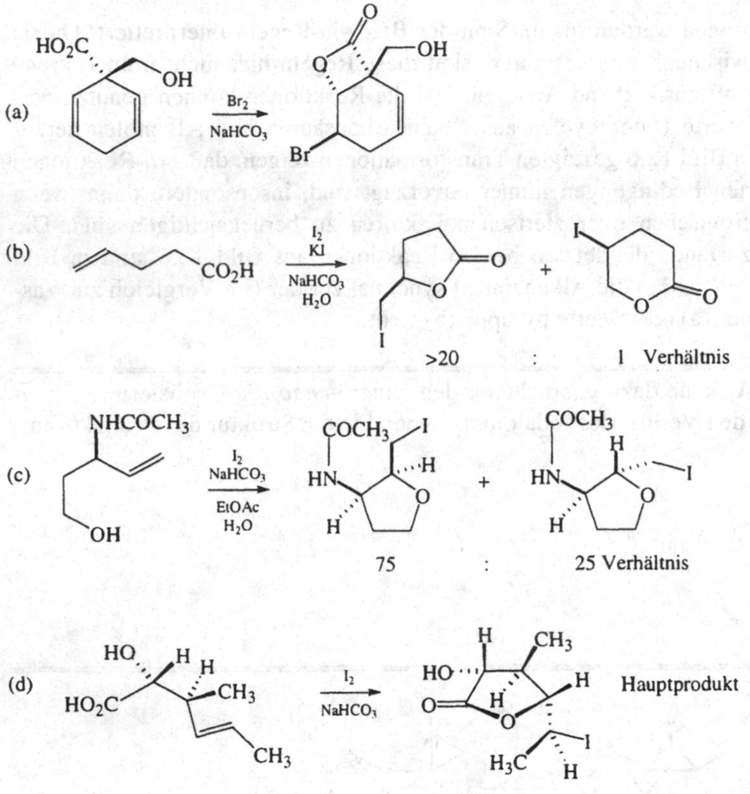

Bild 12.6

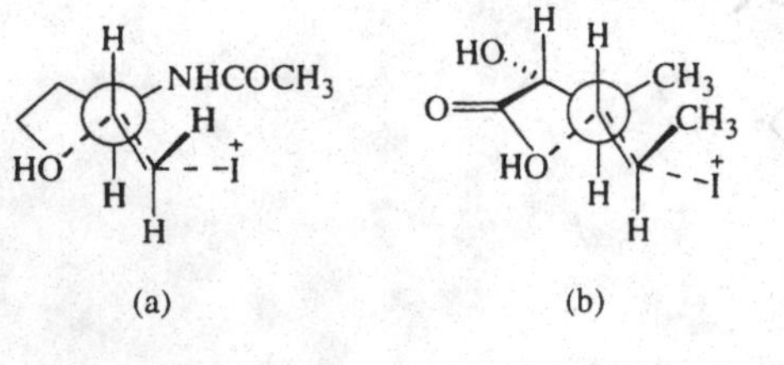

Bild 12.7

In Bild 12.9 führt eine formal ungüstige 5-*endo-tet*-Reaktion zum beobachteten Produkt. In diesem Fall ist die alternative 4-*exo-tet*-Reaktion nicht möglich, weil dann eine gespannte *trans*-Verknüpfung der Ringe im entstehenden Bicyclo[4.2.0]octan-Derivat notwendig wäre.

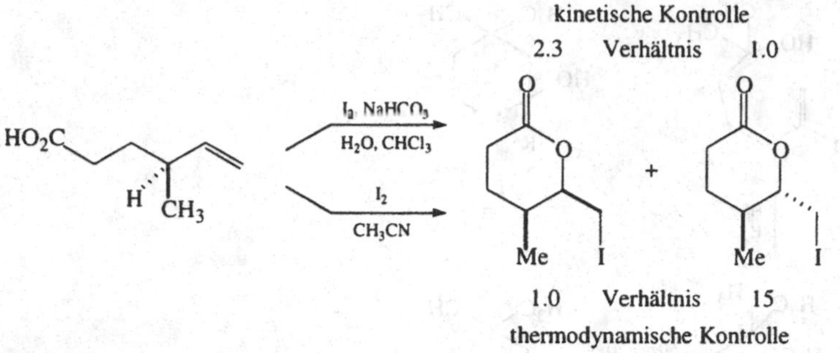

kinetische Kontrolle
2.3 Verhältnis 1.0

HO_2C ... H CH$_3$ — I_2, $NaHCO_3$, H_2O, $CHCl_3$ / I_2, CH_3CN → Me I + Me I

1.0 Verhältnis 15
thermodynamische Kontrolle

Bild 12.8

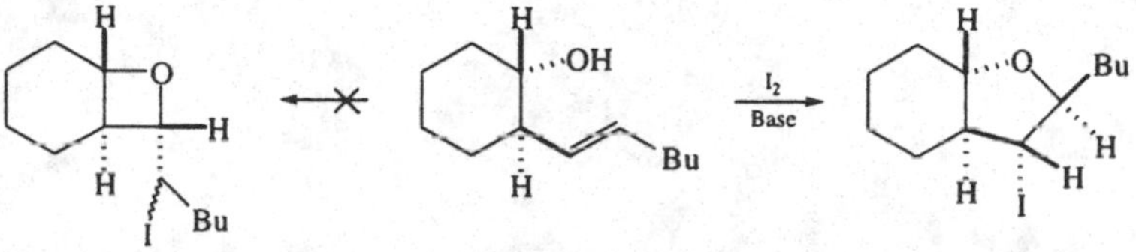

Bild 12.9

Frage 12.2 Zeichnen Sie den Übergangszustand (ein Iodoniumion beinhaltend), der die relative Konfiguration der Stereozentren im Produkt aus Bild 12.9 erklärt.

12.2 Cyclisierung von Carbokationen

Ähnliche Reaktivitätsmuster werden für energiereichere Zwischenstufen beobachtet, obwohl hier noch zusätzliche Faktoren das Ergebnis der Reaktion beeinflussen können. Der in Bild 12.10 gezeigte 6-*endo-trig*-Prozeß ist gegenüber dem alternativen 5-*exo-trig*-Reaktionsweg bevorzugt, weil das so gebildete, tertiäre Carbeniumion stabiler als das primäre Carbeniumion ist. Ein spektakuläres Beispiel für eine kationische, hoch stereokontrollierte Cyclisierung ist die Johnson-Cyclisierung[3] eines Polyens, die zum Steroidgerüst führt (Bild 12.11).

CH_3 H_3C HO R

CH_3 HO CH_3 R

H_3C CH_3 HO R

H_2O, $-H^+$

H^+, $-H_2O$

H_2O, $-H^+$

CH_3 H_3C H_2C^+ R

5-*exo-trig*

H_3C CH_3 H_2C R

6-*endo-trig*

H_3C CH_3 R

C

Bild 12.10

Me Me SiMe$_3$ O O

Lewis-Säure (LS)

5-*endo* 6-*endo* 6-*endo* 6-*exo* Me Me SiMe$_3$ $^+$O OLA

Me Me H H H OCH_2CH_2OH

Bild 12.11

12.3 Radikalische Cyclisierungen

Kohlenstoff-Radikale sind gut studierte Species und wurden in jüngster Zeit häufig in der präparativen Organischen Chemie verwendet. Das Radikal selbst kann zwei verschiedene Formen einnehmen. Wenn das ungepaarte Elektron sich in einem p-Orbital eines sp^2-hybridisierten Systems befindet, hätte das Radikal eine planare Anordnung der Substituenten (Bild 12.12). Wenn das ungepaarte Elektron eines der vier sp^3-Hybridorbitale einnimmt, wird eine pyramidale Struktur gebildet. Spektroskopische Messungen deuten darauf hin, daß einfache Alkylradikale eine planare Geometrie aufweisen. Wenn jedoch das Kohlenstoffradikal einen stark elektronegativen Substituenten trägt, wird die Konfiguration pyramidaler, und diese Abweichung von der Planarität wächst mit der Zahl der elektronegativen Substituenten (Bild 12.13). Für die pyramidalen Radikale ist die Inversionsbarriere niedrig.

R^1, R^2, R^3 — sp^2-hybridisiertes System mit einem einzelnen Elektron in einem p-Orbital

R^1, R^2, R^3 — sp^3-hybridisiertes System mit einem einzelnen Elektron in einem sp^3-Hybridorbital

Bild 12.12

$Me^\bullet < FH_2C^\bullet < F_2HC^\bullet < F_3C^\bullet$

Bild 12.13

Alkylradikale sind nucleophil und greifen einfache Verbindungen wie Fumarsäuredimethylester [(*E*)-$MeO_2CCH{=}CHCO_2Me$] an. Die relativen Reaktionsraten von Alkylradikalen folgen der Reihung tertiär > sekundär > primär. Eine zunehmende Zahl von Alkylgruppen um das Radikalzentrum erhöht die Energie des einfachbesetzten Molekülorbitals (singly occupied molecular orbital, SOMO) und bringt es damit energetisch näher an des LUMO des Alkens (Bild 12.14).

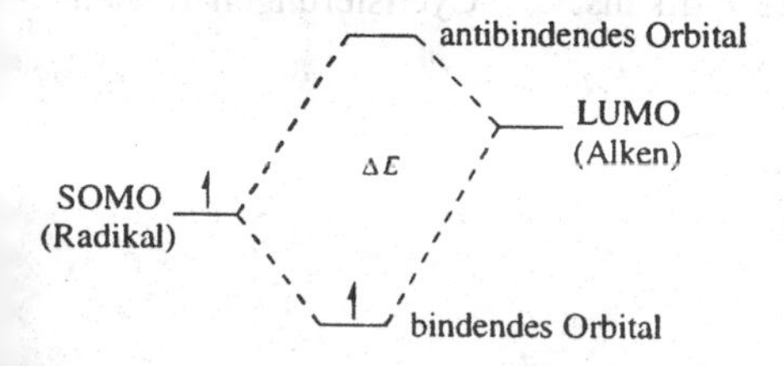

Bild 12.14 Wechselwirkung des SOMO des nucleophilen Radikals mit dem LUMO des Alkens.

Bei radikalischen Ringschlußreaktionen reagieren nucleophile (Alkyl-) Radikale bevorzugt mit elektropositiven Zentren über einen 5-*exo-trig*-Angriff (Bild 12.15). Wenn eine Wahl zwischen der Bildung eines größeren oder kleineren Ringes besteht, führen Radikalcyclisierungen zum kleineren Ring. Dies liegt daran, daß die SOMO-LUMO-Überlappung auf dem zum kleineren Ring führenden Reaktionspfad besser ist (Bild 12.16).

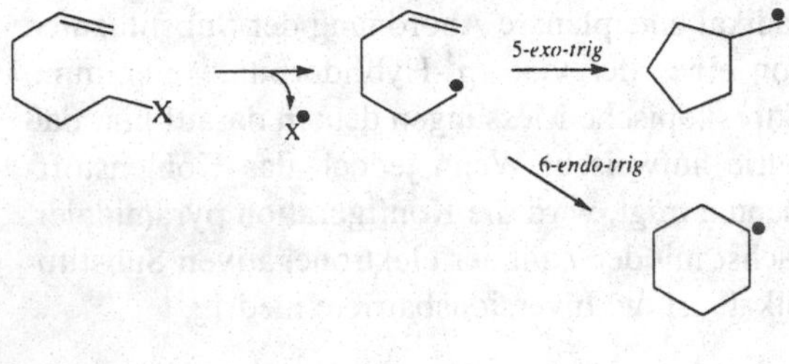

X X 5-*exo-trig* 6-*endo-trig*

Bild 12.15

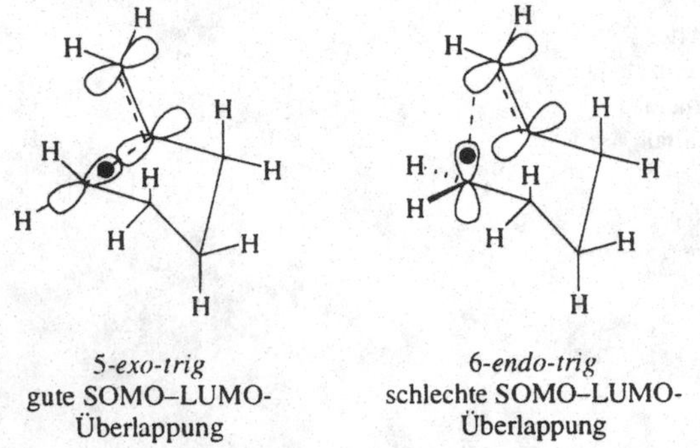

5-*exo-trig*
gute SOMO–LUMO-Überlappung

6-*endo-trig*
schlechte SOMO–LUMO-Überlappung

Bild 12.16

Das Substitutionsmuster der acyclischen Vorstufe bestimmt das Ausmaß der stereochemischen Kontrolle. Die Stereoselektivität bei der Bildung einfacher Cyclopentanderivate ist bescheiden (Bild 12.17), aber mit höher substituierten Systemen kann eine exzellente Selektivität erreicht werden. Das Beispiel aus Bild 12.18 zeigt, daß ein Acetal zur Kontrolle der Konfiguration der neu gebildeten Stereozentren bei radikalischen Cyclisierungen dienen kann.

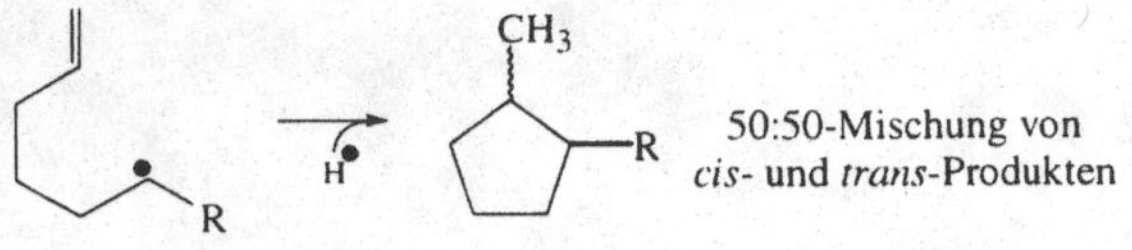

R H CH_3 R 50:50-Mischung von *cis*- und *trans*-Produkten

Bild 12.17

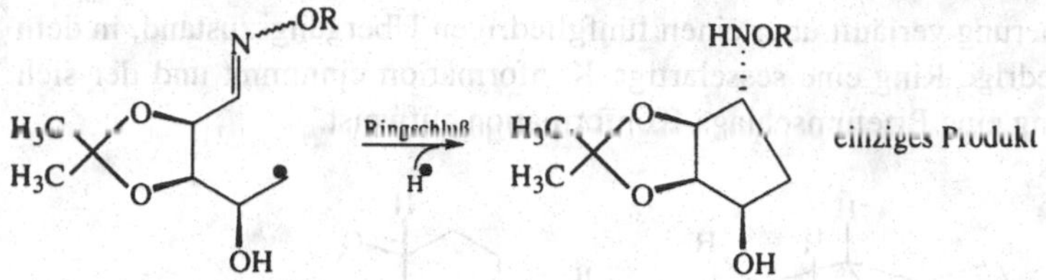

H_3C, H_3C, OR, N, O, O, OH, Ringschluß, H•, HNOR, einziges Produkt

Bild 12.18

Wie bei den kationischen Cyclisierungen (Bild 12.11) wurden auch bemerkenswerte radikalische Polyencyclisierungen entwickelt, die ebenfalls stereokontrolliert ablaufen (Bild 12.19).

Frage 12.3 Es wurde vermutet, daß die Addition eines Wasserstoffatoms (H•) an ein Kohlenstoffradikal **A** über einen Übergangszustand verläuft, der dem Felkin-Ahn-Übergangszustand der Addition eines Hydridions an das Keton PhCH(Me)COMe ähnelt (siehe Abschnitt 8.2.2). Wenn dies zutrifft und die Konfiguration des stereogenen Zentrums in **A** (*R*) ist, welche Konfiguration weist dann das neugebildete Stereozentrum des Produktes auf.

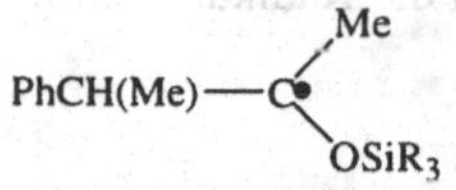

PhCH(Me)—C•, Me, $OSiR_3$

A

Antworten

Frage 12.1

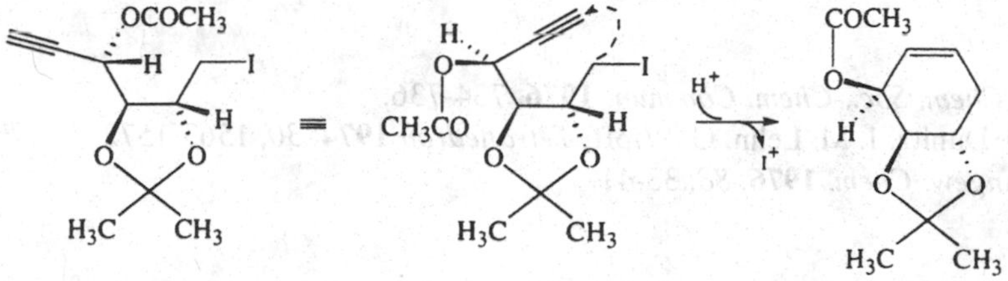

$OCOCH_3$, H, I, H, O, O, H_3C, CH_3 = H, O, CH_3CO, I, H, O, O, H_3C, CH_3 → H^+, I^+ $COCH_3$, O, H, O, O, H_3C, CH_3

Frage 12.2 Die Iodveretherung verläuft über einen fünfgliedrigen Übergangszustand, in dem der benachbarte sechsgliedrige Ring eine sesselartige Konformation einnimmt und der sich bildende fünfgliedrige Ring eine Briefumschlags-Konformation aufweist.

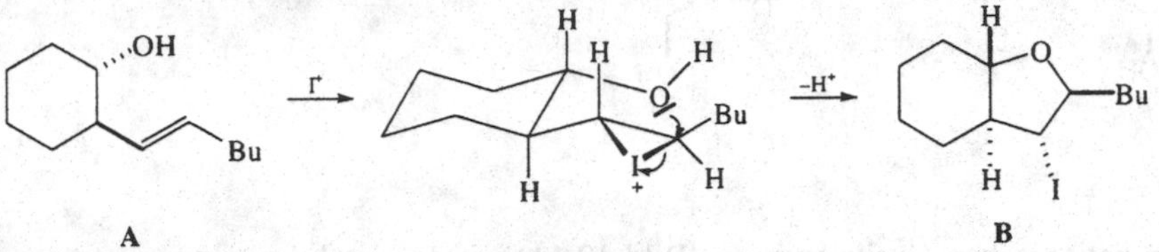

Frage 12.3

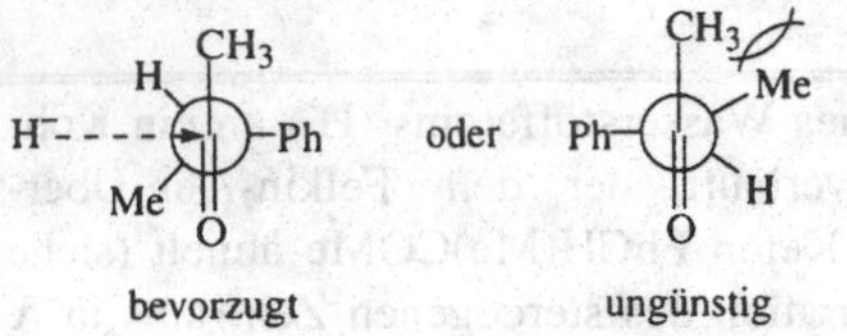

Der bevorzugte Felkin-Ahn-Übergangszustand für die Reduktion führt zu einem Produkt mit *S*-Konfiguration am neu gebildeten Stereozentrum. Analog dazu verläuft die Radikalreaktion über den unten gezeigten Übergangszustand und ergibt das *RS*-Produkt.

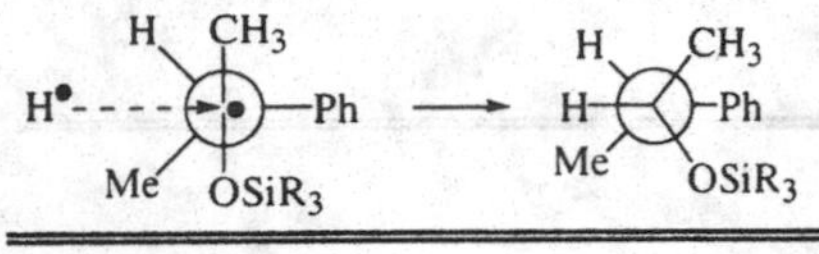

Literatur

1. J. E. Baldwin, *J. Chem. Soc., Chem. Commun.* **1976**, 734-736.
2. H. B. Bürgi, J. D. Dunitz, J. M. Lehn, G. Wipff, *Tetrahedron* **1974**, *30*, 1563-1572.
3. W. S. Johnson, *Angew. Chem.* **1976**, *88*, 33-41.

13 Stereochemie ausgewählter Polymere

Polymere können natürlichen Ursprungs (beispielsweise Proteine und Kohlenhydrate) oder vom Menschen hergestellt (zum Beispiel Polyester) sein. Eine Betrachtung dieser Materialien im Rahmen dieses Buches ist deshalb notwendig, weil ihre Eigenschaften häufig durch die relative Konfiguration der Stereozentren der Substituenten entlang des Rückgrats beeinflußt werden.

13.1 Synthetische Polymere

Polypropylen ist das einfachste Polymer, bei dem die makroskopischen Eigenschaften durch die Stereochemie beeinflußt werden. Wenn Propylen (2-Propen) polymerisiert wird, können die Methylgruppen entlang des Polymerrückgrats syndiotaktisch, isotaktisch oder zufällig (ataktisch) orientiert sein (Bild 13.1).

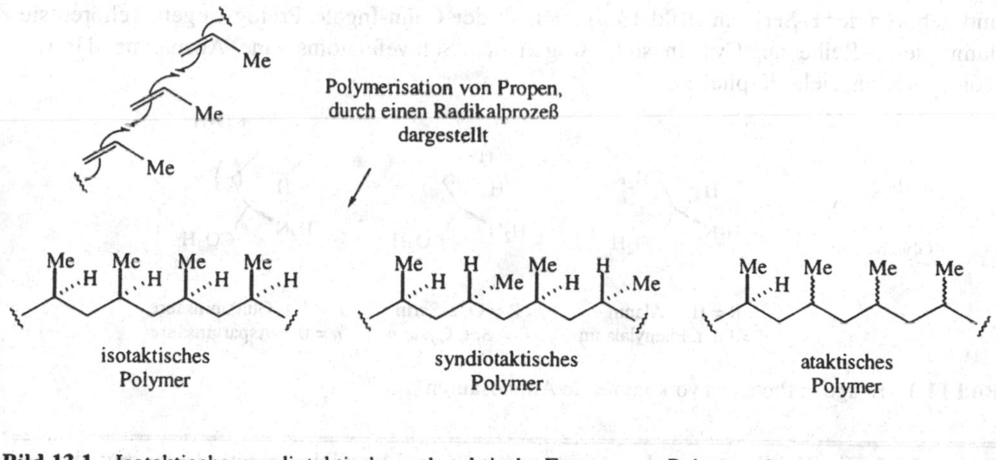

Polymerisation von Propen, durch einen Radikalprozeß dargestellt

isotaktisches Polymer

syndiotaktisches Polymer

ataktisches Polymer

Bild 13.1 Isotaktische, syndiotaktische und ataktische Formen von Polypropylen

Ein isotaktisches Polymer wird oft bei der durch Ziegler-Natta-Katalysatoren[1] (metallorganische Verbindungen, die aus Trialkylaluminium und Titantrichlord hergestellt wird) bewirkten Polymerisation des Monomers erzeugt. Die identischen Gruppen (im Fall von Polypropylen Methylgruppen) zeigen bei einem stereoregulären, konformativ fixierten Polymerrückgrat alle in eine Richtung. Die Van-der-Waals-Wechselwirkungen zwischen Ketten mit dieser regulären Anordnung sind stärker als die zwischen Ketten mit zufällig orientierten Gruppen (ataktisches Polymer). Ein Zuwachs der Taktizität des Polymers wird von einem Anstieg der Kristallinität der Verbindung begleitet. Daher sind isotaktische Polymere oft brüchige, hochschmelzende Feststoffe, während die korrespondierenden ataktischen

Polymere häufig gummiartige, niedrigschmelzende Feststoffe oder sirupöse Flüssigkeiten sind.

Wenn das Monomer asymmetrisch und optisch aktiv ist, besitzt das daraus abgeleitete Polymer die gleichen zwei Eigenschaften. So führt zum Beispiel die Polymerisation von (*R*)-Propenoxid zu isotaktischem, optisch aktivem Poly-(*R*)-propenoxid (Bild 13.2).

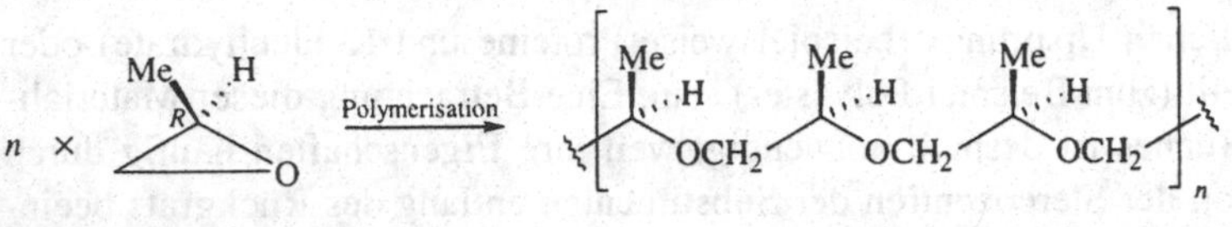

Bild 13.2 Isotaktisches Poly-(*R*)-propenoxid

13.2 Proteine

Proteine[2] sind aus aneinander kondensierten Aminosäuren aufgebaut. Es gibt 20 natürliche Aminosäuren, die im genetischen Code für die Biosynthese der Peptide berücksichtigt sind. Eine (Glycin) ist achiral, die anderen (Alanin, Serin, Cystein, Glutaminsäure etc.) sind chiral und gehören der L-Serie an (Bild 13.3). Gemäß der Cahn-Ingold-Prelog-Regeln gehören sie damit der *S*-Reihe an, Cystein stellt wegen des Schwefelatoms eine Ausnahme dar (*R*-Konfiguration, siehe Kapitel 3).

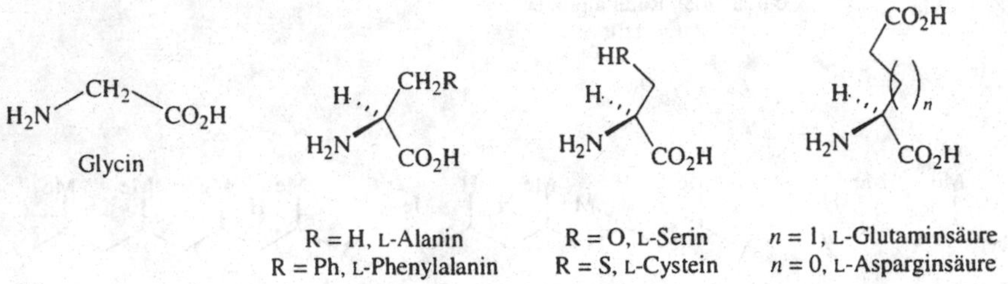

Bild 13.3 Einige in Proteinen vorkommende Aminosäuren

Frage 13.1 Die Kondensation der Aminogruppe von Phenylalaninmethylester mit der α-Carbonsäuregruppe von Asparaginsäure ergibt ein Dipeptid. Die *RS*-, *SR*, und *RR*-Isomere schmecken bitter, aber das *SS*-Diastereomer ist sehr süß und wird unter dem Namen Aspartam verkauft. Zeichnen Sie die Struktur von Aspartam.

Die Kondensation einer Reihe von Aminosäuren zu einer Peptidkette bzw. einem Polypeptid führt zur Primärstruktur eines Proteins (Bild 13.4). Eines der einfachsten Proteine ist Seide, ein Polymer der Aminosäuren Glycin, Alanin und Serin. Andere Strukturproteine sind komplizierter aufgebaut. Wolle weist zum Beispiel Cysteingruppen auf, diese sind über Disulfidbindungen (S–S) kreuzvernetzt (Bild 13.5).

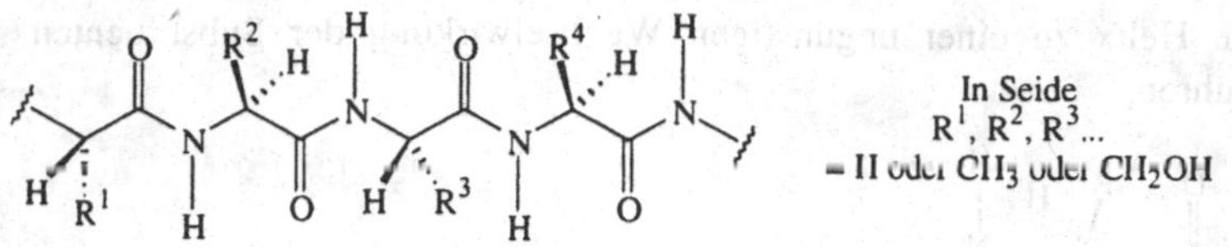

In Seide $R^1, R^2, R^3 ...$ = H oder CH_3 oder CH_2OH

Bild 13.4

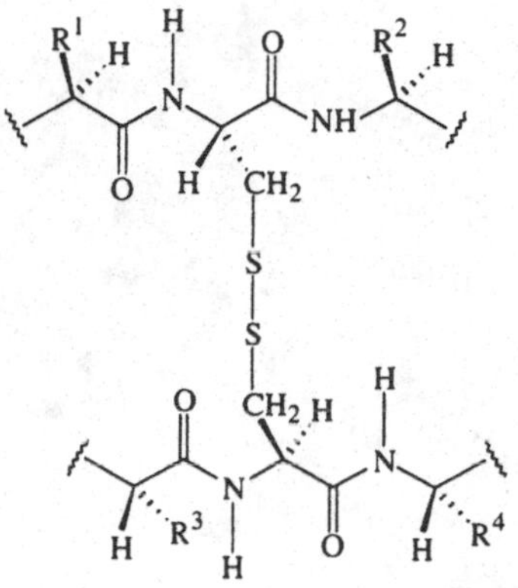

Bild 13.5 Typische kreuzvernetzte Polypeptidketten, z. B. in Wolle

Wenn man berücksichtigt, daß jede Position R^1, R^2, ... in Bild 13.4 Wasserstoff oder eine von 19 anderen Gruppen sein kann und kleine Proteine mehr als 200 Aminosäuren beinhalten können, wird klar, daß die Variationsmöglichkeiten in diesen natürlichen Polymeren immens sind. Wenn Methylgruppen und Wasserstoffatome die einzigen Substituenten am Rückgrat sind (R^1, R^2 ... = Me oder H), gibt es zwischen ihnen nur wenig Wechselwirkung. Doch bei allen größeren Gruppen gibt es repulsive Wechselwirkungen, die eine Verdrillung der Rückgrat-Kette bewirkt, die Alkylgruppen drehen sich voneinander weg und reduzieren damit ungünstige sterische Wechselwirkungen. Diese Abweichung von einer völlig planaren Anordung führt zu dem als Faltung bekannten Effekt.

Wenn benachbarte Peptidketten in entgegengesetzter Richtung orientiert sind (Bild 13.6), sind sie für *inter*molekulare Wasserstoffbrückenbindungen mit der anderen Peptidkette optimal angeordnet. Diese Orientierung der Stränge wird antiparallel genannt. Jeder Strang wird β-Strang genannt und wird „gefaltet", die Gruppen R^1, R^2 etc. liegen abwechselnd ein wenig über und unter der Ebene des β-Blattes. In Bild 13.7 ist eine alternative Anordnung des Blattes gezeigt, bei der die Aminosäuren parallel ausgerichtet sind.

Um die *intra*molekularen Wasserstoffbrückenbindungen zwischen benachbarten Peptideinheiten zu beeinflussen, wird eine dreidimensionale, helicale Struktur benötigt. Auf den ersten Blick könnte man glauben, daß die Kette sowohl eine linksgängige als auch eine rechtsgängige Helix bilden kann. Jedoch zwingt die Verdrillung durch intramolekulare Wasserstoffbrückenbindungen die Reste R dann in völlig unterschiedliche Positionen. In der rechtsgängigen Helix (Bild 3.18) zeigen die Substituenten der α-Aminosäuren mehr oder weniger von der helicalen Struktur weg und die Wasserstoffatome nach innen. Dagegen würde eine linksgängige Helix zu einer ungünstigen Wechselwirkung der Substituenten entlang der Hauptkette führen.

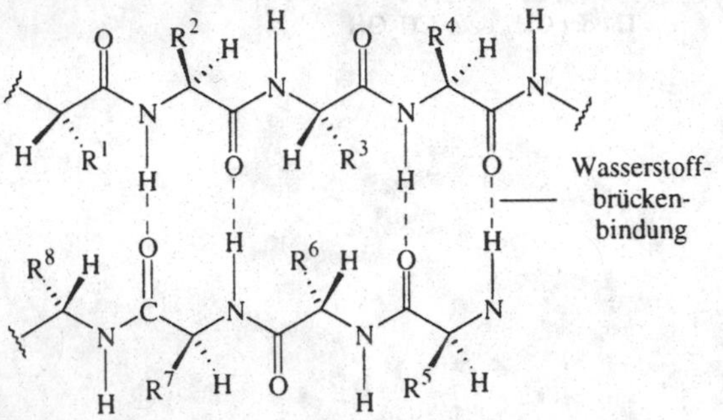

Wasserstoff-
brücken-
bindung

Bild 13.6 Antiparallele Faltblatt-Struktur

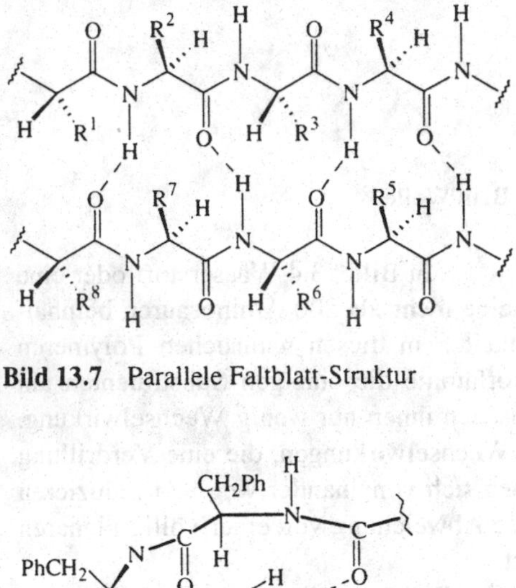

Bild 13.7 Parallele Faltblatt-Struktur

intramolekulare
Wasserstoffbrückenbindungen

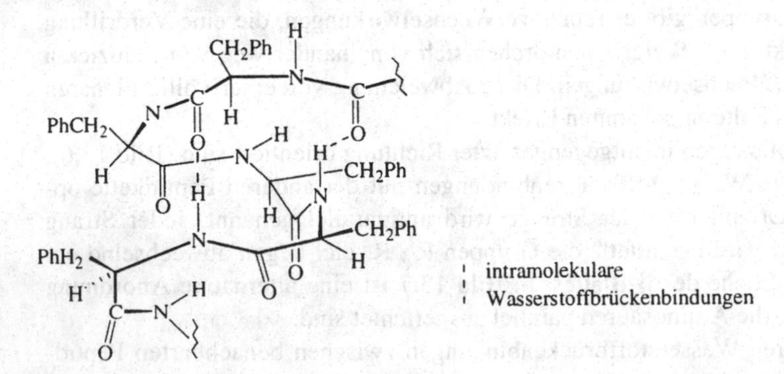

Bild 13.8 Die α-Helix eines Proteins, das aus Phenylalaninresten besteht.

Diese Anordnungen einer Proteinkette in Faltblättern oder Helices werden „Sekundärstruktur" eines Proteins genannt. Die vollständige Proteinstruktur besteht aus Faltblättern, Helices, „Loops" und „Turns", die die komplette Tertiärstruktur, im allgemeinen eine wunderschöne Anordnung wie das in Bild 13.9 gezeigte Bild der Festkörperstruktur eines Proteins, ergeben.

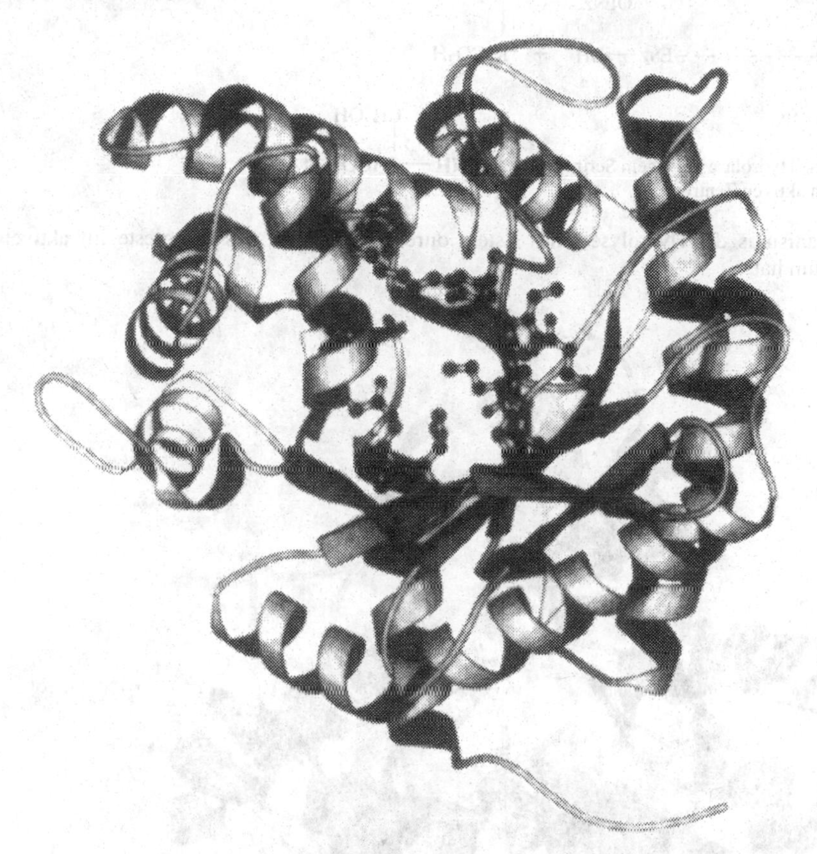

Bild 13.9 Struktur eines Proteins (menschliche Aldolase A); man erkennt helicale Regionen, Faltblattstrukturen (Pfeile) und undefinierte Bereiche (Schläuche).

Neben ihrer Funktion als Strukturproteine in Mikroorganismen, Pflanzen, Säugetieren etc. spielen Proteine auch eine wichtige Rolle als Enzyme. Letztere katalysieren Transformationen von Substraten (wie z.B. einem Ester) in wäßriger Lösung in Produkte (wie z.B. einem Alkohol und einer Carbonsäure). Als echter Katalysator wird das Enzym nach der Reaktion unverändert wieder freigesetzt (Bild 13.10).

$$R^1CO_2R^2 \xrightarrow[H_2O]{\text{Enzyme}} R^1CO_2H + R^2OH$$

Bild 13.10 Durch eine Hydrolase katalysierte Hydrolyse eines Esters.

In dem speziellen, in Bild 13.11 gezeigten Fall befindet sich ein Serinrest im aktiven Zentrum der Hydrolase. Das Protein katalysiert die Reaktion über die Bildung eines Acyl-Enzym-Komplexes, der rasch hydrolysiert wird.

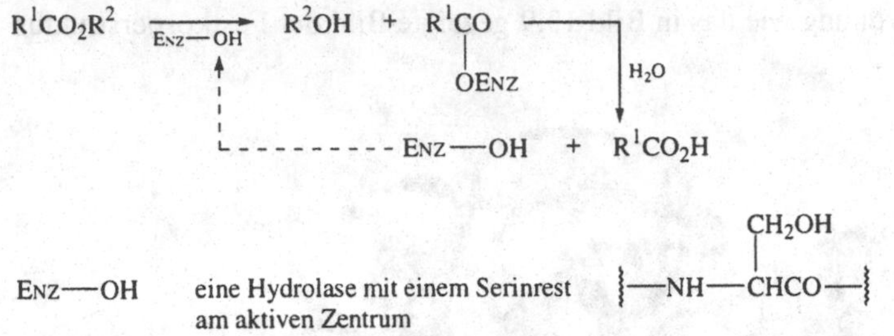

$$R^1CO_2R^2 \xrightarrow[\text{Enz—OH}]{} R^2OH + R^1CO\text{—OEnz} \xrightarrow{H_2O} \text{Enz—OH} + R^1CO_2H$$

Enz—OH eine Hydrolase mit einem Serinrest am aktiven Zentrum —NH—CH(CH_2OH)CO—

Bild 13.11 Mechanismus der Hydrolyse eines Esters durch ein Enzym, das Serinreste im aktiven Zentrum hat.

Bild 13.12 *Candida rugosa* Lipase komplexiert mit (1*R*)-Menthylhexylphosphonat (durch den Pfeil gekennzeichnet).

In solchen enzymkatalysierten Reaktionen paßt das Substrat (z.B. ein Ester) genau in das aktive Zentrum des Proteins und oft orientieren mehrere Wechselwirkungen (elektrostatische, Wasserstoffbrückenbindungen, van-der-Waals-Kräfte etc.) das Substrat so, daß die Acylierung des Serins rasch stattfindet. Bild 13.12 zeigt die Komplementarität der Form der Hydrolase und ihres Partners – sie verhalten sich wie Schlüssel und Schloß[3] (diese Analogiebetrachtung wurde erstmalig von Emil Fischer verwendet). Oft finden konformative Veränderungen innerhalb des Proteins und seinem Reaktionspartner ab, die die intermolekulare Bindung optimieren. Für eine weitere Diskussion der Wirkungsweise eines Enzyms und insbesondere der Nutzung von hydrolytischen und anderen Enzymen in der Organischen Chemie, siehe Kapitel 15.

Die Anlagerung eines Enzyms an ein Substrat führt zu einer Transformation der zuletztgenannten Species (ein Ester wird beispielsweise in die korrespondierende Carbonsäure und den Alkohol hydrolysiert). Eine andere Assoziation eines Proteins und eines kleinen Moleküls wird bei Rezeptor-(Ant)agonist-Bindungen beobachtet. In diesem Fall beinhaltet die Wechselwirkung des großen und des kleinen Moleküls nicht-kovalente Wechselwirkungen (elektrostatische, hydrophobe, Wasserstoffbrücken etc.), und das kleine Molekül wird aufgrund der Anlagerung nicht verändert. Die Wirkungsweise eines Rezeptors ist eng mit konformativen (also stereochemischen) Veränderungen (im Gegensatz zu Reaktionen) verbunden. Es ist wichtig, an dieser Stelle die Funktion dieser Makromoleküle zu diskutieren.

In Säugetierzellen gibt es für eine Reihe von Substanzen, von kleinen Molekülen wie Acetylcholin über Histamin und Adrenalin bis hin zu Polypeptiden mit höherem Molekulargewicht wie die Substanz P (Bild 13.13), membrangebundene Rezeptoren. Die in Bild 13.13 gezeigten, natürlich vorkommenden Substrate agieren als Agonisten zu ihren Rezeptoren. Die Agonist–Rezeptor-Bindung führt zu einer Veränderung der Konformation des Rezeptors – sowohl innerhalb als auch außerhalb der Zelle. Dies bewirkt entweder die intrazelluläre Aktivierung eines Enzyms oder die Öffnung eines Ionenkanals (Bild 13.14). Die Transformation eines Substrates A in ein Produkt B oder die Bewegung von Ionen (wie Na^+, K^+, Ca^{2+}) entlang eines Ionenkanals kann zu einer physiologischen Reaktion führen. Die Aktivierung des Adrenalin-Rezeptors im Herzen bewirkt z.B. eine Anstieg der Kontraktionsfrequenz und -kraft dieses Muskels.

$Me_3\overset{+}{N}CH_2CH_2OCOCH_3$

Acetylcholin

NH_2 N N H Histamin

HO HO $CH(OH)CH_2NHMe$

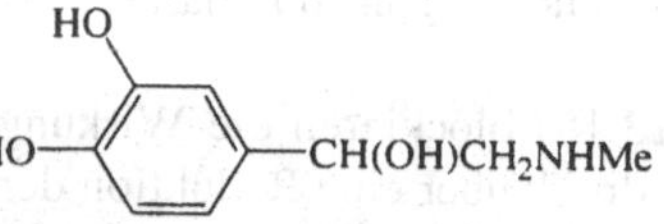

Adrenalin

H—Arg—Pro—Lys—Pro—Gln—Gln

H_2N—Met—Leu—Gly—Phe—Phe

Substanz P

Bild 13.13 Strukturen einiger Neurotransmitter.

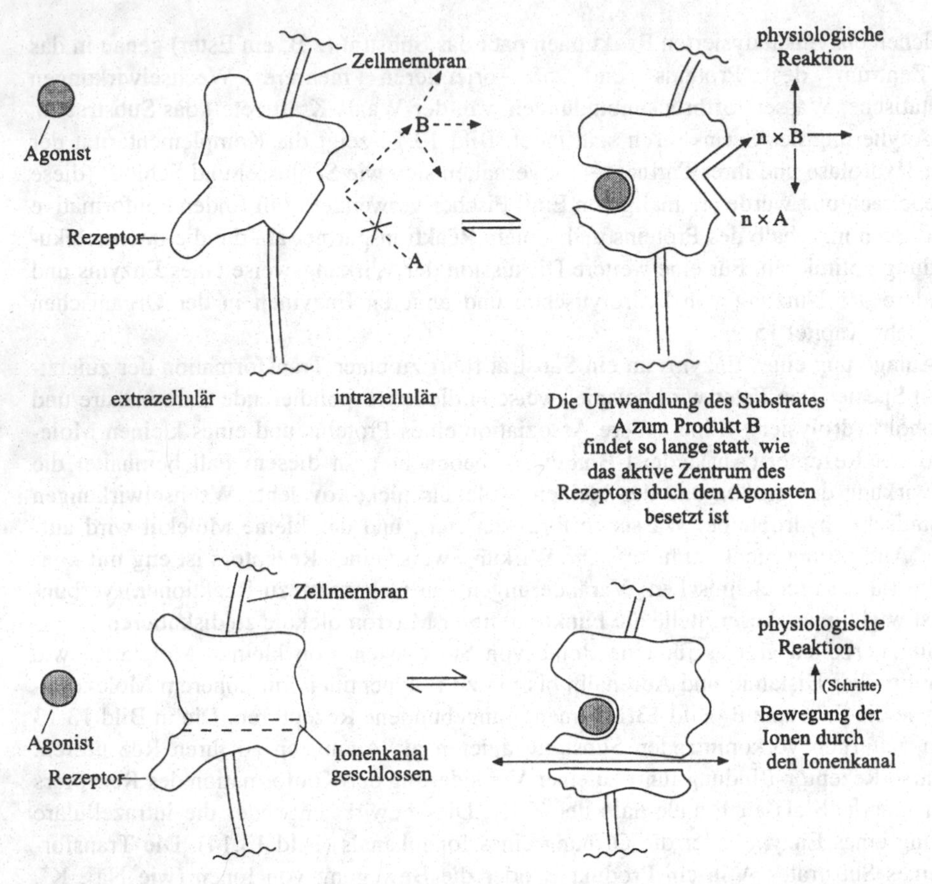

Bild 13.14 Diagrammartige Darstellung der Konformationsänderung eines Proteins (eines Rezeptors) bei der nicht-kovalenten Bindung eines Agonisten.

Eine Aktivierung des Adrenalin-Rezeptors in der sanften Muskulatur des Bronchialsystems bewirkt eine Entspannung und damit eine Weitung der Luftwege. Dieser Wirkungsmechanismus des Antiastmatikums Salbumatol (Ventalin) (Bild 13.15) basiert auf seiner adrenalinfreisetzenden Aktivität auf die Bronchialmuskulatur.

Ein Antagonist ist ein Molekül, daß stark an einen Rezeptor bindet und keine Antwort auslöst (irgendeine Veränderung in der Konformation des Rezeptors ist nicht ausreichend, um ein intrazelluläres Enzym zu aktivieren oder einen Ionenkanal zu öffnen). Die feste Bindung des Rezeptor–Antagonisten-Systems hindert den natürlichen Agonisten daran, das System zu aktivieren (Bild 13.16).

Antihypersensitive Medikamente wie Propranolol (Bild 13.15) blockieren die Wirkung von Adrenalin auf den Herzmuskel und senken damit den Blutdruck über eine Reduktion der Frequenz und Stärke der Kontraktion. Ranitidin (Zantac) (Bild 13.15) als zweites Beispiel ist ein Antagonist des Histamins für die Zellen in der Magenwand. Normalerweise stimuliert Histamin die Freisetzung von HCl in den Magen. Durch Blockieren dieser Funktion reduziert Zantac den Säuregehalt und ermöglicht damit eine schnellere Heilung von Magengeschwüren.

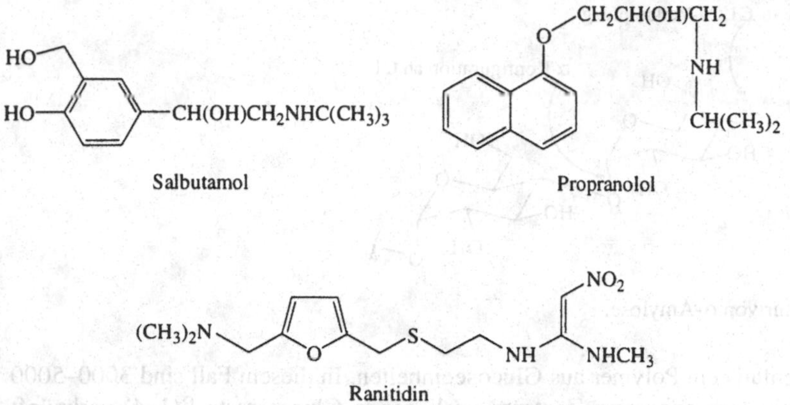

Salbutamol

Propranolol

Ranitidin

Bild 13.15 Strukturen einiger wichtiger Medikamente.

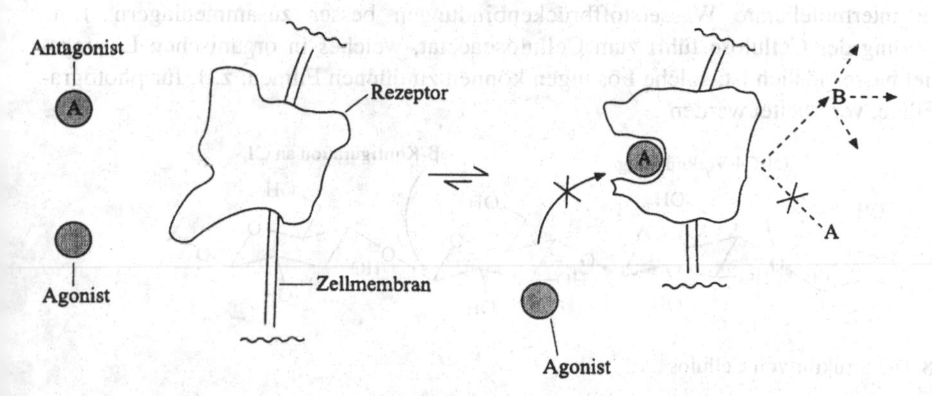

Bild 13.16 Die Wirkungsweise eines Antagonisten.

13.3 Kohlenhydrate

Kohlenhydrate[4] kommen ebenfalls in polymerer Form vor und sind besonders als Struktureinheiten für Pflanzen von Bedeutung. α-Amylose (Bild 13.17) ist z.B. eine polymere Form der Glucose. Wie bei Proteinen hat das Polymer die Form einer Helix mit Wasserstoffbrückenbindungen zwischen benachbarten Ringen derselben Polymerkette. Stärke ist ein der α-Amylose nahe verwandtes Polymer, der Unterschied liegt darin, daß in ersterer anstelle von ausschließlicher α(1–4)-Verknüpfung auch α(1–6)-Verknüpfung vorliegt. Dieses wasserlösliche Polymer besteht aus bis zu 4000 Monosaccharid-Einheiten.

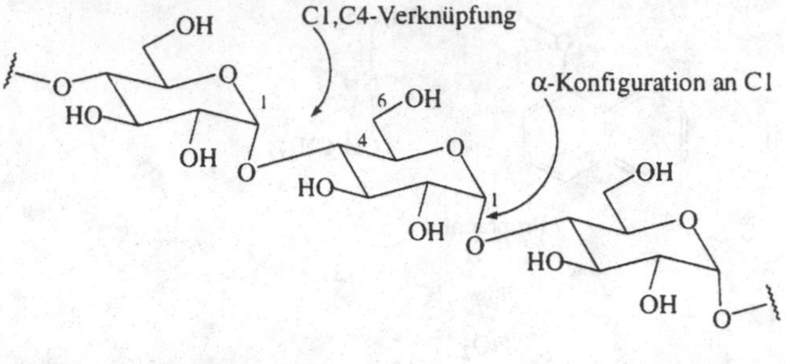

Bild 13.17 Die Struktur von α-Amylose.

Cellulose ist ebenfalls ein Polymer aus Glucoseeinheiten. In diesem Fall sind 3000–5000 in der β-Konfiguration am anomeren Zentrum vorliegende Glucosereste β(1–4)-verknüpft (Bild 13.18), dies führt zu einem wasserunlöslichen Material. Diese Wasserunlöslichkeit rührt zum Teil daher, daß sich wegen wiederholter β-Verknüpfung verschiedene Polymerketten durch intermolekulare Wasserstoffbrückenbindungen besser zusammenlagern. Eine Peracetylierung der Cellulose führt zum Celluloseacetat, welches in organischen Lösungsmitteln viel besser löslich ist; solche Lösungen können zu dünnen Filmen, z.B. für photographische Filme, verarbeitet werden.

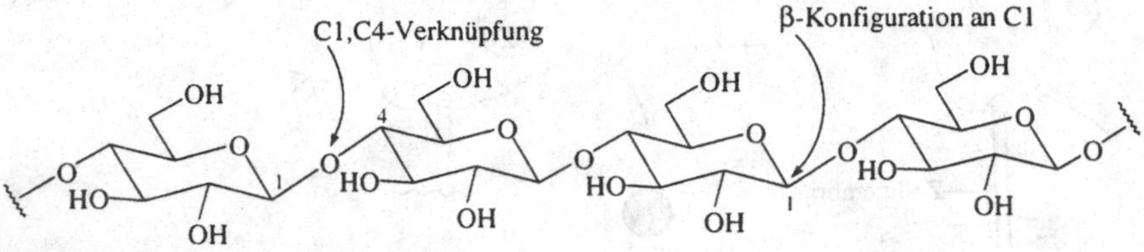

Bild 13.18 Die Struktur von Cellulose.

Frage 13.2 Chitin ist ein Polysaccharid, das in der Natur weitverbreitet ist (z.B. in den Schalen von Krabben). Es ist ein Polymer aus 2-Acetamido-2-desoxy-D-glucose, einer Verbindung, die anstelle der OH-Gruppe der Glucose eine NHCOMe-Gruppe trägt. Die Kohlenhydratreste sind über eine β-1,4-glykosidische Bindung verknüpft. Zeichnen Sie die Struktur von Chitin.

Cyclische Kohlenhydrate wie Cyclodextrin (Bild 13.19) stellen interessante Strukturen mit einer hydrophilen Außenseite und einer hydrophoben Höhle im Inneren dar. In wäßrigen Lösungen sind diese hydrophoben Hohlräume gute „Verstecke" für organische Moleküle. Wie zuvor erwähnt, werden Cyclodextrine an feste Trägermaterialien gebunden und stellen dann chirale stationäre Phasen für die Chromatographie dar (Kapitel 6).

13.3.1 Nucleinsäuren

Kohlenhydrate in Form von Pentafuranose-Einheiten sind wichtige Komponenten der Nucleinsäuren.[5] Nucleinsäuren erinnern in einem wichtigen Aspekt an Proteine: es gibt eine lange Kette, das Rückgrat, welches abgesehen von der Länge in allen Nucleinsäuremolekülen gleich ist. An dieses Rückgrat sind verschiedene Gruppen gebunden, die durch ihre Eigenschaften und Sequenz die individuellen Nucleinsäuren charakterisieren. Das Rückgrat eines Proteins ist eine Polyamid-(Polypeptid-)Kette, das der Nucleinsäuren eine Polyester-(Polynucleotid-)Kette (Bild 13.20), die sich aus Zuckern mit Basen und Phosphatresten zusammensetzt. Im Fall der RNA ist D-Ribose die Zuckerkomponente, in DNA die Desoxyribose. Über eine C–N-Bindung ist eine der fünf Basen Adenin, Cytosin, Thymin, Uracil oder Guanin mit C1' jedes Zuckers verknüpft (Bild 13.21). Adenin, Cytosin und Guanin kommen sowohl in DNA als auch in RNA vor. Uracil dagegen nur in RNA, Thymin nur in DNA.

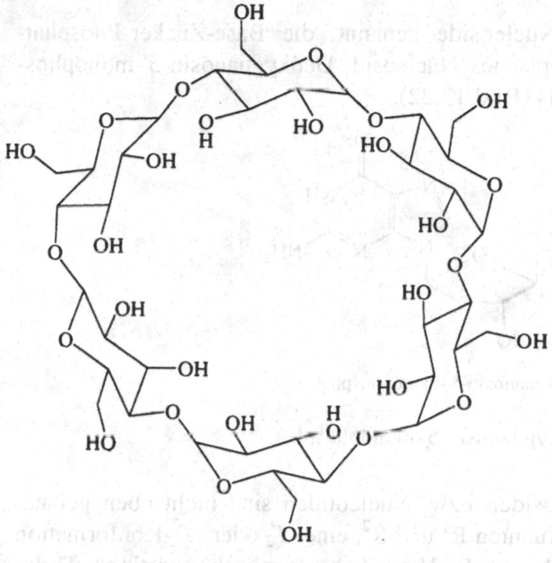

Bild 13.19 Struktur von α-Cyclodextrin

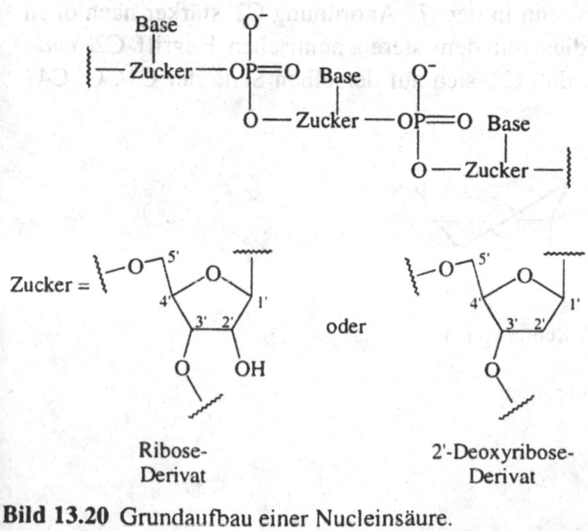

Bild 13.20 Grundaufbau einer Nucleinsäure.

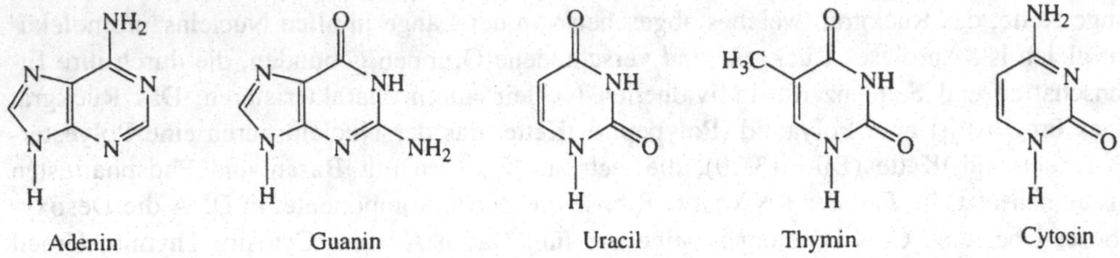

Adenin Guanin Uracil Thymin Cytosin

Bild 13.21 Die in Nucleinsäuren vorkommenden Basen.

Die Base-Zucker-Einheiten werden Nucleoside genannt, die Base-Zucker-Phosphat-Einheiten Nucleotide. Adenosin ist ein typisches Nucleosid, Deoxyguanosin-5'-monophosphat der typische Vertreter eines Nucleotids (Bild 13.22).

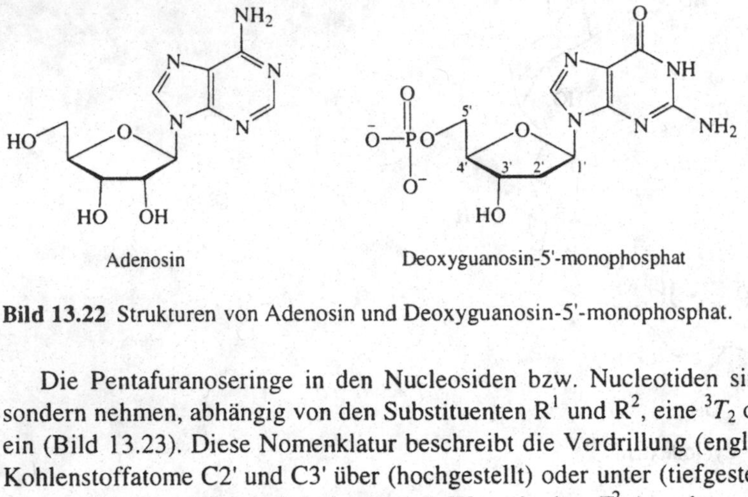

Adenosin Deoxyguanosin-5'-monophosphat

Bild 13.22 Strukturen von Adenosin und Deoxyguanosin-5'-monophosphat.

Die Pentafuranoseringe in den Nucleosiden bzw. Nucleotiden sind nicht eben gebaut, sondern nehmen, abhängig von den Substituenten R^1 und R^2, eine $^3T_2$ oder $_3T^2$-Konformation ein (Bild 13.23). Diese Nomenklatur beschreibt die Verdrillung (englisch „twisting", *T*) der Kohlenstoffatome C2' und C3' über (hochgestellt) oder unter (tiefgestellt) der durch die drei Atome C1', O und C4' definierten Ebene. Wenn in der $_3T^2$-Anordnung C2' stärker nach oben verschoben ist als C3' nach unten, wird dies mit dem stereochemischen Begriff C2' *endo* belegt. Der Begriff *endo* weist darauf hin, daß C2' sich auf derselben Seite der C1', O, C4'-Ebene wie die Base befindet (Bild 13.24).

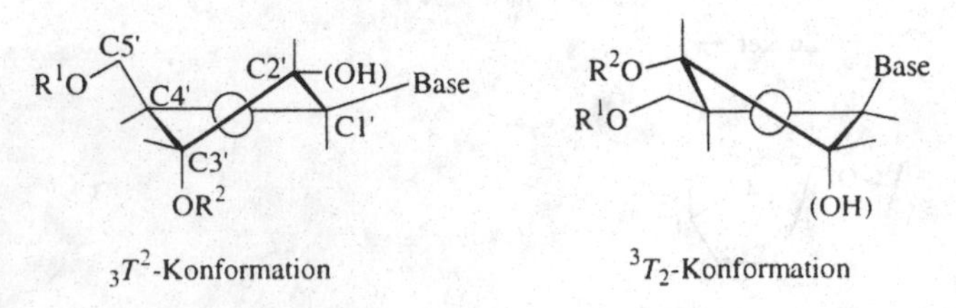

Bild 13.23 Konformationen von Deoxyribonucleotiden.

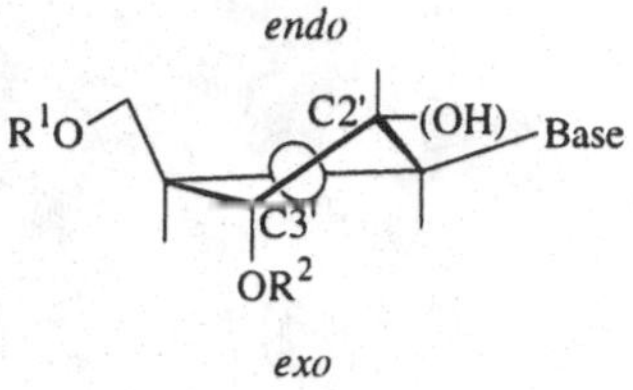

endo

R^1O C2' (OH) Base

C3'

OR^2

exo

Bild 13.24 C2' *endo*-Konformation eines Deoxyribonucleosids oder -nucleotids.

Die Anteile der vier Basen und die Sequenz, in der sie entlang der Polynucleotid-Kette angeordnet sind, unterscheiden sich von Nucleinsäure zu Nucleinsäure. Die „Primärsequenz" legt die im DNA- oder RNA-Molekül gespeicherte genetische Information fest. Wie bei Proteinen ist die Sekundärstruktur von DNA nicht linear. DNA setzt sich aus zwei ineinander in Form einer Doppelhelix mit 20 Å Durchmesser verschlungenen Polynucleotidsträngen zusammen (Bild 13.25). Die Adenin-Moleküle der einen Kette sind mit Thymin-Resten der anderen Kette über Wasserstoffbrückenbindungen verknüpft, ebenso verhalten sich Guanin und Cytosin. Beide Helices sind rechtsgängig und weisen 10 oder 11 Nucleotidreste pro kompletter Windung (die alle 33 oder 36 Å abgeschlossen ist) auf.[a] Die zwei Ketten zeigen in die entgegengesetzte Richtung, somit ist die Sequenz C3',C5' in der einen Kette und C5',C3' in der anderen (Bild 13.26) vorhanden. Die Doppelhelix-Struktur wurde von Watson und Crick 1953 vorgeschlagen.[6]

Bild 13.25 Schematische Darstellung der Doppelhelix-Struktur der DNA.

An der Sekundärstruktur der RNA sind wieder die doppelsträngigen Helices beteiligt, aber diesmal sind sie aus ein und derselben Kette aufgebaut, die sich auf sich selber zurückbiegt (Bild 13.27). In der häufigsten Form der DNA findet man 11 Basen pro vollständiger Windung und die Ganghöhe beträgt 34 Å.

Die Nucleinsäuren sind oft an Proteine gebunden, und diese Nucleoproteine sind ineinander verschlungen und gefaltet und bauen die Chromosomen auf.

[a] Es gibt zwei Formen der DNA: A-DNA besitzt 11 Einheiten pro Windung und eine Ganghöhe von 36 Å, B-DNA weist 10 Einheiten pro Windung und eine Ganghöhe von 33 Å auf.

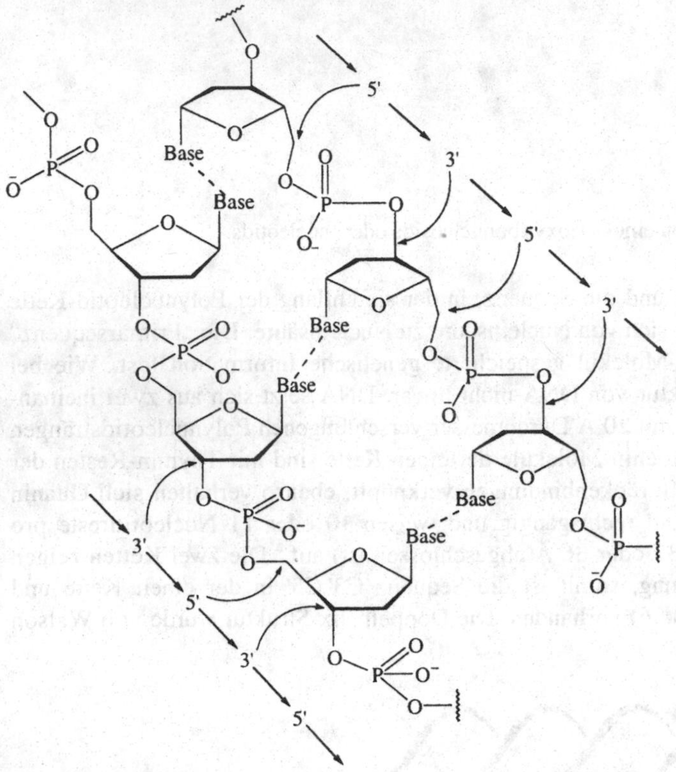

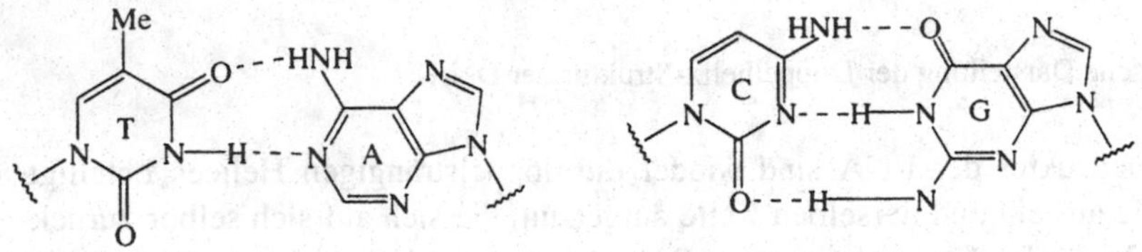

Bild 13.26 Komplementarität der Basenpaare [Thymin(T)-Adenin(A); Cytosin(C)-Guanin(G)] in der DNA-Doppelhelix. Die Basen befinden sich innerhalb der Helix, die hydrophilen Phosphatreste auf der Außenseite.

Bild 13.27 Eine einfache Darstellung einer Doppelhelix aus einem einzelnen Strang von Desoxyribonucleotiden.

Antworten

Frage 13.1 Die Struktur von Aspartam ist:

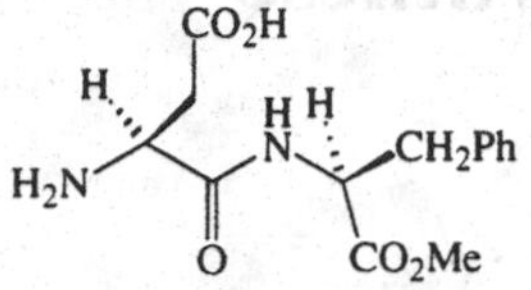

Frage 13.2 Die Struktur von Chitin ist:

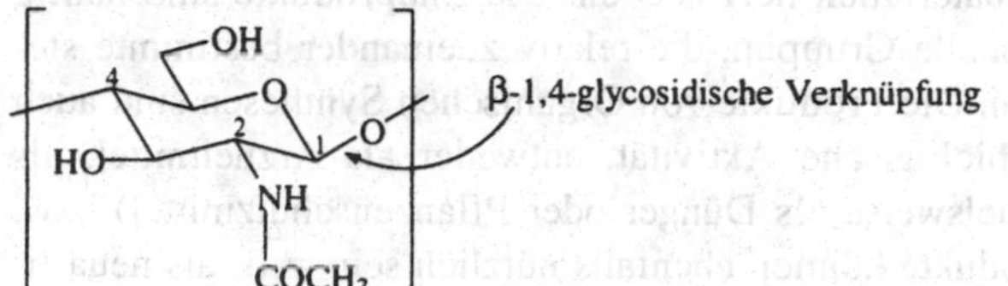

β-1,4-glycosidische Verknüpfung

Literatur

1. K. Ziegler, E. Holzkamp, H. Breil, H. Martin, *Angew. Chem.* **1955**, *67*, 541-547. G. Natta, *Angew. Chem.* **1964**, *76*, 553-566. K. Ziegler, *Angew. Chem.* **1959**, *71*, 623-625.
2. G. E. Schulz, *Angew. Chem.* **1977**, *89*, 24-33. M. Mutter, *Angew. Chem.* **1985**, *97*, 639-654. E. Bayer, *Angew. Chem.* **1991**, *103*, 117-133.M. T. Reetz, *Angew. Chem.* **1991**, *103*, 1559-1573.
3. E. Fischer, 1894.
4. J. Lehmann, *Kohlenhydrate*, Georg Thieme, Stuttgart, 1996.
5. G. Quinkert, E. Egert, C. Griesinger, *Aspekte der Organischen Chemie*, Verlag Helvetica Chimica Acta, Basel, 1995.
6. F. H. Crick, *Angew. Chem.* **1963**, *75*, 425-429. M. H. F. Wilkins, *Angew. Chem.* **1963**, *75*, 429-439.

14 Stereochemie und Organische Synthese

14.1 Einführung

Ein Hauptziel der Organischen Synthese ist es, nützliche und wertvolle Verbindungen aus billigen, leicht verfügbaren Ausgangsmaterialien herzustellen. Die Endprodukte sind häufig kompliziert gebaut und tragen funktionelle Gruppen, die relativ zueinander bestimmte stereochemische Anordnungen einnehmen. Die Produkte von Organischen Synthesen sind auch in anderer Beziehung nützlich: ihre biologische Aktivität, entweder als Arzneimittel, als Produkt für die Landwirtschaft (beispielsweise als Dünger oder Pflanzenschutzmittel) bzw. als Duft- oder Aromastoff. Andere Produkte können ebenfalls nützlich sein, z.B. als neuartige Polymere oder Materialien mit interessanten elektrischen Eigenschaften. Diese biologischen und/oder physikalischen Eigenschaften der Moleküle hängen vom Kohlenstoffgrundgerüst und der Anwesenheit und relativen Anordnung von Heteroatomen an und in diesem Grundgerüst ab. Der synthetisch arbeitende Organische Chemiker bemüht sich, die funktionellen Gruppen in stereochemisch korrekter Anordnung mit einer möglichst geringen Zahl von Reaktionsschritten anzubringen.

Chemische Reinheit des Produktes ist immer wichtig; es besteht auch ein zunehmendes Bewußtsein dafür, daß chirale Verbindungen in optisch reiner Form hergestellt werden sollten. Besonders biologisch gesehen ist dieses Kriterium der optischen Reinheit wichtig. Wir sind selber chiral und setzen uns aus z.T. chiralen Materialien wie D-Zuckern und L-Aminosäuren zusammen. So ist es nicht verwunderlich, daß die Enantiomere chiraler Verbindungen mit biologischen Makromolekülen auf verschiedene Weise wechselwirken und so unterschiedliche Effekte, z.B. unterschiedliche physiologische Antworten, verursachen.

Der Fall von Thalidomid wird häufig als Musterbeispiel für die Notwendigkeit, kommerziell genutzte Verbindungen in optisch reiner Form herzustellen, zitiert. Das (+)-Isomer von Thalidomid (Contergan®, Bild 14.1) ist ein gutes Schlafmittel, das (–)-Isomer war dagegen für schreckliche Erbgutveränderungen verantwortlich. Daher führte der Verkauf des Racemats zu einem Desaster. Selbst der Verkauf des (+)-Isomers in optisch reiner Form wäre nicht sicher gewesen, da sich gezeigt hat, daß unter physiologischen Bedingungen eine Racemisierung (über die Enol-Form) stattfindet.

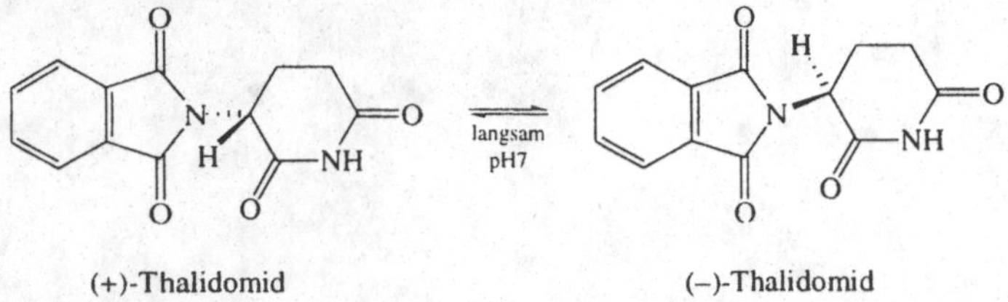

langsam pH7

(+)-Thalidomid (–)-Thalidomid

Bild 14.1

Im Fall bestimmter Aromastoffe können zwei Isomere im Geschmack völlig verschieden sein. So besitzt (*R*)-Limonen ein Orangenaroma, während (*S*)-Limonen nach Zitronen schmeckt. (*R*)-Carvon schmeckt nach Minze, das (*S*)-Enantiomer nach Kümmel. Die Rezeptoren auf der Zunge sind chiral, und die unterschiedlichen Geschmackseindrücke beruhen auf der Bildung von diastereomeren Komplexen, die bewirken, daß unterschiedliche Informationen an das Gehirn gesendet werden. Dieses gilt selbstverständlich auch für nicht-natürliche Aromastoffe: Aspartam® (Bild 14.2) ist ein Diät-Süßstoff (vergleiche Frage 13.1).

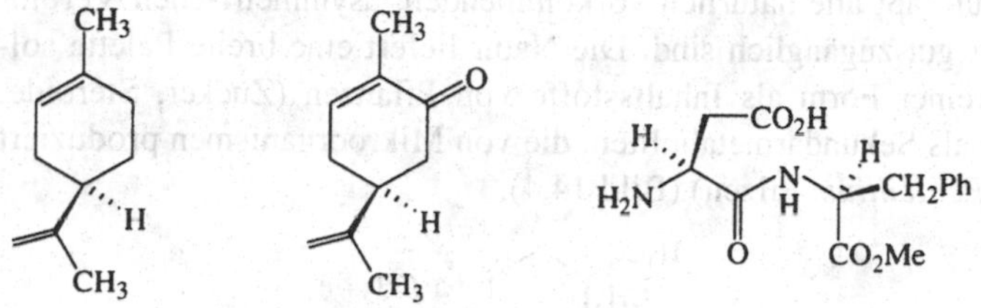

(*R*)-(+)-Limonen (*S*)-(+)-Carvon Aspartam®

Bild 14.2

In Verbindungen für den Gebrauch in der Landwirtschaft ist optische Reinheit ebenfalls wichtig, z.B. bei Pheromonen als Ungeziefer-Vernichtungsmittel. Pheromone sind oft chirale Verbindungen mit niedrigem Molekulargewicht, die von Insekten als Lockstoffe für die Partner abgesondert werden. Manchmal ist ein Enantiomer die aktive Verbindung, während das Spiegelbild die Wirkung sogar verringern kann. Das (7*R*,8*S*)-(+)-Enantiomer von Disparlur (Bild 14.3) ist ein Pheromon für den Schwammspinner *Lymantria dispar*, das (7*S*,8*R*)-(–)-Enantiomer inhibiert diese biologische Wirkung.

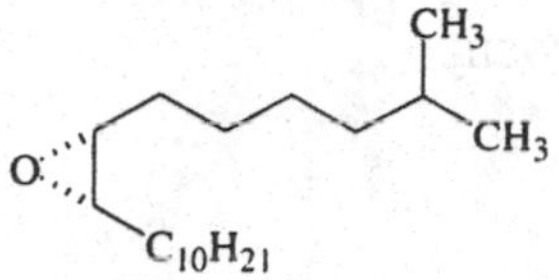

(7*R*,8*S*)-(+)-Disparlur

Bild 14.3

Aufgrund der in den obigen Beispielen gezeigten, unterschiedlichen Eigenschaften verbringen Organische Chemiker viel Zeit damit, Methoden für die Herstellung diastereomerenreiner und optisch reiner Materialien zu finden. Es gibt mehrere verschiedene Wege dieses Ziel zu erreichen:

1. Die Nutzung von Substanzen aus dem "chiralen Pool" der Natur,
2. die Anwendung klassischer Racematspaltungsmethoden,
3. die asymmetrische Synthese unter Verwendung von
   (a) chiralen Auxiliarien,
   (b) chiralen Reagenzien und
   (c) chiralen Katalysatoren.

Die ersten beiden Herangehensweisen werden in diesem Kapitel diskutiert, der dritte Abschnitt umfaßt viele verschiedene Reaktionen, Techniken und Strategien und wird daher separat diskutiert (Kapitel 15).

14.2 Verwendung von Materialien aus dem „chiralen Pool"

Der Begriff „chiraler Pool"[1] umfaßt alle natürlich vorkommenden, asymmetrischen Verbindungen, die für den Chemiker gut zugänglich sind. Die Natur liefert eine breite Palette solcher Materialien in optisch reiner Form als Inhaltsstoffe von Pflanzen (Zucker, Steroide, Alkaloide, Terpene etc.) oder als Sekundärmetaboliten, die von Mikroorganismen produziert werden (z.B. Penicilline von *Penicillium* Pilzen) (Bild 14.4).

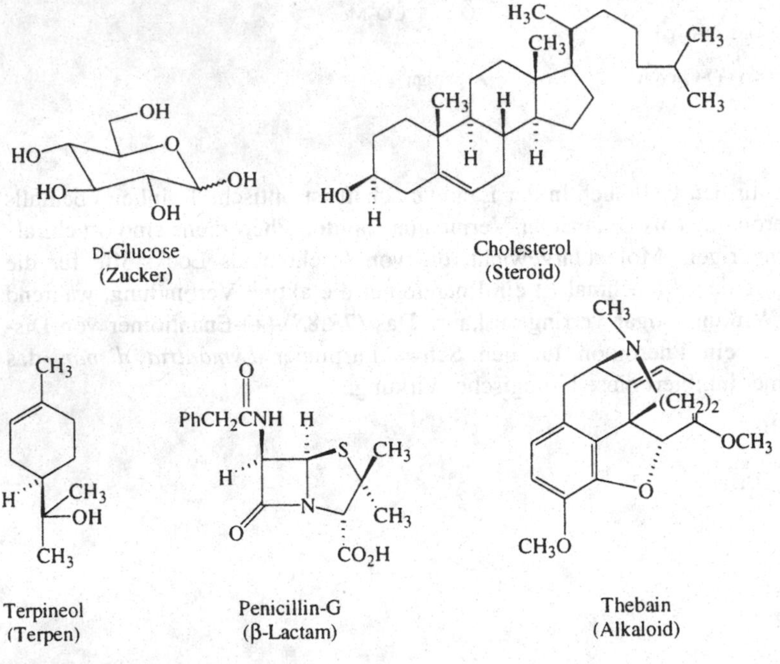

D-Glucose
(Zucker)

Cholesterol
(Steroid)

Terpineol
(Terpen)

Penicillin-G
(β-Lactam)

Thebain
(Alkaloid)

Bild 14.4 Einige natürlich vorkommende chirale Verbindungen.

Die funktionellen Gruppen in den Verbindungen des chiralen Pools können verändert werden und/oder das Kohlenstoffgerüst bzw. heteroatomhaltige Gerüste können in die gewünschten Endprodukte umgelagert werden. In einigen Fällen werden nur zwei chemische Schritte für diese Transformation benötigt. Penicillin-G kann leicht in 6-Aminopenicillinsäure (6-APA)[2] überführt werden, und diese Verbindung wird mit D-Phenylglycin zum Ampicillin acyliert (Bild 14.5). Dieses antibakterielle Mittel wird zur Behandlung von Infektionen im Harntrakt oder im Atmungstrakt verwendet. Die Herstellung des D-Phenylglycins wird in diesem Kapitel weiter unten diskutiert (siehe Bild 14.17).

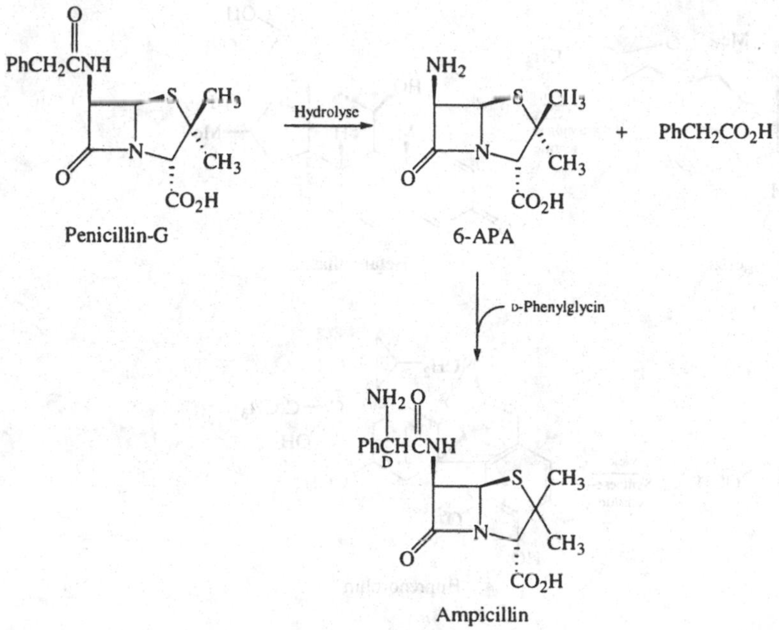

Penicillin-G → (Hydrolyse) → 6-APA + $PhCH_2CO_2H$

6-APA → (D-Phenylglycin) → Ampicillin

Bild 14.5

Taxol[3] kommt aufgrund seines Potentials als chemotherapeutisches Mittel erhebliches Interesse zu (Bild 14.6). Direkt war es zunächt nur aus der Rinde der langsam wachsenden Pazifischen Eibe (*Taxus brevifolia*) zu erhalten. Glücklicherweise enthält die schnellwachsende europäische Eibe (*Taxus baccata*) erhebliche Mengen an 10-Acetylbaccatin III in ihren Blättern, aus dieser Substanz kann Taxol und seine Analoga leichter hergestellt werden.

In anderen Fällen werden eine Vielzahl chemischer Syntheseschritte für die Umwandlung eines billigen Ausgangsmaterials in das teure Endprodukt benötigt. Hecogenin, ein Inhaltsstoff der weitverbreiteten Sisal-Pflanze, wurde in Betamethason,[4] einen starken entzündungshemmenden Stoff auf Steroidbasis (Bild 14.7), umgewandelt. Ebenso wird Thebain, eine dem Morphin[5] verwandte Verbindung, die aus derselben Quelle erhalten wird (dem Schlafmohn *Papaver somniferum*), zur Herstellung des wirkungsvollen, nichtsüchtigmachenden Schmerzmittels Buprenorphin verwendet.

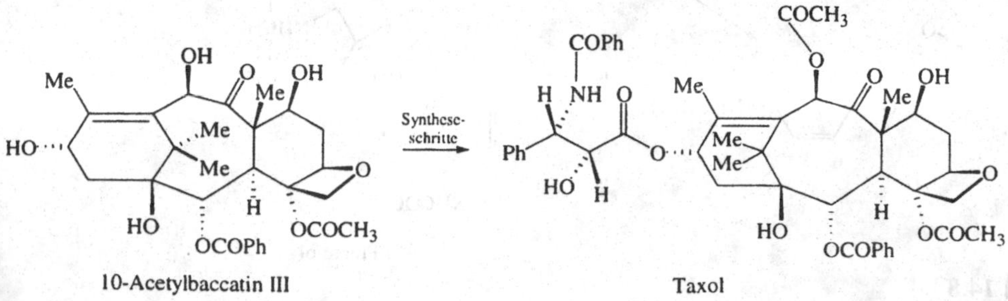

10-Acetylbaccatin III → (Synthese-schritte) → Taxol

Bild 14.6

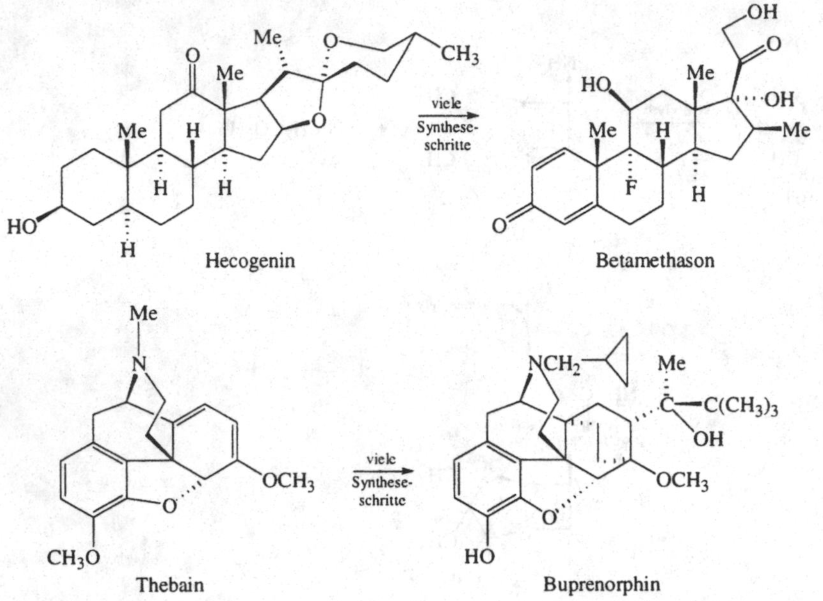

Hecogenin → viele Syntheseschritte → Betamethason

Thebain → viele Syntheseschritte → Buprenorphin

Bild 14.7

Somit können komplexe Naturstoffe, die leicht verfügbar sind, in nützliche Verbindungen desselben Strukturtyps übergeführt werden. Auf der anderen Seite werden einfachere chirale Verbindungen wie Aminosäuren und Zucker zur Synthese der unterschiedlichsten Strukturtypen genutzt. Blocker für den Adrenalin-Rezeptor wie Propranolol oder Practolol[6] (zur klinischen Behandlung von Patienten, die an Angina Pectoris oder Bluthochdruck leiden) sind aus Glycerin leicht herstellbar (Bild 14.8).

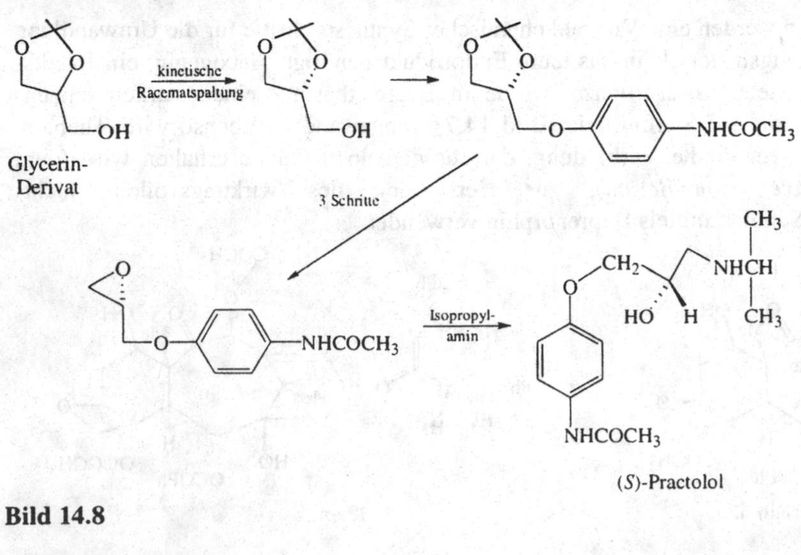

Glycerin-Derivat → kinetische Racematspaltung → … → 3 Schritte → Isopropylamin → (*S*)-Practolol

Bild 14.8

L-(–)-Threonin, eine natürlich vorkommende Aminosäure, wird in das Antibioticum Thienamycin, einer gegen grampositive und gramnegative Bakterien hochwirksamen, bakterientötenden Substanz, umgewandelt. Bemerkenswert ist, daß die stereochemischen Schlüsselelemente in und um das viergliedrige β-Lactam in den ersten Schritten der Sequenz erzeugt werden. Da diese Sequenz sehr schön einige der in diesem Buch diskutierten stereochemischen Prinzipien illustriert, wollen wir uns die Zeit nehmen, sie im Detail zu betrachten. Die Diazotierung der Aminosäure (**1**) in Anwesenheit von HBr liefert über eine Nachbargruppen-Beteiligung der Carboxylgruppe das Bromhydrin **2** (Bild 14.9). Eine Behandlung von **2** mit Base führt über eine intramolekulare S_N2-Reaktion zum Oxiran **3**. Die Umwandlung der Carbonsäure-Gruppe von Verbindung **3** in eine Amidgruppe gibt Verbindung **4**. Die Abstraktion eines Protons der aktiven Methylengruppe ermöglicht die Bildung des β-Lactams **5** über eine als 4-*exo-tet*-Prozeß verlaufende S_N2-Reaktion. Das Lactam **5** wird dann, ohne die dort vorhandenen Stereozentren noch zu verändern, in das Endprodukt transformiert.

Glucose ist natürlich leicht verfügbar und wird als Ausgangsmaterial vieler Synthesen genutzt. Bild 14.10 beschreibt die Verwendung dieses häufig vorkommenden Kohlenhydrats für die Synthese von Deoxymannojirimycin.[7] Deoxymannojirimycin ist ein Piperidin-Derivat und inhibiert ein Enzym, das Zuckerketten, die an der Zelloberfläche angeknüpft sind, entfernt. Diese Verbindung könnte sowohl für die Chemotherapie von Krebs als auch als antivirale Substanz Bedeutung erlangen. Die Synthesesequenz mag auf den ersten Blick ein wenig erschrecken, aber die meisten Schritte stellen einfache chemische Transformationen dar.

Glucose und Aceton reagieren unter Säurekatalyse über die Furanoseform zum Glucosediacetonid **6** (Kapitel 3). Unter milden Bedingungen kann die Acetaleinheit an C5,C6 selektiv hydrolysiert werden, die verbleibende Schutzgruppe überspannt die Hydroxylgruppe an C1 und C2. Die Reaktion mit Methansulfonylchlorid findet nur mit der weniger gehinderten Hydroxylgruppe an C6 statt; die Hydroxylgruppen an C3 und C5 werden dann mit zwei Benzylgruppen geschützt. Der Substitution der Methylsulfonat-Gruppe durch ein Azidion folgt die Methanolyse des verbleibenden Acetals. Die Hydroxylgruppe an C2 wird als Trifluormethylsulfonat für die Derivatisierung durch eine S_N2-Substitution aktiviert; der Reduktion des Azids zum korrespondierenden Amin durch Triphenylphosphan folgt ein spontaner nucleophiler Angriff an C2, der zur bicyclischen Verbindung **7** führt. Vor der säurekatalysierten Spaltung der Acetalgruppe wird das sekundäre Amin durch Benzyloxycarbonylierung geschützt. Abschließende Reduktion der Aldehydgruppe und Entschützen liefert das Zielmolekül.

Drei der vier stereogenen Zentren im Deoxymannojirimycin (*) liegen in der korrekten Konfiguration bereits in der Glucose vor. Das vierte Zentrum (†) wird durch eine S_N2-Reaktion in die benötigte Konfiguration überführt.

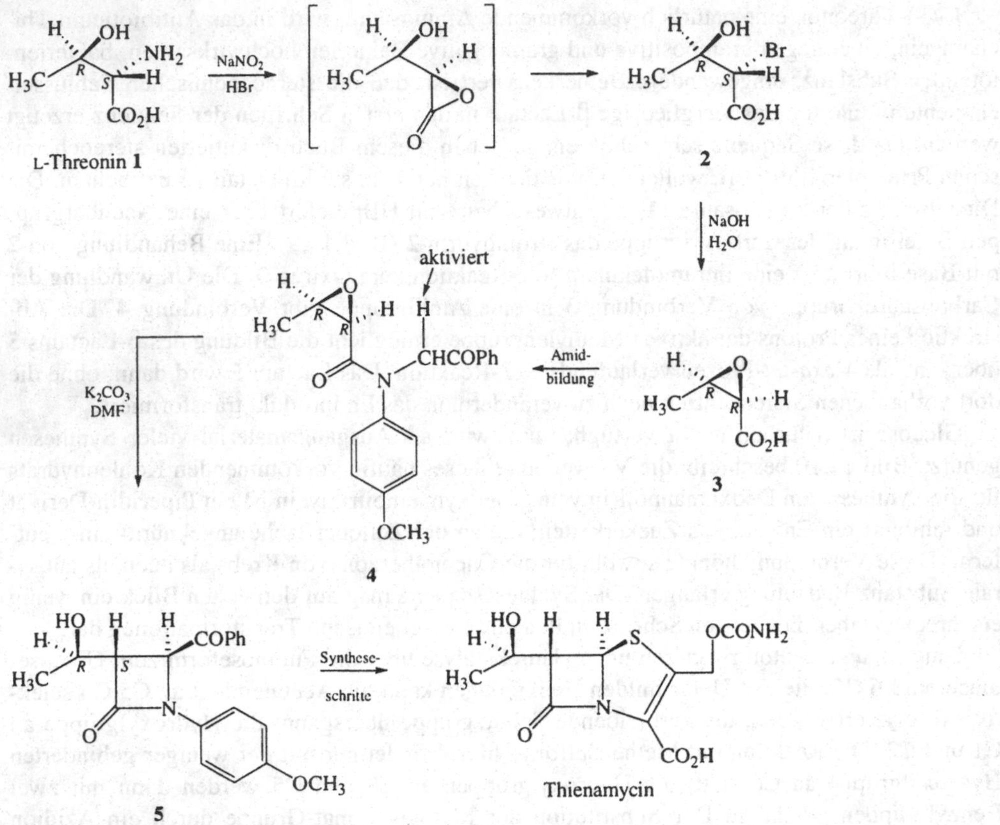

Bild 14.9 Synthese von Thienamycin aus L-Threonin.

Frage 14.1 Die Carbonsäureeinheit ist als Nachbargruppe an der Umwandlung der Verbindung **1** in Verbindung **2** beteiligt (Bild 14.9). Nachbargruppenbeteiligung ist für andere funktionelle Gruppen wohlbekannt. Wie kann ein Nachbargruppeneffekt die hohe Ausbeute der Umwandlung von **A** in **B** erklären?

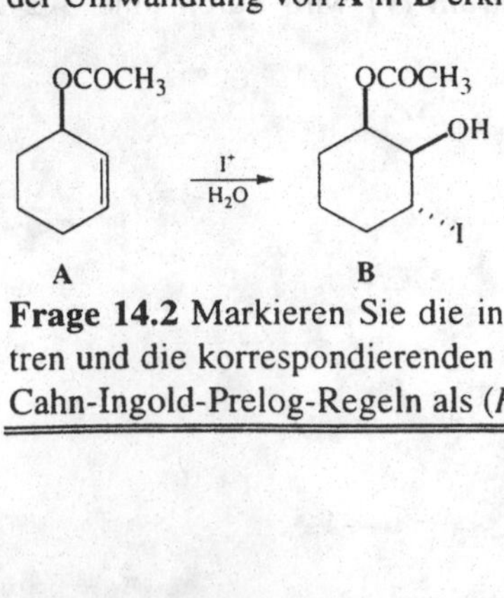

Frage 14.2 Markieren Sie die in Glucose in Bild 14.10 mit * gekennzeichneten Stereozentren und die korrespondierenden Zentren (*) in Deoxymannojirimycin unter Anwendung der Cahn-Ingold-Prelog-Regeln als (*R*)- oder (*S*)-Zentren.

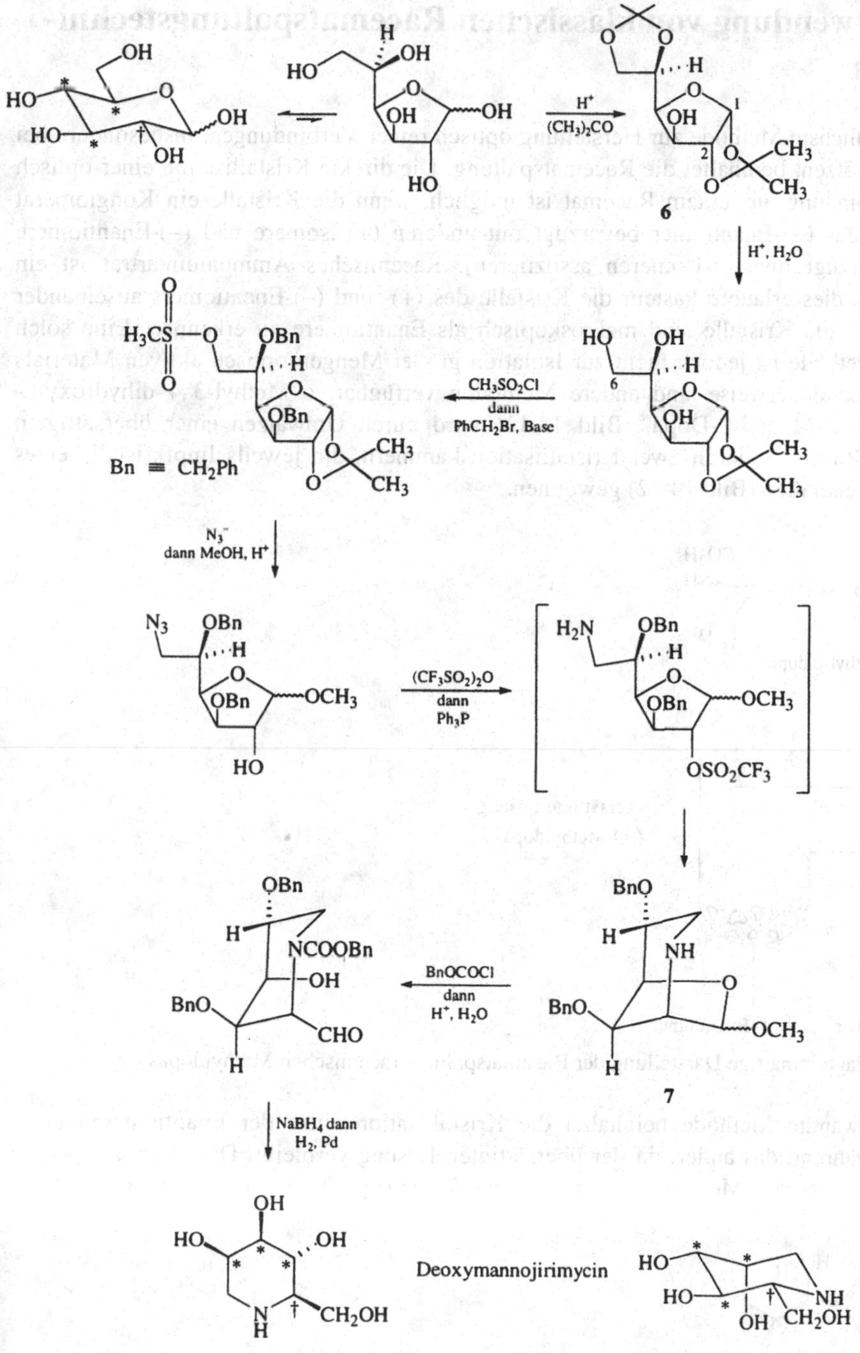

H⁺, (CH₃)₂CO

6

H⁺, H₂O

CH₃SO₂Cl dann PhCH₂Br, Base

Bn ≡ CH₂Ph

N₃⁻ dann MeOH, H⁺

(CF₃SO₂)₂O dann Ph₃P

BnOCOCl dann H⁺, H₂O

7

NaBH₄ dann H₂, Pd

Deoxymannojirimycin

Bild 14.10 Synthese des Deoxymannojirimycin aus Glucose.

14.3 Verwendung von klassischen Racematspaltungstechniken

Die gebräuchlichste Methode zur Herstellung optisch reiner Verbindungen, insbesondere bei größeren Ansätzen, beinhaltet die Racematspaltung. Die direkte Kristallisation einer optisch aktiven Verbindung aus einem Racemat ist möglich, wenn die Kristalle ein Konglomerat bilden [d.h. das (+)-Enantiomer bevorzugt mit anderen (+)-Isomere und (–)-Enantiomere ebenso bevorzugt mit (–)-Isomeren assoziieren]. Racemisches Ammoniumtartrat ist ein Konglomerat, dies erlaubte Pasteur die Kristalle des (+)- und (–)-Enantiomers auseinander zu sortieren – die Kristalle sind makroskopisch als Enantiomere zu erkennen. Eine solch mühselige Methode ist jedoch nicht zur Isolation großer Mengen optisch aktiven Materials geeignet. Glücklicherweise sind andere Methoden verfügbar. α-Methyl-3',4'-dihydroxy-L-phenylalanin (α-Methyl-L-Dopa,[8] Bild 14.11) wird durch Umwälzen einer übersättigten Lösung des Racemats durch zwei Kristallisationskammern, die jeweils Impfkristalle eines Enantiomers enthalten (Bild 14.12) gewonnen.

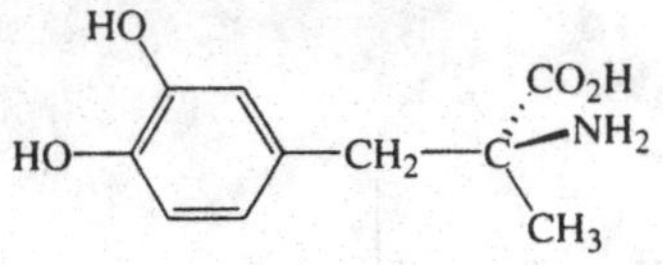

HO, HO, CH_2, CO_2H, NH_2, CH_3

α-Methyl-L-dopa

Bild 14.11

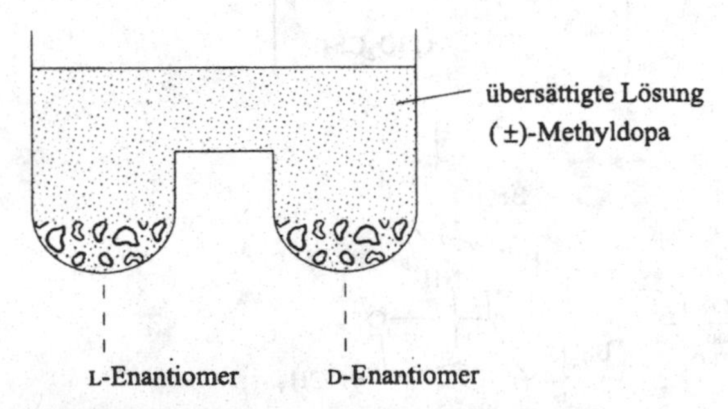

Bild 14.12 Diagrammartige Darstellung der Racematspaltung racemischen Methyldopas

Eine verwandte Methode beinhaltet die Kristallisation eines der Enantiomeren eines Racemats, während das andere in der übersättigten Lösung verbleibt. Dieser Prozeß wurde zur Herstellung großer Mengen des antifungalen Reagenzes Chloramphenicol[9] (Bild 14.13) genutzt.

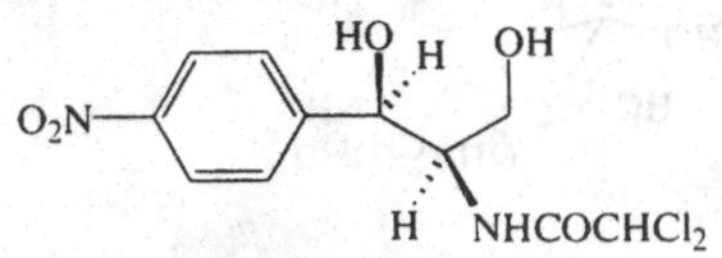

O_2N, HO, H, OH, H, $NHCOCHCl_2$

(+)-Chloramphenicol

Bild 14.13

Bei der als „kristallisationsinduzierte asymmetrische Transformation" bekannten Technik muß das Zielmolekül ein racemisierbares chirales Zentrum aufweisen. Merck USA (New Jersey) nutzte diese Methode zur Synthese eines optisch aktiven 3-Aminobenzodiazepinons[10] (Bild 14.14). (Benzodiazepine sind für ihre Wirkung als Schlaf- und Beruhigungsmittel berühmt.) Dazu wurde das Amin **8** mit (+)-Camphersulfonsäure [(+)-CSA] in Anwesenheit von 3 Molprozent eines Aldehydes wie Benzaldehyd umgesetzt. Das (*S*)-Enantiomer des 3-Aminobenzodiazepinons bildet mit (+)-CAS ein weniger lösliches Salz als das (*R*)-Enantiomer, dieses Salz kristallisiert dann aus der Lösung aus. Equilibrierung des *S*- und *R*-Enantiomers des Benzodiazepinons wird durch die reversible Bildung einer Schiffschen Base mit dem Aldehyd, die das Proton neben der Carbonylgruppe acidifiziert, unterstützt. Die Racemisierung der Schiffschen Base **9** wird durch eine kleine Menge des freien Amins bewirkt. Als Ergebnis dieses Prozesses wurde das gewünschte Produkt in optisch reiner Form (>99 % e.e.) in 92 % Ausbeute erhalten.

Zur Spaltung des Racemats über die Bildung von Diastereomeren müssen zwei prinzipielle Bedingungen erfüllt sein:

(a) Das Spaltungsreagenz sollte billig sein und auch leicht, ohne dabei zu racemisieren, zurückgewinnbar sein. Bevorzugt sollten beide Enantiomere verfügbar sein und bereitwillig vollständig mit dem Racemat reagieren.

(b) Die diastereomeren Produkte sollten durch Kristallisation, Destillation oder Chromatographie leicht trennbar sein.

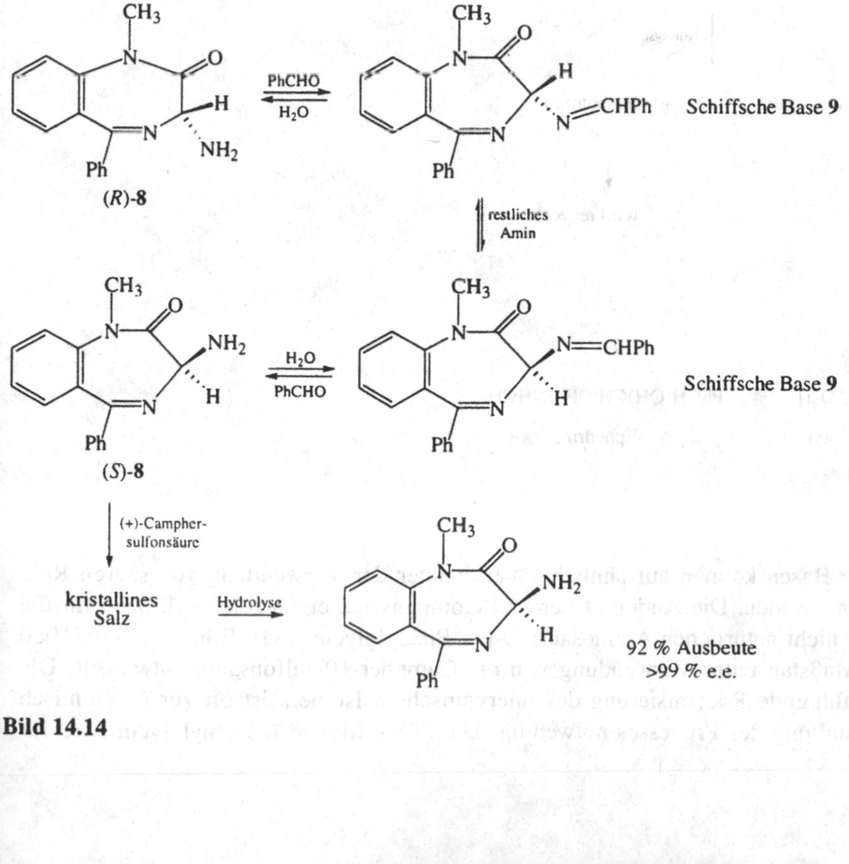

Bild 14.14

Die gebräuchlichste Methode zur Racematspaltung [z.B. einer racemischen Säure (±)-**A**] erfordert eine Kombination mit einem chiralen Reagenz [wie eine optisch aktive Base (+)-**B**]. Auf diese Weise werden Diastereomere gebildet und dann getrennt. Die einzelnen Diastereomere (in diesem Fall Salze) werden dann wieder zersetzt, und damit ist die Trennung der Enantiomere erreicht. Diese Methode wurde von Pasteur 1853 entwickelt, er fand heraus, daß (±)-Weinsäure auch durch optisch aktive, natürlich vorkommende Basen (Alkaloide) in die Enantiomere gespalten werden kann (Bild 14.15).

(±)-*N*-Benzyloxycarbonylalanin (*Z*-Ala) kann ebenso mit (1*R*,2*S*)-(–)-Ephedrin (Bild 14.16) umgesetzt werden, (–)-Z-Ala · (–)-Ephedrin ist das weniger lösliche Salz. (+)-Ephedrin als Resolutionsreagenz führt (wie erwartet, vergleiche Kapitel 7, Frage 7.3) zu (+)-Z-Ala · (+)-Ephedrin als weniger lösliches Salz. Da es vom praktischen Standpunkt aus schwieriger ist, das löslichere Salz in diastereomerenreiner Form zu erhalten, ist die Verfügbarkeit beider Enantiomerer des Racematspaltungs-Reagenzes von Vorteil.

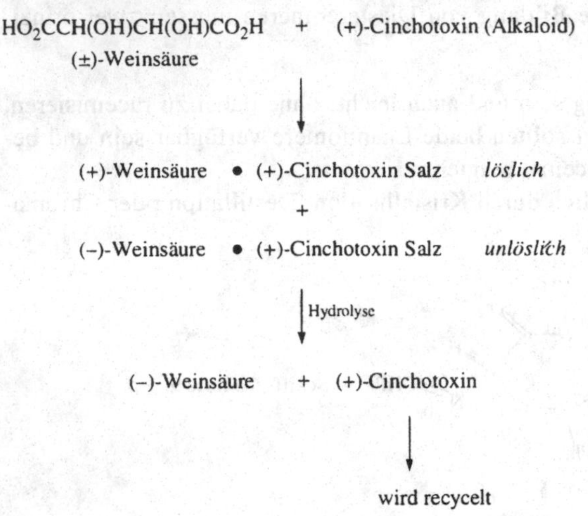

Bild 14.15

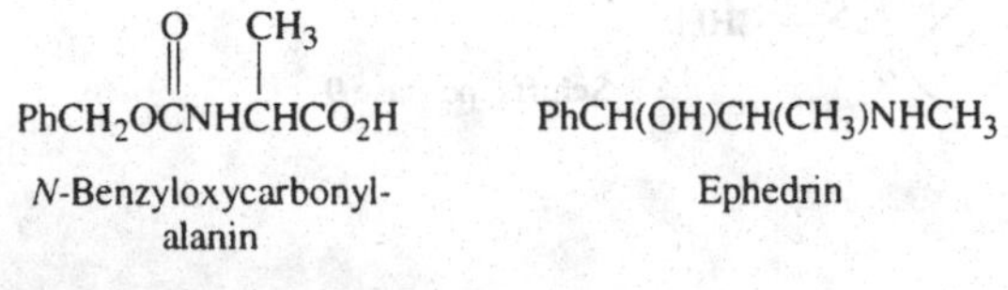

$PhCH_2OC(=O)NHCH(CH_3)CO_2H$ $PhCH(OH)CH(CH_3)NHCH_3$

N-Benzyloxycarbonylalanin Ephedrin

Bild 14.16

Racemische Basen können auf ähnliche Weise unter der Verwendung von sauren Reagenzien getrennt werden. Die Andeno Chemical Company hat einen solchen Prozeß für die Produktion der nicht-natürlichen Aminosäure D-(+)-Phenylglycin (PG) (Bild 14.17) im 1000 Jahrestonnen-Maßstab unter Verwendung von (+)-Campher-10-sulfonsäure entwickelt. Die leicht durchzuführende Racemisierung des unerwünschten Isomers ist oft zur ökonomisch sinnvollen Gestaltung des Prozesses notwendig. Die große Menge D-Phenylglycin wird für die Kupplung mit 6-Aminopenicillinsäure auf der Route zum Ampicillin benötigt (Bild 14.5).

Die Bildung von Diastereomeren durch die Bildung kovalenter Bindungen wurde bereits zuvor diskutiert: Die Racematspaltung von racemischem 2-Butanol über die diastereomeren Ester von 2-Chlorpropionsäure gefolgt von einer fraktionierenden Destillation oder Chromatographie und nachfolgende Hydrolyse wurde in Kapitel 2 beschrieben. Man sollte sich jedoch bewußt sein, daß die fraktionierende Kristallisation eines diastereomeren Salzes in der Praxis einfacher als die fraktionierende Destillation oder Chromatographie ist, besonders im großen Maßstab.

Wenn die Verbindung, die in die Enantiomere gespalten werden soll, keine saure oder basische funktionelle Gruppe als Angriffspunkt aufweist, ist es oft hilfreich, eine solche einzuführen. 1-Octin-3-ol wird über die Bildung des Hemiphthalsäureesters und unter Zuhilfenahme von optisch aktivem 1-Phenylethylamin (Bild 14.18) in die Enantiomere gespalten. Unter Verwendung einer ähnlichen Strategie wurde das Keton Bicyclo[3.2.0]hept-2-en-6-on (Bild 14.19) über das Bisulfit-Addukt und optisch aktives 1-Phenylethylamin in die Enantiomere aufgetrennt.

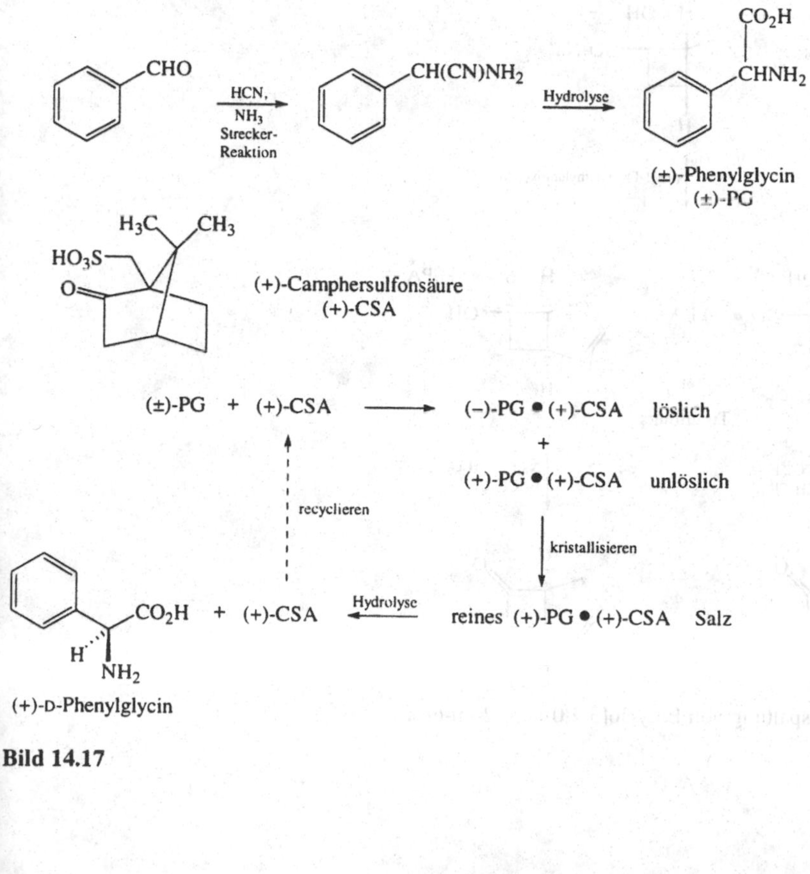

CHO
HCN, NH_3
Strecker-Reaktion
$CH(CN)NH_2$
Hydrolyse
CO_2H
$CHNH_2$
(±)-Phenylglycin
(±)-PG

H_3C CH_3
HO_3S
O
(+)-Camphersulfonsäure
(+)-CSA

(±)-PG + (+)-CSA → (−)-PG • (+)-CSA löslich
\+
(+)-PG • (+)-CSA unlöslich

recyclieren
kristallisieren

CO_2H + (+)-CSA ← Hydrolyse reines (+)-PG • (+)-CSA Salz
H
NH_2
(+)-D-Phenylglycin

Bild 14.17

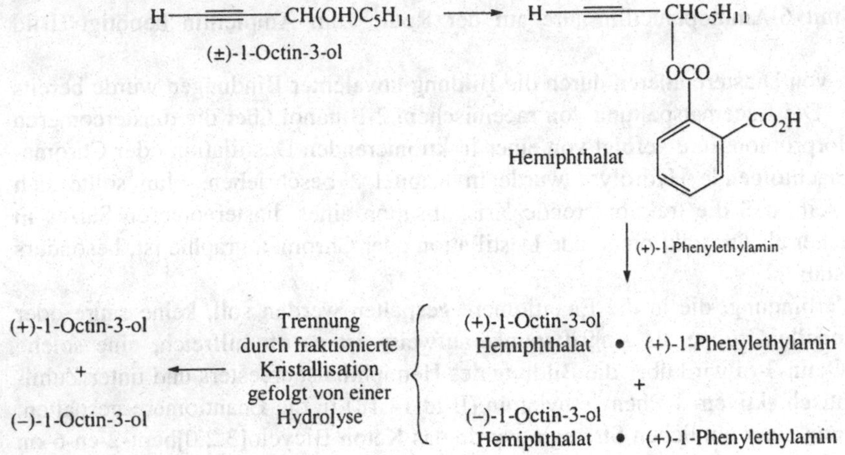

Bild 14.18 Racematspaltung von 1-Octin-3-ol.

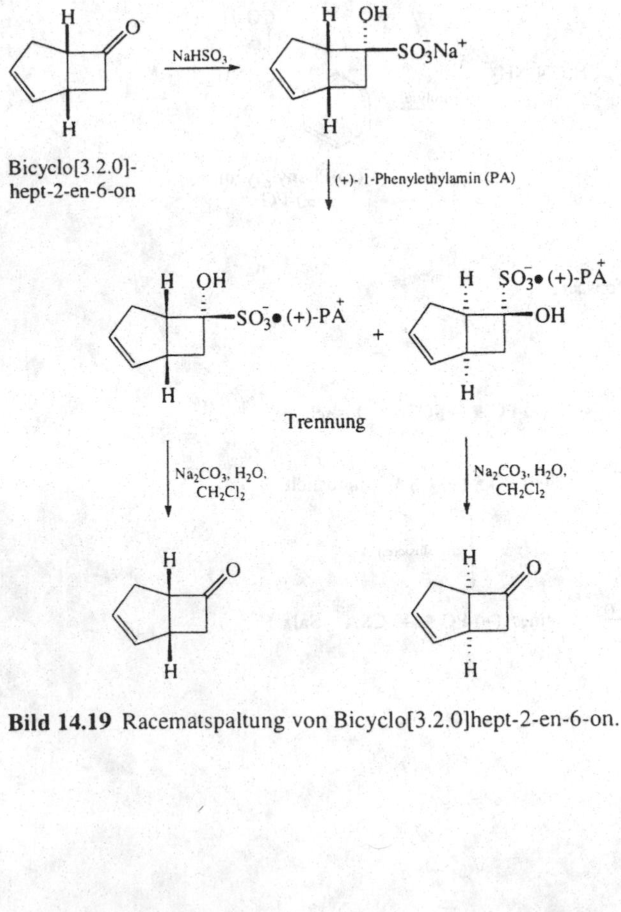

Bild 14.19 Racematspaltung von Bicyclo[3.2.0]hept-2-en-6-on.

Frage 14.3 Unten ist eine Reihe von Reagenzien zur Racematspaltung gezeigt (**A-E**). Welche davon sind für die Enantiomerentrennung von racemischen Carbonsäuren, Aminen, Ketonen oder Dienen geeignet.

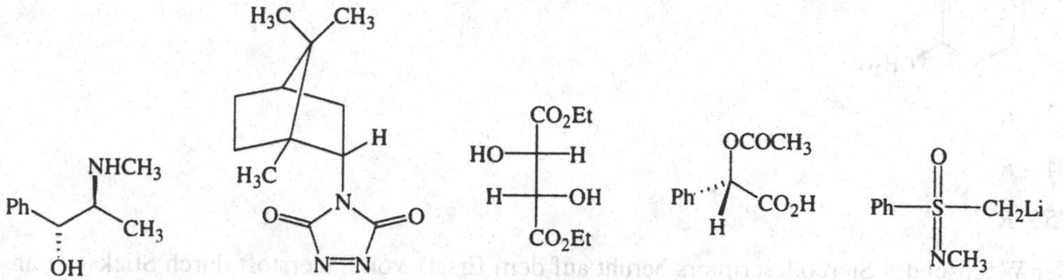

(–)-Ephedrin
A

Triazolindion
B

D-Weinsäurediethylester
C

O-Acetylmandelsäure
D

Lithio-*N*,*S*-dimethyl-*S*-phenylsulfoximin
E

Sie sollten daran denken, daß Enantiomere durch Chromatographie auch direkt getrennt werden können (Kapitel 6). Da verschiedene Arten von Chromatographiesäulen mit chiraler stationärer Phase billiger und besser verfügbar werden, werden sie auch im präparativen Bereich zunehmend häufiger eingesetzt. Hochdruckflüssigkeitschromatographie (HPLC) an Säulen mit Cyclodextrinen (siehe Kapitel 13) oder mit an einer festen Phase gebundenden Aminosäuren wie Phenylglycin sind ebenfalls populär geworden.

Antworten

Frage 14.1 Das Acetat stabilisiert das Carbokation an der benachbarten Position, ein Angriff von Wasser führt dann zu der beobachteten Anordnung der Substituenten.

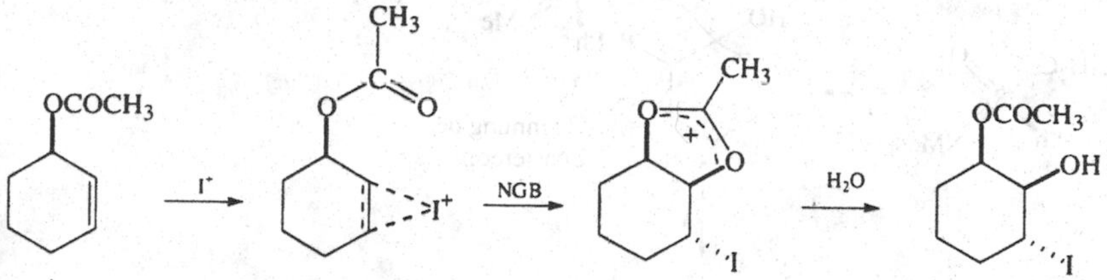

I^+ — NGB — H_2O

A **B**

NGB = Nachbargruppen-Beteiligung

Frage 14.2 In Glucose sind die Konfigurationen wie folgt:

C3 – *S*

C4 – *R*

C5 – *R*

In Deoxymannojirimycin:

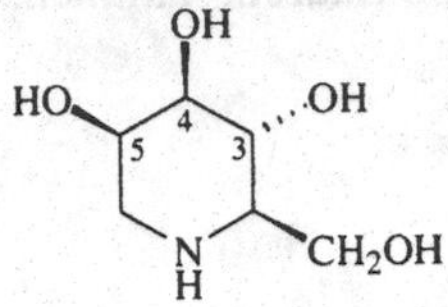

HO, OH, OH, 5, 4, 3, N, H, CH_2OH

C3 – *R*

C4 – *R*

C5 – *R*

Der Wechsel des Stereodescriptors beruht auf dem Ersatz von Sauerstoff durch Stickstoff an C2.

Frage 14.3

A wird zur Racematspaltung racemischer Säuren wie *N*-Acetylaminosäuren benutzt.

B wird zur Racematspaltung chiraler Diene durch eine Diels-Alder-Reaktion unter Verwendung von Triazolindion als Dienophil benutzt.

C wird zur Racematspaltung von Ketonen über diastereomere Acetale genutzt.

D wird zur Racematspaltung von Aminen über die Bildung von diastereomeren Salzen verwendet.

E wird zur Racematspaltung von Ketonen (wie 2-substituierte Cyclohexanone) verwendet.

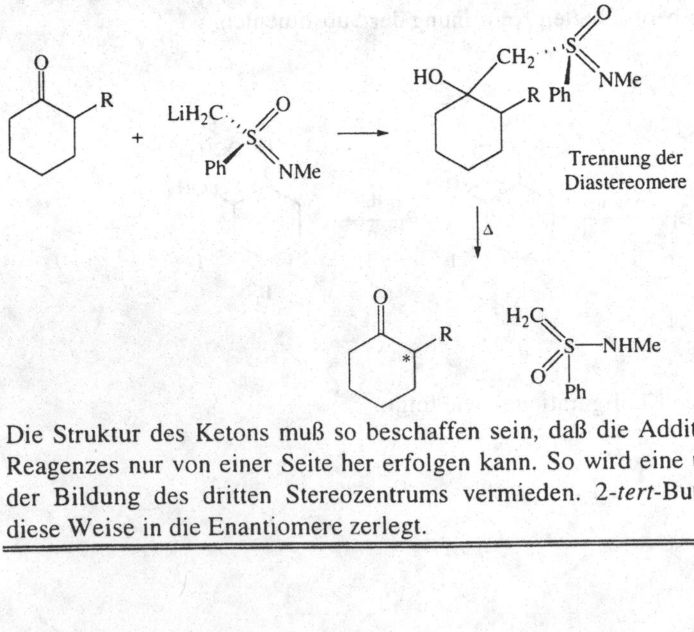

O, R, +, LiH_2C, S, O, Ph, NMe → HO, CH_2, S, O, NMe, R, Ph

Trennung der Diastereomere

Δ

O, R, *, H_2C, S, NHMe, O, Ph

Die Struktur des Ketons muß so beschaffen sein, daß die Addition des organometallischen Reagenzes nur von einer Seite her erfolgen kann. So wird eine unerwünschte Mischung bei der Bildung des dritten Stereozentrums vermieden. 2-*tert*-Butylcyclohexanon wurde auf diese Weise in die Enantiomere zerlegt.

Literatur

1. J. Martins, *Angew. Chem.* **1982**, *94*, 590-613.
2. H. W. O. Weissenburger, M. G. van der Hoeven, *Reucl. Pays Bas* **1970**, *89*, 1081-1084. H. Waldmann, *Tetrahedron Lett.* **1988**, *29*, 1131-1134.
3. K. C. Nicolaou, R. K. Guy, *Angew. Chem.* **1995**, *107*, 2247-2259.
4. D. Taub, R. D. Hoffsommer, H. L. Slates, C. H. Koo, N. L. Wendler, *J. Am. Chem. Soc.* **1960**, *82*, 4012-4026.
5. D. Trauner, J. W. Bats, A. Werner, J. Mulzer, *J. Org. Chem.* **1998**, *63*, 5908-5919.
6. W. L. Nelson, M. L. Powell, J. E. Wennerstrom, *J. Org. Chem.* **1978**, *43*, 4907-4910.
7 H. Paulsen. M. Matzke. B. Orthen, R. Nuck, W. Reuter, *Liebigs Ann. Chem.* **1990**. 953-963.
8. H. K. Chenault, J. Dahmer, G. M. Whitesides, *J. Am. Chem. Soc.* **1989**, *111*, 6354-6364.
9. A. Pedrazzoli, S. Tricerri, *Helv. Chim. Acta* **1956**, *39*, 965-976.
10. P. J. Reider, P. Davies, D. L. Highes, E. J. J. Grabovski, *J. Org. Chem.* **1987**, *52*, 955-957.

15 Asymmetrische Synthese

Die Herstellung von chiralen Verbindungen ist eine der wichtigsten intellektuellen Herausforderungen der Organischen Synthese, nicht nur im Bereich der pharmazeutischen Industrie, geworden. Wie zuvor erwähnt (Kapitel 14), sind biologische Systeme sehr empfindlich gegenüber den chiralen Verbindungen, mit denen sie wechselwirken. Daher sind praktische Methoden zur Erzeugung nur eines Stereoisomers aufgrund der höheren Ausbeute, geringeren Abfallmenge und leichteren Reinigung von großem Wert. Die Synthese eines chiralen Medikamentes in seiner racemischen Form ist nicht effektiv, wenn nur ein Enantiomer aktiv ist, da dann 50 % des Endprodukts nutzlos sind und eine weitere Behandlung, z.B. eine Trennung, wenn möglich ein Recycling oder eine Beseitigung, notwendig ist.

Das Gebiet der Organischen Chemie, das sich mit der gezielten Synthese bestimmter Stereoisomerer befaßt, wird als asymmetrische Synthese[1] bezeichnet. Dies beinhaltet also nicht die Abtrennung nur eines Stereoisomers aus einer Mischung mehrerer Stereoisomere. Viele Arbeitsgruppen sind auf diesem Gebiet aktiv und alle reichhaltigen Methoden der asymmetrischen Synthese zu beschreiben, würde den Rahmen dieses Buches sprengen. In diesem Kapitel sollen einige der populärsten Strategien der stereokontrollierten Synthese von chiralen Verbindungen umrissen werden und die Grundlagen dieser Stereokontrolle diskutiert werden.

Die drei Aspekte der asymmetrischen Synthese, die hier betrachtet werden sollen, sind die Verwendung von chiralen Auxiliarien, die Nutzung chiraler Reagenzien sowie der Gebrauch chiraler Liganden und Katalysatoren.

15.1 Chirale Auxiliarien

Ein chirales Auxiliar[2] ist ein Reagenz, welches die Umwandlung eines achiralen Ausgangsmaterials in ein chirales Produkt ermöglicht. Im Verlauf dieser Tranformation ist das Auxiliar kovalent an das achirale Substrat gebunden, es entsteht eine chirale Zwischenstufe, das Auxiliar wird aber wieder abgespalten und findet sich nicht im Endprodukt. Während der Zeit, in der das Auxiliar an das Substrat gebunden ist, dirigiert es den Verlauf weiterer Reaktionen dadurch, daß es einen bevorzugten Reaktionsweg für den Angriff der anderen Reagenzien öffnet.

Die allgemeine Abfolge der Ereignisse ist in Bild 15.1 gezeigt, das achirale Ausgangsmaterial ist eine Carbonsäure, das chirale Auxiliar wird durch A* dargestellt. E ist das Reagenz und C* das neue stereogene Zentrum. Die zwei Eigenschaften, die ein ideales Auxiliar kennzeichnen, sind (a) eine funktionelle Gruppe, die die umproblematische Anknüpfung und Abspaltung des Auxiliars vor und nach der stereokontrollierten Reaktion ermöglicht, und (b) eine sterisch anspruchsvolle Struktur. In der Praxis ist es die letztgenannte Bedingung, die für die Stereokontrolle verantwortlich ist, dies wird am besten durch zwei Beispiele, eine C2-Fuktionalisierung von Propionsäure und eine Diels-Alder-Reaktion, verdeutlicht.

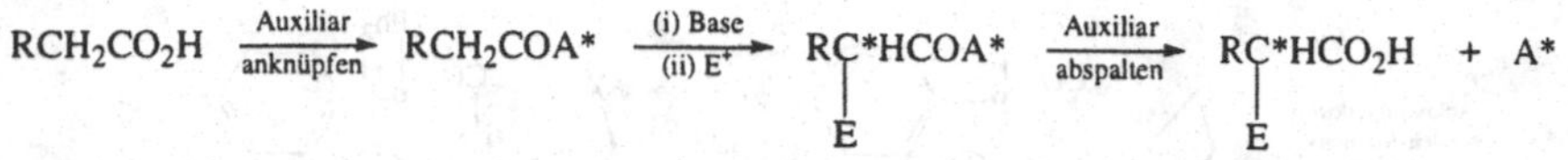

$$RCH_2CO_2H \xrightarrow[\text{anknüpfen}]{\text{Auxiliar}} RCH_2COA^* \xrightarrow[\text{(ii) } E^+]{\text{(i) Base}} RC^*H(E)COA^* \xrightarrow[\text{abspalten}]{\text{Auxiliar}} RC^*H(E)CO_2H + A^*$$

Bild 15.1

Die C2-Funktionalisierung von Propionsäure ist eine scheinbar einfache Reaktion. Sie kann jedoch die subtilen Faktoren beim Gebrauch verschiedener chiraler Auxiliarien gut aufzeigen. Die Reihenfolge der Ereignisse ist folgende: entweder wird das chirale Auxiliar durch die Reaktion mit der Carboxylgruppe der Propionsäure verknüpft oder die Propionsäure wird am Auxiliar aufgebaut. Die so gebildeten Acylderivate bilden bei der Behandlung mit Base ein Enolat, dieses reagiert dann mit einem Elektrophil in stereokontrollierter Weise und führt so zu dem neuen stereogenen Zentrum an C2.

15.1.1 Verwendung von Eisencarbonyl als chiralem Auxiliar: Synthese von Captopril

Vielen Bluthochdruckkranken dürfte der Name Captopril bekannt sein. Es ist ein häufig verschriebenes Medikament, das die Symptome von Bluthochdruck lindert. Seine Wirkungsweise ist die Hemmung der Synthese von Angiotensin II, einem Protein, das in Säugetierzellen vorkommt und stark gefäßverengend wirkt.

Die Struktur von Captopril weist einen *N*-acylierten Pyrrolidincarbonsäureester (Bild 15.2) mit zwei stereogenen Zentren, die beide *S*-konfiguriert sind, als Grundgerüst auf. Eine Synthese von Captopril nutzt einen Cyclopentadienyl(triphenylphosphan)eisenkomplex, der an die Propionsäure gebunden ist. Butyllithium überführt die Carbonylgruppe des Acylrestes in das korrespondierende Lithiumenolat. Die Geometrie der Doppelbindung ist *E*, die Methylgruppe liegt also auf derselben Seite wie das Sauerstoffatom des Enolats. In Bild 15.2 sollten Sie erkennen, daß der Eisenkomplex[3] auch das zweite der obengenannten Kriterien erfüllt, er ist sterisch anspruchsvoll. Die Liganden am Eisen befinden sich in fixierten Positionen, von besonderer Bedeutung ist eine der Phenylgruppen des PPh_3-Substituenten. Diese Gruppierung blockiert effektiv die Annäherung des Elektrophils (in diesem Fall des *tert*-Butylsulfanylmethylbromids) an die *Re*-Seite von C2*. Darum muß die Reaktion, bei der das Bromatom am Elektrophil substituiert wird, an der *Si*-Seite ablaufen, und ein neues *R*-konfiguriertes Stereozentrum wird gebildet (zur Wiederholung von *Re* und *Si*, siehe Kapitel 8). An diesem Punkt liegt ein *R*-konfiguriertes Zentrum vor, bei Abspaltung des chiralen Auxiliars geht dieses Zentrum wegen der im Vergleich zum Eisen niedrigeren Ordungszahl des Stickstoffs in ein *S*-konfiguriertes Zentrum über.

Das zweite stereogene Zentrum wird durch den Ersatz des chiralen Auxiliars durch *O*-*tert*-Butylprolin eingeführt. Dieses Reagenz ist aus der natürlich in der *S*-Form vorkommenden α-Aminosäure leicht zugänglich. Das so gebildete cyclische Amid weist die zwei erforderlichen *S*-konfigurierten Stereozentren auf; um zum Captopril zu gelanden, muß in einer Standardreaktion nur noch die *tert*-Butylgruppe am Schwefelatom entfernt werden.

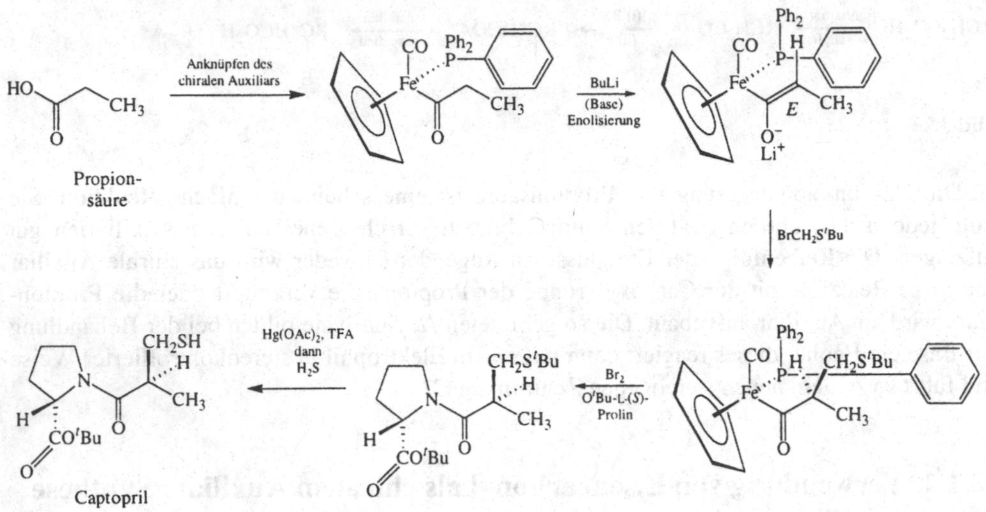

Bild 15.2

15.1.2 Heterocyclen als chirale Auxiliarien: Alkylierung und Hydroxyalkylierung von Propionsäure

(*S*)-Prolinol[4] ist ein nützliches chirales Auxiliar. Es reagiert mit aktivierter Propionsäure zum in Bild 15.3 gezeigten Amid. Die Behandlung dieses Amids mit der Base Lithiumdiisopropylamid (LDA) führt zum (*Z*)-Enolat, zuvor wird natürlich das acide Wasserstoffatom der Carbonsäure entfernt. Das Ergebnis ist ein Komplex, in dem die Hydroxymethylgruppe des chiralen Auxiliars über seine chelatisierende Wirkung als ein Anker für den Erhalt der Enolat-Geometrie wirkt.

Die Struktur ist nun für die Addition eines Elektrophils vorbereitet, in diesem Beispiel 1-Iodbutan. Das stereochemische Ergebnis der gesamten Transformation hängt davon ab, auf welcher Seite der Doppelbindung der Angriff des Elektrophils stattfindet. Eine genauere Betrachtung der beiden Seiten an C2, dem Ort des elektrophilen Angriffs, zeigt, daß die Annäherung auf der *Re*-Seite durch das chirale Auxiliar behindert wird. Es gibt dagegen nichts, was das Elektrophil davon abhält, die *Si*-Seite anzugreifen, und genau dies geschieht. C2 wird butyliert und ein neues stereogenes Zentrum (*R*-konfiguriert) wird erzeugt. Es soll jedoch betont werden, daß diese Reaktion nicht 100 %ig stereoselektiv abläuft. Obwohl die Annäherung des Elektrophils an die Re-Seite ungünstig ist, wird sie nicht völlig verhindert und ein kleiner Teil der Reaktion verläuft über diese Route und damit zum *S*-Produkt. Das Verhältnis 2*R*:2*S* beträgt 94:6.

Der hohe Grad an Stereokontrolle dieser Reaktion geht daher von der Chiralität des Auxiliars aus. Wenn man als Auxiliar (*R*)-Prolinol verwendet hätte, hätte auch die Hydroxymethylgruppe in die entgegengesetzte Richtung gezeigt und damit die Annäherung des Elektrophils an die *Si*-Seite behindert. Der bevorzugte Angriff an die *Re*-Seite hätte dann zum 2*S*-Produkt als Hauptdiastereomerem geführt.

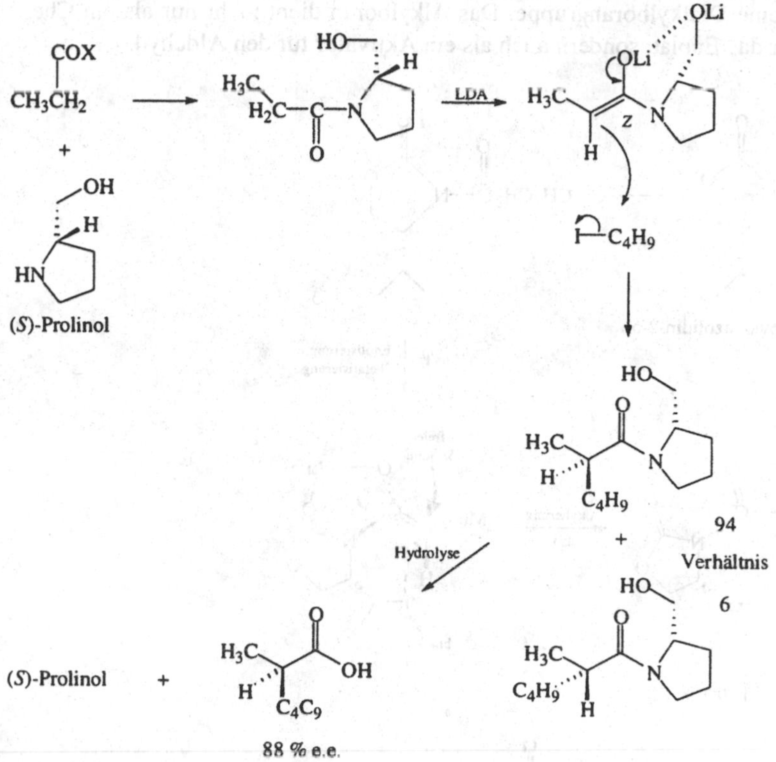

Bild 15.3

Der letzte Schritt ist eine Hydrolyse, die das chirale Auxiliar (das recycelt werden kann) und das Produkt (*R*)-2-Butylpropionsäure [(*R*)-2-Methylhexansäure ist die Bezeichnung gemäß der IUPAC-Nomenklatur] freisetzt. Die Gesamtreaktion führt zu einem Enantiomerenüberschuß (vergleiche Kapitel 6) von 88 %.

4-Isopropyloxazolidin-2-on[5] ist ebenfalls ein nützliches Auxiliar. In Alkylierungsreaktionen funktioniert es auf die gleiche Weise wie Prolinol. Beim (*S*)-4-Isopropyloxazolidin-2-on als Beispiel erkennen wir, daß es mit dem Stickstoffatom die passende funktionelle Gruppe für eine Anknüpfung an die Propionsäure besitzt (Bild 15.4). So wie im vorangehenden Beispiel wird mit einer Lithiumbase (LDA oder BuLi) ein Lithiumenolat gebildet. Wieder entsteht eine *Z*-konfigurierte Doppelbindung (Methylgruppe auf der gleichen Seite wie das Enolat-Sauerstoffatom), und dieses Mal gibt es eine Chelatisierung zwischen dem Enolat-Sauerstoffatom, dem Lithium und dem Carbonyl-Sauerstoffatom im Ring. Die Isopropylgruppe an C4 verhindert die Annäherung des Alkylierungsreagenzes (Iodethan) an die *Re*-Seite von C2, die Reaktion läuft fast ausschließlich an der *Si*-Seite ab und bildet ein *R*-konfiguriertes Stereozentrum (92 % e.e.).

Interessanterweise kann dasselbe Auxiliar am selben Substrat mit einem Aldehyd anstelle eines Alkylhalogenids als Elektrophil zur umgekehrten Produkt-Stereochemie führen. Bild 15.5 zeigt die C2-Hydroxymethylierung von Propionsäure, das für die Chelatbildung notwendige Reagenz ist eine Dialkylborangruppe. Das Alkylboran dient nicht nur als ein Chelatisierungsreagenz für das Enolat, sondern auch als ein Aktivator für den Aldehyd.

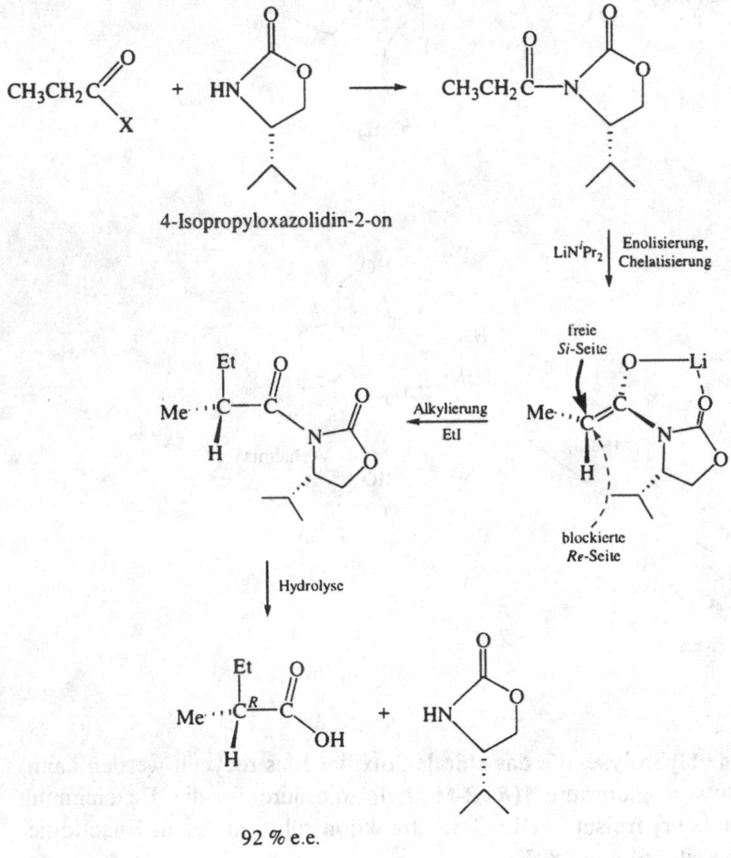

4-Isopropyloxazolidin-2-on

LiN^iPr_2 Enolisierung, Chelatisierung

freie *Si*-Seite

blockierte *Re*-Seite

Alkylierung EtI

Hydrolyse

92 % e.e.

Bild 15.4

Die enolisierte Struktur kann eine von zwei möglichen Konformationen einnehmen. Die in Bild 15.5 als (a) bezeichnete ist ähnlich der im vorangehenden Beispiel beschriebenen. D.h. das Bor wird kovalent an das Enolat-Sauerstoffatom gebunden, und chelatisiert das Carbonyl-Sauerstoffatom. Für eine weitere Reaktion ist dies eine ungünstige Anordnung, hinzu kommt, daß das Bor aufgrund der intramolekularen Koordination mit dem Auxiliar nicht zur Aktivierung des Aldehyds in der Lage ist. Es existiert jedoch ein Gleichgewicht zwischen dieser Anordnung und der mit (b) bezeichneten Anordnung, in der das Boratom aus dem Chelat freigegeben wird und den Aldehyd für die Reaktion aktivieren kann.

Die stereochemischen Auswirkungen dieser Umwandlung sind massiv: Sobald das Chelat zwischen dem Boratom und der Carbonylgruppe des Rings aufgebrochen ist, bewirken ungünstige Dipol-Dipol-Wechselwirkungen eine Drehung des Oxazolidinons um die C–N-Bindung, um so einen maximalen Abstand zwischen der O–BR_2-Gruppierung und der Carbonylgruppe des Amids im Ring zu erreichen. Als Ergebnis ist die *Si*-Seite, und nicht wie bei dem Beispiel für eine Alkylierung (die keine Aktivierung benötigt) die *Re*-Seite von C2 die durch die Isopropylgruppe gegenüber dem Angriff eines Elektrophils abgeschirmte Seite. Die Reaktion findet deshalb an der *Re*-Seite statt und führt zum *S*-konfigurierten Produkt.

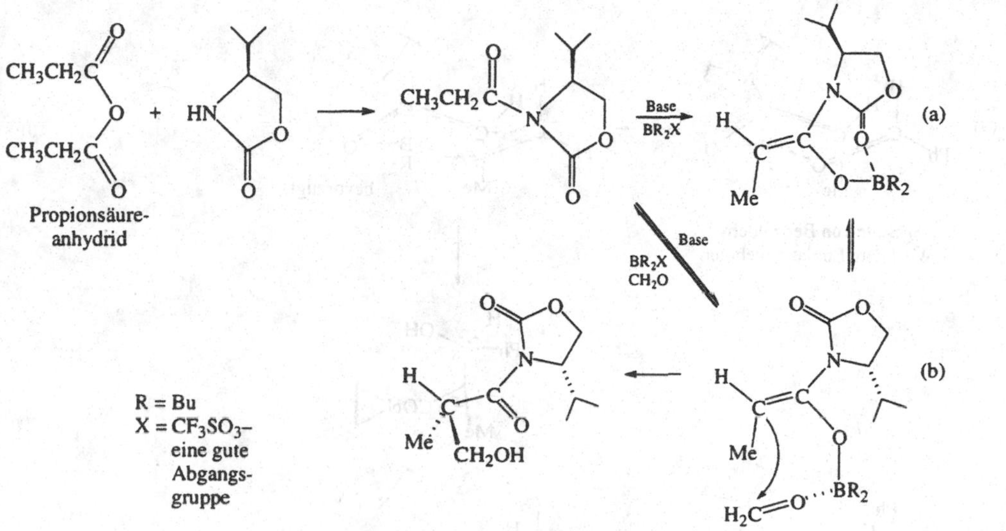

Propionsäureanhydrid

R = Bu
X = CF_3SO_3- eine gute Abgangsgruppe

Bild 15.5

Um zu unserem Beispiel aus Bild 15.6 zurückzukommen: Wir wissen nun, daß die *Si*-Seite durch die Isopropylgruppe des chiralen Auxiliars abgeschirmt wird, und so wird der an das Bor koordinierte Benzaldehyd auf die *Re*-Seite von C2 dirigiert. Die Carbonylgruppe des Benzaldehyds ist jedoch ebenfalls stereoheterotop und besitzt auch eine *Re*- und eine *Si*-Seite. Es gibt darum zwei mögliche Annäherungen an das Enolat: Eine mit der *Re*-Seite und eine mit der *Si*-Seite des Aldehyds. Hierbei sind die Wechselwirkungen, die die Phenylgruppe in den beiden verschiedenen Übergangszuständen erfährt, der entscheidende Faktor für den Verlauf der Reaktion.

Der für die Reaktion vorgeschlagene Übergangszustand ist eine lose Sesselform aus den sechs Atomen Bor, C1, C2, dem Sauerstoffatom und dem Sauerstoff- und Kohlenstoffatom des Aldehydes (Bild 15.6). Die gepunkteten Linien deuten den Sessel an und repräsentieren Wechselwirkungen, die ausreichend stark sind, den Übergangszustand lange genug für die Reaktion mit dem Elektrophil zusammenzuhalten (Zimmerman-Traxler-Übergangszustand).

Sie werden sich aus Kapitel 1 daran erinnern, daß die Sesselkonformation eine energetisch günstige Anordnung der Atome des Cyclohexansystems ist, dies trifft auch auf Übergangszustände zu. Große, sperrige Gruppen weisen eine Bevorzugung für die äquatoriale Position auf, und die obige Reaktion verläuft so, daß sich die Phenylgruppe des Benzaldehyds in einer äquatorialen Position befindet. Die genaue Betrachtung von Bild 15.6 zeigt, daß dies erreicht wird, wenn die *Re*-Seite von C2 mit der *Si*-Seite des Aldehyds reagiert. Die *Re*-*Re*-Anordnung bringt die Phenylgruppe in die ungünstigere axiale Position. Die Methylgruppe an C2 muß im Übergangszustand aufgrund der *Z*-Geometrie des Enolats ebenfalls axial stehen (ebenfalls in Bild 15.6 gezeigt). Die beiden neuen Stereozentren an C2 und C3 sind *S*,*S*-konfiguriert und das Produkt nach der Hydrolyse ist (2*S*,3*S*)-3-Hydroxy-3-

phenylpropionsäure. Das chirale Auxiliar kann durch Hydrolyse der Amidbindung entfernt werden, und so kann die korrespondierende Hydroxycarbonsäure isoliert werden.

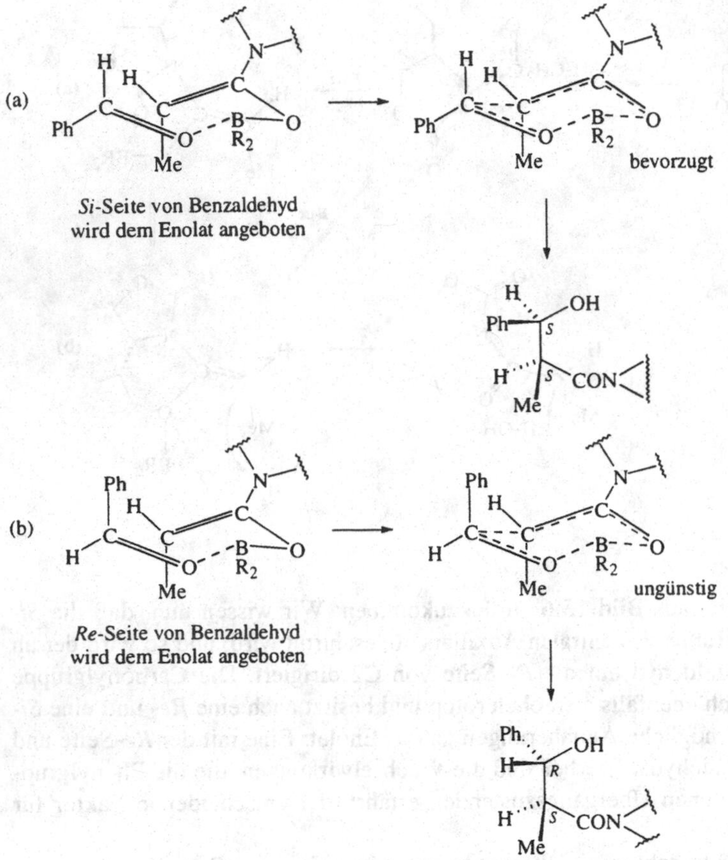

(a)

Si-Seite von Benzaldehyd wird dem Enolat angeboten

bevorzugt

(b)

Re-Seite von Benzaldehyd wird dem Enolat angeboten

ungünstig

Bild 15.6

Frage 15.1 Im allgemeinen führt die Reaktion einer Carbonylverbindung $R^1COCH_2R^2$ mit nicht-nucleophilen Basen $LiNR^3{}_2$ unter kinetischer Kontrolle zu einer Mischung des *Z*- und *E*-Enolates. Wenn R^1 sperrig ist (z.B. Ph), wird das *Z*-Enolat bevorzugt. Wenn R^3 sperrig ist, werden die *E*-Enolate gebildet. Zeichnen Sie den sechsgliedrigen, sesselartigen Übergangszustand und erklären sie die experimentellen Ergebinsse unter der Voraussetzung, daß das Lithium-Kation von Stickstoff auf Sauerstoff und ein Wasserstoffatom von der Methylengruppe auf den Stickstoff übertragen wird.

15.1.3 Chirale Auxiliarien auf Campher-Basis: Diels-Alder-Reaktionen

Chirale Auxiliarien auf Campher-Basis[6] werden häufig in Diels-Alder-Reaktionen verwendet. Ein Grund für ihre Nützlichkeit liegt darin, daß beide Stereoisomere des Camphers (Bild 15.7) leicht verfügbar sind. Das folgende Beispiel ist die Präparation von (*R*)-Cyclohexyl-3-encarbonsäure in der das chirale Auxiliar ein von (1*S*,4*S*)-Campher abgeleitetes Sultam ist.

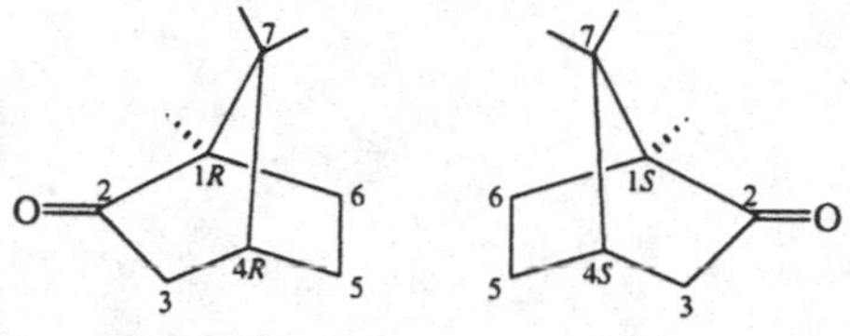

(1*R*,4*R*)-Campher (1*S*,4*S*)-Campher

Bild 15.7

Ehe wir zu der Rolle kommen, die das chirale Auxiliar spielt, wollen wir die Grundreaktion betrachten (Bild 15.8). Die dienophile Acrylsäure geht mit 1,3-Butadien eine Cycloaddition zu einem Cyclohexenderivat mit einem neuen Stereozentrum ein. Ob diese Stereozentren *R*- oder *S*-konfiguriert sind, hängt davon ab, von welcher Seite aus das Dienophil sich dem Dien nähert. Wenn es die C2*Re*-Seite angreift, ist das neue stereogene Zentrum *S*-konfiguriert, dagegen ergibt der Angriff auf die C2*Si*-Seite ein *R*-Zentrum.

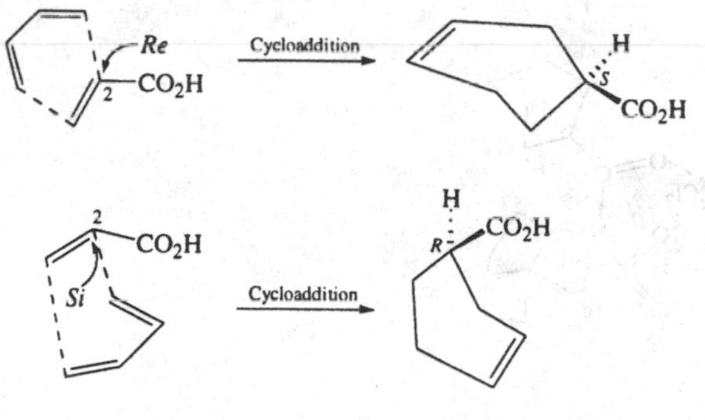

Re CO_2H Cycloaddition H S CO_2H

CO_2H Si Cycloaddition H R CO_2H

Bild 15.8

Das chirale Auxiliar macht eine Annäherungsmöglichkeit an das Dien unmöglich und zwingt die Reaktion dazu, fast vollständig nur an der anderen Seite abzulaufen. Es erreicht dies durch eine Verknüpfung der Carboxygruppe des Dienophils mit einem Stickstoffatom des Sultams (Bild 15.9). Die Konformation des Dienophils wird dann durch die Addition von Ethylaluminiumchlorid arretiert. Dieses Aluminiumreagenz ist eine Lewis-Säure, die an ein Carbonyl-Sauerstoffatom des Dienophils und ein Sauerstoffatom des Sultams koordiniert und so eine Rotation um die CO–N-Bindung verhindert und gleichzeitig das Dienophil für eine Addition aktiviert.

Wie Sie in Bild 15.9 sehen, bewirkt alleine die Größe des sperrigen Campherderivats eine praktisch vollständige Abschirmung der *Re*-Seite von C2, daher muß sich das Dien von der *Si*-Seite her nähern. Die nachfolgende Cycloaddition ergibt ein Cyclohexen, in dem das Stereozentrum wie vorhergesagt *R*-konfiguriert ist. Lithiumhydroxid bewirkt die Hydrolyse dieses Primärproduktes und setzt das chirale Auxiliar, das wiederverwendet werden kann, und das Endprodukt (*R*)-3-Cyclohexencarbonsäure frei. Dieses Auxiliar ist so effektiv, daß der Diastereomerenüberschuß des Primärprodukts 97 % beträgt.

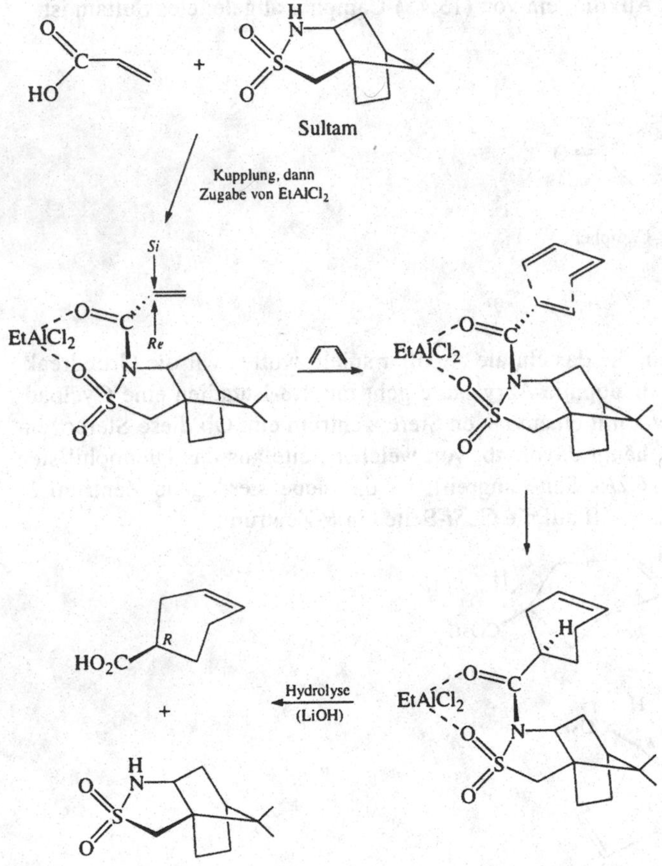

Bild 15.9

15.2 Chirale Reagenzien

Ein asymmetrisches Reagenz wird mit einem achiralen Substrat bevorzugt zu einem chiralen Produkt reagieren. Klassische Beispiele umfassen die Wasseranlagerung einer C=C-Doppelbindung über eine asymmetrische Hydroborierung und die Umwandlung eines Ketons in einen chiralen sekundären Alkohol (asymmetrische Reduktion). Wir werden uns mit diesen beiden Reaktionen im folgenden genauer befassen.

15.2.1 Asymmetrische Hydroborierungen

Ehe wir uns mit asymmetrischen Hydroborierungen[7] auseinandersetzen, müssen wir kurz die Chemie der Borhydride zusammenfassen. Alkene reagieren mit Boran („BH_3") und einfachen Alkylboranen (wie R_2BH; R ist ein einfacher Alkylrest) über eine *cis*-Addition der Bor-Einheit und des Wasserstoffatoms an die C=C-Doppelbindung (Bild 15.10). Wie in dieser Abbildung gezeigt wird, ist die Bildung der C–B-Bindung etwas weiter fortgeschritten, obwohl die C–B- und die C–H-Bindung gleichzeitig gebildet werden. Dadurch entsteht eine positive Partialladung auf einem der Kohlenstoffatome, die für die anti-Markownikow-Addition verantwortlich ist. Die Oxidation des Organoborans ergibt den korrespondierenden Alkohol (über alles also eine Addition von H_2O). Borane können mit zwei Molekülen Alken reagieren (Bild 15.11), dann macht die sterische Hinderung die dritte Hydroborierung zu einem vergleichsweise langsamen Prozeß.

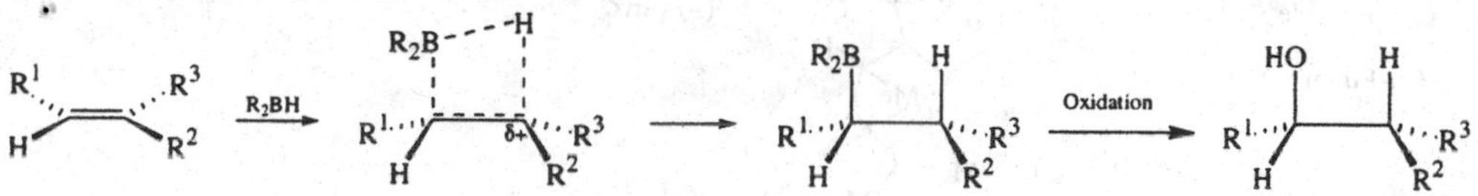

Bild 15.10

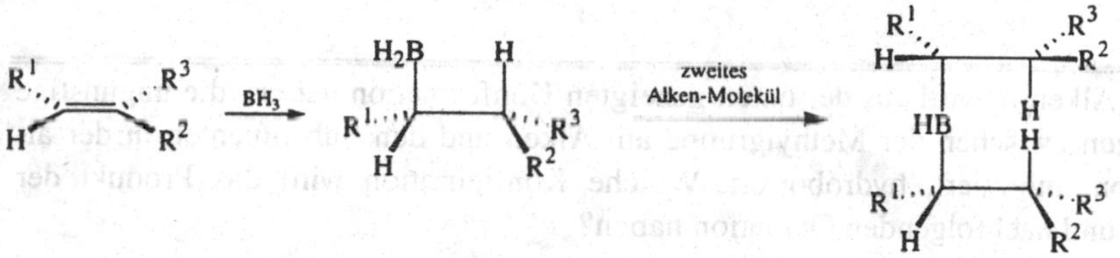

Bild 15.11

Schließlich sei angemerkt, daß in cyclischen Alkenen eine seitenselektive Hydratisierung stattfindet. Das Reagenz greift das Alken von der leichter zugänglichen Seite her an (Bild 15.12).

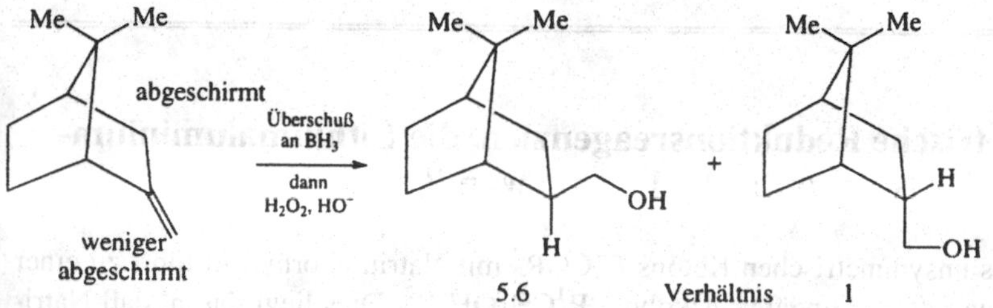

Bild 15.12

Mit den obigen Informationen gewappnet sollte es einfach sein, die Reaktion von Boran mit dem natürlich vorkommenden Pinen zu verstehen. Diisopinocampheylboran (Bild 15.13) ist in beiden enantiomeren Formen verfügbar und stellt ein nützliches Hydroborierungsreagenz dar. (+)-Diisopinocampheylboran reagiert beispielsweise mit einem prochiralen Dien wie einem 5-substituierten Cyclopentadien auf der weniger gehinderten Seite (Bild 15.14) und liefert eine Mischung zweier diastereomerer Borane im Verhältnis 98:2. Durch die Behandlung dieser Borane mit alkalischer Peroxidlösung erhält man die korrespondierenden Alkohole. Der beobachtete Enantiomerenüberschuß (96 %) des (*R*)-3-Cyclopentenols resultiert aus der Energiedifferenz der diastereomorphen Übergangszustände für den Additionsschritt des Alkens. Der Übergangszustand der zum *R*-Alkohol führt, liegt energetisch tiefer.

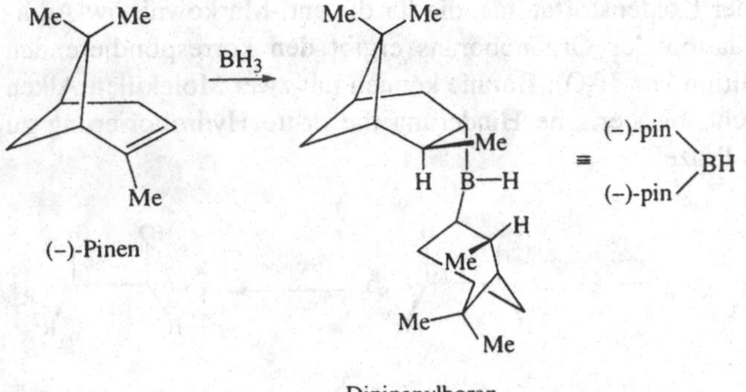

(–)-Pinen $\xrightarrow{BH_3}$ Dipinanylboran ≡ ((–)-pin)$_2$BH

Bild 15.13

Frage 15.2 Das Alken **A** wird aus der unten gezeigten Konformation heraus, die ungünstige Wechselwirkungen zwischen der Methylgruppe am Alken und den Substituenten in der allylischen Position minimiert, hydroboriert. Welche Konfiguration wird das Produkt der Hydroborierung und nachfolgenden Oxidation haben?

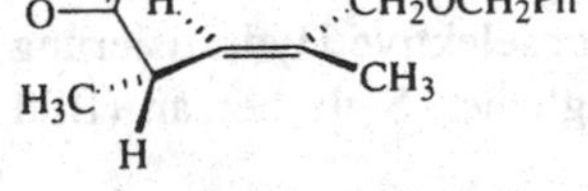

A (CH_2OCH_2Ph, CH_3, H_3C, H)

15.2.2 Asymmetrische Reduktionsreagenzien, die Lithiumaluminiumhydrid oder Natriumborhydrid verwandt sind

Die Reduktion eines unsymmetrischen Ketons R^1COR^2 mit Natriumborhydrid führt zu einer racemischen Mischung des sekundären Alkohols $R^1CH(OH)R^2$. Dies liegt daran, daß Natriumborhydrid achiral ist und dieses Reduktionsmittel damit das Carbonyl-Kohlenstoffatom von der *Re*- und *Si*-Seite gleich gut angreifen kann (Kapitel 2). Andererseits reagiert ein chiraler Hydriddonor mit einem Keton R^1COR^2 über zwei diastereomorphe Übergangszustände, die sich in ihrer Energie unterscheiden (Bild 15.15). Da die Übertragung des Hydridions irreversibel ist, spiegelt sich die Engergiedifferenz der Übergangszustände in den verschiedenen Mengen an gebildetem *R*- und *S*-Alkohol wieder.

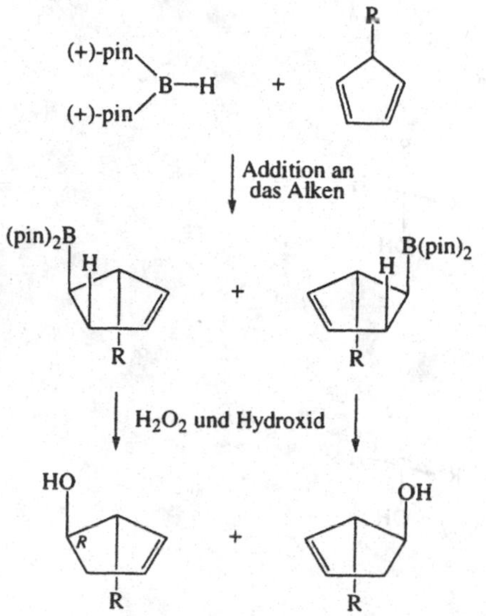

Enantiomerenüberschuß des *R*-Alkohols = 96 %

Bild 15.14

Eines der gebräuchlichsten asymmetrischen Reduktionsmittel ist „BINAL-H" (Bild 15.16). Es leitet sich formal von äquimolaren Mengen von optisch aktivem Binaphthol, Ethanol und Lithiumaluminiumhydrid ab. Dieses Reagenz ist besonders zur Reduktion von sterisch ungehinderten Aryl-Alkyl-Ketonen oder acyclischen konjugierten Enonen geeignet. Ein Beispiel ist in Bild 15.16 gezeigt.

Die asymmetrische Reduktion einfacher Ketone wie Butanon und 4,4-Dimethylpentan-2-on (DIMPO) wird andererseits am besten mit (*R*,*R*)- oder (*S*,*S*)-Dimethylborolan erreicht (Bild 15.17). Allgemein ergibt dabei das *RR*-Reduktionsmittel den *R*-Alkohol und das *SS*-Reagenz das *S*-Produkt.

Frage 15.3 (*S*)-BINAL-H reduziert Acetophenon zum (*S*)-1-Phenylethanol (95 % e.e.). Zeichnen Sie einen sechsgliedrigen, sesselartigen Übergangszustand, der die im Hauptprodukt beobachtete Konfiguration erklärt, unter der Voraussetzung, daß (a) die Wasserstoffübertragung auf die Carbonylgruppe vom Aluminiumzentrum her erfolgt und (b) das Lithiumion an das Sauerstoffatom der Carbonylgruppe und das Sauerstoffatom der Ethoxyeinheit koordiniert.

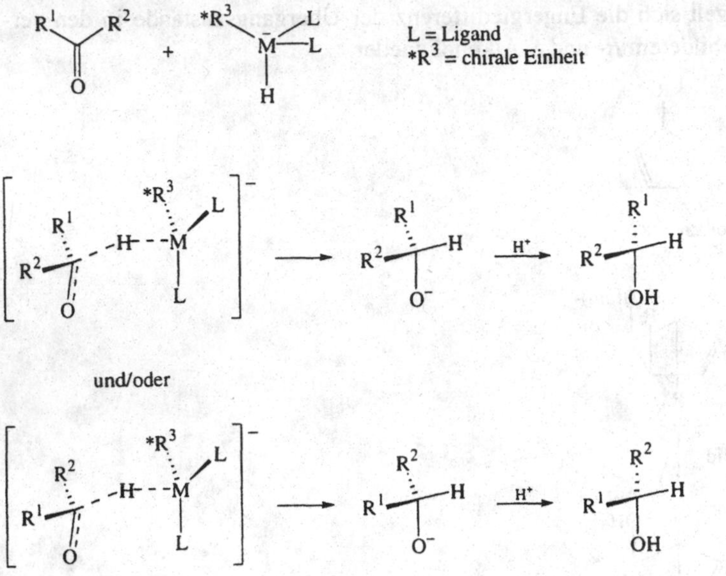

R^1 R^2 O + $*R^3$ M L L H

L = Ligand
$*R^3$ = chirale Einheit

[R^1 R^2 O H $*R^3$ M L L]$^-$ → R^1 R^2 H O^- —H^+→ R^1 R^2 H OH

und/oder

[R^2 R^1 O H $*R^3$ M L L]$^-$ → R^2 R^1 H O^- —H^+→ R^2 R^1 H OH

Bild 15.15

O O Al H OEt + X C$_5$H$_{11}$ O → X C$_5$H$_{11}$ H OH

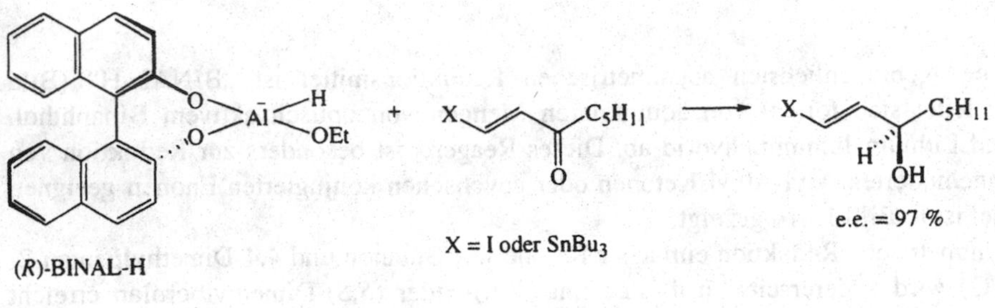

(*R*)-BINAL-H

X = I oder SnBu$_3$

e.e. = 97 %

Bild 15.16

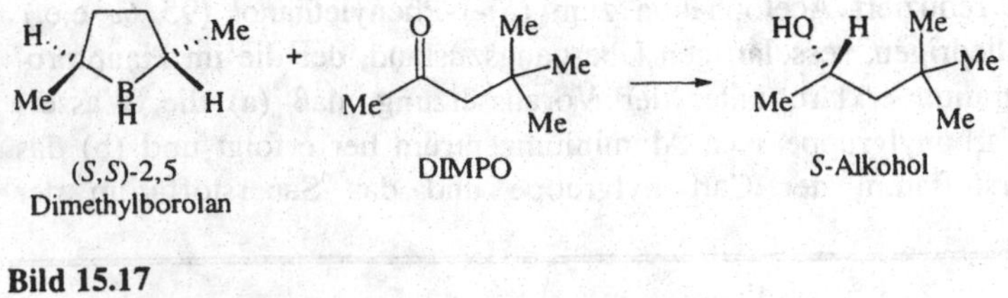

H Me Me B H H + O Me Me Me Me → HO H Me Me Me Me

(*S,S*)-2,5 Dimethylborolan

DIMPO

S-Alkohol

Bild 15.17

15.3 Chirale Katalysatoren

In Bild 15.17 wurden stöchiometrische Mengen Borolan zur asymmetrischen Reduktion eines Ketones verwendet. Weitere Studien führten zu einer katalytischen Version dieser Transformation (Corey, Bakshi und Shibata; CBS-Reduktion)[8]. Eine kleine Menge des Oxazaborolidins **1** in Verbindung mit einer stöchiometrischen Menge an Boran stellt eine Methode zur enantioselektiven Reduktion einer Vielzahl von Ketonen, Aryl-Alkyl- und Dialkylketone einschließend, dar (Bild 15.18). Acetophenon ($PhCOCH_3$) wird beispielsweise durch **1**/BH_3 zu (*R*)-1-Phenylethanol reduziert. Der Mechanismus dieser Reaktion ist wie folgt: Das Boran koordiniert an das Stickstoffatom des Katalysators (Bild 15.18). Dann koordiniert das Carbonylsauerstoffatom des Acetophenons an das elektrophile Boratom und die Hydridübertragung läuft über einen sechsgliedrigen Übergangszustand ab. Dabei befindet sich der größere Substituent am Carbonyl-Kohlenstoffatom (hier der Phenylrest) auf der dem heterocyclischen Komplex abgewandten Seite.

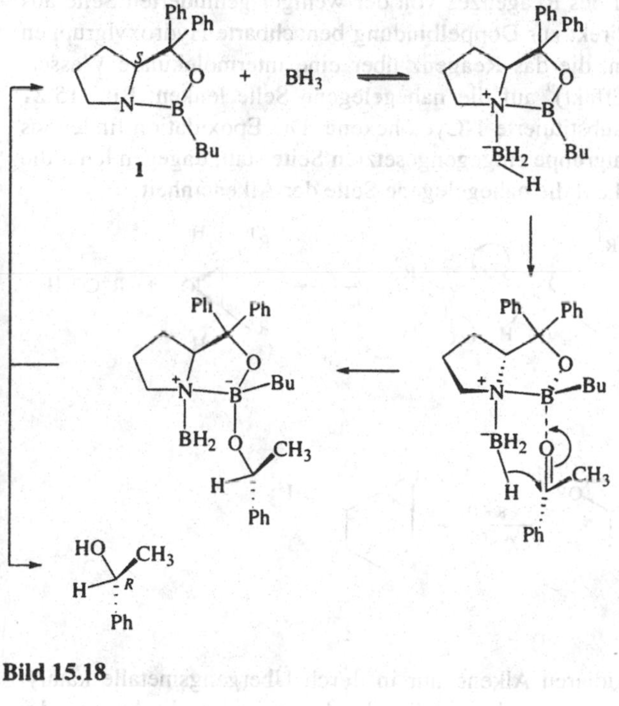

Bild 15.18

Die hervorragenden katalytischen Eigenschaften des Oxazaborolidins beruhen darauf, daß es die beiden Reaktanden (BH_3 und die Carbonylgruppe) auf stereokontrollierte Weise in räumliche Nachbarschaft bringt.

Zwei Alkenoxidationen, die Epoxidierung und die Dihydroxylierung (Bild 15.19), sind Beispiele für den Gebrauch eines anderen sehr wichtigen asymmetrischen Katalysators.

Epoxidierung

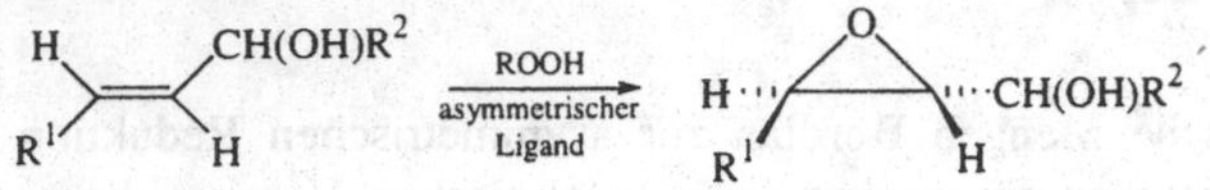

Dihydroxylierung

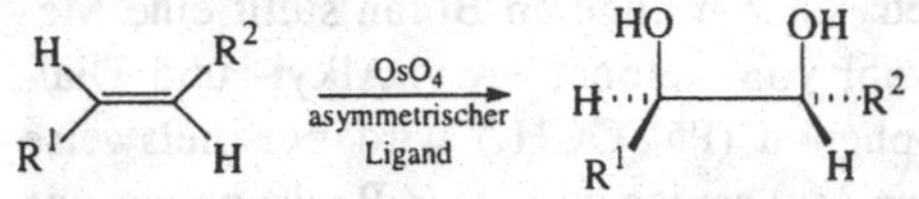

Abb. 15.19

Auch hier wollen wir zunächst wieder den Hintergrund dieser Reaktionen beleuchten. Diese Oxidationen erweitern die wohlbekannten Derivatisierung von Alkenen zu Epoxiden, die mit einer Persäure gelingt (Bild 15.20, siehe auch Kapitel 10). Im Fall von chiralen cyclischen Alkenen wird der Angriff des Reagenzes von der weniger gehinderten Seite aus stattfinden. Eine Ausnahme stellen direkt zur Doppelbindung benachbarte Hydroxylgruppen dar. Sie agieren als Nachbargruppen, die das Reagenz über eine intermolekulare Wasserstoffbrückenbindung (der Henbest-Effekt)[9] auf die nahegelegene Seite lenken. Bild 15.21 zeigt den Effekt der Persäure auf 3-substituierte 1-Cyclohexene. Die Epoxidation findet aus sterischen Gründen auf der der Acetatgruppe entgegengesetzten Seite statt, dagegen lenkt die Hydroxylgruppe das Oxidationsmitel auf die nahegelegene Seite der Alkeneinheit.

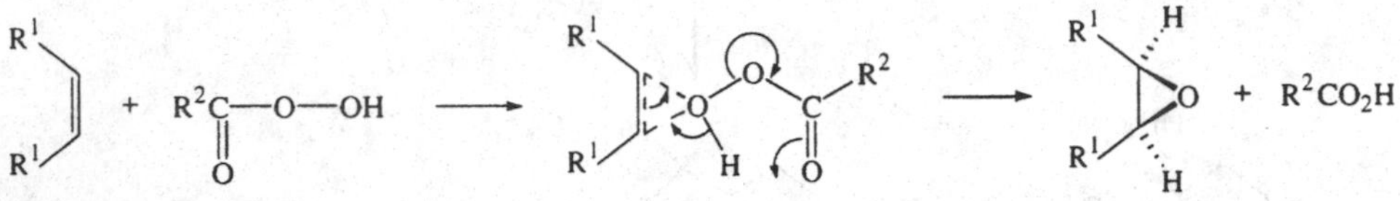

Bild 15.20

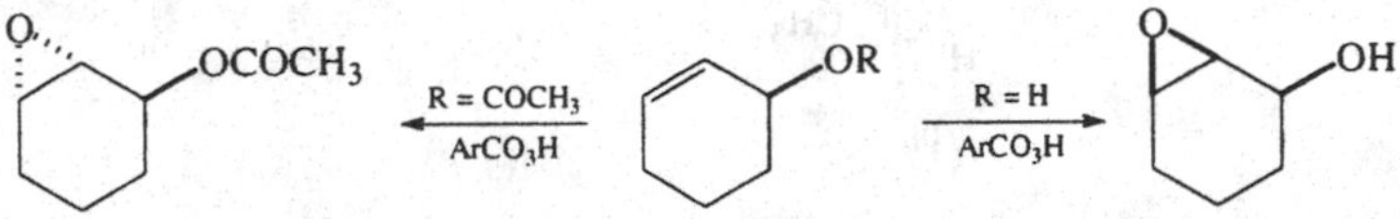

Bild 15.21

Alkylhydroperoxide (ROOH) oxidieren Alkene nur in durch Übergangsmetalle katalysierten Reaktionen. Das vergleichweise stabile *tert*-Butylhydroperoxid stellt hierbei das bevorzugte Reagenz dar (Bild 15.22). Die Katalysatoren basieren meist auf Molybdän, Vanadium oder Titan als Zentralmetall. Im allgemeinen reagieren höhersubstituierte Alkene schneller als niedriger substituierte.

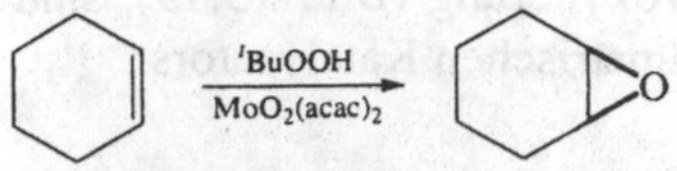

Bild 15.22

Die Oxidation von Allylalkoholen mit *tert*-Butylhydroperoxid und einem Übergangsmetall ist hochselektiv und führt zum Epoxyalkohol, in dem sich die Hydroxylgruppe auf der gleichen Seite wie die Epoxideinheit befindet (Bild 15.23). Die Reaktion verläuft über eine Koordination des Metalls an sowohl den Allylalkohol als auch das Hydroperoxid, gefolgt von einer Substitution an der Peroxygruppe durch das Alken. Im obigen Fall gibt die Vanadium(V)-Species über die Substitution zweier Alkoxysubstituenten einen reaktiven Komplex.

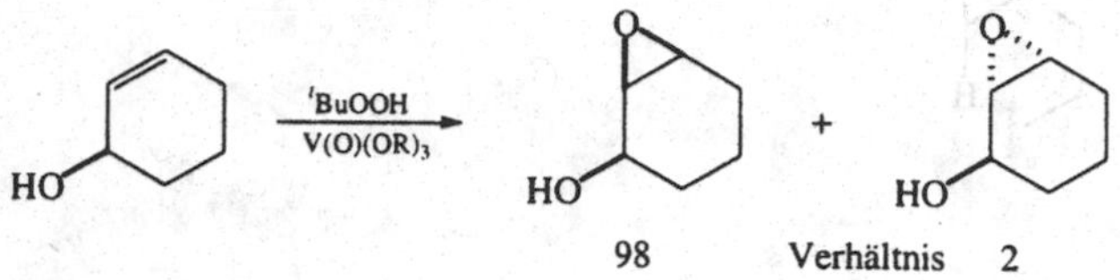

^tBuOOH, $V(O)(OR)_3$; HO; 98 Verhältnis 2

Bild 15.23

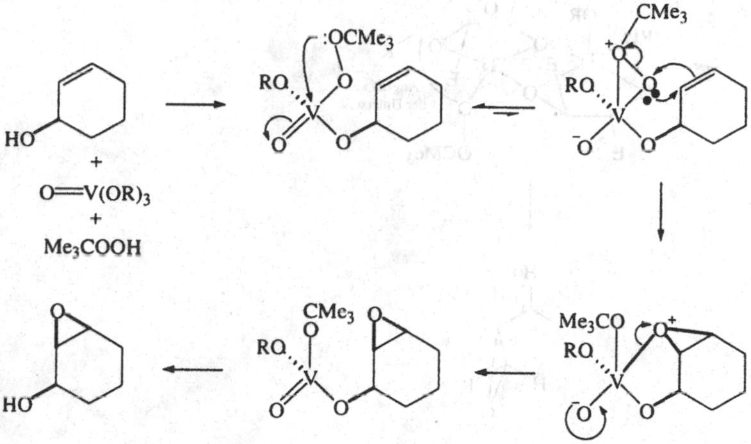

HO + $O{=}V(OR)_3$ + Me_3COOH; $:OCMe_3$; RO; CMe_3; Me_3CO

Bild 15.24

Diese *diastereoselektive* Epoxidierung wurde durch ein Übergangsmetall mit einem chiralen Liganden *enantioselektiv* gemacht. Dieses Feld wurde intensiv von Sharpless[10] bearbeitet. Z.B. liefert die durch Titantetraisopropoxid $Ti(O^iPr)_4$ in Anwesenheit von L-(+)- oder D-(–)-Weinsäurediethylester (diethyl tartrate, DET) katalysierte Reaktion von Geraniol mit *tert*-Butylhydroperoxid das (2*S*,3*S*)- oder das (2*R*,3*R*)-Enantiomer des korrespondierenden Epoxids (Bild 15.25).

Das Tartrat substituiert vermutlich zwei Isopropoxy-Gruppen aus dem Tetraisopropoxid [Bild 15.26; L-(+)-Weinsäure ist dort gezeigt]. Die Substitution von zwei weiteren Isopropoxid-Gruppen durch den Allylalkohol (in diesem Fall $R^1CH{=}CHCH_2OH$) und das Peroxid führt zur bevorzugten Anordnung von Alken und Oxidationsmittel.

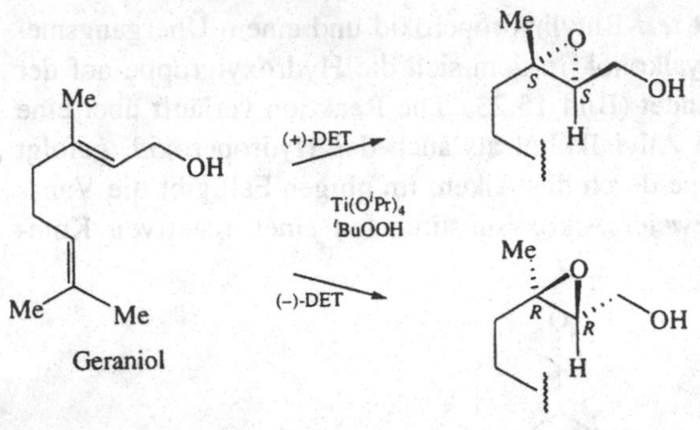

Me
OH
(+)-DET
Ti(O^{i}Pr)$_4$
^{t}BuOOH
(–)-DET
Me Me
Geraniol

Bild 15.25

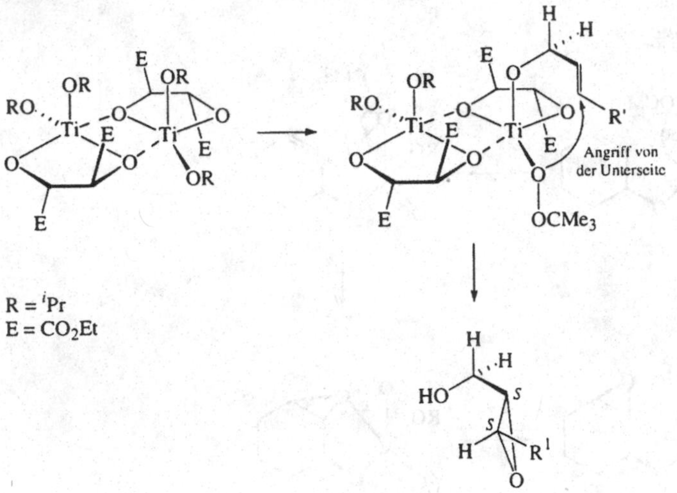

R = ^{i}Pr
E = CO_2Et

Angriff von der Unterseite

Bild 15.26

Ähnliche Argumente erklären, warum die zwei Enantiomere eines chiralen Allylalkohols verschieden schnell oxidiert werden (Bild 15.27). Ein Enantiomer des Allylalkohols wird im Überschuß vorhanden sein, wenn man die Reaktion nur bis zum halben Umsatz führt, dies nennt man eine kinetische Racematspaltung. Die Erklärung für die höhere Reaktionsgeschwindigkeit des einen Enantiomers kann durch die Betrachtung der zwei in Bild 15.27 gezeigten Zwischenstufen erhalten werden. Wenn eine der Gruppen R^2 am stereogenen Zentrum des Alkens auf den Weinsäurerest zuzeigt, führt dies zu einer ungünstigen Wechselwirkung. Darum steht diese Gruppe R^2 in der bevorzugten Zwischenstufe in der anderen, ungehinderten Position. Offensichtlich wird bei einer perfekten kinetischen Racematspaltung ein Enantiomer des Allylalkohols bei halbem Umsatz übrigbleiben. Um das andere Enatiomer zu erhalten, muß die nichtnatürliche (–)-Weinsäure verwendet werden. Das Einbringen von Molekularsieb in das Reaktionsgefäß verbessert die Epoxidierung durch das Entfernen von Wasserspuren, die sonst das System deaktivieren. Diese Variation der Sharpless-Epoxidierung erlaubt, die Reaktion in Bezug auf die Titan-Species wirklich katalytisch zu führen.

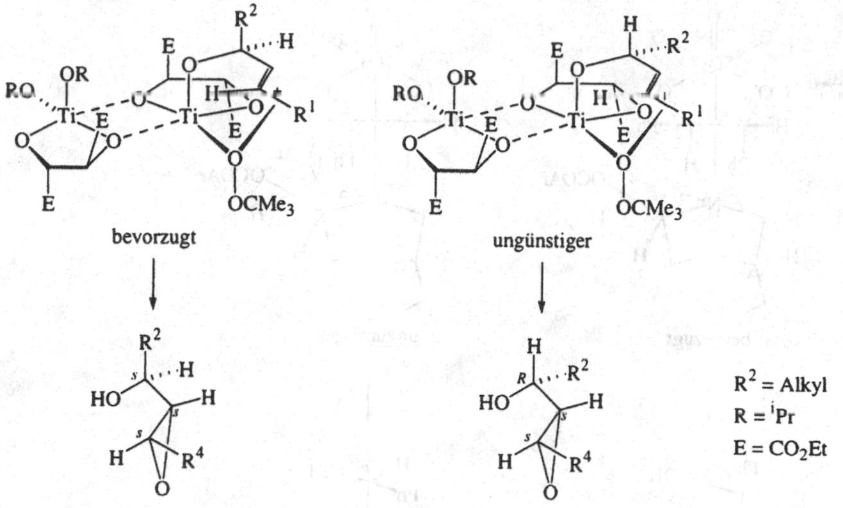

bevorzugt

ungünstiger

R^2 = Alkyl
R = ^{i}Pr
E = CO_2Et

Bild 15.27

Über den gesamten Prozeß wird der Allylalkohol (ob chiral oder achiral) in Anwesenheit von einem Übergangsmetall und einem chiralen Liganden durch ein Peroxid zu einem Oxiran (Epoxid) mit zwei neuen Stereozentren oxidiert. Die Epoxid-Gruppierung stellt eine reaktive Einheit dar und reagiert bereitwillig mit Nucleophilen (für gewöhnlich über eine S_N2-Reaktion unter Bruch einer der C–O-Bindungen), diese Eigenschaft macht diese Dreiringverbindungen zu synthetisch wichtigen Intermediaten.

Osmiumtetroxid oxidiert Alkene zu *cis*-Diolen, Zwischenstufe ist ein cyclischer Osmatester (Kapitel 10). Die Reaktion kann durch Amine beschleunigt werden und Derivate von natürlich vorkommenden Chinona-Alkaloiden sind besonders effektive Liganden für asymmetrische Bis-Hydroxylierungen. Langwierige und mühselige Forschungsarbeit war erforderlich, bis passende Liganden gefunden wurden; zu Anfang war nicht klar, daß bestimmte Alkaloide die gesuchten Liganden sein würden.[11]

Die Beteiligung dieser Alkaloid-Derivate an der Reaktion verursacht für ein Substrat wie (*E*)-Stilben eine Bevorzugung eines Diastereomers des Osmatesters gegenüber dem anderen. So wird ein Enantiomer des Diols bevorzugt gebildet (Bild 15.28). Im bevorzugten Diastereoisomer zeigen die sperrigen Phenylgruppen des Substrates von den Arylgruppen (Ar) der Azabicyclo[2.2.2]octan-Einheit des Alkaloids weg. Auch hier wurde viel Arbeit investiert, um den Liganden durch Variation der aromatischen Gruppen, die an der Rumpfstruktur befestigt sind, zu optimieren.

Wenn man mit *N*-Methylmorpholin-*N*-oxid (NMO) als eigentlichem Oxidationsmittel das Metall reoxidiert, kann die Reaktion mit kleinen Mengen Osmiumtetroxid und Ligand durchgeführt werden.

Zusätzlich zu den vielen vom Menschen hergestellten Katalysatoren, die verfügbar sind, liefert die Natur dem Chemiker eine Palette anderer Katalysatoren, die Enzyme.[12] Enzyme sind Proteine (Molekulargewicht $\geq$ 30000 Dalton), also Ketten von L-Aminosäuren. Die Faltung dieser Ketten führt zu einem dreidimensionalen Gebilde (Kapitel 12). Reaktionen von Enzymen sind mit natürlichen und nicht-natürlichen Substraten möglich.

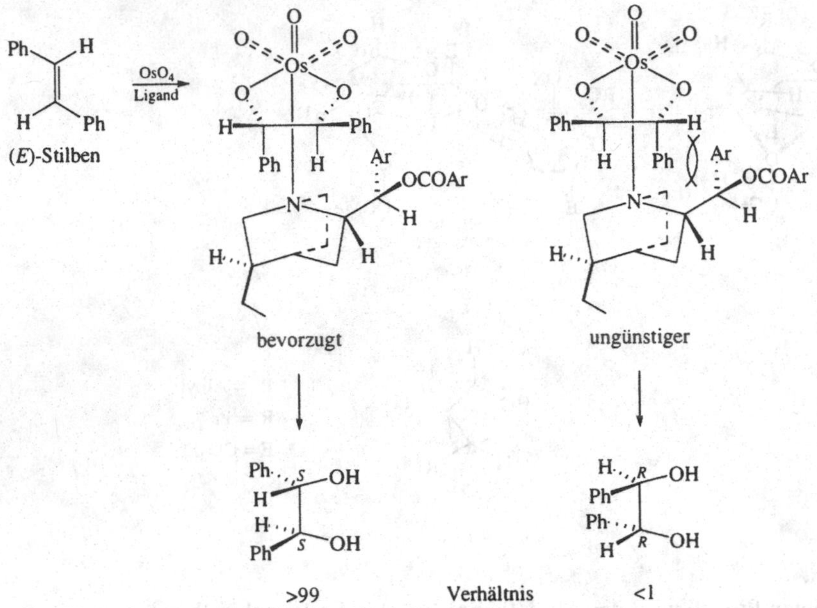

(*E*)-Stilben

OsO_4 Ligand

bevorzugt

ungünstiger

>99 Verhältnis <1

Bild 15.28

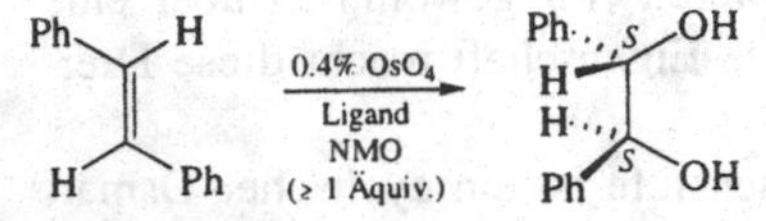

0.4% OsO_4 Ligand NMO (≥ 1 Äquiv.)

Bild 15.29

Einige der einfachsten Enzyme für den Laborgebrauch sind Hydrolasen, eine Enzymsorte, die die Hydrolyse von Estern, Amiden und ähnlichen funktionellen Gruppen katalysiert (Bild 15.30). Enzyme sind chiral und das aktive Zentrum des Enzyms befindet sich oft am Ende einer Höhle oder Spalte innerhalb dieser chiralen Umgebung. Daher ist es nicht überraschend, daß Enzyme eine Reaktion für beide Enantiomere eines Substrates mit verschiedenen Geschwindigkeiten katalysiert. Das erste in Bild 15.30 gezeigte Beispiel ist die Hydrolyse der beiden Enantiomere von 2-Brompropionsäurebutylester. Weil die beiden Acyl-Enzym-Komplexe (und vor allem auch die tetraedrischen Zwischenstufen, die zu diesen Komplexen führen) der beiden Enantiomere des Substrates Diastereomere sind, werden die beiden Enantiomere von der Hydrolase (einer Lipase des Pilzes *Candida Cyclidracea*) unterschiedlich schnell umgesetzt (Bild 15.31). Dies führt zu einer kinetischen Racematspaltung: (*R*)-Brompropionsäure wird bevorzugt gebildet, bei nicht vollständiger Hydrolyse bleibt der *S*-Ester zurück.

Reduktionen können auch durch Enzyme katalysiert werden. Ein prochirales Keton kann zu einem optisch aktiven sekundären Alkohol (Bild 15.32) reduziert werden. Das Enzym fungiert nicht als Hydriddonor, sondern ist nur der Katalysator. Die Wasserstoffatome werden durch einen Cofaktor, meist das Nicotinamid-Adenin-Dinucleotid (NADH) oder Nicotinamid-Adenin-Dinucleotid-Phosphat (NADPH), geliefert. Es handelt sich dabei um komplizierte natürliche Makromoleküle, in beiden Fällen ist die Nicotinamid-Einheit der aktive Teil des Cofaktors (Bild 15.33); das 1,4-Dihydropyridin-System wird bei der Reduktion des Substrats zur korrespondierenden Pyridinium-Species oxidiert. Die Enzyme, die diese Transformationen katalysieren, heißen Dehydrogenasen. Dieser Name betont, daß diese Proteine Katalysatoren sind, die die Reaktionsgeschwindigkeit sowohl für die Reduktion als auch die Oxidation (Dehydrierung) erhöhen. Die Richtung der Reaktion hängt von Faktoren wie z.B. dem pH-Wert der Lösung ab. (Eine wichtige Funktion von Dehydrogenasen der Säugetiere ist die Entgiftung des Körpers von Ethanol nach dem Genuß von alkoholischen Getränken). Reduktionen können auch mit ganzen Zellen durchgeführt werden, z.B. Bäckerhefe (Bild 15.34). In diesem Fall werden Enzym und Cofaktor vom Organismus geliefert. Der oxidierte Cofaktor wird durch den Metabolismus der Zelle wieder zu NADH reduziert. Auch andere Reduktionsreaktionen von Diketonen und C=C-Doppelbindungen können mit Enzymen oder ganzen Zellen bewerkstelligt werden (Bild 15.35).

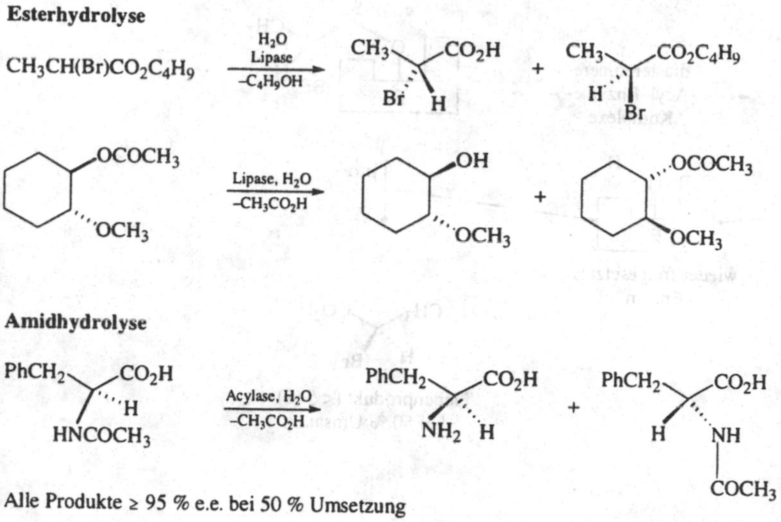

Esterhydrolyse

$CH_3CH(Br)CO_2C_4H_9$ —(H_2O, Lipase, $-C_4H_9OH$)→ CH_3, CO_2H, Br, H + CH_3, $CO_2C_4H_9$, H, Br

OCOCH$_3$, OCH$_3$ —(Lipase, H_2O, $-CH_3CO_2H$)→ OH, OCH$_3$ + OCOCH$_3$, OCH$_3$

Amidhydrolyse

PhCH$_2$, CO$_2$H, H, HNCOCH$_3$ —(Acylase, H_2O, $-CH_3CO_2H$)→ PhCH$_2$, CO$_2$H, NH$_2$, H + PhCH$_2$, CO$_2$H, H, NH, COCH$_3$

Alle Produkte ≥ 95 % e.e. bei 50 % Umsetzung

Bild 15.30

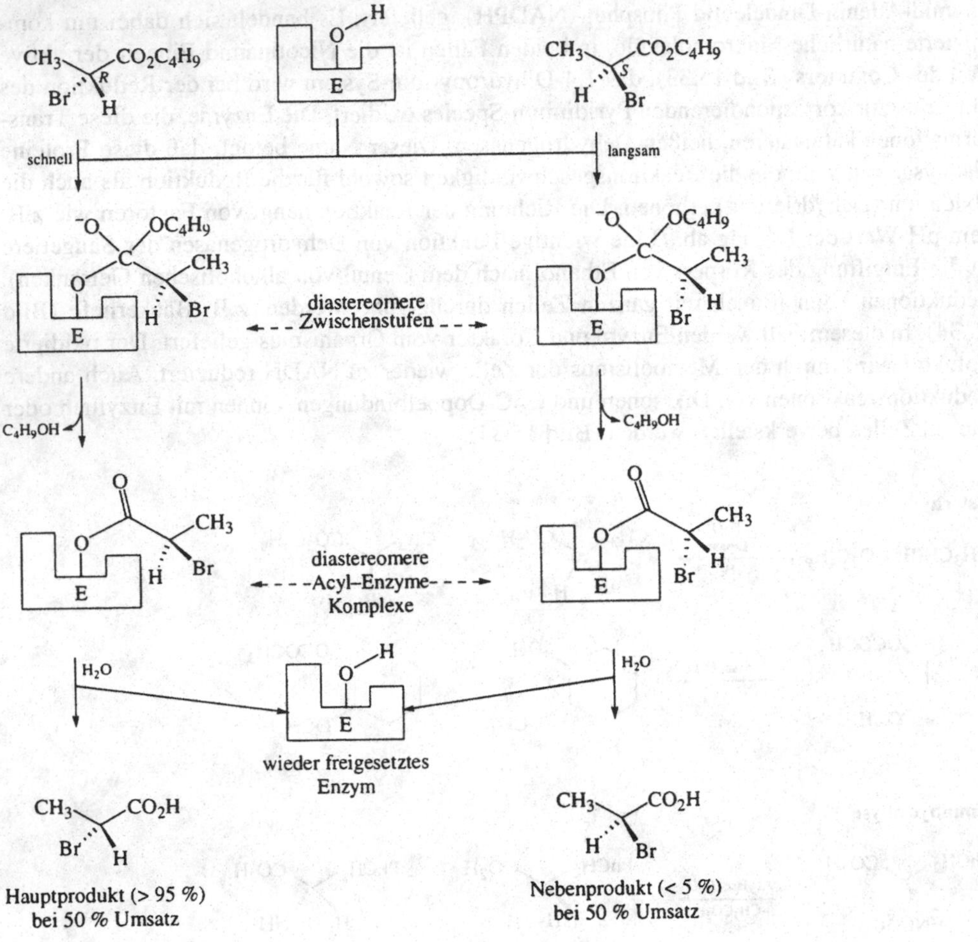

Bild 15.31

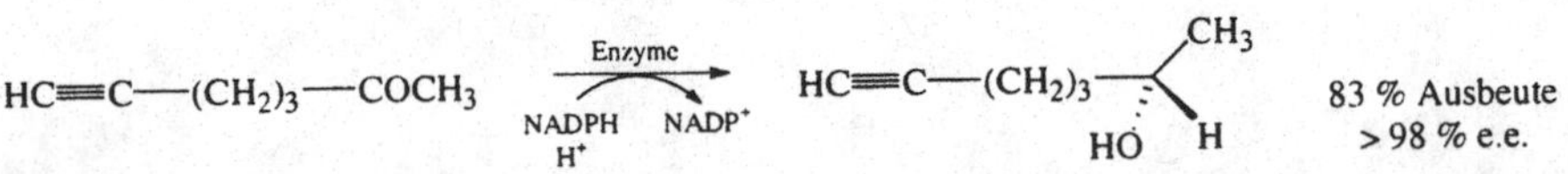

Bild 15.32

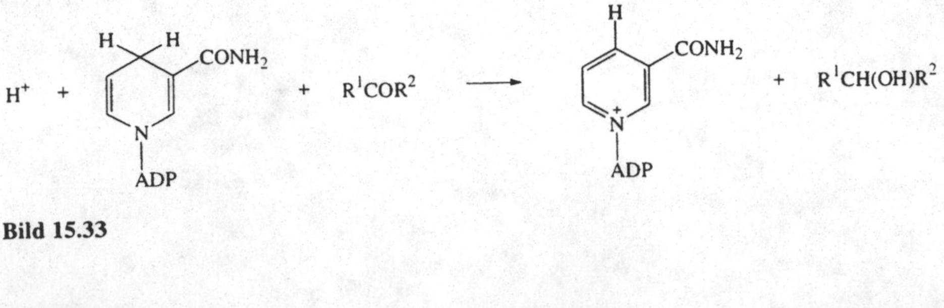

Bild 15.33

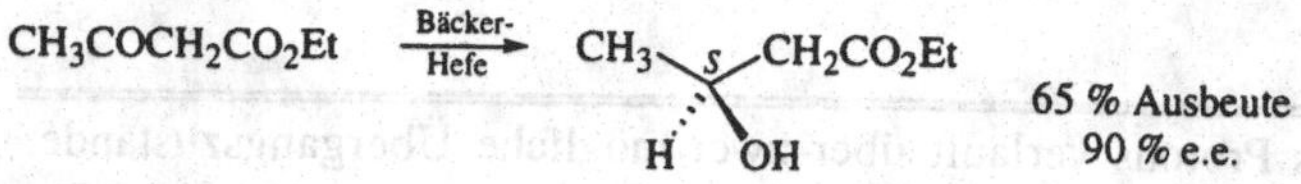

$CH_3COCH_2CO_2Et$ —Bäcker-Hefe→ $CH_3CH(OH)CH_2CO_2Et$ (S)

65 % Ausbeute
90 % e.e.

Bild 15.34

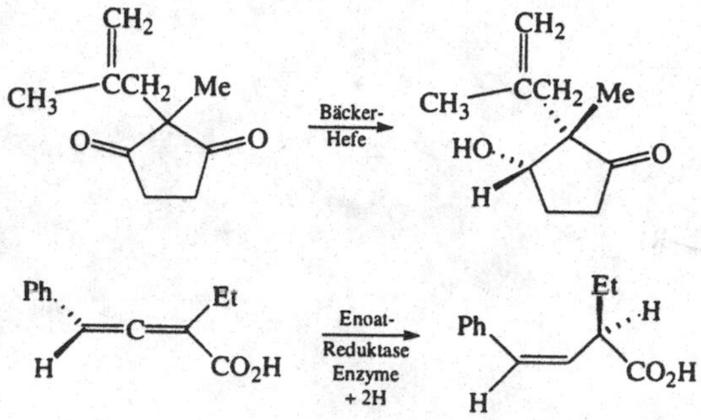

Bäcker-Hefe

Enoat-Reduktase Enzyme + 2H

Bild 15.35

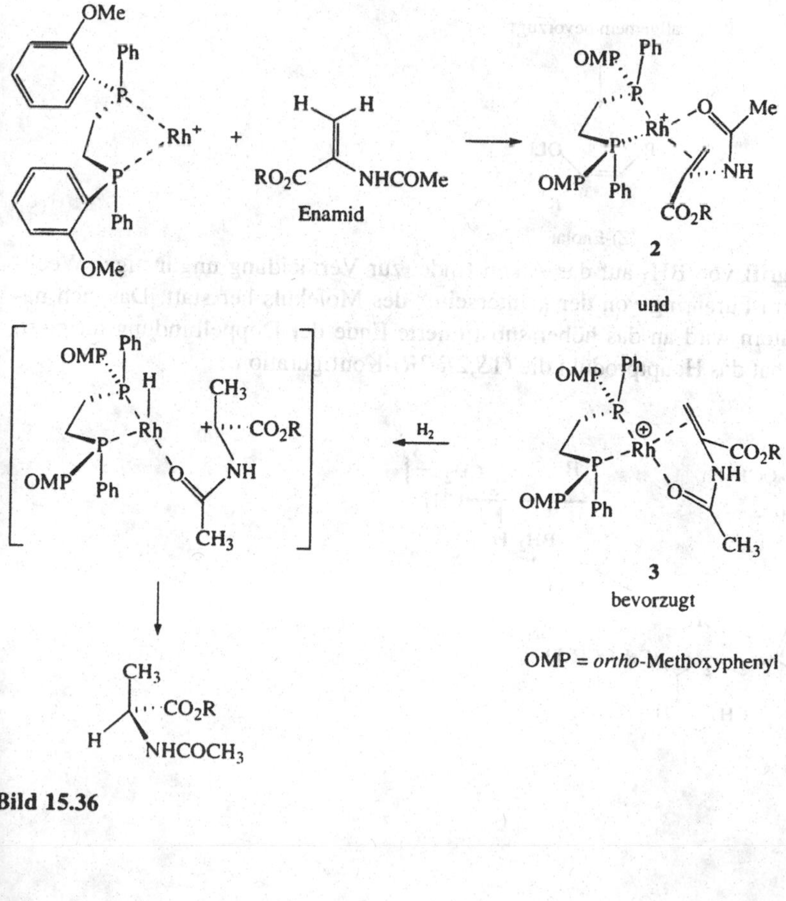

Enamid

2

und

3
bevorzugt

H_2

OMP = *ortho*-Methoxyphenyl

Bild 15.36

Antworten

Frage 15.1 Die Abstraktion des Protons verläuft über zwei mögliche Übergangszustände. Der zum (*E*)-Enolat ist allgemein aufgrund der großen Nähe von R^1 und R^2 bevorzugt, wenn R^1 sperrig ist. Der Übergangszustand, der zum (*Z*)-Enolat führt ist, wenn R^3 sehr sperrig ist, aufgrund der dominierenden 1,3-transannularen Wechselwirkung zwischen R^2 und R^3 ungünstig.

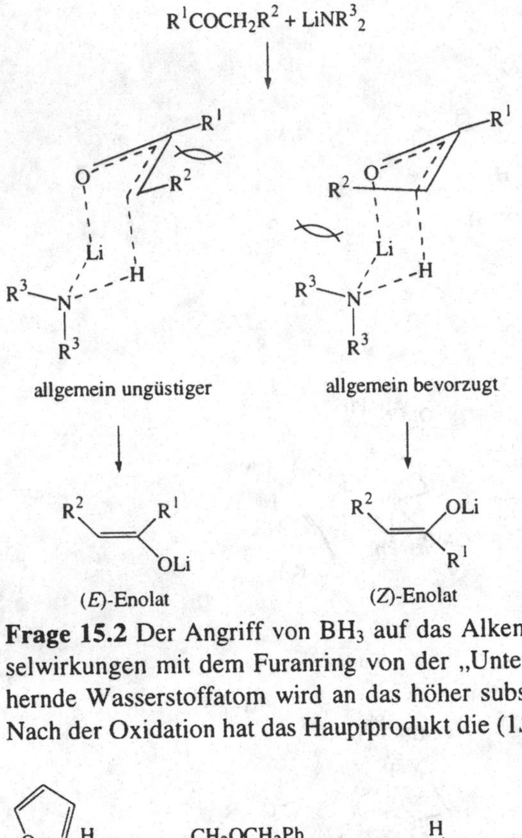

$R^1COCH_2R^2 + LiNR^3_2$

allgemein ungüstiger

allgemein bevorzugt

(*E*)-Enolat

(*Z*)-Enolat

Frage 15.2 Der Angriff von BH_3 auf das Alken findet zur Vermeidung ungünstiger Wechselwirkungen mit dem Furanring von der „Unterseite" des Moleküls her statt. Das sich nähernde Wasserstoffatom wird an das höher substituierte Ende der Doppelbindung dirigiert. Nach der Oxidation hat das Hauptprodukt die (1*S*,2*R*,3*R*)-Konfiguration.

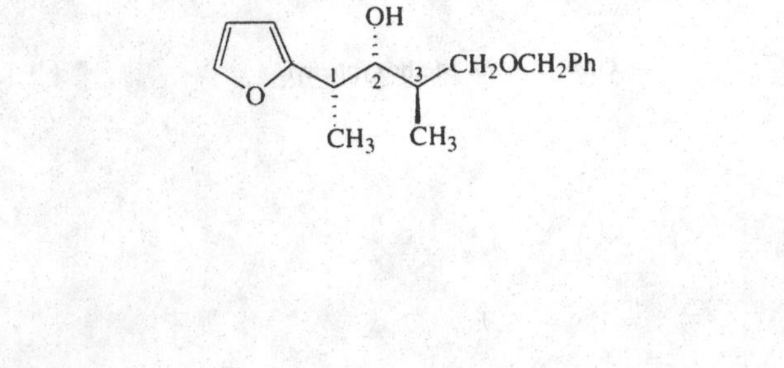

Oxidation

Frage 15.3 Der günstigste Übergangszustand ist unten gezeigt:

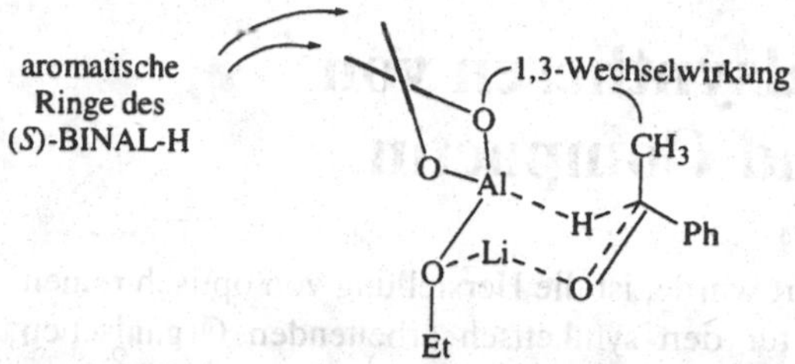

Der an π-Elektronen reiche Phenylring nimmt eine *pseudo*-äquatoriale Position ein. Diese vermeidet ungünstige 1,3-transannulare Wechselwirkungen mit den nichtbindenden Elektronen am Sauerstoffatom des Reagenzes.

Literatur

1. *Stereoselective Synthesis* (Houben-Weyl), Georg Thieme, Stuttgart, 1996.
2. C. Rück-Braun, H. Kunz, *Chiral Auxiliaries in Cycloadditions*, Wiley-VCH, Weinheim, 1999.
3. G. Bashiardes, S. G. Davies, *Tetrahedron Lett.* **1987**, *28*, 5563. S. G. Davies, *Chem. Br.* **1989**, *25*, 268-272. S. G. Davies, *Aldrichimica Acta* **1990**, *23*, 31.
4. D. A. Evans, J. M. Takacs, L. R. McGee, D. J. Mathre, J. Bartruli, *Pure Appl. Chem.* **1981**, *53*, 1109-1127.
5. D. A. Evans, J. M. Takacs, L. R. McGee, D. J. Mathre, J. Bartruli, *Pure Appl. Chem.* **1981**, *53*, 1109-1127. D. A. Evans, *Aldrichimica Acta* **1982**, *53*, 23. D. A. Evans, D. A. Gage, *Organic Synthesis* **1989**, *68*, 77-91.
6. W. Oppolzer, C. Chapuis, G. Bernardinelli, *Helv. Chim. Acta* **1984**, *67*, 1397. W. Oppolzer, R. Moretti, S. Thomi, *Tetrahedron Lett.* **1989**, *30*,5603-5606.
7. H. C. Brown, *Chemtracts* **1988**, *1*, 77. H. C. Brown, B. Singaram, *Acc. Chem. Res.* **1988**, *21*, 287-300.
8. E. J. Corey, R. K. Bakshi, S. Shibata, *J. Am. Chem. Soc.* **1987**, *109*, 5551-5553. E. J. Corey, J. O. Link, *Tetrahedron Lett.* **1992**, *33*, 4141-4144.
9. H. B. Henbest, J.J. McCullough, *Proc. Chem. Soc.* **1962**, 74-75.
10. T. Katsuki, K. B. Sharpless, *J. Am. Chem. Soc.* **1980**, *102*, 5974-5976. M. G. Finn, K. B. Sharpless, *J. Am. Chem. Soc.* **1991**, *113*, 113-126.
11. J. S. M. Wai, I. Mark¢, J. S. Svendsen, M. G. Finn, E. N. Jacobsen, K. B. Sharpless, *J. Am. Chem. Soc.* **1989**, *111*, 1123-1125. Y. Ogino, H. Chen, H.-L. Kwong, K. B. Sharpless, *Tetrahedron Lett.* **1991**, *32*, 3965-3968.
12. C. J. Soh, S.-H. Wu, *Top. Stereochem.* **1989**, *19*, 63. C.-S. Chen, Y. Fujimoto, G. Girclausche, C. J. Soh, *J. Am. Chem. Soc.* **1982**, *104*, 7294. C.-J. Soh, Chen, *Angew. Chem.* **1984**, *106*, 570.
13. J. Halpern, *Pure Appl. Chem.* **1983**, *55*, 99-106. C. R. Landis, J. Halpern, *J. Am. Chem. Soc.* **1987**, *109*, 1746-1754.

16 Asymmetrische Totalsynthesen von Prostaglandin $F_{2\alpha}$ und Compactin

Wie in den vorangegangenen Kapiteln erläutert wurde, ist die Herstellung von optisch reinen Verbindungen eine große Herausforderung für den synthetisch arbeitenden Organischen Chemiker, und es gibt eine Reihe von verschiedenen Strategien, die verwendet werden können. Welche Taktik auch immer gewählt wird, die Herstellung einer nicht-natürlichen Verbindung in optisch aktiver Form ist oft viel teurer als die Synthese des korrespondierenden (±)-Racemats. Dies liegt daran, daß die Route ein teures optisch aktives Ausgangsmaterial benötigt oder Extraschritte zur Racematspaltung eines besonderen synthetischen Bausteins (Synthons)[1] in eine optisch aktive Form notwendig sind. Wir haben gesehen, daß die Wege zu optisch aktiven Synthons entweder (a) einen klassischen Racematspaltungsprozeß, (b) die stöchiometrische Verwendung von optisch reinen Verbindungen (bevorzugt wiederverwendbar), (c) die Verwendung von optisch aktiven Naturstoffen aus dem chiralen Pool oder (d) die Verwendung von chiralen Katalysatoren (einschließlich Enzyme) erfordert. Diese verschiedenen Strategien können an zwei Zielmolekülen, dem Prostaglandin $F_{2\alpha}$ ($PGF_{2\alpha}$) und Compactin, illustriert werden.

16.1 Synthese von Prostaglandin $F_{2\alpha}$

$PGF_{2\alpha}$ ist ein Mitglied einer Familie natürlich vorkommender Verbindungen, die aufgrund ihrer vielgestaltigen biologischen Aktivität große Aufmerksamkeit erregt haben. Eine kleine Zahl von Prostaglandin-Derivaten (Prostanoide) wurden als nützliche Arzneimittel (cycloprotektive Reagenzien) und als Veterinärmedizin (Kontrolle des Eisprungs von Pferden und Rindern bei der Zucht) erkannt.

$PGF_{2\alpha}$ stellt ein hervorragendes Modell zur Beschreibung der verschiedenen Routen zur Synthese chiraler Verbindungen dar. Es ist vergleichsweise einfach aufgebaut, besitzt aber fünf Chiralitätszentren (mit *R* oder *S* in **1**, Bild 16.1 gekennzeichnet), vier am fünfgliedrigen Ring und eines in der unteren Seitenkette. Die verschiedenen Routen werden im folgenden besprochen.

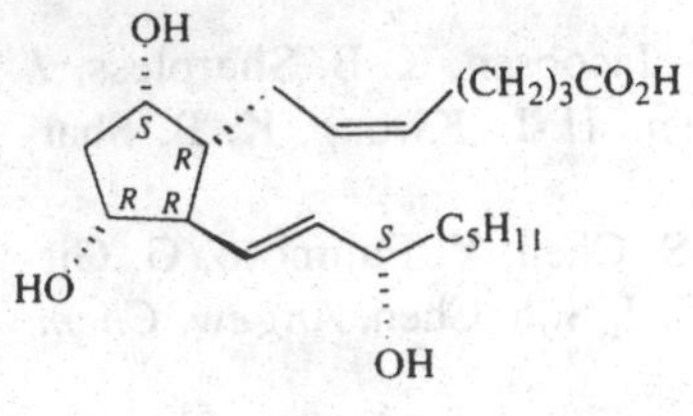

OH, $(CH_2)_3CO_2H$, C_5H_{11}, HO, OH

1

Bild 16.1 $PGF_{2\alpha}$

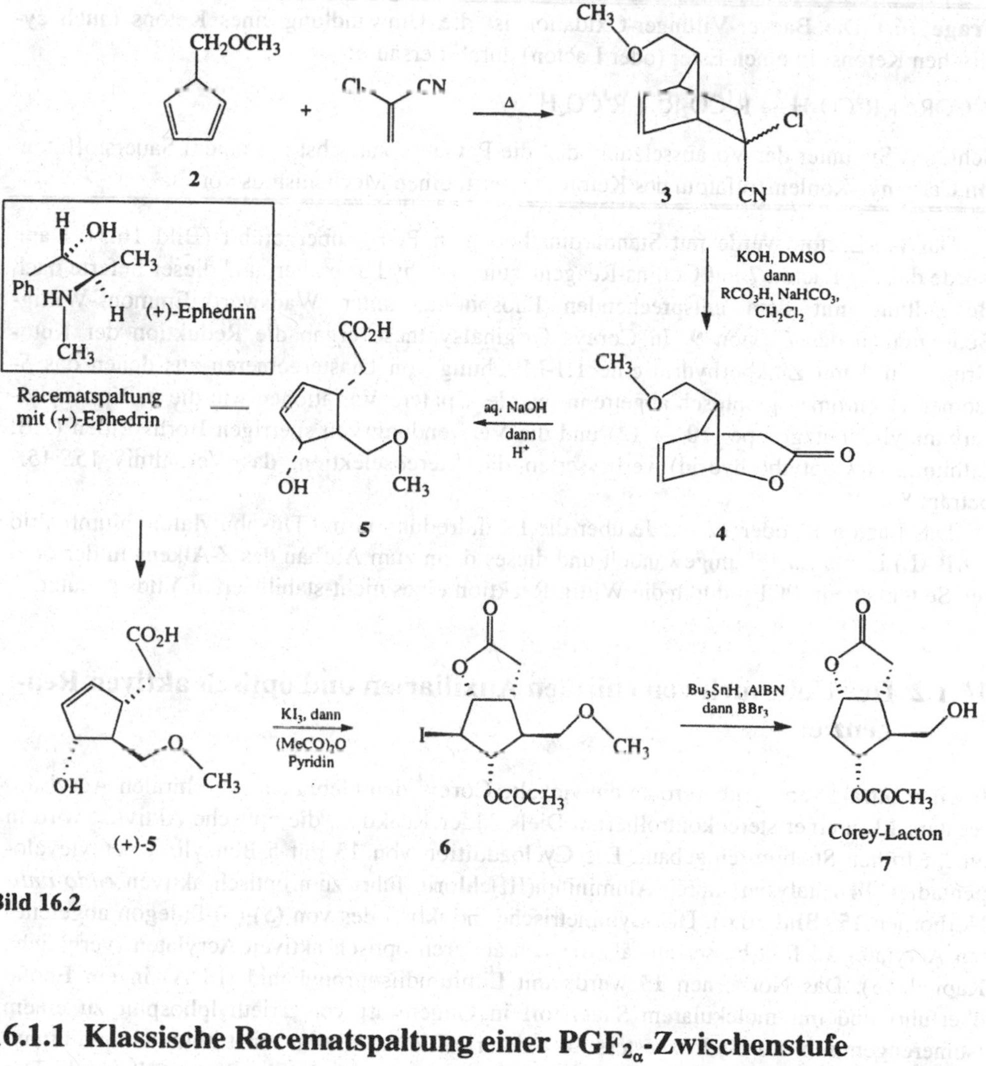

CH_2OCH_3 2 + Cl CN Δ → CH_3 O Cl CN 3

KOH, DMSO dann RCO_3H, $NaHCO_3$, CH_2Cl_2

CH_3 O O O 4

H OH CH_3 Ph HN H (+)-Ephedrin CH_3

Racematspaltung mit (+)-Ephedrin

CO_2H OH O CH_3 5

aq. NaOH dann H^+

CO_2H OH O CH_3 (+)-5

KI_3, dann $(MeCO)_2O$ Pyridin

O O I O CH_3 $OCOCH_3$ 6

Bu_3SnH, AIBN dann BBr_3

O O OH $OCOCH_3$ Corey-Lacton 7

Bild 16.2

16.1.1 Klassische Racematspaltung einer $PGF_{2\alpha}$-Zwischenstufe

Optisch reines $PGF_{2\alpha}$ wurde erstmalig von E. J. Corey[2] und Mitarbeitern durch eine klassische Racematspaltung einer Schlüssel-Zwischenstufe (Bild 16.2) erhalten. Das alkylierte Cyclopentadien **2** geht eine Diels-Alder-Reaktion mit 2-Chloracrylnitril zum Addukt **3** ein, aus dem nach Hydrolyse zum Keton (über das Cyanhydrin) und eine Baeyer-Villinger-Oxidation das Lacton **4** erhalten wird. Die Hydrolyse von **4** ergibt die Hydroxysäure **5**. Die racemische Säure **5** wurde mit einer optisch aktiven Base, dem (+)-Ephedrin, in die Enantiomere gespalten. Die Behandlung von **5** mit Kaliumtriiodid gefolgt vom Schutz der Hydroxylgruppe führt zum Lacton **6**. Das Iodatom wird mit Tri-*n*-butylzinnhydrid unter radikalischen Bedingungen entfernt. Eine Etherspaltung ergibt das (+)-Lacton in guter Gesamtausbeute.

Frage 16.1 Die Baeyer-Villinger-Oxidation ist die Umwandlung eines Ketons (auch cyclischen Ketons) in einen Ester (oder Lacton) durch Persäure:

$R^1COR^2 + R^3CO_3H \rightarrow R^1CO_2R^2 + R^3CO_2H$

Schlagen Sie unter der Voraussetzung, daß die Persäure zunächst mit einem Sauerstoffatom am Carbonyl-Kohlenstoffatom des Ketons angreift, einen Mechanismus vor.

Das (+)-Lacton wurde mit Standardmethoden in $PGF_{2\alpha}$ übergeführt (Bild 16.3). Dann wurde das (+)-Lacton **7** mit Collins-Reagenz zum Aldehyd **8** oxidiert und dieser lieferte nach Behandlung mit dem entsprechenden Phosphonat unter Wadsworth-Emmons-Wittig-Bedingungen das *E*-Enon **9**. In Coreys Originalsynthese ergab die Reduktion der Keto-Gruppe in **9** mit Zinkborhydrid eine 1:1-Mischung von Diastereomeren aus denen das *S*-Isomer **11** chromatographisch abgetrennt wurde. Spätere Variationen wie die π-Biphenylylcarbamoyl-Schutzgruppe (**10** → **12**) und die Verwendung von sperrigen Borhydriden (z.B. Lithiumtri-*sek*-butylborhydrid) verbesserten die Stereoselektion, das Verhältnis 15*S*:15*R* beträgt 89:11.

Das Lacton **11** oder **12** wurde über die Partialreduktion mit Diisobutylaluminiumhydrid (DIBAL) in das Lactol umgewandelt und dieses dann zum Aufbau des *Z*-Alkens in der oberen Seitenkette in $PGF_{2\alpha}$ durch die Wittig-Reaktion eines nicht-stabilisierten Ylids genutzt.

16.1.2 Der Gebrauch von chiralen Auxiliarien und optisch aktiven Reagenzien

In einer attraktiven Syntheseroute entwickelte Corey[3] den Gebrauch des chiralen Acrylsäureesters **13** in einer stereokontrollierten Diels-Alder-Reaktion, die optische Aktivität wird in einem frühen Stadium eingebaut. Die Cycloaddition von **13** mit 5-Benzyloxymethylcyclopentadien **14** katalysiert durch Aluminium(III)chlorid führt zum optisch aktiven *endo-anti*-Norbornen **15** (Bild 16.4). Die asymmetrische Induktion des von (*S*)-(–)-Pulegon abgeleiteten Acrylates **13** fällt besser aus als die von anderen optisch aktiven Acrylaten (vergleiche Kapitel 15). Das Norbornen **15** wurde mit Lithiumdiisopropylamid (LDA) in ein Enolat überführt und mit molekularem Sauerstoff in Gegenwart von Triethylphosphit zu einem Isomerengemisch des Hydroxyesters **16** oxidiert. Die Reduktion mit Lithiumaluminiumhydrid ergab ein Diol, dessen Oxidation mit Natriummetaperiodat das Keton **17** ergab. Das Keton **17** wurde mit alkalischem Wasserstoffperoxid zum korrespondierenden ungesättigten δ-Lacton, das über die zuvor gezeigten Methoden in das Corey-Lacton überführt wird (siehe **4** → **7** in Bild 16.2).

2-Oxabicyclo[3.3.0]oct-6-en-3-on **18** (Bild 16.5) ist eine andere nützliche Zwischenstufe bei der Herstellung von Prostaglandinen, und es existieren Synthesen von **18**, die optisch aktive Reagenzien nutzen. Dazu wird Cyclopentadienylnatrium bei –78°C mit Bromessigsäuremethylester zum Ester **19** umgesetzt. In-situ-Hydroborierung mit (+)-Di(pinan-3-yl)boran gefolgt von der Oxidation mit Wasserstoffperoxid liefert den Hydroxyester **20** in 45% Ausbeute. Die optische Reinheit beträgt etwa 95 % e.e., offensichtlich ist einer der diastereomorphen Übergangszustände der Hydroborierungsreaktion gegenüber dem anderen klar bevorzugt (Kapitel 15). Der Hydroxyester **20** wurde über das korrespondierende Mesylat in das optisch reine Lacton **18** überführt (siehe Bild 16.7 für die weitere Derivatisierung des Lactons **18**).

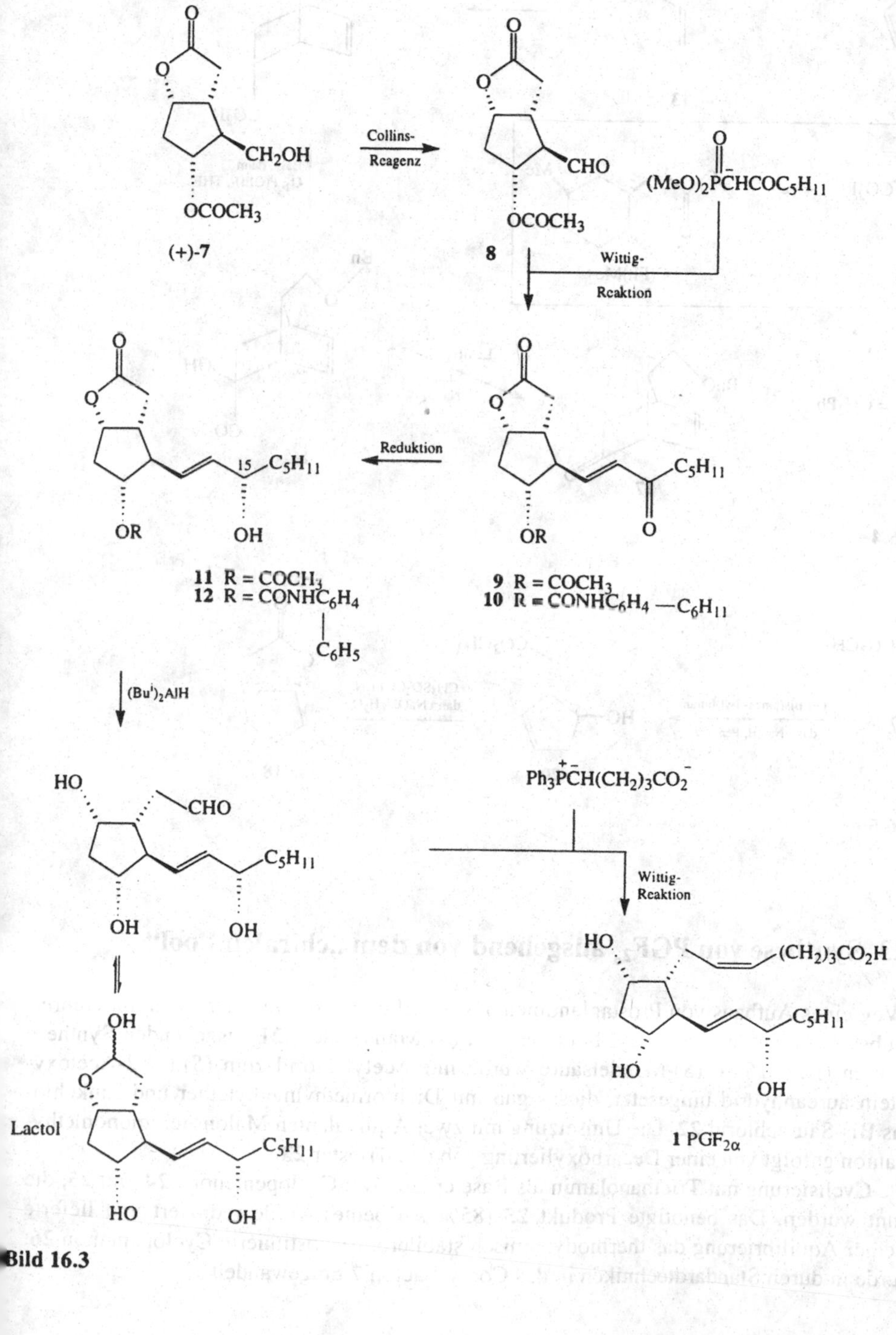

Collins-Reagenz

(+)-7

8

$(MeO)_2\overset{O}{\overset{\|}{P}}\bar{C}HCOC_5H_{11}$

Wittig-Reaktion

Reduktion

11 R = $COCH_3$
12 R = $CONHC_6H_4$—C_6H_5

9 R = $COCH_3$
10 R = $CONHC_6H_4$—C_6H_{11}

$(Bu^i)_2AlH$

$Ph_3\overset{+}{P}\bar{C}H(CH_2)_3CO_2^-$

Wittig-Reaktion

Lactol

1 $PGF_{2\alpha}$

Bild 16.3

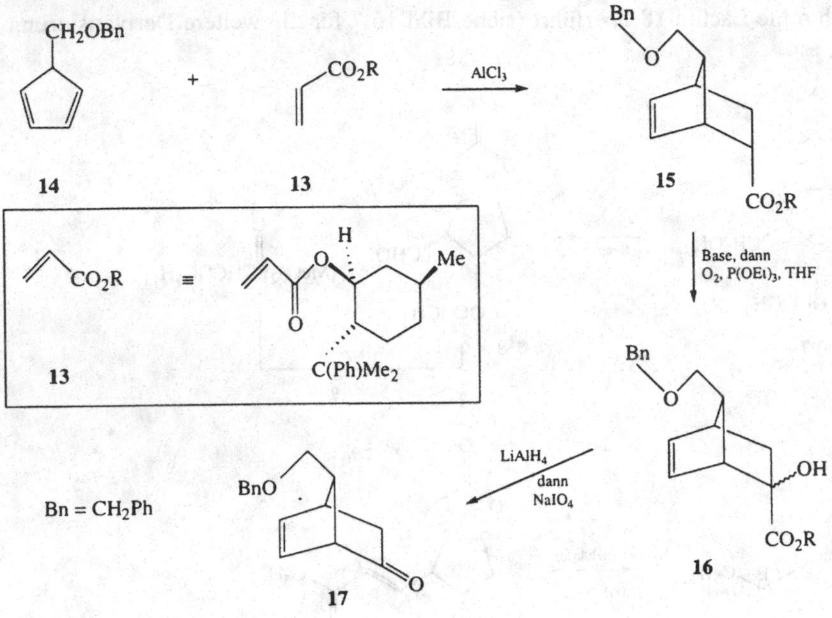

CH_2OBn + CO_2R → $AlCl_3$ → Bn, O, CO_2R

14 13 15

CO_2R ≡ H, O, Me, O, $C(Ph)Me_2$

13

Base, dann O_2, $P(OEt)_3$, THF

Bn, O, OH, CO_2R

16

$LiAlH_4$ dann $NaIO_4$

Bn = CH_2Ph

BnO, O

17

Bild 16.4

CO_2CH_3 → (+)-Bis(pinan-3-yl)boran dann NaOH, Peroxid → CO_2CH_3, HO → CH_3SO_2Cl, Et_3N dann NaOH, H_2O → O, O

19 20 18

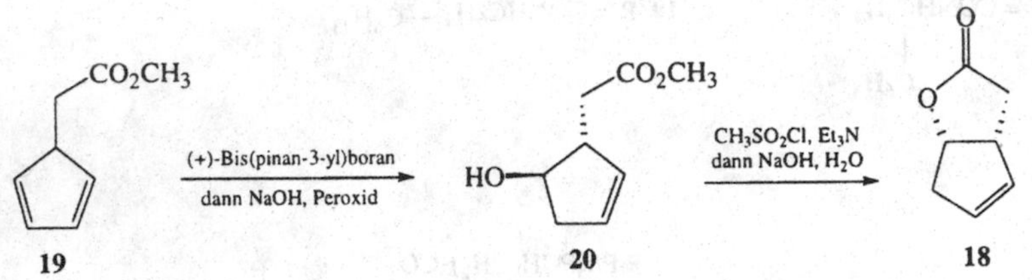

Bild 16.5

16.1.3 Synthese von $PGF_{2\alpha}$ ausgehend von dem „chiralen Pool"

Der Weg eines Aufbaus von Prostaglandinen aus natürlich vorkommenden enantiomerenreinen Substanzen wurde von Corey[4] bei einer von (*S*)-Mandelsäure **21** ausgehenden Synthese beschritten (Bild 16.6). (*S*)-Mandelsäure wurde mit Acetylchlorid zum (*S*)-(–)-2-Acetoxybernsteinsäureanhydrid umgesetzt, dieses gab mit Dichlormethylmethylether und Zinkchlorid das Bis-Säurechlorid **22**. Die Umsetzung mit zwei Äquivalenten Malonsäuremonomethylesteranion gefolgt von einer Decarboxylierung gab den Triester **23**.

Die Cyclisierung mit Triethanolamin als Base ergab zwei Cyclopentenone **24** und **25**, die getrennt wurden. Das benötigte Produkt **25** (85% Ausbeute) wurde reduziert und lieferte nach einer Äquilibrierung das thermodynamisch stabilere, trisubstituierte Cyclopentanon **26**. **26** wurde in durch Standardtechniken in das Corey-Lacton **7** umgewandelt.

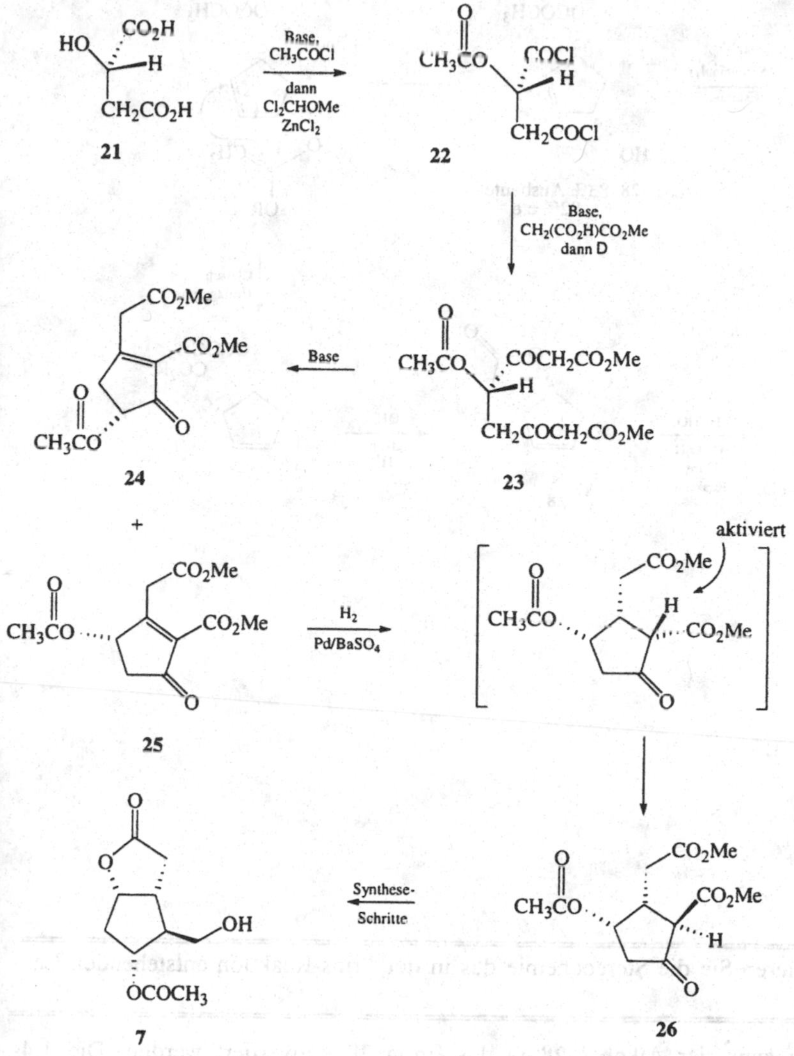

Bild 16.6

16.1.4 Synthese von primären Prostaglandinen unter Verwendung von Enzymen als chirale Katalysatoren

Eine durch Lipasen oder Esterasen[5] katalysierte Hydrolyse des prochiralen Diacetats **27** ergab den Hydroxyester **28**. Dieser wurde durch eine Claisen-Umlagerung in das optisch aktive Lacton **18** überführt (Bild 16.7). Das Lacton **18** kann durch eine Prins-Reaktion in die Vorstufe **29** des Corey-Lactons umgewandelt werden.

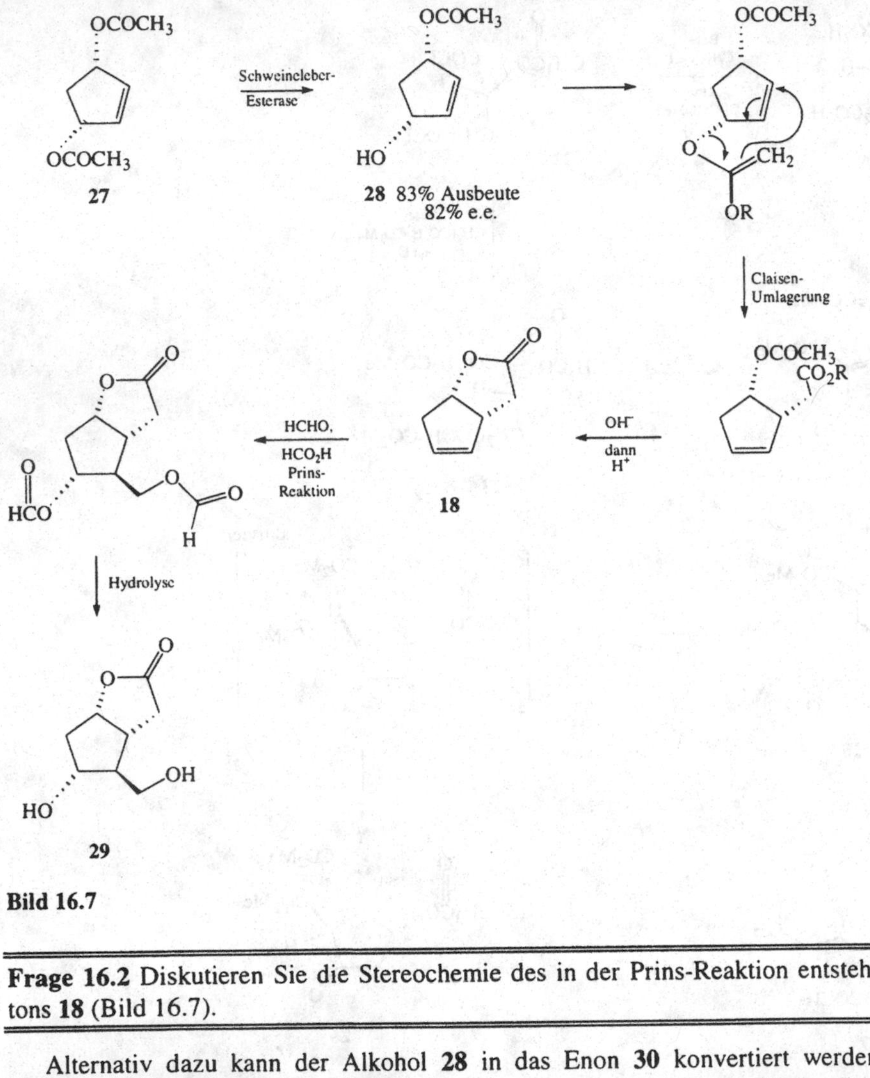

Bild 16.7

Frage 16.2 Diskutieren Sie die Stereochemie des in der Prins-Reaktion entstehenden Lactons **18** (Bild 16.7).

Alternativ dazu kann der Alkohol **28** in das Enon **30** konvertiert werden. Die 1,4-Addition des Organometall-Reagenzes **31** wird stereochemisch durch die geschützte Hydroxylgruppe kontrolliert. Das Produkt der konjugierten Addition wird auf der Stufe des Metallenolats **32** mit einem Elektrophil (Propargyliodid **33**) umgesetzt. Das Elektrophil greift das Enolat von der Seite, die der Seitenkette abgewandt ist, an. Die kontrollierte Hydrierung der Dreifachbindung des so gebildeten Ketons **34** mit einem „vergifteten" (d.h. desaktivierten) Katalysator liefert das *Z*-Alken. Die Reduktion der Carbonylgruppe mit einem Hydriddonor findet an der leichter zugänglichen *Re*-Seite statt und gibt den *S*-Alkohol, dieser liefert nach dem Entschützen das Prostaglandin $F_{2\alpha}$ (Bild 16.8).

Ein Vergleich der in den Bildern 16.2, 16.3 und 16.8 gezeigten Routen zum Prostaglandin $F_{2\alpha}$ macht die Unterschiede der Methoden zum Erhalt der benötigten Konfiguration der sekundären Alkoholgruppe an C15 deutlich. In den ersten Routen wird die korrekte Konfiguration durch die Modifikation des Ketons an C15 durch ein sperriges Reduktionsreagenz in Anwesenheit einer die Reduktion beeinflussenden Gruppe am bereits existierenden Chiralitätszentrum an C11 bewirkt. In der zuletztgenannten Route wird das chirale Zentrum in der unteren Seitenkette in einer C8-Kette korrekt angelegt und diese Einheit in ein Prostanoid eingebaut. Die C8-Einheit, ein Cuprat, wird aus dem vom Alkynol **36** abgeleiteten Iodalken **35** hergestellt.

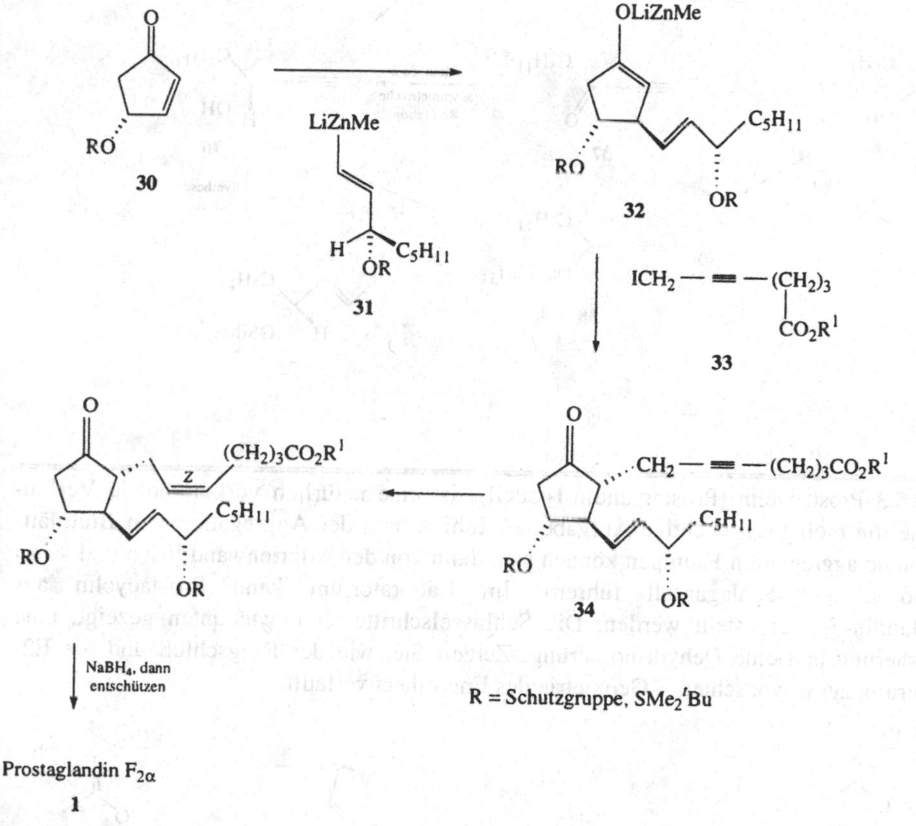

O RO 30 LiZnMe H OR C_5H_{11} 31 OLiZnMe RO C_5H_{11} OR 32 $ICH_2-\equiv-(CH_2)_3$ CO_2R^1 33 O RO $CH_2-\equiv-(CH_2)_3CO_2R^1$ C_5H_{11} OR 34 O $(CH_2)_3CO_2R^1$ Z RO C_5H_{11} OR $NaBH_4$, dann entschützen

R = Schutzgruppe, $SMe_2{}^tBu$

Prostaglandin $F_{2\alpha}$
1

Bild 16.8

Die Methode zur Präparation des *S*-Alkinols **36** stellt einen Mikrokosmos der heutigen Technologien zur Herstellung einer optisch aktiven Verbindung dar. Bei der ersten Methode wird das optisch aktive Alkinol in ein Hemiphthalat überführt und mit optisch aktivem 1-Phenylethylamin eine Racematspaltung durchgeführt. Diese beruht auf der Bildung diastereomerer Salze und einer fraktionierten Kristallisation der weniger löslichen Komponente (Bild 16.9 und Kapitel 14). Alternativ dazu kann das leicht verfügbare Keton **37** mit *S*-BINAL-H zum benötigten *S*-Alkohol (Kapitel 15) reduziert werden. Die dritte Strategie beinhaltet die Acetylierung des racemischen 1-Heptin-3-ols zu **38** und eine kinetische Racematspaltung mit einer Hydrolase. Mit den verfügbaren Lipasen wird das *S*-Enantiomer bevorzugt zu (*S*)-**36** hydrolisiert und das *R*-Acetat bleibt erhalten.

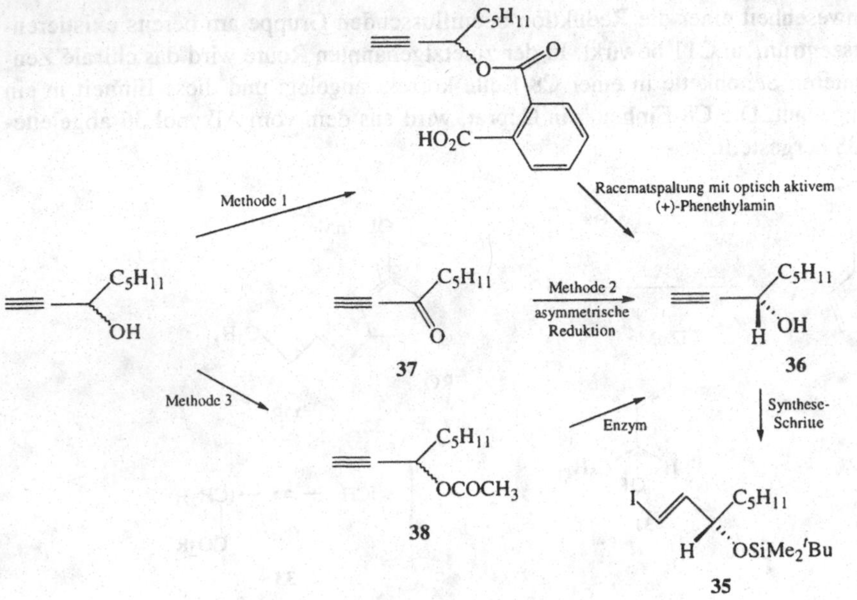
C5H11
O
O
HO2C
Methode 1
Racematspaltung mit optisch aktivem (+)-Phenethylamin
C5H11
OH
C5H11
O
37
Methode 2
asymmetrische Reduktion
C5H11
H
OH
36
Methode 3
Enzym
Synthese-Schritte
C5H11
OCOCH3
38
I
C5H11
H
OSiMe2tBu
35

Bild 16.9

Frage 16.3 Prostacyclin (Prostaglandin-I_2, PGI_2) ist eine natürlich vorkommende Verbindung, die die biologisch wichtige Aufgabe der Inhibierung der Aggregation von Blutplättchen (solche aggregierten Klumpen können sich dann von der Arterienwand lösen und so zu Thrombosen und Schlaganfall führen). Im Laboratorium kann Prostacyclin aus Prostaglandin-$F_{2\alpha}$ hergestellt werden. Die Schlüsselschritte sind, wie unten gezeigt, eine Iodveretherung und eine Dehydroiodierung. Zeigen Sie, wie der Ringschluß und die E2-Eliminierung zur gewünschten Z-Geometrie des Enolethers verläuft.

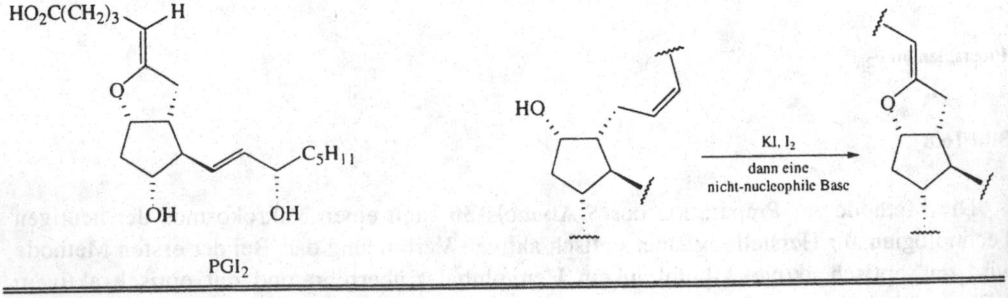
HO2C(CH2)3
H
O
C5H11
OH
OH
PGI2
HO
KI, I2
dann eine
nicht-nucleophile Base
O

16.2 Synthese von Compactin

Compactin **39** und Mevinolin **40** sind natürlich vorkommende Verbindungen, die als starke Cholesterolspiegel-senkende Mittel in Säugetieren wirken. Die molekulare Architektur dieser Verbindung ist in ein vielverkauftes Arzneimittel (vermarktet unter dem Handelsnamen

Lovastatin®) eingebaut. Es hilft den Patienten mit hohen Cholesterolwerten über die Inhibierung eines der Schlüsselenzyme [namentlich die Hydroxymethylglutaryl-Coenzym A Reduktase (HMG-CoA Reduktase)] im Biosyntheseweg zum Cholesterol im menschlichen Körper

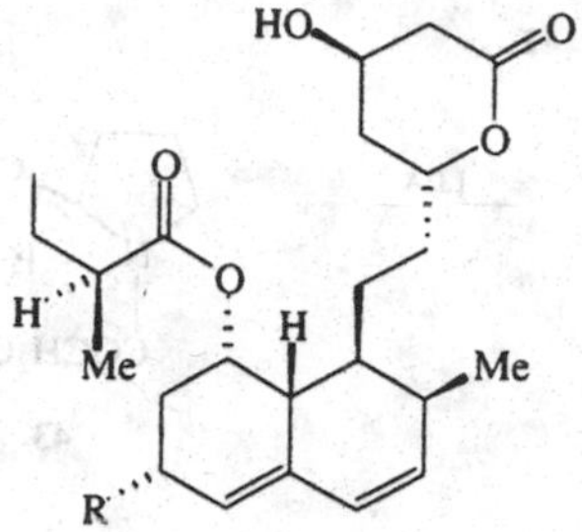

39 R = H, Compactin
40 R = Me, Mevinolin

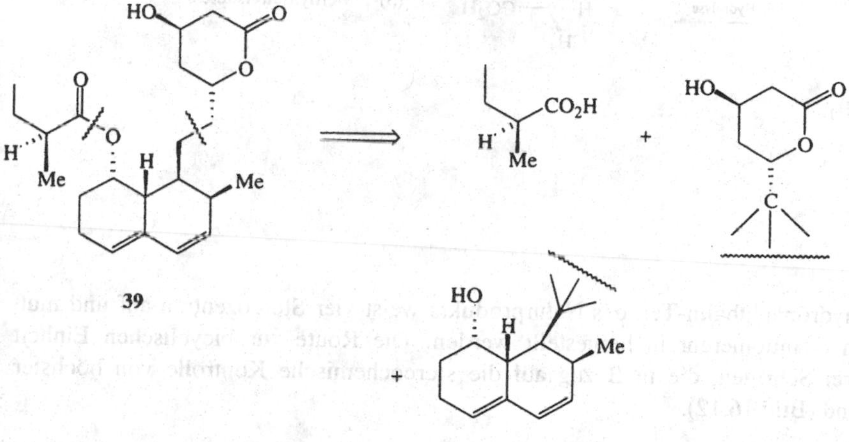

Bild 16.10

Die von Burke und Heathcock[6] beschriebene Synthese von Compactin baut die drei Segmente des Naturstoffs (Bild 16.10) mittels einer klassischen Racematspaltung, einem optisch aktiven Reagenz und einem chiralen Auxiliar, das durch die Modifikation von aus dem chiralen Pool erhältlichen Material gewonnen wird, auf. Die Synthese weist auch mehrere elegante moderne stereokontrollierte Reaktionen auf, und ist damit ausgezeichnet als Abschluß dieses Buches geeignet.

Das kleinste Fragment für die Synthese von Compactin wird mit einem von (*S*)-(–)-Prolin **41** abgeleiteten chiralen Auxiliar hergestellt (Bild 16.11). Diese natürliche Aminosäure wird zum Prolinol **42** reduziert und dessen Aminosäure zur Verbindung **43** acyliert. Die Deprotonierung der aktiven Methylengruppe und der Hydroxylgruppe führt zur Dilithio-Species **44** mit einer *Z*-Konfiguration des Enolats (Kapitel 15). Die Alkylierung findet an der weniger gehinderten Unterseite des Moleküls (der *Si*-Seite des reagierenden Kohlenstoffzentrums) statt. Es entsteht das Diastereomer **45** als das Hauptprodukt (ca. 12:1), dessen Hydrolyse produziert (*S*)-2-Methylbuttersäure (84 % e.e.).

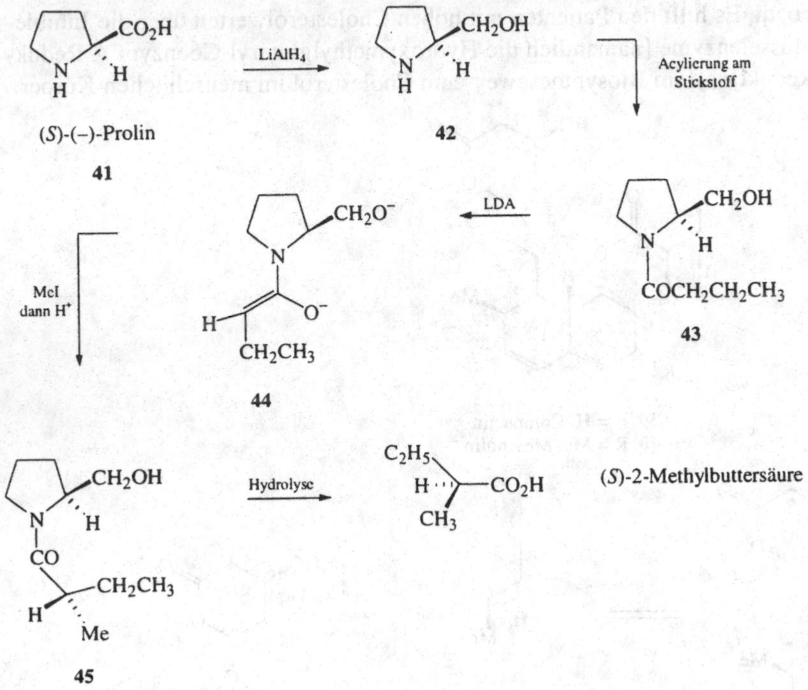

(*S*)-(–)-Prolin **41** → LiAlH$_4$ → **42** → Acylierung am Stickstoff → **43** → LDA → **44** → MeI dann H$^+$ → **45** → Hydrolyse → (*S*)-2-Methylbuttersäure

Bild 16.11

Der Hexahydronaphthalin-Teil des Naturprodukts weist vier Stereozentren auf und muß natürlich auch enantiomerenrein hergestellt werden. Die Route zur bicyclischen Einheit besteht aus drei Schritten, die in Bezug auf die stereochemische Kontrolle von höchster Wichtigkeit sind (Bild 16.12).

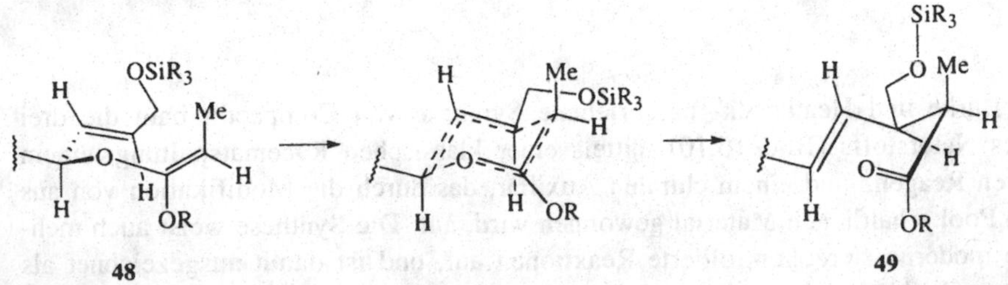

48 → **49**

Bild 16.13

Zuerst wird das Keton **46** zur Einführung des Chiralitätszentrums mit (*S*)-BINAL-H reduziert (Kapitel 15). Der optisch aktive sekundäre Alkohol **47** wird dann zu **48** verestert.

Die Bildung des Sinylenolethers gefolgt von einer Claisen-Umlagerung (Bild 16.13) liefert nach Methylierung die Verbindung **49**. Zwei stereogene Zentren der Zielverbindung entstehen dabei. Weitere chemische Schritte führen zum Dien **50**. Die Behandlung dieses Acetals mit einer Lewis-Säure (LS) (Bild 16.14) gibt in hervorragender Stereokontrolle die

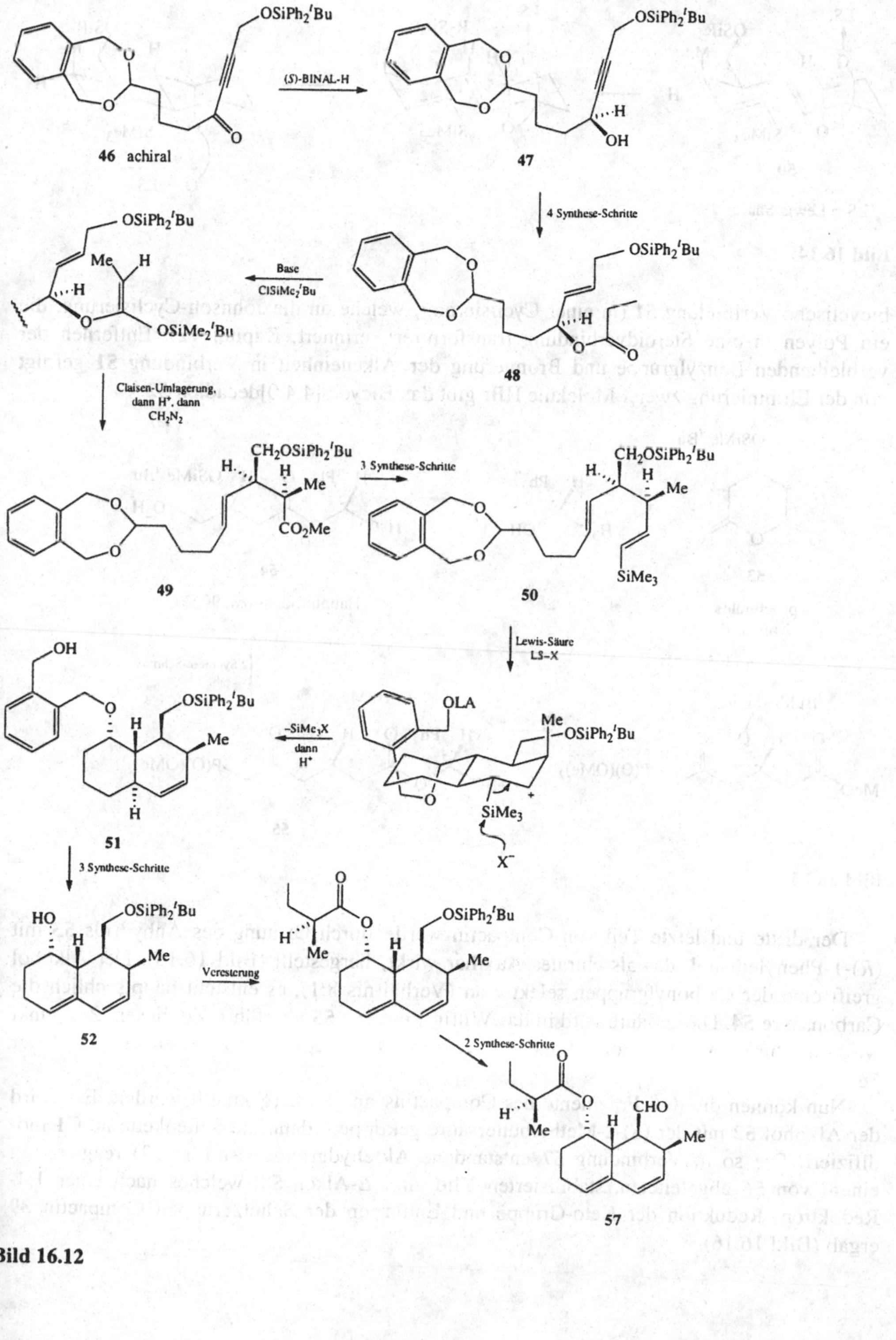

Bild 16.12

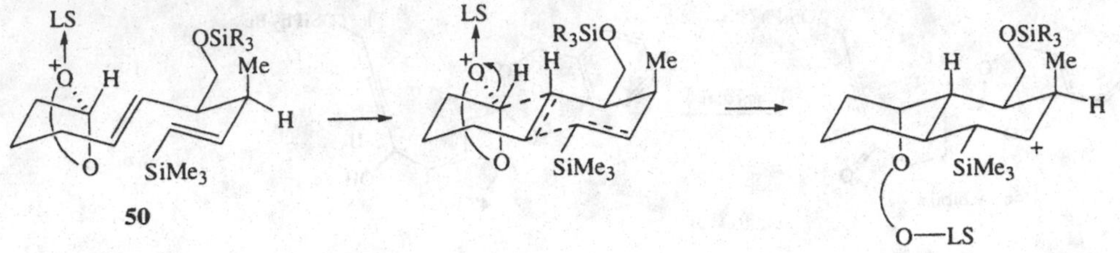

LS = Lewis-Säure

Bild 16.14

bicyclische Verbindung **51** (in einer Cyclisierung, welche an die Johnson-Cyclisierung, die ein Polyen in eine Steroidverbindung transformiert, erinnert, Kapitel 12). Entfernen der verbleibenden Benzylgruppe und Bromierung der Alkeneinheit in Verbindung **51** gefolgt von der Eliminierung zweier Moleküle HBr gibt das Bicyclo[4.4.0]decadien **52**.

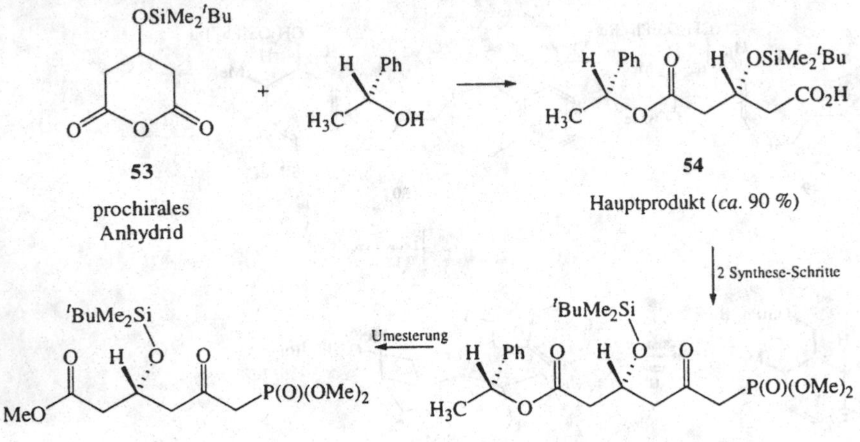

53 prochirales Anhydrid

54 Hauptprodukt (*ca.* 90 %)

2 Synthese-Schritte

Umesterung

56

55

Bild 16.15

Der dritte und letzte Teil von Compactin wurde durch Öffnung des Anhydrids **53** mit (*R*)-1-Phenylethanol, das als chirales Auxiliar wirkt, hergestellt (Bild 16.15). Der Alkohol greift eine der Carbonylgruppen selektiv an (Verhältnis 8:1), es entsteht hauptsächlich die Carbonsäure **54**. Diese Säure wird in das Wittig-Reagenz **55** überführt. Zu diesem Zeitpunkt wird das chirale Auxiliar entfernt und durch eine Methylgruppe ersetzt, es entsteht der Ester **56**.

Nun können die drei Fragmente des Compactins aneinandergeknüpft werden. Erst wird der Alkohol **52** mit der (*S*)-2-Methylbuttersäure gekuppelt, dann die Seitenkette an C1 modifiziert. Die so in Verbindung **57** entstandene Aldehydgruppe (Bild 16.12) reagiert mit einem von **56** abgeleiteten, stabilisierten Ylid zum *E*-Alken **58**, welches nach einer 1,4-Reduktion, Reduktion der Keto-Gruppe und Entfernen der Schutzgruppen Compactin **39** ergab (Bild 16.16).

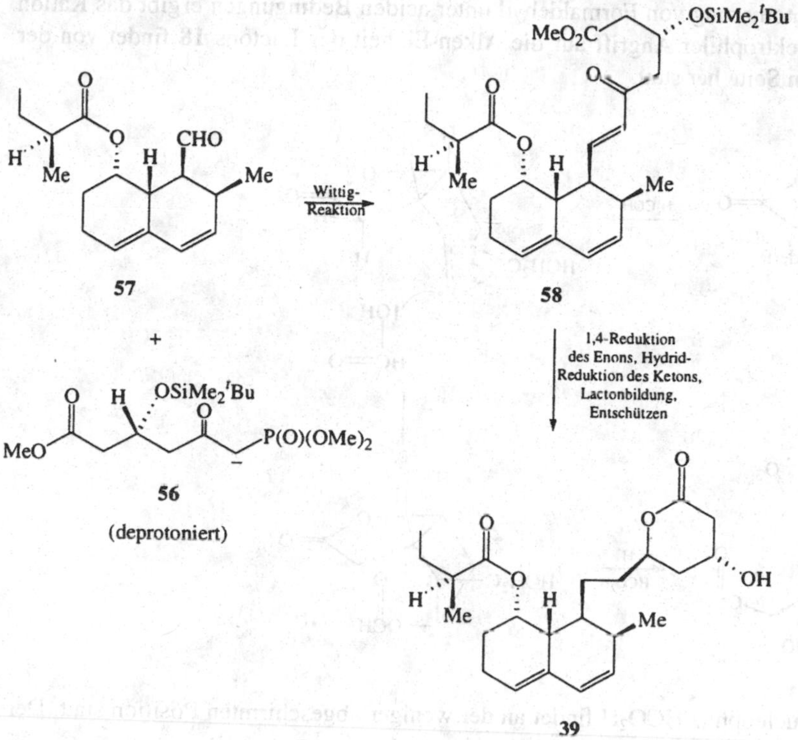

57

+

56
(deprotoniert)

Wittig-Reaktion

58

1,4-Reduktion des Enons, Hydrid-Reduktion des Ketons, Lactonbildung, Entschützen

39

Bild 16.16

Diese Synthese stellt eines der schönsten Beispiele für die Anwendung von chiralen Reagenzien und der strategischen Nutzung von stereokontrollierten Transformationen bei der Darstellung von wichtigen Naturprodukten dar.

Antworten

Frage 16.1 Die Baeyer-Villinger-Oxidation verläuft über die tetraedrische Criegee-Zwischenstufe **A**. Die Wanderung der chiralen Gruppe R^2 findet unter Retention der Konfiguration statt.

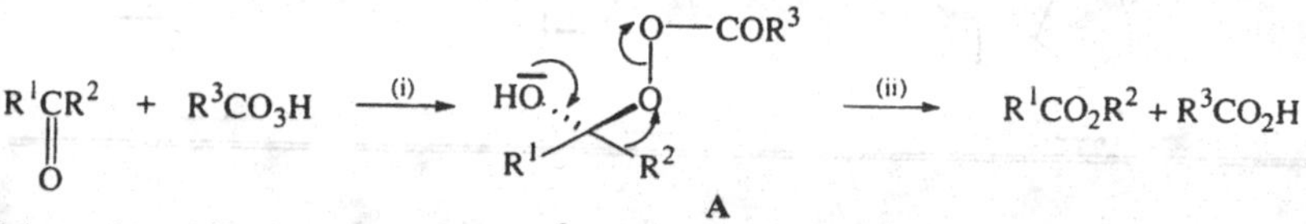

$$R^1C(=O)R^2 + R^3CO_3H \xrightarrow{(i)} \mathbf{A} \xrightarrow{(ii)} R^1CO_2R^2 + R^3CO_2H$$

(a) nucleophiler Angriff durch R^3CO_3H, dann H^+-Verschiebung

(b) Umlagerung, dann H^+-Verschiebung

Frage 16.2 Die Protonierung von Formaldehyd unter aciden Bedingungen ergibt das Kation $(H_2C{=}OH)^+$. Ein elektrophiler Angriff auf die Alken-Einheit des Lactons **18** findet von der weniger gehinderten Seite her statt.

frei gehindert 18 H_2COH^+ HOH_2C HC=O H^+ HCO_2H OCH OCHO

Der Angriff des Nucleophils HCO_2H findet an der weniger abgeschirmten Position statt. Der primäre Akohol wird unter diesen Bedingungen verestert.

Frage 16.3 Die Iodveretherung wird durch die Bildung eines Iodoniumions eingeleitet. Die Hydroxylgruppe agiert als intramolekulares Nucleophil, insgesamt findet also eine 5-*exo-tet*, *trans*-Addition an das Alken statt. Die basenkatalysierte Eliminierung läuft über eine E2-Eliminierung mit antiperiplanarer Anordnung der Austrittsgruppe ab. Daraus resultiert die korrekte Stereochemie des PGI_2.

Iod-Veretherung Drehung Base E2-Eliminierung

Literatur

1. E. J. Corey, *Pure Appl. Chem.* **1967**, *14*, 19-37.
2. E. J. Corey, N. M. Weinshenker, T. K. Schaaf, W. Huber, *J. Am. Chem. Soc.* **1969**, *91*, 5675-5677. E. J. Corey, T. K. Schaaf, W. Huber, U. Koelliker, N. M. Weinshenker, *J. Am. Chem. Soc.* **1970**, *92*, 397-398. E. J. Corey, R. Noyori, T. K. Schaaf, *J. Am. Chem. Soc.* **1970**, *92*, 2586-2587.
3. E. J. Corey, H. E. Ensley, *J. Am. Chem. Soc.* **1975**, *97*, 6908-6909.
4. K. G. Paul, F. Johnson, D. Favara, *J. Am. Chem. Soc.* **1976**, *98*, 1285-1286. F. Johnson, K. G. Paul, D. Favara, R. Ciabatti, U. Guzzi, *J. Am. Chem. Soc.* **1982**, *104*, 2190-2198. Vergl. auch: E. J. Corey, K. Shimoji, *J. Am. Chem. Soc.* **1983**, *105*, 1662-1664.
5. G. Jonuni, F.Orsini, M. Sisti, L. Verotta, *Gazz. Chim. Ital.* **1988**, *118*, 863-864. K. A. Babiak, J. S. Ng, J. H. Dygos, C. L. Weyker, Y.-F. Wang, C.-H. Wong, *J. Org. Chem.* **1990**, *55*, 3377-3381.
6. T. Rosen, C. H. Heathcock, *J. Am. Chem. Soc.* **1985**, *107*, 3731-3733. S. D. Burke, D. N. Deaton, *Tetrahedron Lett.* **1991**, *32*, 4651-4654.

Anhang 1

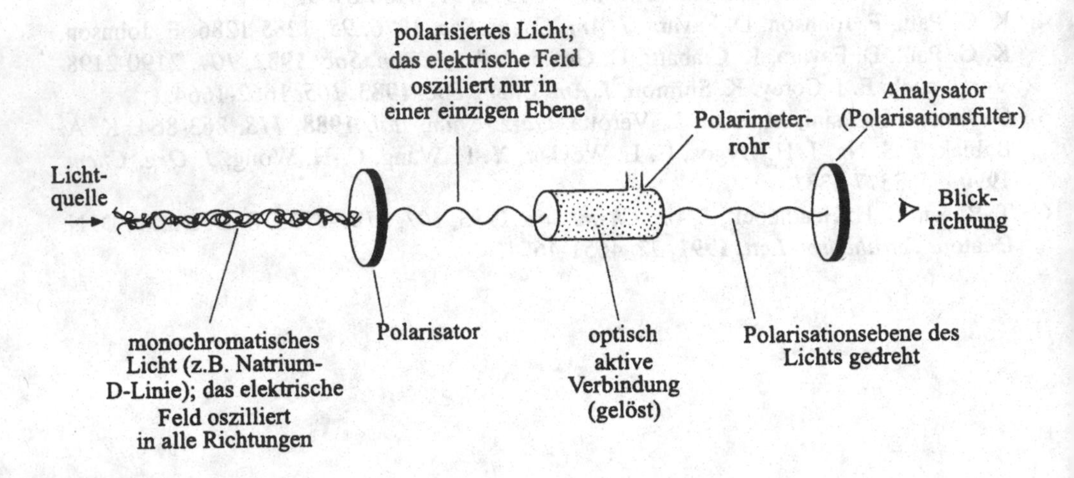

Das Ausmaß der Drehung der Polarisationsebene des Lichts wird durch die Einstellung des Analysators gemessen. Der Analysator wird zunächst so eingestellt, daß kein Licht durch ihn hindurchtritt, wenn die Küvette im Polarisator nur mit reinem Lösungsmittel gefüllt ist. Dann wird eine optisch aktive Substanz im gleichen Lösungsmittel in der Küvette vermessen. Der Analysator muß nun gedreht werden, um erneut kein Licht hindurchzulassen. Der hierzu notwendige Drehwinkel liefert letztendlich den den Wert α.

Anhang 2

Transformationen von D-Glycerinaldehyd, die das stereogene Zentrum (*) nicht beeinflussen.

HCN ← D-Glycerinaldehyd → (HgO) D-Glycerinsäure

(i) Hydrolyse ($CN \rightarrow CO_2H$)
(ii) Oxidation ($CH_2OH \rightarrow CO_2H$)

meso-Weinsäure D-Weinsäure

Obwohl der Gebrauch von D-Weinsäure und L-Weinsäure häufig ist, kann er nicht empfohlen werden. Die Umwandlung von D-Glycerinaldehyd zu D-Weinsäure ist oben beschrieben; jedoch bringen andere chemische Umsetzungen L-Weinsäure mit D-Glycerinaldehyd in Beziehung.

L-Weinsäure → (i) Veresterung (ii) Ac_2O, Base → (i) $SOCl_2$ (ii) Zn/HCl (iii) Hydrolyse → Herstellung des Monoamids →

NaOBr → → D-Glycerinsäure (siehe oben)

Um mögliche Verwechslungen zu vermeiden, ist es besser, sich auf natürlich vorkommende (+)-Weinsäure als (*R*,*R*)-Weinsäure zu beziehen und die D,L-Nomenklatur strikt auf Aminosäuren und Kohlenhydrate $OHC-(CHOH)_n-CH_2OH$ zu beschränken.

(*R*,*R*)-Weinsäure
(+)-Weinsäure

(*S*,*S*)-Weinsäure
(–)-Weinsäure

Sachwortverzeichnis

—A—

—B—

—D—

—E—

—F—

—G—

—L—

—M—

—Q—

—R—

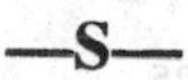

9 783540 670360